Heinz Tschätsch

**Praxis der
Umformtechnik**

HATEBUR
CH-4153 Reinach (Schweiz)

Arbeitsbereiche der Hatebur Umformmaschinen

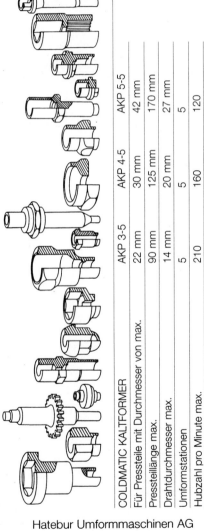
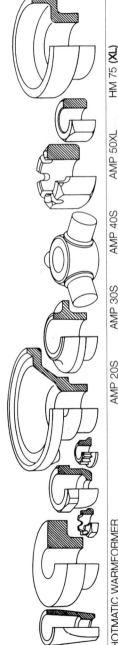

COLDMATIC KALTFORMER	AKP 3-5	AKP 4-5	AKP 5-5
Für Pressteile mit Durchmesser von max.	22 mm	30 mm	42 mm
Pressteillänge max.	90 mm	125 mm	170 mm
Drahtdurchmesser max.	14 mm	20 mm	27 mm
Umformstationen	5	5	5
Hubzahl pro Minute max.	210	160	120

HOTMATIC WARMFORMER	AMP 20S	AMP 30S	AMP 40S	AMP 50XL	HM 75 (XL)
Für Pressteile mit Durchmesser von max.	38 mm	67 mm	85 mm	104 mm	165 mm (**180 mm**)
Schlüsselweite bei Sechskant-Muttern max.	36 mm	60 mm	70 mm	80 mm	
Einsatzgewicht	20-170 g	50-700 g	50-1100 g	170-2000 g	950-7500 g
Stangendurchmesser max.	28 mm	40 mm	45 mm	55 mm	90 mm
Umformstufen	3	3	4	4	4
Hubzahl pro Minute max.	200	140	150	100	80

Hatebur Umformmaschinen AG
Telefon +41 61 716 21 11
Telefax +41 61 716 21 31
E-Mail hatebur@hatebur.ch
www.hatebur.com

Heinz Tschätsch

Praxis der Umformtechnik

Arbeitsverfahren, Maschinen, Werkzeuge

Unter Mitarbeit von Jochen Dietrich

7., verbesserte und erweiterte Auflage

Bibliografische Information Der Deutschen Bibliothek
Die Deutsche Bibliothek verzeichnet diese Publikation in der Deutschen Nationalbibliografie;
detaillierte bibliografische Daten sind im Internet über <http://dnb.ddb.de> abrufbar.

Prof. Dr.-Ing. E. h. Heinz Tschätsch, Bad Reichenhall, war lange Jahre
in leitenden Stellungen der Industrie als Betriebs- und Werksleiter und
danach Professor für Werkzeugmaschinen und Fertigungstechnik an
der FH Coburg und FH Konstanz.

Diese Auflage entstand unter Mitarbeit von Prof. Dr.-Ing. Prof. E.h. Jochen Dietrich, Dozent für
Fertigungs- und CNC-Technik an der Hochschule für Technik und Wirtschaft, Dresden.

Bis zur 4. Auflage erschien das Buch unter dem Titel
Handbuch Umformtechnik im Hoppenstedt Verlag, Darmstadt.

In der 5. Auflage erschien das Buch unter dem Titel
Praxiswissen Umformtechnik im Vieweg Verlag.

5., überarbeitete und erweiterte Auflage 1997
6., aktualisierte und erweiterte Auflage, April 2001
7., verbesserte und erweiterte Auflage, Juni 2003

Alle Rechte vorbehalten
© Friedr. Vieweg & Sohn Verlag/GWV Fachverlage GmbH, Wiesbaden 2003

Der Vieweg Verlag ist ein Unternehmen der Fachverlagsgruppe BertelsmannSpringer.
www.vieweg.de

Das Werk einschließlich aller seiner Teile ist urheberrechtlich geschützt.
Jede Verwertung außerhalb der engen Grenzen des Urheberrechts-
gesetzes ist ohne Zustimmung des Verlags unzulässig und strafbar. Das
gilt insbesondere für Vervielfältigungen, Übersetzungen, Mikrover-
filmungen und die Einspeicherung und Verarbeitung in elektronischen
Systemen.

Umschlaggestaltung: Ulrike Weigel, www.CorporateDesignGroup.de
Technische Redaktion: Hartmut Kühn von Burgsdorff, Wiesbaden
Druck und buchbinderische Verarbeitung: Lengericher Handelsdruckerei, Lengerich
Gedruckt auf säurefreiem und chlorfrei gebleichtem Papier.
Printed in Germany

ISBN 3-528-34987-5

Vorwort

Das Buch „Praxiswissen Umformtechnik", daß für die 7. Auflage überarbeitet wurde, zeigt den neuesten Stand der Technik auf dem Sektor der Umformtechnik.

Im Teil I werden die Umform- und Trennverfahren abgehandelt. Es werden die wichtigsten Merkmale der Verfahren, die dazu notwendigen Werkzeuge und die Einsatzgebiete beschrieben. An praktischen Beispielen wird gezeigt, wie man die erforderlichen Umformkräfte und Formänderungsarbeiten rechnerisch bestimmen kann.

Im Teil II werden Umformmaschinen beschrieben und gezeigt, wie man ihre Kenngrößen rechnerisch bestimmen kann.
In diesem Teil werden auch die flexiblen Fertigungssysteme in der Umformtechnik und die zur Vollautomatisierung erforderlichen Handlingsysteme (automatische Werkzeugwechsel- und Werkstück-Zubringersysteme), vorgestellt.

Teil III enhält Tabellen und Fließkurven, mit Zahlenangaben, die zur Berechnung von Umformkräften und Formänderungsarbeiten erforderlich sind.

Die moderne CNC-Technik in den Steuerungen dieser weitestgehend automatisierten Fertigungsanlagen, vermindert die Neben- und Rüstzeiten und damit auch die Herstellkosten. Außer diesen wirtschaftlichen Vorteilen, sind aber auch die technischen Vorteile, wie:

>Materialeinsparung
>optimaler Faserverlauf
>Kaltverfestigung beim Kaltumformen

wichtige Gründe für den Einsatz der Umformverfahren.

Das Buch stellt die wichtigsten Umform- und Trennverfahren und die dazu gehörigen Werkzeuge und Maschinen in einer gerafften Form vor.

Für den Techniker im Betrieb, soll es ein Nachschlagwerk sein, in dem er sich schnell orientieren kann. Der Student hat mit diesem Buch ein Skriptum, das ihm im Hörsaal Schreibarbeit erspart und dadurch ein aufmerksames Anhören der Vorlesung ermöglicht.

Besonderen Dank für die Mitgestaltung der 6. Auflage als Co-Autor, sage ich meinem Kollegen, Prof. Dr.-Ing. Prof. eh. Jochen Dietrich, Dozent für Fertigungsverfahren und CNC-Technik, an der Hochschule für Technik und Wirtschaft (FH), Dresden.

Dank sage ich auch Herrn Dr.-Ing. Mauermann vom Fraunhofer Institut für Werkzeugmaschinen und Umformtechnik, Chemnitz, für seine Mitarbeit an der 7. Auflage des Buches.

Bad Reichenhall/Dresden, im Juni 2003 *Heinz Tschätsch*

Inhaltsverzeichnis

Begriffe, Formelzeichen und Einheiten		1
Vorwort		V
Teil 1 Umform- und Trennverfahren		3
1.	**Einteilung der Fertigungsverfahren**	5
2.	**Begriffe und Kenngrößen der Umformtechnik**	7
2.1	Elastische und plastische Verformung	7
2.2	Formänderungsfestigkeit	8
2.3	Formänderungswiderstand	10
2.4	Formänderungsvermögen	11
2.5	Formänderungsgrad-Hauptformänderung	11
2.6	Formänderungsgeschwindigkeit	14
2.7	Testfragen	14
3.	**Oberflächenbehandlung**	15
3.1	Kalt-Massivumformung	15
3.2	Kalt-Blechumförmung	16
3.3	Warmformgebung	17
3.4	Testfragen	17
4.	**Stauchen**	18
4.1	Definition	18
4.2	Anwendung	18
4.3	Ausgangsrohling	18
4.4	Zulässige Formänderungen	19
4.5	Stauchkraft	23
4.6	Staucharbeit	23
4.7	Stauchwerkzeuge	24
4.8	Erreichbare Genauigkeit	26
4.9	Stauchfehler	27
4.10	Berechnungsbeispiele	27
4.11	Testfragen	32
5.	**Fließpressen**	33
5.1	Definition	33
5.2	Anwendung des Verfahrens	33
5.3	Unterteilung des Fließpreßverfahrens	34
5.4	Ausgangsrohling	35
5.5	Hauptformänderung	35
5.6	Kraft- und Arbeitsberechnung	36
5.7	Fließpreßwerkzeuge	38
5.8	Armierungsberechnung nach VDI 3186 Bl. 3 für einfach armierte Preßbüchsen	39
5.9	Erreichbare Genauigkeiten	42

5.10	Fehler beim Fließpressen	43
5.11	Stadienplan	43
5.12	Berechnungsbeispiele	44
5.13	Formenordnung	49
5.14	Testfragen	55
6.	**Gewindewalzen und Verzahnungswalzen**	**56**
6.1	Unterteilung der Verfahren	56
6.2	Anwendung der Verfahren	58
6.3	Vorteile des Gewindewalzens	59
6.4	Bestimmung des Ausgangsdurchmessers	60
6.5	Rollgeschwindigkeiten mit Rundwerkzeugen	61
6.6	Walzwerkzeuge	61
6.7	Beispiel	63
6.8	Gewindewalzmaschinen	64
6.9	Testfragen	68
6.10	Verfahren und Maschinen für das Walzen von Verzahnungen	69
7.	**Kalteinsenken**	**77**
7.1	Definition	77
7.2	Anwendung des Verfahrens	77
7.3	Zulässige Formänderung	78
7.4	Kraft- und Arbeitsberechnung	78
7.5	Einsenkbare Werkstoffe	79
7.6	Einsenkgeschwindigkeit	80
7.7	Schmierung beim Kalteinsenken	80
7.8	Gestaltung der einzusenkenden Werkstücke	80
7.9	Einsenkwerkzeug	81
7.10	Vorteile des Kalteinsenkens	82
7.11	Fehler beim Kalteinsenken	83
7.12	Maschinen für das Kalteinsenken	83
7.13	Berechnungsbeispiele	84
7.14	Testfragen	85
8.	**Massivprägen**	**86**
8.1	Definition	86
8.2	Unterteilung und Anwendung des Massivprägeverfahrens	86
8.3	Kraft- und Arbeitsberechnung	87
8.4	Werkzeuge	88
8.5	Fehler beim Massivprägen	89
8.6	Beispiel	89
8.7	Testfragen	90
9.	**Abstreckziehen**	**91**
9.1	Definition	91
9.2	Anwendung des Verfahrens	91
9.3	Ausgangsrohling	91
9.4	Hauptformänderung	91
9.5	Kraft- und Arbeitsberechnung	93
9.6	Beispiel	93

9.7	Testfragen	94
10.	**Drahtziehen**	**95**
10.1	Definition	95
10.2	Anwendung	95
10.3	Ausgangsmaterial	96
10.4	Hauptformänderung	96
10.5	Zulässige Formänderungen	96
10.6	Ziehkraft	97
10.7	Ziehgeschwindigkeiten	97
10.8	Antriebsleistung	99
10.9	Ziehwerkzeuge	100
10.10	Beispiel	102
10.11	Testfragen	104
11.	**Rohrziehen**	**105**
11.1	Definition	105
11.2	Rohrziehverfahren	105
11.3	Hauptformänderung und Ziehkraft	106
11.4	Ziehwerkzeuge	107
11.5	Beispiel	108
11.6	Testfragen	108
12.	**Strangpressen**	**109**
12.1	Definition	109
12.2	Anwendung	109
12.3	Ausgangsmaterial	110
12.4	Strangpreßverfahren	110
12.5	Hauptformänderung	113
12.6	Formänderungsgeschwindigkeiten	113
12.7	Preßkraft	114
12.8	Arbeit	116
12.9	Werkzeug	118
12.10	Strangpreßmaschinen	120
12.11	Beispiel	121
12.12	Testfragen	122
13.	**Gesenkschmieden**	**123**
13.1	Definition	123
13.2	Unterteilung und Anwendung des Verfahrens	124
13.3	Ausgangsrohling	123
13.4	Vorgänge im Gesenk	126
13.5	Kraft- und Arbeitsberechnung	127
13.6	Werkzeuge	132
13.7	Gestaltung von Gesenkschmiedeteilen	136
13.8	Erreichbare Genauigkeiten	137
13.9	Beispiel	137
13.10	Testfragen	139
14.	**Tiefziehen**	**141**

14.1	Definition	141
14.2	Anwendung des Verfahrens	141
14.3	Umformvorgang und Spannungsverteilung	142
14.4	Ausgangsrohling	143
14.5	Zulässige Formänderung	150
14.6	Zugabstufung	152
14.7	Berechnung der Ziehkraft	154
14.8	Niederhalterkraft	155
14.9	Zieharbeit	156
14.10	Ziehwerkzeuge	158
14.11	Erreichbare Genauigkeiten	166
14.12	Tiefziehfehler	167
14.13	Beispiel	169
14.14	Hydromechanisches Tiefziehen	172
14.15	Außenhochdruckumformen	174
14.16	Innenhochdruckumformen	179
14.17	Testfragen	184
15.	**Ziehen ohne Niederhalter und Drücken**	**185**
15.1	Ziehen ohne Niederhalter	185
15.2	Drücken	186
15.3	Testfragen	193
16.	**Biegen**	**194**
16.1	Definition	194
16.2	Anwendung des Verfahrens	194
16.3	Biegeverfahren	194
16.4	Grenzen der Biegeumformung	195
16.5	Rückfederung	197
16.6	Ermittlung der Zuschnittlänge	198
16.7	Biegekraft	199
16.8	Biegearbeit	201
16.9	Biegewerkzeuge	203
16.10	Biegefehler	204
16.11	Beispiel	204
16.12	Biegemaschinen	205
16.13	Testfragen	211
17.	**Hohlprägen**	**212**
17.1	Definition	212
17.2	Anwendung des Verfahrens	212
17.3	Kraft- und Arbeitsberechnung	213
17.4	Werkzeuge zum Hohlprägen	216
17.5	Prägefehler	217
17.6	Beispiel	217
17.7	Testfragen	217
18.	**Schneiden (Zerteilen)**	**218**
18.1	Definition	218
18.2	Ablauf des Schneidvorganges	218

18.3	Unterteilung der Schneidverfahren	219
18.4	Zulässige Formänderung	220
18.5	Kraft- und Arbeitsberechnung	220
18.6	Resultierende Wirkungslinie	222
18.7	Schneidspalt	225
18.8	Steg- und Randbreiten	227
18.9	Erreichbare Genauigkeiten	228
18.10	Schneidwerkzeuge	229
18.11	Beispiel	238
18.12	Testfragen	240
19.	**Feinschneiden (Genauschneiden)**	**241**
19.1	Definition	241
19.2	Einsatzgebiete	241
19.3	Ablauf des Schneidvorganges	241
19.4	Aufbau des Feinstanzwerkzeuges	242
19.5	Schneidspalt	242
19.6	Kräfte beim Feinschneiden	243
19.7	Feinschneidpressen	244
19.8	Testfragen	246
19.9	Laserschneidmaschinen	247
20.	**Fügen durch Umformen**	**249**
20.1	Clinchen	250
20.2	Vollstanznieten	254
20.3	Halbhohlstanznieten	257
Teil II:	**Preßmaschinen**	**261**
21.	**Unterteilung der Preßmaschinen**	**262**
21.1	Arbeitgebundene Maschinen	262
21.2	Weggebundene Maschinen	262
21.3	Kraftgebundene Maschinen	263
21.4	Testfragen	263
22.	**Hämmer**	**264**
22.1	Ständer und Gestelle	264
22.2	Unterteilung der Hämmer	264
22.3	Konstruktiver Aufbau und Berechnung der Schlagenergie	266
22.4	Einsatzgebiete der Hämmer	273
22.5	Beispiel	274
22.6	Testfragen	274
23.	**Spindelpressen**	**275**
23.1	Konstruktive Ausführungsformen	275
23.2	Wirkungsweise der einzelnen Bauformen	276
23.3	Berechnung der Kenngrößen für Spindelpressen	287
23.4	Vorteile der Spindelpressen	291
23.5	Typische Einsatzgebiete der Spindelpressen	291
23.6	Beispiele	292

23.7	Testfragen	294
24.	**Exzenter- und Kurbelpressen**	**295**
24.1	Unterteilung dieser Pressen	295
24.2	Gestellwerkstoffe	298
24.3	Körperfederung und Federungsarbeit	299
24.4	Antriebe der Exzenter- und Kurbelpressen	300
24.5	Berechnung der Kenngrößen	306
24.6	Beispiel	310
24.7	Einsatz der Exzenter- und Kurbelpressen	312
24.8	Testfragen	312
25.	**Kniehebelpressen**	**313**
25.1	Kniehebelpressen mit Einpunktantrieb	313
25.2	Kniehebelpressen mit modifiziertem Antrieb	314
25.3	Liegende Kniehebelpressen	317
25.4	Testfragen	317
26.	**Hydraulische Pressen**	**318**
26.1	Antrieb der hydraulischen Pressen	318
26.2	Beispiel	320
26.3	Vorteile der hydraulischen Pressen	321
26.4	Praktischer Einsatz der hydraulischen Pressen	321
26.5	Testfragen	324
27.	**Sonderpressen**	**325**
27.1	Stufenziehpressen	325
27.2	Mehrstufenpressen für die Massivumformung	331
27.3	Stanzautomaten	339
27.4	Testfragen	344
28.	**Werkstück- bzw. Werkstoffzuführsysteme**	**345**
28.1	Zuführeinrichtungen für den Stanzereibetrieb	345
28.2	Transporteinrichtungen in Stufenziehpressen	346
28.3	Transporteinrichtungen für Mehrstufenpressen-Massivumformung	347
28.4	Zuführeinrichtungen für Ronden und Platinen	348
28.5	Zuführeinrichtungen zur schrittweisen Zuführung von Einzelwerkstücken	348
28.6	Zuführeinrichtungen zur Beschickung von Schmiedemaschinen	349
28.7	Testfragen	349
29.	**Weiterentwicklung der Umformmaschinen und der Werkzeugwechselsysteme**	**351**
29.1	Flexible Fertigungssysteme	351
29.2	Automatische Werkzeugwechselsysteme	362
Teil III	**Tabellen**	**367**
Literaturverzeichnis		**403**
Anhang Werkstoffbezeichnung		**410**
Sachwortverzeichnis		**418**

Begriffe, Formelzeichen und Einheiten

Größe	Formelzeichen	Einheit (Auswahl)
Arbeit, mechanische	W	Nm
Kraft (Preßkraft)	F	N
Ziehkraft	F_Z	N
Niederhalterkraft	F_N	N
Geschwindigkeit	v	m/s, m/min
Umformgeschwindigkeit	$\dot{\varphi}$	s^{-1}
Druck	p	Pa, bar
Schubspannung	τ	N/mm^2
Zugspannung	R, σ	N/mm^2
Zugfestigkeit	R_m	N/mm^2
Streckgrenzenfestigkeit	R_e	N/mm^2
Dehngrenze	$R_{P0,2}$	N/mm^2
Dehnung	ε	m/m, %
Formänderungsfestigkeit	k_f	N/mm^2
Formänderungsfestigkeit vor der Umformung (Kaltverformung)	k_{f_0}	N/mm^2
Formänderungsfestigkeit nach der Umformung (Kaltverformung)	k_{f_1}	N/mm^2
Fließwiderstand	p_{fl}	N/mm^2
Formänderungswiderstand	k_w	N/mm^2
Elastizitätsmodul	E	N/mm^2
Dichte	ϱ	t/m^3, kg/dm^3, g/cm^3
Rohlingslänge vor der Umformung	h_0, l_0	m, mm
Rohlingslänge nach der Umformung	h_1, l_1	m, mm
Fläche	A	m^2, mm^2
Fläche vor der Umformung	A_0	m^2, mm^2

2 Begriffe, Formelzeichen und Einheiten

Größe	Formelzeichen	Einheit (Auswahl)
Fläche nach der Umformung	A_1	m², mm²
Volumen	V	m³, mm³
Umformtemperatur	T	K, °C
Reibungszahl	μ	–
Wirkungsgrad	η	–
Formänderungswirkungsgrad	η_F	–
Schlagwirkung (bei Hämmern)	η_s	–
Leistung	P	Nm/s, W
Beschleunigung	a, g	m/s²
Hubzahl bei Pressen	n	min⁻¹, s⁻¹
Hubgröße	H, h	m, mm
Massenträgheitsmoment	I_d, θ	kg m²
Masse	m	kg
Winkelgeschwindigkeit	ω	s⁻¹
Drehmoment	M	Nm, J
Tangentialkraft (bei Kurbelpressen)	T_p	N
Kurbelwinkel (bei Kurbelpressen)	α	°

Teil I: Umform- und Trennverfahren

1. Einteilung der Fertigungsverfahren

Nach DIN 8580 werden die Fertigungsverfahren in 6 Hauptgruppen unterteilt.

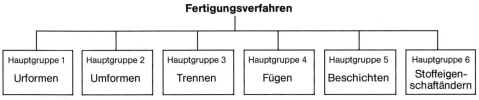

Bild 1.1 Einteilung der Fertigungsverfahren

Von diesen 6 Hauptgruppen werden in diesem Buch die Umformverfahren (Bild 1.2) und die Trennverfahren (Bild 1.3) besprochen.
Umformen ist nach DIN 8580 ein Fertigen durch bildsames (plastisches) Ändern der Form eines festen Körpers.
Dabei werden sowohl die Masse als auch der Werkstoffzusammenhang beibehalten.

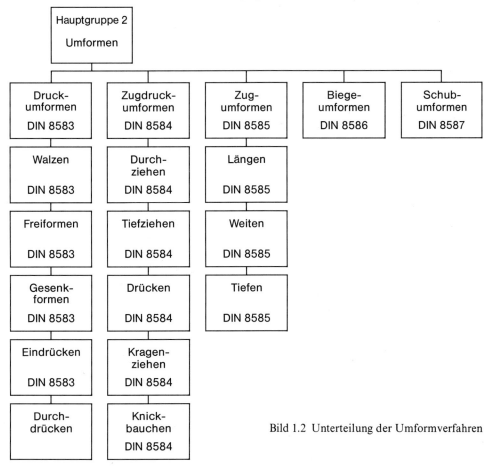

Bild 1.2 Unterteilung der Umformverfahren

Trennen ist nach DIN 8588 ein Zerteilen benachbarter Teile eines Werkstückes, oder das Trennen ganzer Werkstücke voneinander, ohne daß dabei Späne entstehen.
Bei den Zerteilverfahren unterscheidet man nach Ausbildung der Schneiden zwischen Scherschneiden und Keilschneiden.
Industriell hat das Zerteilen mit Scherschneiden die größere Bedeutung (Bild 1.4).

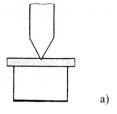

a)

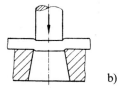

b)

Hauptgruppe 3
spanloses Trennen
Scherschneiden
DIN 8588

Abschneiden

Ausschneiden

Einschneiden

Beschneiden

Be- und Nachschneiden

Lochen

Bild 1.4 (oben) Zerteilen.
a) Keilschneiden, b) Scherschneiden

Bild 1.3 (links) Unterteilung der Trennverfahren

2. Begriffe und Kenngrößen der Umformtechnik

2.1 Plastische (bleibende) Verformung

Im Gegensatz zur elastischen Verformung, bei der z.B. ein auf Zug beanspruchter Stab in seine Ursprungslänge zurückgeht, wenn ein bestimmter Grenzwert (Dehngrenze des Werkstoffes $R_{p0,2}$-Grenze) nicht überschritten wird, nimmt das plastisch verformte Werkstück die Form bleibend an.

Im elastischen Bereich gilt:

$$\sigma_Z = \varepsilon \cdot E$$

$$\varepsilon = \frac{\Delta l}{l_0} = \frac{l_0 - l_1}{l_0}$$

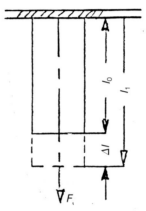

Bild 2.1 Zerreißstab — Längenänderung bei Belastung

σ_Z	in N/mm²	Zugspannung
ε	in –	Dehnung
l_0	in mm	Ausgangslänge
l_1	in mm	Länge bei Krafteinwirkung
Δl	in mm	Verlängerung
R_m	in N/mm²	Zugfestigkeit (früher σ_B)
R_e	in N/mm²	Festigkeit an der Streckgrenze (früher σ_S)
E	in N/mm²	Elastizitätsmodul.

Im plastischen Bereich,

wird eine bleibende Verformung durch Schubspannungen ausreichender Größe ausgelöst. Dadurch verändern die Atome der Reihe A_1 (Bild 2.2) ihre Gleichgewichtslage gegenüber der Reihe A_2. Die Größe der Verschiebung ist proportional der Größe der Schubspannung τ.

2. Begriffe und Kenngrößen der Umformtechnik

Ist die wirksame Schubspannung kleiner als τ_f (τ_f-Fließschubspannung), dann ist $m < a/2$ und die Atome nehmen nach Entlastung wieder ihre ursprüngliche Lage ein – elastische Verformung.
Wird aber der Grenzwert der Fließschubspannung überschritten, dann wird $m > a/2$ bzw. $m > n$, die Atome gelangen in den Anziehungsbereich des Nachbaratoms und es tritt eine neue bleibende Gleichgewichtslage ein – plastische Verformung.
Den Grenzwert der überschritten werden muß, bezeichnet man als Plastizitätsbedingung und die zugeordnete Festigkeit als

Formänderungsfestigkeit k_f

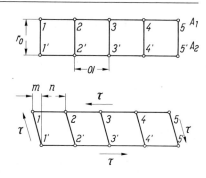

Bild 2.2 Ideeller Vorgang der Lageänderung der Atome

2.2 Formänderungsfestigkeit k_f in N/mm²

2.2.1 Kaltverformung

Bei der Kaltverformung ist k_f nur von der Größe der Verformung φ_h (Hauptformänderung) und vom zu verformenden Werkstoff abhängig. Das Diagramm (Bild 2.3) daß die Formänderungsfestigkeit in Abhängigkeit von der Größe der Formänderung zeigt, bezeichnet man als Fließkurve.
Sie kennzeichnet das Verfestigungsverhalten eines Werkstoffes. Die Fließkurven lassen sich mit der folgenden Gleichung annähernd darstellen.

$$k_f = k_{f\,100\%} \cdot \varphi^n = c \cdot \varphi^n$$

n – Verfestigungskoeffizient
c – entspricht k_{f_1} bei $\varphi = 1$ bzw. bei $\varphi = 100\%$
k_{f_0} – Formänderungsfestigkeit vor der Umformung für $\varphi = 0$.

Mittlere Formänderungsfestigkeit k_{f_m}

Für die Kraft- und Arbeitsberechnung benötigt man bei einigen Arbeitsverfahren die sogenannte mittlere Formänderungsfestigkeit. Sie kann näherungsweise bestimmt werden aus:

$$k_{f_m} = \frac{k_{f_0} + k_{f_1}}{2}$$

k_{f_m} in N/mm² mittlere Formänderungsfestigkeit
k_{f_0} in N/mm² Formänderungsfestigkeit für $\varphi = 0$
k_{f_1} in N/mm² Formänderungsfestigkeit am Ende der Umformung ($\varphi_h = \varphi_{max}$).

Bild 2.3 Fließkurve – Kaltverformung.
$k_f = f(\varphi_h)$ $a = f(\varphi_h)$ a in Nmm/mm³ bezogene Formänderungsarbeit

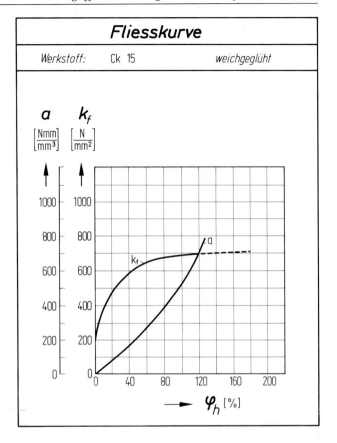

2.2.2 Warmverformung

Bei der Warmverformung, oberhalb der Rekristallisationstemperatur ist k_f unabhängig von der Größe des Formänderungsgrades φ. Hier ist k_f abhängig von der Formänderungsgeschwindigkeit $\dot{\varphi}$ (Bild 2.4), von der Formänderungstemperatur (Bild 2.5) und vom zu verformenden Werkstoff.

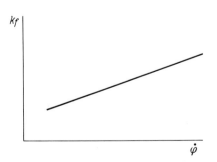

Bild 2.4 $k_f = f(\dot{\varphi})$ bei der Warmverformung

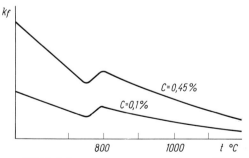

Bild 2.5 $k_f = f$ (Temperatur und vom Werkstoff) bei der Warmverformung. Bei höhergekohlten Stählen fällt k_f steiler ab als bei niedergekohlten Stählen

2. Begriffe und Kenngrößen der Umformtechnik

Bei großen Umformgeschwindigkeiten wird k_f bei der Warmverformung größer, weil die durch die Rekristallisation entstehenden Entfestigungsvorgänge nicht mehr vollständig ablaufen.

2.2.3 Berechnung der Formänderungsfestigkeit $k_{f_{Hw}}$ für die Halbwarmumformung

$$k_{f_{Hw}} = c \cdot \varphi_h^n \cdot \dot{\varphi}^m \qquad c = \frac{1400-T}{3}$$

$k_{f_{Hw}}$	in N/mm²	Formänderungsfestigkeit bei Halbwarmumformung
T	in °C	Temperatur bei Halbwarmumformung
c	in N/mm²	empirischer Berechnungsfaktor
φ_h	–	Hauptformänderung
n	–	Exponent von φ_h
$\dot{\varphi}$	in s⁻¹	Umformgeschwindigkeit
m	–	Exponent von $\dot{\varphi}$

Tabelle 2.1 Exponenten und Halbwarmumformtemperaturen

Werkstoff	n	m	T °C	c
C 15	0,1	0,08	500	300
C 22	0,09	0,09	500	300
C 35	0,08	0,10	550	283
C 45	0,07	0,11	550	283
C 60	0,06	0,12	600	267
X 10 Cr 13	0,05	0,13	600	267

Beispiel:

gegeben: Werkstoff C 60
Arbeitstemperatur: $T = 600$ °C
Hauptformänderung: $\varphi_n = 1,10 = 110\ \%$
Formänderungsgeschwindigkeit $\dot{\varphi} = 250\ \text{s}^{-1}$

Lösung:

c = 267, n = 0,06, m = 0,12 aus Tabelle 2.1

$k_{f_{Hw}} = c \cdot \varphi_h^n \cdot \dot{\varphi}^m = 267 \cdot 1{,}10^{0,06} \cdot 250^{0,12}$

$k_{f_{Hw}} = 267 \cdot 1{,}0 \cdot 1{,}94 = \underline{\underline{515\ \text{N/mm}^2}}$

2.3 Formänderungswiderstand k_w

Der bei einer Formänderung zu überwindende Widerstand setzt sich aus der Formänderungsfestigkeit und den Reibwiderständen im Werkzeug, die man unter dem Begriff »Fließwiderstand« zusammenfaßt, zusammen.

$$k_\text{w} = k_\text{f} + p_\text{fl}$$

k_w in N/mm² Formänderungswiderstand
k_f in N/mm² Formänderungsfestigkeit
p_fl in N/mm² Fließwiderstand

Für rotationssymmetrische Teile kann man den Fließwiderstand p_fl rechnerisch bestimmen.

$$p_\text{fl} = \frac{1}{3} \mu \cdot k_{f_1} \frac{d_1}{h_1}$$

Daraus folgt für den Formänderungswiderstand k_w

$$k_\text{w} = k_{f_1} \left(1 + \frac{1}{3} \mu \cdot \frac{d_1}{h_1} \right)$$

k_{f_1} in N/mm² Formänderungsfestigkeit am Ende der Umformung
d_0 in mm Durchmesser vor der Umformung
h_0 in mm Höhe vor der Umformung (Bild 4.6)
μ – Reibungskoeffizient ($\mu = 0{,}15$)
d_1 in mm Durchmesser nach der Umformung
h_1 in mm Höhe nach der Umformung
η_F – Formänderungswirkungsgrad.

Für asymmetrische Teile, die mathematisch nur bedingt erfaßbar sind, bestimmt man den Formänderungswiderstand mit Hilfe des Formänderungswirkungsgrades

$$k_\text{w} = \frac{k_{f_1}}{\eta_\text{F}} \ .$$

2.4 Formänderungsvermögen

Darunter versteht man die Fähigkeit eines Werkstoffes sich umformen zu lassen. Es ist abhängig von:

2.4.1 Chemischer Zusammensetzung

Bei Stählen ist z. B. die Kaltformbarkeit abhängig vom C-Gehalt, den Legierungsbestandteilen (Ni, Cr, Va, Mo, Mn) und dem Phosphor-Gehalt. Je größer der C-Gehalt, der P-Gehalt und die Legierungsanteile, um so kleiner ist das Formänderungsvermögen.

2.4.2 Gefügeausbildung

Hier sind die Korngröße und vor allem die Perlitausbildung von Bedeutung.

– Korngröße

Stähle sollen möglichst feinkörnig sein, weil sich bei Stählen mit kleiner bis mittlerer Korngröße die Kristallite auf den kristalliten Gleitebenen leichter verschieben lassen.

– Perlitausbildung

Perlit ist der Kohlenstoffträger im Stahl. Er ist schlecht verformbar. Deshalb ist es wichtig, daß der Perlit in der gut kaltverformbaren ferritischen Grundmasse gleichmäßig verteilt ist.

2.4.3 Wärmebehandlung

Ein gleichmäßig verteiltes Gefüge erhält man durch eine Normalisierungsglühung (über Ac3) mit rascher Abkühlung. Die dabei entstehende Härte wird durch eine anschließende Weichglühung (um Ac1) aufgehoben.

Beachten Sie! Nur weichgeglühtes Material kann kaltverformt werden.

2.5 Formänderungsgrad und Hauptformänderung

2.5.1 Massivumformverfahren

Das Maß für die Größe einer Formänderung ist der Formänderungsgrad. Die Berechnung erfolgt allgemein aus dem Verhältnis einer unendlich kleinen Abmessungsdifferenz dx auf eine vorhandene Abmessung x. Durch Integration in den Grenzen x_0 bis x_1 erhält man

$$\varphi_x = \int_{x_0}^{x_1} \frac{dx}{x} = \ln \frac{x_1}{x_0} \ .$$

Dabei wird vorausgesetzt, daß das Volumen des umzuformenden Körpers bei der Umformung konstant bleibt.

$$V = l_0 \cdot b_0 \cdot h_0 = l_1 \cdot b_1 \cdot h_1 \ .$$

Je nach dem welche Größe sich bei der Umformung am stärksten ändert, unterscheidet man Bild 2.6 zwischen

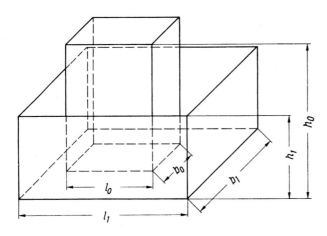

Bild 2.6
Quader vor der Umformung mit den Maßen h_0, b_0, l_0 und nach der Umformung mit den Maßen h_1, b_1, l_1

Stauchungsgrad $\quad \varphi_1 = \ln \dfrac{h_1}{h_0}$

Breitungsgrad $\quad \varphi_2 = \ln \dfrac{b_1}{b_0}$

Längungsgrad $\quad \varphi_3 = \ln \dfrac{l_1}{l_0}$.

Wenn die Querschnittsänderung oder die Wanddickenänderung dominierende Größen sind, kann man *j* auch aus diesen Größen bestimmen.

bei Wanddickenänderung $\quad \varphi = \ln \dfrac{s_1}{s_0}$

bei Querschnittsänderung $\quad \varphi = \ln \dfrac{A_1}{A_0}$.

Die Summe der drei Formänderungen in den drei Hauptrichtungen (Länge, Breite, Höhe) ist gleich Null. Was an Höhe verloren geht, wird an Breite und Länge gewonnen – Bild 2.6.

$$\varphi_1 + \varphi_2 + \varphi_3 = 0 \ .$$

D.h. eine von diesen drei Formänderungen ist gleich der negativen Summe der beiden anderen.

Z. B. $\varphi_1 = -(\varphi_2 + \varphi_3)$.

Diese größte Formänderung bezeichnet man als **Hauptformänderung** «φ_h».
Sie charakterisiert die Arbeitsverfahren und geht in die Kraft- und Arbeitsberechnung ein.
Sie ist das Maß für die Größe einer Umformung.
Welche Umformung ein Werkstoff ertragen kann, d.h. wie groß sein Formänderungsvermögen ist, kann man aus Richtwerttabellen, aus denen man die zulässigen Formänderungen $\varphi_{h\,zul}$ ablesen kann, entnehmen.
Nur wenn die tatsächliche Formänderung bei der Herstellung eines Werkstückes gleich oder kleiner ist als $\varphi_{h\,zul}$, kann das Werkstück in einem Arbeitsgang hergestellt werden. Anderenfalls sind mehrere Arbeitsgänge mit Zwischenglühung (Weichglühung) erforderlich.

2.5.2 Blechumformung

Beim Tiefziehen kann man z. B. die Anzahl der erforderlichen Züge aus dem Ziehverhältnis β bestimmen.

$$\beta = \frac{D}{d} = \frac{\text{Rondendurchmesser}}{\text{Stempeldurchmesser}} \ .$$

Da beim Tiefziehen die Größen D und d für ein bestimmtes Werkstück bekannt sind, läßt sich daraus β berechnen.

Auch hier entnimmt man aus Richtwerttabellen (siehe Kapitel Tiefziehen) das zulässige Ziehverhältnis β_{zul} und vergleicht es mit dem errechneten Ziehverhältnis.

Nur dann, wenn β gleich oder kleiner ist als β_{zul} kann das Werkstück in einem Arbeitsgang hergestellt werden. Anderenfalls sind mehrere Züge erforderlich.

2.6 Formänderungsgeschwindigkeit

Wird eine Formänderung in der Zeit t durchgeführt, dann ergibt sich eine mittlere Formänderungsgeschwindigkeit von:

$$w_m = \frac{\varphi}{t}$$

w_m in %/s — mittlere Formänderungsgeschwindigkeit
φ in % — Formänderungsgrad
t in s — Verformungszeit

Sie läßt sich aber auch aus der Stößelgeschwindigkeit und der Anfangshöhe des Werkstückes bestimmen.

$$\dot{\varphi} = \frac{v}{h_0}$$

φ in s^{-1} — Formänderungsgeschwindigkeit
v in m/s — Geschwindigkeit des Stößels
h_0 in s — Höhe des Rohlings.

2.7 Testfragen zu Kapitel 2:

1. Welche Bedingung muß erfüllt sein, wenn es zu einer plastischen (bleibenden) Verformung kommen soll?
2. Was versteht man unter dem Begriff Formänderungsfestigkeit k_p?
3. Woraus kann man die Größe der Formänderungsfestigkeit entnehmen?
4. Wie kann man die mittlere Formänderungsfestigkeit (annähernd) berechnen?
5. Welchen Einfluß hat die Umformtemperatur auf die Formänderungsfestigkeit?
6. Welchen Einfluß hat die Formänderungsgeschwindigkeit auf die Formänderungsfestigkeit?
   a) bei der Kaltverformung
   b) bei der Warmverformung.
7. Was versteht man unter dem Begriff Kaltverformung?
8. Was versteht man unter dem Begriff »Formänderungsvermögen«?
9. Von welchen Faktoren ist das Formänderungsvermögen eines Werkstoffes abhängig?
10. Erklären sie die Begriffe:
    Stauchungsgrad
    Breitungsgrad
    Längungsgrad.
11. Was versteht man unter dem Begriff »Hauptformänderung«?

3. Oberflächenbehandlung

Würde man die Rohlinge (Draht- oder Stangenabschnitte) nur einfach in das Preßwerkzeug einführen und dann pressen, dann wäre das Werkzeug nach wenigen Stücken nicht mehr zu gebrauchen. Durch eine entstehende Kaltverschweißung zwischen Werkstück und Werkzeug käme es im Werkzeug zum Fressen. Dadurch würden am Werkzeug Grate entstehen, die unbrauchbare Preßteile zur Folge hätten. Deshalb müssen die Rohlinge vor dem Pressen sorgfältig vorbereitet werden. Zu dieser Vorbereitung, die man zusammenfassend als »Oberflächenbehandlung« bezeichnet, gehören

    Beizen, Phosphatieren, Schmieren.

3.1 Kalt-Massivumformung

3.1.1 Beizen

Mit dem Beizvorgang sollen oxydische Überzüge (Rost, Zunder) entfernt werden, so daß als Ausgangsbasis für die eigentliche Oberflächenbehandlung, die Oberfläche des Preßrohlings metallisch rein ist.
Als Beizmittel verwendet man verdünnte Säuren. Für Stahl z.B. 10%ige (Volumenprozent) Schwefelsäure.

3.1.2 Phosphatieren

Wenn man auf einen metallisch reinen (gebeizten) Rohling als Schmiermittel Fett, Öl oder Seife unmittelbar aufbringen würde, dann hätte das Schmiermittel keine Wirkung. Beim Pressen würde der Schmierfilm abreißen und es käme zum Kaltverschweißen und zum Fressen.
Deshalb muß zuerst eine Schmiermittelträgerschicht aufgebracht werden, die mit dem Rohlingswerkstoff eine feste Bindung eingeht.
Als Trägerschicht verwendet man Phosphate. Mit dem Phosphatieren wird eine nichtmetallische, mit dem Grundwerkstoff fest verwachsene Schmiermittelträgerschicht auf den Rohling aus

    Stahl (mit Ausnahme von Nirosta-Stählen)
    Zink und Zinklegierungen
    Aluminium und Aluminiumlegierungen

aufgebracht.
Diese poröse Schicht wirkt als Schmiermittelträger. In die Poren diffundiert das Schmiermittel ein und kann so vom Rohling nicht mehr abgestreift werden. Die Schichtdicken des aufgebrachten Phosphates liegen zwischen 5 und 15 µm.

3.1.3 Schmieren

— *Aufgaben der Schmiermittel*

Das Schmiermittel soll:

— die unmittelbare Berührung zwischen Werkzeug und Werkstück verhindern, um damit eine Stoffübertragung vom Werkzeug auf das Werkstück (Kaltschweißung) unmöglich zu machen;
— die Reibung zwischen den aufeinander gleitenden Flächen vermindern;
— die bei der Umformung entstehende Wärme in Grenzen halten.

— *Schmierstoffe für das Kaltumformen*

Für das Kaltumformen kann man folgende Stoffe als Schmiermittel einsetzen

— *Kalk (Kälken)*

Unter Kälken versteht man ein Eintauchen der Rohlinge in eine auf 90 °C erwärmte Lösung aus Wasser mit 8 Gewichtsprozent Kalk. Kälken ist nur für Stahl bei geringen Umformungen anwendbar.

— *Seife*

Hier verwendet man z. B. Kernseifenlösungen mit 4—8 Gewichtsprozent Seifenanteil bei 80 °C und einer Tauchzeit von 2—3 Minuten. Ihre Einsatz ist bei mittleren Schmieranforderungen gegeben.

— *Mineralöle (evtl. mit geringen Fettzusätzen)*

Diese unter der Bezeichnung Preßöle auf dem Markt befindlichen Schmiermittel sind für hohe Schmicranforderungen vor allem bei automatischer Fertigung geeignet. Sie übernehmen neben der Schmierung noch zusätzlich die Aufgabe des Kühlens.

— *Molybdändisulfid (Molykote-Suspensionen)*

Bei den Schmiermitteln auf Molybdändisulfid-Basis die für höchste Schmieransprüche geeignet sind, verwendet man überwiegend

MoS_2-Wasser Suspensionen.

Die Tauchzeit liegt zwischen 2 und 5 Minuten bei einer Temperatur von 80 °C. Die Konzentration (Mittelwert) liegt bei 1:3 (d.h. 1 Teil Molykote, 3 Teile Wasser).
Bei besonders schwierigen Umformungen verwendet man auch höher konzentrierte Suspensionen.

3.2 Kalt-Blechumformung

Zum Tiefziehen reichen in der Regel reine Gleitmittel wie Ziehöle oder Ziehfette aus, die eine unmittelbare Berührung von Werkstück und Werkzeug verhindern.

3.3 Warmformgebung (Gesenkschmieden)

Beim Gesenkschmieden verwendet man als Schmier- und Gleitmittel Sägemehl und Graphitsuspensionen. Optimale Ergebnisse erhält man mit 4% kolloidalem Graphit in Wasser oder Leichtöl. Bei den Flüssigschmiermitteln muß jedoch die Dosierung beachtet werden. Zu viel Suspension erhöht den Gasdruck im Gesenk und erschwert die Ausformung.

3.4 Testfragen zu Kapitel 3:

1. Welche Aufgabe hat das Schmiermittel bei der Umformung?
2. Warum kann man bei der Kaltumformung den Rohling nicht einfach mit Öl oder Fett schmieren?
3. Welche Vorbehandlung (Oberflächenbehandlung) der Rohlinge ist vor dem Preßvorgang bei der Kaltverformung erforderlich?
4. Welche Schmierstoffe verwendet man bei der Kaltumformung?
5. Welche Schmierstoffe verwendet man beim Gesenkschmieden?

4. Stauchen (DIN 8583)

4.1 Definition

Stauchen ist ein Massivumformverfahren, bei dem die Druckwirkung in der Längsachse des Werkstückes liegt.

4.2 Anwendung

Bevorzugt zur Herstellung von Massenteilen wie Schrauben, Nieten, Kopfbolzen, Ventilstößel usw. (Bilder 4.1, 4.2 und 4.3).

4.3 Ausgangsrohling

Ausgangsrohling ist ein Stangenabschnitt aus Rund- oder Profilmaterial.
In vielen Fällen, vor allem in der Schraubenfertigung, wird vom Drahtbund (Bild 4.2) gearbeitet. Da Walzmaterial billiger ist als gezogenes Material, wird es bevorzugt eingesetzt.

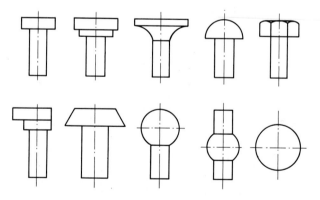

Bild 4.1 Typische Stauchteile

4. Stauchen (DIN 8583)

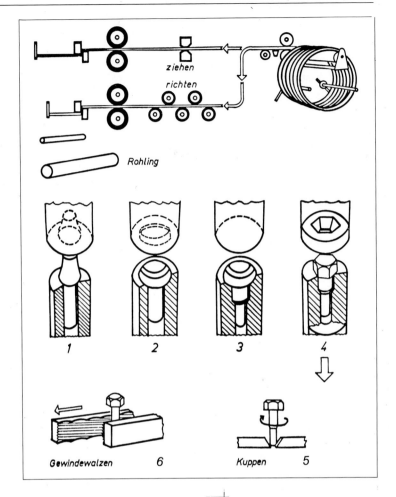

Bild 4.2 Arbeitsstufen zur Herstellung einer Schraube auf einer Mehrstufenpresse mit Gewindewalzeinrichtung. 0 Rohling abscheren, 1 Kopf vorstauchen, 2 Kopf fertig stauchen, 3 Schaft auf Gewindewalzdurchmesser reduzieren, 4 Sechskant ausstanzen, 5 Schaft anfasen (Kuppen), 6 Gewindewalzen

Bild 4.3 Herstellen eines Ventilstößels. 1 Ausgangsrohling, 2 Vorstauchen, 3 Fertigstauchen

4.4 Zulässige Formänderungen

Hier muß man zwei Kriterien unterscheiden:

4.4.1 Maß für die Größe der Formänderung

Damit werden die Grenzen für den zu verformenden Werkstoff (Formänderungsvermögen) gegeben.

Stauchung ε_h

$$\varepsilon_h = \frac{h_0 - h_1}{h_0}$$

4. Stauchen (DIN 8583)

Stauchungsgrad φ_h	$\varphi_h = \ln \dfrac{h_1}{h_0}$
φ_h Stauchungsgrad φ_h in % = $\varphi_h \cdot 100$	$\varphi_h = \left(\ln \dfrac{h_1}{h_0}\right) \cdot 100 \, [\%]$
Ausgangslänge bzw. Länge nach dem Stauchvorgang, wenn die zulässige Formänderung gegeben ist.	$h_0 = h_1 \cdot e^{\varphi_h}$ h_0 in mm Länge vor dem Stauch h_1 in mm Länge nach dem Stauch
Berechnung von φ_h aus ε_h	$\varphi_h = \ln(1 - \varepsilon_h)$

Tabelle 4.1 Zulässige Formänderung

Werkstoff	$\varphi_{h_{zul.}}$
Al 99,8	2,5
Al MgSil	1,5 – 2,0
Ms 63–85 CuZn 37–CuZn 15	1,2 – 1,4
Ck 10–Ck 22 St 42–St 50	1,3 – 1,5
Ck 35–Ck 45 St 60–St 70	1,2 – 1,4
Cf 53	1,3
16 MnCr 5 34 CrMo 4	0,8 – 0,9
15 CrNi 6 42 CrMo 4	0,7 – 0,8

4.4.2 Stauchverhältnis

Das Stauchverhältnis s legt die Grenzen der Rohlingsabmessung in bezug auf die Knickgefahr beim Stauchvorgang fest. Als Stauchverhältnis bezeichnet man das Verhältnis von freier nicht im Werkzeug geführter Länge zum Ausgangsdurchmesser des Rohlings (Bild 4.4).

4. Stauchen (DIN 8583)

Stauchverhältnis s

$$s = \frac{h_0}{d_0} = \frac{h_{0_k}}{d_0}$$

h_0 in mm Rohlingslänge
h_1 in mm Länge nach dem Stauch
d_0 in mm Ausgangsdurchmesser
h_{0_k} in mm im Werkzeug nicht geführte Rohlingslänge

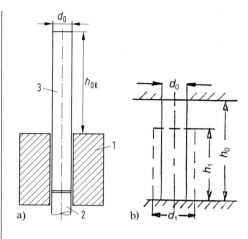

Bild 4.4 a) freie nicht im Werkzeug geführte Bolzenlänge. 1 Matrize, 2 Auswerfer, 3 Rohling vor dem Stauchvorgang; b) freies Stauchen, zwischen parallelen Flächen

Wird das zulässige Stauchverhältnis überschritten, dann knickt der Bolzen (Bild 4.5) aus.

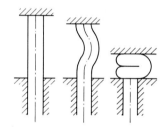

Bild 4.5 Ausknicken des Rohlings bei Überschreiten des Stauchverhältnisses

Zulässiges Stauchverhältnis:

- wenn das Stauchteil in einer Arbeitsoperation (Bild 4.6) hergestellt werden soll.

$$s \leqq 2{,}6$$

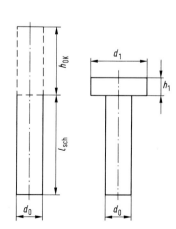

Bild 4.6 In einem Arbeitsgang hergestellter Kopfbolzen

— wenn das Stauchteil in zwei Operationen hergestellt werden soll (Bild 4.7) ist:

$$s \leq 4{,}5$$

Als Vorstauchform verwendet man kegelige Formen (Bild 4.8), weil sie sehr fließgünstig sind.

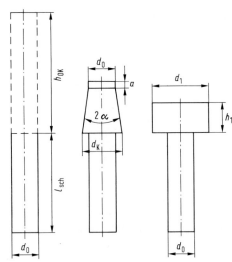

Bild 4.7 Im Doppeldruckverfahren hergestellter Kopfbolzen mit kegeligem Vorstauch

Tabelle 4.2 Maße fester Vorstaucher, Auszug aus VDI-Richtlinie 3171

Stauch-verhältnis $s=h_0/d_0$	Kelgel-winkel 2α [Grad]	Führungs-länge a [mm]	Länge des konischen Teiles des Vorstauchers c [mm]
2,5	15	0,6 d_0	1,37 d_0
3,3	15	1,0 d_0	1,56 d_0
3,9	15	1,4 d_0	1,66 d_0
4,3	20	1,7 d_0	1,56 d_0
4,5	25	1,9 d_0	1,45 d_0

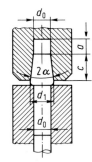

Bild 4.8 Maße fester Vorstaucher

Bei gegebenem Volumen des Fertigteiles (z.B. Kopfvolumen des Kopfbolzens von Bild 4.6), kann man mit der nachfolgenden Gleichung berechnen, wie groß der Ausgangsdurchmesser d_0 bei einem bestimmten Stauchverhältnis s mindestens sein muß.

$$d_0 = \sqrt[3]{\frac{4 \cdot V}{\pi \cdot s}}$$

d_0 in mm erforderlicher Rohlingsdurchmesser
V in mm³ an der Umformung beteiligtes Volumen
s — Stauchverhältnis

4.5 Stauchkraft

4.5.1 für rotationssymmetrische Teile

F in N   Stauchkraft
A_1 in mm²   Fläche nach dem Stauch
k_{f_1} in N/mm²   Formänderungsfestigkeit am Ende des Stauchvorganges
μ –   Reibungskoeffizient ($\mu = 0{,}1 - 0{,}15$)
d_1 in mm   Durchmesser nach dem Stauch
h_1 in mm   Höhe nach dem Stauch

$$F = A_1 \cdot k_{f_1}\left(1 + \frac{1}{3} \cdot \mu \frac{d_1}{h_1}\right)$$

4.5.2 für Körper beliebiger Form

η_F –   Formänderungswirkungsgrad

$$F = \frac{A_1 \cdot k_{f_1}}{\eta_F}$$

4.6 Staucharbeit

W in Nmm   Staucharbeit
V in mm³   an der Umformung beteiligtes Volumen
k_{f_m} in N/mm²   mittlere Formänderungsfestigkeit
φ_h –   Hauptformänderung
η_F –   Formänderungswirkungsgrad ($\eta_F = 0{,}6 - 0{,}9$)
h_0 in mm   Rohlingshöhe
x –   Verfahrensfaktor
F_m in N   mittlere Ersatzkraft
F_{max} in N   Maximalkraft

$$W = \frac{V \cdot k_{f_m} \cdot \varphi_h}{\eta_F}$$

oder aus Kraft und Verformungsweg

$$W = F \cdot s \cdot x$$

$$W = F(h_0 - h_1) \cdot x$$

$$x = \frac{F_m}{F_{max}} \quad x \cong 0{,}6$$

Den Verfahrensfaktor x ermittelt man aus einer ideellen mittleren Ersatzkraft (Bild 4.9), die man sich über den ganzen Verformungsweg konstant vorstellt, und der Maximalkraft. Die mittlere Ersatzkraft legt man so in das Kraft-Weg-Diagramm, daß sich zum tatsächlichen Arbeitsdiagramm ein flächengleiches Rechteck ergibt.

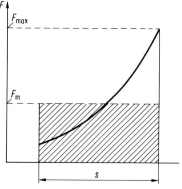

Bild 4.9 Kraft-Weg-Diagramm beim Stauchen

4. Stauchen (DIN 8583)

4.7 Stauchwerkzeuge

Stauchwerkzeuge werden überwiegend auf Druck und Reibung beansprucht. Sie müssen deshalb gegen Bruch und Verschleiß ausgelegt werden.
Den prinzipiellen Aufbau eines Stauchwerkzeuges nach VDI-Richtlinie 3186 Bl. 1 zeigt Bild 4.10.
Die Werkzeugwerkstoffe der wichtigsten Elemente (Bild 4.11) zeigt Tabelle 4.3.

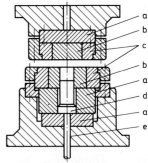

Bild 4.10 Prinzipieller Aufbau eines Stauchwerkzeuges. a) Druckplatte, b) Döpper, c) Schrumpfring, d) Gegenstempel, e) Auswerfer (Auszug aus VDI-Richtlinie 3186, Bl. 1)

Tabelle 4.3 Werkzeugwerkstoffe

Bezeichnung des Werkzeuges	Stahlsorte für das Werkzeug		Härte des Werkzeuges HRC
	Kurzname	Werkstoff-Nr.	
a) Schermesser	X 155 CrVMo 12 1 X 165 CrMoV 12 S 6-5-2 60 WCrV 7	1.2379 1.2601 1.3343 1.2550	57 bis 60 57 bis 60 57 bis 60 48 bis 55
b) Schermatrize	X 155 CrVMo 12 1 X 165 CrMoV 12 S 6-5-2 60 WCrV 7	1.2379 1.2601 1.3343 1.2550	57 bis 60 57 bis 60 57 bis 60 54 bis 58
c) Vorstaucher massiv	C 105 W 1 100 V 1 145 V 33	1.1545 1.2833 1.2838	57 bis 60 57 bis 60 57 bis 60
c) Vorstaucher geschrumpft	X 165 CrMoV 12 S 6-5-2	1.2601 1.3343	60 bis 63 60 bis 63
d) Fertigstaucher massiv	C 105 W 1 100 V 1 145 V 33	1.1545 1.2833 1.2838	58 bis 61 58 bis 61 58 bis 61
d) Fertigstaucher geschrumpft	X 165 CrMoV 12 S 6-5-2	1.2601 1.3343	60 bis 63 60 bis 63
e) Matrize massiv	C 105 W 1 100 V 1 145 V 33	1.1545 1.2833 1.2838	58 bis 61 58 bis 61 58 bis 61
e) Matrize geschrumpft	S 6-5-2 X 155 CrVMo 12 1 X 165 CrMoV 12	1.3343 1.2379 1.2601	60 bis 63 58 bis 61 58 bis 61

4. Stauchen (DIN 8583)

f) Schrumpfring	56 NiCrMoV 7 X 40 CrMoV 5 1 X 3 NiCoMoTi 18 9 5	1.2714 1.2344 1.2709	41 bis 47 41 bis 47 50 bis 53
g) Auswerfer	X 40 CrMoV 5 1 60 WCrV 7	1.2344 1.2550	53 bis 56 55 bis 58
Abscherwerkzeug: (Bild 4.11 b)			
1 Matrize	S 6-5-2	1.3343	58 bis 61
2 Stempel	60 WCrV 7 X 155 CrVMo 12 1 X 165 CrMoV 12	1.2550 1.2379 1.2601	58 bis 61 58 bis 61 58 bis 61
3 Auswerfer	X 40 CrMoV 5 1 60 WCrV 7	1.2344 1.2550	53 bis 56 55 bis 58

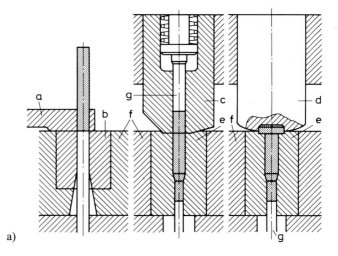

Bild 4.11 a) Die wichtigsten Elemente eines Stauchwerkzeuges
a Schermesser
b Schermatrize
c Vorstaucher
d Kopfstempel
e Matrize/Reduziermatrize
f Armierung
g Auswerfer

Bild 4.11 b) Abscherwerkzeug zum Ausstanzen des Sechskantes
1 Matrize
2 Stempel
3 Auswerfer

4. Stauchen (DIN 8583)

An Stelle von Stahlmatrizen bei armierten Werkzeugen (Bild 4.12) setzt man auch Hartmetalle ein, weil sie besonders verschleißfest sind.
Bewährte Hartmetallsorten im Vergleich zu Werkzeugstählen für die Massivumformung zeigt Tabelle 4.4.

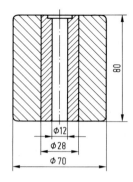

Bild 4.12 Preßmatrize mit Hartmetallkern für Schraube M 12

Tabelle 4.4 Hartmetalle für die Massivumformung

Werkzeug	HM-Sorte	HV 30 $N/mm^2 \cdot 10^3$	Vergleichbare Stähle	
			Stoff-Nr.	Bezeichnung
Stempel	GT 20	13	1.3343	S 6-5-2
Stempel	GT 30	12	1.3207	S 10-4-3-10
Matrizen + Stempel	GT 40	10,5	1.2601	X 165 CrMoV 12
Matrizen + Stempel	GT 55	8,5	1.2080	X 210 Cr 12
Matrizen + Stempel	BT 30	11,5	1.2550	60 WCrV 7
Matrizen + Stempel	BT 40	11,0	1.2542	45 WCrV 7

4.8 Erreichbare Genauigkeiten

4.8.1 Kaltstauchen

Die erreichbaren Genauigkeiten sind bei den spanlos erzeugten Massenteilen vom Arbeitsverfahren, Zustand der Maschine und dem Zustand der Werkzeuge abhängig. Die Toleranzangaben beziehen sich immer auf eine optimale Ausnutzung (Standzeit) der Werkzeuge. Technisch möglich sind sehr viel kleinere Toleranzen.

Tabelle 4.5 Maßgenauigkeiten beim Kaltstauchen

Nennmaß in mm	5	10	20	30	40	50	100
Kopfhöhen-Toleranz in mm	0,18	0,22	0,28	0,33	0,38	0,42	0,5
Kopf-Ø-Toleranz in mm	0,12	0,15	0,18	0,20	0,22	0,25	0,3

4.8.2 Warmstauchen

Für das Warmstauchen sind in DIN 7524 und 7526 Toleranzen und zulässige Abweichungen festgelegt.
Die Durchmesser- und Höhentoleranzen sind beim Warmstauchen etwa 5-mal so groß, wie die Werte beim Kaltstauchen.

4.9 Fehler beim Stauchen

Tabelle 4.6 Stauchfehler und ihre Ursachen

Fehler	Ursache	Maßnahme
Ausknicken des Schaftes	Stauchverhältnis s überschritten.	s verkleinern durch Vorstauch
Längsriß im Kopf	Ziehriefen oder Oberflächenbeschädigungen im Ausgangsmaterial.	Vormaterial auf Oberflächenbeschädigungen überprüfen.
Schubrisse im Kopf	Formänderungsvermögen überschritten. $\varphi_h > \varphi_{zul.}$	Formänderungsgrad verkleinern. Umformung auf 2 Arbeitsgänge verteilen.
Innenrisse im Kopf		

4.10 Berechnungsbeispiele

Beispiel 1

Es sind Kopfbolzen nach Skizze (Bild 4.13) aus Ck 35 herzustellen
gegeben: $\eta_F = 0{,}8$; $\mu = 0{,}15$
gesucht: Rohlingsabmessung
Anzahl der Arbeitsoperationen
Stauchkraft
Staucharbeit

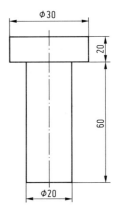

Bild 4.13 Kopfbolzen

Lösung:

1. Volumen des Kopfes vom Fertigungsteil

$$V_k = \frac{d^2 \cdot \pi}{4} \cdot h = \frac{(30 \text{ mm})^2 \cdot \pi \cdot 20 \text{ mm}}{4}$$

$$= 14\,137 \text{ mm}^3 \,.$$

Zu diesem Volumen gibt man normalerweise noch einen Zuschlag von 1–2% für Abbrand- und Beizverluste.
Dieser Zuschlag wird hier aus Vereinfachungsgründen vernachlässigt.

2. Festlegun des Ausgangsdurchmessers

Da der Schaft einen Durchmesser von 20 mm hat, wählt man hier als Ausgangsdurchmesser

$$d_0 = 20 \text{ mm} \,.$$

Daraus folgt für die Ausgangsfläche

$$A_0 = \frac{d_0^2 \pi}{4} = 314{,}2 \text{ mm}^2 \,.$$

3. Ausgangshöhe für den Kopf (Bild 4.6)

$$h_{0_k} = \frac{V_k}{A_0} = \frac{14\,137 \text{ mm}^3}{314{,}2 \text{ mm}^2} = 45 \text{ mm} \,.$$

4. Rohlingslänge

$$L = h_{0_k} + h_{\text{sch}} = 45 \text{ mm} + 60 \text{ mm} = 105 \text{ mm} \,.$$

Daraus folgt die Abmessung des Rohlings:

$$\varnothing \, 20 \times 105 \text{ lang} \,.$$

5. Stauchverhältnis

$$s = \frac{h_{0_k}}{d_0} = \frac{45 \text{ mm}}{20 \text{ mm}} = 2{,}25 \,.$$

Weil s kleiner als der zulässige Grenzwert von 2,6 ist, kann das Werkstück aus der Sicht der Knickung in einem Arbeitsgang hergestellt werden.

6. Größe der Hauptformänderung

$$\varphi_h = \ln \frac{h_1}{h_{0_k}} = \ln \frac{20 \text{ mm}}{45 \text{ mm}} = 0{,}81 \rightarrow 81\% \,.$$

4. Stauchen (DIN 8583)   29

Die zulässige Formänderung aus Tabelle 1 beträgt

$\varphi_{h_{zul.}} = 140\%$.

Weil die sich aus der Abmessung ergebende tatsächliche Formänderung φ_h kleiner ist als die zulässige Formänderung $\varphi_{h_{zul.}}$, kann das Werkstück auch aus der Sicht des Formänderungsvermögens in einem Arbeitsgang hergestellt werden.

7. Formänderungsfestigkeit

Die k_f-Werte werden aus der Fließkurve für den Werkstoff Ck 35 entnommen bzw. aus Tabelle 1, Teil III

$k_{f_0} = 340$ N/mm² für $\varphi_h = 0\%$,

$k_{f_1} = 920$ N/mm² für $\varphi_h = 81\%$,

$k_{f_m} = \dfrac{k_{f_0} + k_{f_1}}{2} = \dfrac{340 + 920}{2} = 630$ N/mm² .

8. Stauchkraft

$$F = A_1 \cdot k_{f_1} \left(1 + \dfrac{1}{3} \mu \cdot \dfrac{d_1}{h_1}\right)$$

$$= \dfrac{(30 \text{ mm})^2 \cdot \pi}{4} \cdot 920 \dfrac{\text{N}}{\text{mm}^2} \left(1 + \dfrac{1}{3} \cdot 0{,}15 \cdot \dfrac{30 \text{ mm}}{20 \text{ mm}}\right) ,$$

$F = 699\,082{,}8$ N $= 699$ KN ,

9. Staucharbeit

$$W = \dfrac{V_k \cdot k_{f_m} \cdot \varphi_h}{\eta_F \cdot 10^3 \text{ mm/m}} = \dfrac{14\,137 \text{ mm}^3 \cdot 630 \text{ N/mm}^2 \cdot 0{,}81}{0{,}8 \cdot 10^3 \text{ mm/m}} ,$$

$W = 9017{,}6 = 9$ KN m .

Beispiel 2

Es sind Kugeln 30 mm ⌀ aus 42 CrMo 4 herzustellen. Der Ausgangsdurchmesser ist so festzulegen, daß sich ein Stauchverhältnis von $s = 2{,}6$ ergibt.

gegeben: $\eta_F = 0{,}8$; $\mu = 0{,}15$
gesucht:

1. Volumen der Kugel
2. Rohlingsdurchmesser d_0 für $s = 2{,}6$
3. Rohlingsabmessung
4. tatsächliches Stauchverhältnis
5. Stauchkraft
6. Staucharbeit

4. Stauchen (DIN 8583)

Lösung:

1. Volumen der Kugel

$$V = \frac{4}{3}\pi \cdot r^3 = \frac{4}{3} \cdot \pi \cdot (15\,\text{mm})^3 = 14\,137{,}16\,\text{mm}^3.$$

2. Ausgangsdurchmesser aus Stauchverhältnis

$$d_0 = \sqrt[3]{\frac{4 \cdot V}{\pi \cdot s}} = \sqrt[3]{\frac{4 \cdot 14\,137{,}16\,\text{mm}^3}{\pi \cdot 2{,}6}} = 19{,}05\,\text{mm}.$$

Da Material (Walzstahl) in der Abmessung 19,05 ⌀ nicht handelsüblich ist, wird

$$d_0 = 20\,\text{mm}\ \varnothing\ \text{gewählt.}$$

Durch diese Wahl ist man zugleich mit dem Stauchverhältnis auf der sicheren Seite, weil es dadurch kleiner als 2,6 wird.

3. Rohlingslänge

$$h_0 = \frac{V}{A_0} = \frac{14\,137{,}16\,\text{mm}^3}{(20\,\text{mm})^2 \cdot \pi/4} = 44{,}99\,\text{mm},$$

$h_0 = 45$ mm gewählt.

4. Tatsächliches Stauchverhältnis aus der Rohlingsabmessung

$$s = \frac{h_0}{d_0} = \frac{45\,\text{mm}}{20\,\text{mm}} = 2{,}25.$$

Da

$s_{\text{tat}} < s_{\text{zul.}}$

$2{,}25 < 2{,}6,$

kann die Kugel mit Sicherheit ohne Knickgefahr aus dieser Rohlingsabmessung hergestellt werden.

5. Stauchkraft

5.1 $\quad \varphi_h = \ln\dfrac{h_1}{h_0} = \ln\dfrac{30\,\text{mm}}{45\,\text{mm}} = 0{,}4 \rightarrow 40\%$

$\varphi_{h_{\text{zul}}} = 80\%$ (aus Tabelle 1), also aus der Sicht des Formänderungsvermögens in einem Arbeitsgang möglich.

5.2 Aus Fließkurve, k_f-Werte entnehmen:

$k_{f_0} = 420\,\text{N/mm}^2, \quad k_{f_1} = 960\,\text{N/mm}^2$

$$k_{f_m} = \frac{k_{f_0} + k_{f_1}}{2} = \frac{420 + 960}{2} = 690\,\text{N/mm}^2$$

5.3 $\quad F = A_1 \cdot k_{f_1} \cdot \left(1 + \frac{1}{3} \cdot \mu \cdot \frac{d_1}{h_1}\right)$

$\quad\quad = (30 \text{ mm})^2 \cdot \frac{\pi}{4} \cdot 960 \text{ N/mm}^2 \cdot \left(1 + \frac{1}{3} \cdot 0{,}15 \cdot \frac{30 \text{ mm}}{30 \text{ mm}}\right)$

$\quad\quad F = 712\,513{,}2 \text{ N} = 712 \text{ kN}.$

6. Staucharbeit

$$W = \frac{V \cdot k_{f_m} \cdot \varphi_h}{\eta_F \cdot 10^3 \text{ mm/m}} = \frac{14\,137{,}16 \text{ mm}^3 \cdot 690 \text{ n/mm}^2 \cdot 0{,}4}{0{,}8 \cdot 10^3 \text{ mm/m}}$$

$W = 4877{,}3 \text{ N m} = 4{,}7 \text{ kN m}$

Berechnungsblatt: Stauchen

1. *Werkstoff:* _____

2. $d_0 =$ _____ mm, $A_0 =$ _____ mm^2

3. *Volumen*

$\quad V =$ _____ = _____ mm^3

4. $h_0 = \dfrac{V}{A_0} =$ _____ = _____ mm

5. $s = \dfrac{h_0}{d_0} =$ _____ = _____

6. $\varphi_h = \ln \dfrac{h_0}{h_1} = \ln$ _____ = $\ln$ _____ = _____ %

7. $k_{f_o} =$ _____ ; $k_{f_1} =$ _____ ; $k_{f_m} =$ _____ N/mm^2

8. $F = A_1 \cdot k_{f_1} \left(1 + \dfrac{1}{3} \cdot \mu \cdot \dfrac{d_1}{h_1}\right)$

$\quad F = \quad\quad\quad \left(1 + \dfrac{1}{3} \cdot 0{,}15 \cdot \text{---}\right)$

$\quad F = \quad\quad\quad N =$ _____ kN

8.1 $F = \dfrac{A_1 \cdot k_{f_1}}{\eta_F} = \dfrac{}{0{,}7 \cdot 10^3} =$ _____ kN

9. $W = \dfrac{V \cdot k_{f_m} \cdot \varphi_h}{\eta_F \cdot 10^6} = \dfrac{}{0{,}7 \cdot 10^6}$

$\quad W =$ _____ kN m

$10^6 =$ Umrechnungsfaktor von N mm in kN m.

4.11 Testragen zu Kapitel 4:

1. Wofür wird das Stauchverfahren bevorzugt eingesetzt?
2. Was ist das Maß für die Größe der Formänderung?
3. Wo findet man Angaben über die Größe der zulässigen Formänderung?
4. Wie kann man aus dem Formänderungsvermögen prüfen, wieviel Arbeitsoperationen zur Herstellung eines Stauchteiles erforderlich sind?
5. Was ist außer dem Formänderungsvermögen noch zu beachten?
6. Was passiert, wenn das zulässige Stauchverhältnis überschnitten wird?
7. Wie bezeichnet man die wichtigsten Elemente eines Stauchwerkzeuges?
8. Was war falsch, wenn am Kopf des Stauchteiles Schubrisse entstehen?

5. Fließpressen

5.1 Definition

Fließpressen ist ein Massivumformverfahren, bei dem der Werkstoff unter Einwirkung eines hohen Druckes zum Fließen gebracht wird. Die Umformung erfolgt überwiegend bei Raumtemperatur – Kaltfließpressen – weil man dabei preßblanke Werkstücke mit hoher Maßgenauigkeit erhält.
Nur wenn man für die Kaltumformung extreme Bedingungen (hohe Preßkräfte, großer Formänderungsgrad usw.) vorliegen, erwärmt man die Rohlinge auf Schmiedetemperatur – Warmfließpressen –.
Die so erzeugten Werkstücke haben geringere Maßgenauigkeiten und wegen der Zunderbildung rauhe Oberflächen, die in den meisten Fällen eine Nacharbeit erfordern.

5.2 Anwendung eines Verfahrens

Mit diesem Verfahren werden sowohl Massiv- als auch Hohlteile vielfältiger Form (Bilder 5.1, 5.2 und 5.3) erzeugt.

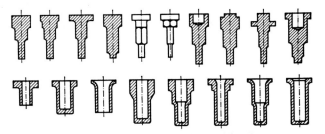

Bild 5.1 Vorwärts-Fließpreßteile

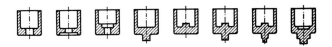

Bild 5.2 Rückwärts-Fließpreßteile

34 5. Fließpressen

Bild 5.2 a) Typische Rückwärts-Fließpreßteile

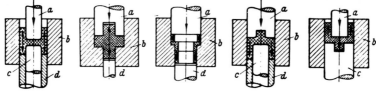

Bild 5.3 Typische Teile für das kombinierte Fließpressen. a) Stempel, b) Matrize, c) Gegenstempel, d) Ausstoßer

5.3 Unterteilung des Fließpreßverfahrens

Gleichfließpressen (Vorwärtsfließpressen)

Stempelbewegung und Werkstofffluß haben die gleiche Richtung.
Beim Preßvorgang wird durch den Druck des Stempels der Werkstoff in Richtung der Stempelbewegung zum Fließen gebracht. Dabei nimmt das entstehende Werkstück die Innenform der Matrize an.

Gegenfließpressen (Rückwärtsfließpressen)

Der Werkstofffluß ist der Stempelbewegung entgegengerichtet. Durch den Stempeldruck über die Fließgrenze hinaus, wird der Werkstoff zum Fließen

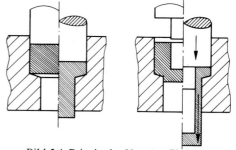

Bild 5.4 Prinzip des Vorwärtsfließpressens

gebracht. Da ein seitliches Ausweichen nicht möglich ist, fließt der Werkstoff durch den von Matrize und Stempel gebildeten Ringspalt, entgegen der Stempelbewegung, nach oben. Weil man mit diesem Verfahren auch Tuben herstellt, bezeichnet man es auch als »Tubenspritzen«.

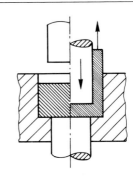

Bild 5.5 Prinzip des Rückwärtsfließpressens

Kombiniertes Fließpreßverfahren

Hierbei fließt der Werkstoff bei einem Stößelniedergang sowohl in Richtung, als auch gegen die Richtung der Stempelbewegung.

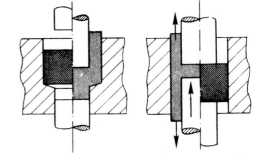

Bild 5.6 Prinzip des kombinierten Fließpressens

5.4 Ausgangsrohling

5.4.1 Gleichfließpressen

Stangenabschnitt, vorgeformter Napf, Rohrabschnitt.

5.4.2 Gegenfließpressen

Platine (Ronde), Stangenabschnitt

5.5 Hauptformänderung φ_h

5.5.1 Gleichfließpressen

A_0 in mm²   Fläche vor der Umformung
A_1 in mm²   Fläche nach der Umformung
D_0 in mm   Rondendurchmesser
d in mm   Stempeldurchmesser
φ_h —   Hauptformänderung

$$\varphi_h = \ln \frac{A_0}{A_1}$$

5.5.2 Gegenfließpressen allgemein

$$\varphi_h = \ln \frac{A_0}{A_1}$$

bevorzugt für dünnwandige Teile:

$$\varphi_h = \ln \frac{D_0}{D_0 - d} - 0{,}16$$

Die zulässigen Formänderungen zeigt die nachfolgende Tabelle.

Tabelle 5.1 Zulässige Formänderungen beim Fließpressen nach VDI-3138 Bl. 1

Werkstoff	Vorwärtsfließpr. $\varphi_{h_{zul}}$	Rückwärtsfließpr. $\varphi_{h_{zul}}$
Al 99,5 – 99,8	3,9	4,5
AlMgSi 0,5; AlMgSi 1; AlMg 2; AlCuMg 1	3,0	3,5
CuZn 15-CuZn 37 (Ms 63); CuZn 38 Pb 1	1,2	1,1
Mbk 6; Ma 8; und Stähle mit kleinem C-Gehalt	1,4	1,2
Ck 10; Ck 15; Cq 10; Cq 15	1,2	1,1
Cq 22; Cq 35; 15 Cr 3	0,9	1,1
Ck 45; Cq 45; 34 Cr 4; 16 MnCr 5	0,8	0,9
42 CrMO 4; 15 CrNi 6	0,7	0,8

5.6 Kraft- und Arbeitsberechnung

Gleichfließpressen

Kraft:

$$F = \frac{A_0 \cdot k_{f_m} \cdot \varphi_h}{\eta_F}$$

$\eta_F = 0{,}6 - 0{,}8$ (siehe Tab. 5.7)

F	in N	Fließpreßkraft
A_0	in mm²	Fläche vor der Umformung
k_{f_m}	in N/mm²	mittlere Formänderungsfestigkeit
φ_h	–	Hauptformänderung
η_F	–	Formänderungswirkungsgrad
W	in Nm	Formänderungsarbeit
s_w	in mm	Verformungsweg
h_0	in mm	Rohlingshöhe
h_k	in mm	Kopfhöhe (Bild 5.7)
h_1	in mm	Bodendicke (Bild 5.8)
x	–	Verfahrensfaktor ($x = 1$)
A_{st}	in mm²	Querschnittsfläche des Stempels

Arbeit:

$$W = F \cdot s_w \cdot x$$

$$s_w = h_0 - h_k$$

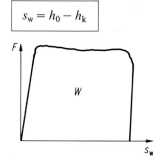

Bild 5.9 Kraft-Weg-Diagramm beim Fließpressen

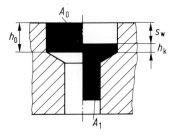

Bild 5.7 Querschnittsverhältnisse beim Gleichfließpressen

Gegenfließpressen

Kraft:

a) für dickwandige Teile ($D_0/s \leq 10$)

$$F = \frac{A_0 \cdot k_{f_m} \cdot \varphi_h}{\eta_F}$$

mit $\eta_F \approx 0{,}5$ bis $0{,}7$ (siehe Tab. 5.7)

b) für dünnwandige Teile ($D_0/s \geq 10$)

$$F = A_{St} \cdot \frac{k_{f_m}}{\eta_F} \left(2 + 0{,}25 \frac{h_0}{s}\right)$$

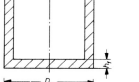

Bild 5.8 Kenngrößen beim Rückwärtsfließpressen

Arbeit:

$$W = F \cdot s_w \cdot x$$

mit $x = 1$

$$s_w = h_0 - h_1.$$

5.7 Fließpreßwerkzeuge

Fließpreßwerkzeuge sind hochbeanspruchte Werkzeuge. Von ihrer Gestaltung, der Werkstoffwahl, der Einbauhärte und der Vorspannung der Matrizen wird der Erfolg beim Fließpressen bestimmt.

Die Matrize muß beim Pressen von Stahl in jedem Fall armiert sein. Der Schrumpfverband Matrize-Armierung kann nach VDI-Richtlinie VDI-3186 Bl. 3 berechnet werden.

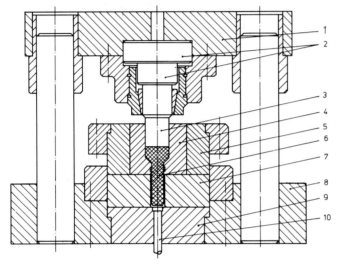

Bild 5.10 Werkzeug für das Vorwärtsfließpressen.
1 Kopfplatte, 2 Druckplatte, 3 Stempel, 4 Preßbüchse, 5 Schrumpfring, 6 Werkstück, 7 Zwischenplatte, 8 Grundplatte, 9 Druckplatte, 10 Auswerfer

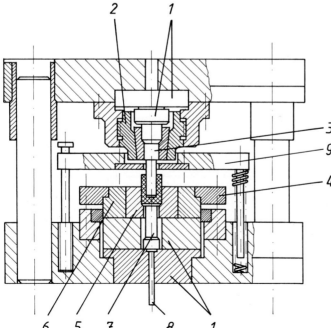

Bild 5.11 Werkzeug für das Rückwärtsfließpressen.
1 Druckplatte, 2 Spannmutter für Stempel, 3 Preßstempel, 4 Spannring für Matrize, 5 Preßbüchse, 6 Schrumpfring (Armierung), 7 Gegenstempel, 8 Auswerfer, 9 Abstreifer

Tabelle 5.2 Werkzeugstoffe und Einbauhärten für Fließpreßwerkzeuge (Auszug aus VDI 3186 Teil 1)

	Werkstoff-		Einbau-härte HRC	Verwendung für				R_e N/mm²
	Bezeichnung	Nr.		Stempel	Matrize	Armie-rung	Aus-werfer	
Werkzeugstähle	S 6-5-2 (M 2)	1.3343	62 bis 64	××	××		××	2100
	S 18-0-1 (B 18)	1.3355	59 bis 62	××	×			2100
	S 6-5-3 (M 4)	1.3344	62 bis 64	××				2200
	X 165 CrMoV 12	1.2762	60 bis 62	×	×		×	2000
	X 40 CrMoV 51	1.2344	50 bis 56		×	××	×	1200–1400
	42 CrMo 4	1.7225	30 bis 34			××	×	700–900
Hartmetalle	G 40		1100 HV	×	×			
	G 50		1000 HV		×			
	G 60		950 HV	×	××			

× – geeignet;   ×× – bevorzugt angewandt;   E-Modul St ≅ 210 000 N/mm².

5.8 Armierungsberechnung nach VDI 3186 Bl. 3 für einfach armierte Preßbüchsen

D	in mm	Außendurchmesser des Schrumpfverbandes (meist durch die Aufnahmebohrung der Maschine gegeben)
d_F	in mm	Fugendurchmesser
d	in mm	Innendurchmesser der Preßbüchse (Matrize)
R_{e_1}	in N/mm²	Streckgrenzenfestigkeit der gehärteten Preßbüchse
R_{e_2}	in N/mm²	Streckgrenzenfestigkeit des Armierungsringes
p_i	in N/mm²	Innendruck im Werkzeug
F_{st}	in N	Stempelkraft beim Fließpressen

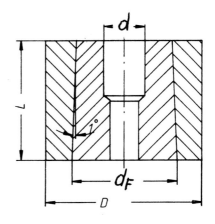

A_{st} in mm²   Querschnittsfläche des Stempels

z_1 in mm   Absolutes Übermaß der Preßbüchse am Fugendurchmesser d_F

ϑ in °C   Temperatur in °C

T in °K   Temperatur zum Fügen des Schrumpfverbandes. $[T(°K) = \vartheta(°C) + 273]$

α in mm/mmK   Thermischer Ausdehnungskoeffizient für Stahl $\alpha = 12{,}5 \cdot 10^{-6}$ mm/mmK

s in mm   gewünschtes Einführspiel

E in N/mm²   Elastizitätsmodul ($E_{Stahl} = 210$ kN/mm²)

Tabelle 5.3 Zulässige Innendrücke in Abhängigkeit von der Armierung

$p_{i_{zul}}$ (N/mm²)	Armierung
1000	ohne
1000–1600	einfach
1700–2000	doppelt

$p_i = \dfrac{F_{st}}{A_{st}} - k_{f_0}$	1
$p_s = \dfrac{p_i}{R_{e_1}}$	2
$K_1 = \dfrac{R_{e_1}}{R_{e_2}}$	3
$Q_1 = \sqrt{\dfrac{1}{2}\left(1 + \dfrac{1}{K_1}\right) - p_s}$	4
$Q_2 = Q_1 \cdot K_1$	5
$Q = Q_1 \cdot Q_2$	6
$d_F \approx 0{,}9 \cdot \sqrt{D \cdot d}$	7
$d_F = \dfrac{d}{Q_1}$	8
$D = \dfrac{d}{Q}$	9
$z_1 = \dfrac{d_F \cdot R_{e_1}}{E} \cdot \left(\dfrac{1}{K_1} - Q_1^2\right)$	10
$T = \dfrac{z_1 + s}{d_F \cdot \alpha}$	11

(p_i nach [14-2/2 S. 1008])

Weil d und D in der Regel bekannt sind, berechnet man den Fugendurchmesser überwiegend mit Gleichung 7.

Beispiel:

Berechnen Sie den Fugendurchmesser und das erforderliche Übermaß der Preßbüchse für folgende gegebene Daten!

Gegeben:

p_i = 1000 N/mm² (angenommener Wert)
D = 120 mm ⌀ (in der Maschine vorhandene Werzeugaufnahmebohrung)
d = 40 mm ⌀
R_{e_1} = 2100 N/mm² (für Matrizenwerkstoff S 6-5-2)
R_{e_2} = 1400 N/mm² (für Armierungswerkstoff X 40 CrMoV 51).

Lösung:

$$d_F \cong 0{,}9 \cdot \sqrt{D \cdot d} = 0{,}9 \cdot \sqrt{120 \text{ mm} \cdot 40 \text{ mm}} = 62{,}3 \text{ mm}$$

$$d_F = 65 \text{ mm gewählt}$$

$$p_s = \frac{p_i}{R_{e_1}} = \frac{1000 \text{ N/mm}^2}{2100 \text{ N/mm}^2} = 0{,}476$$

$$K_1 = \frac{R_{e_1}}{R_{e_2}} = \frac{2100 \text{ N/mm}^2}{1400 \text{ N/mm}^2} = 1{,}5$$

$$Q_1 = \sqrt{\frac{1}{2}\left(1 + \frac{1}{K_1}\right)} - p_s = \sqrt{\frac{1}{2}\left(1 + \frac{1}{1{,}5}\right)} - 0{,}476 = 0{,}59$$

$$z_1 = \frac{d_F \cdot R_{e_1}}{E}\left(\frac{1}{K_1} - Q_1^2\right) = \frac{65 \text{ mm} \cdot 2100 \text{ N/mm}^2}{210\,000 \text{ N/mm}^2}\left(\frac{1}{1{,}5} - 0{,}592\right)$$

$$z_1 = \underline{0{,}20 \text{ mm}}.$$

Wenn bezüglich des Außendurchmessers des Matrizenverbandes völlige Freiheit besteht, dann kann man d_F aus Gleichung 8 und D aus Gleichung 9 bestimmen und mit diesen Werten dann z_1 errechnen.
Dabei ergeben sich aber in der Regel wesentlich größere Abmessungen für den Matrizenverband.

5.9 Erreichbare Genauigkeiten

Die beim Kaltfließpressen erreichbaren Genauigkeiten zeigen die Tabellen 5.4.1 und 5.4.2. Beide Tabellen sind Auszüge aus VDI-3138 Bl. 1.

Tabelle 5.4.1 Durchmessertoleranzen für Kaltfließpreßteile aus Stahl

Gültig für	Bereich in mm						Masse in kg
	bis 10	über 10 bis 16	über 16 bis 25	über 25 bis 40	über 40 bis 63	über 63 bis 100	
Innendurchmesser	0,05	0,06	0,06	0,07	0,08		bis 0,1
	0,08	0,09	0,10	0,11	0,12	0,14	− 0,5
	0,10	0,11	0,12	0,14	0,16	0,18	− 4,0
	0,12	0,14	0,16	0,18	0,20	0,22	− 25
Außendurchmesser	0,09	0,11	0,14	0,18	0,22	0,28	bis 0,1
	0,14	0,18	0,22	0,28	0,35	0,45	− 0,5
	0,18	0,22	0,28	0,35	0,45	0,56	− 4,0
	0,22	0,28	0,35	0,45	0,56	0,71	− 25

Tabelle 5.4.2 Wanddickentoleranzen beim Napf-Rückwärtsfließpressen für $l/d < 2,5$
l in mm Bohrungslänge
d in mm Bohrungsdurchmesser

Wanddicke in mm	Toleranz in mm
0,3 bis 0,6	± 0,05
0,6 bis 1,0	± 0,075
1,0 bis 2,5	± 0,1
> 2,5	± 0,2

Oberflächengüte

Kaltfließpreßteile haben eine hohe Oberflächengüte und zeigen deshalb ein gutes Verschleißverhalten.
Unter der Voraussetzung, daß

a) die Oberflächengüte der Werkzeuge gut ist,
b) das Schmiermittel und das Verfahren der Schmiermittelaufbringung richtig gewählt sind,
c) die Formänderung in den zulässigen Grenzen bleibt,

lassen sich an den Flächen, an denen der Werkstofffluß erfolgt, Rauhigkeiten in der Größenordnung von

$R_t = 5$ bis $10\ \mu m$

erreichen.

5.10 Fehler beim Fließpressen

Die wichtigsten Fehler, die beim Fließpressen entstehen können, sind in Tabelle 5.5 zusammengefaßt.

Tabelle 5.5 Fehler und Fehlerursachen beim Fließpressen

Fehler	Ursache	Maßnahme
Oberflächeninnenrisse	Überschreitung des Formänderungsvermögens	Umformung auf 2 Operationen verteilen und Zwischenglühen
Schubrisse unter 45°	Überschreitung des Formänderungsvermögens beim Setzvorgang (Stauchen) – Arbeitsvorgang vor dem Fließpressen um einen genauen Rohling zu erzeugen	größeren Ausgangsdurchmesser wählen
Oberflächenaußenrisse	Falsche Schmierung! Zu viel Flüssigschmiermittel, das beim Preßvorgang nicht aus der Matrize entweichen kann, führt zur Schmiermittelexplosion. Sie erzeugt Risse	weniger Schmiermittel einsetzen

5.11 Stadienplan

In den meisten Fällen sind zur Herstellung eines Preßteiles mehrere Operationen erforderlich. Die Folge der einzelnen Zwischenstufen und die Abmessungen der Zwischenformen (Stadien) werden in einem Plan, den man als

»Stadienplan«

bezeichnet, dargestellt. Außer den Abmessungen der einzelnen Stadien enthält der Stadienplan Angaben über

die Wärme- und Oberflächenbehandlung,
die Größe der Formänderungen,
die Größe der Kräfte und Arbeiten, die zur Umformung notwendig sind.

44 5. Fließpressen

Der Stadienplan ist die wichtigste Arbeitsunterlage zur Festlegung der erforderlichen Umformmaschinen, für die Konstruktion der Werkzeuge und zur Bestimmung der Fertigungszeiten.

Bild 5.12 zeigt einen Stadienplan für eine Schraube M 12 × 60.

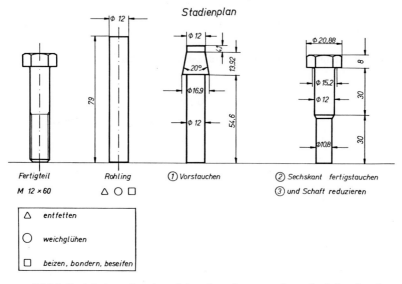

Bild 5.12 Arbeitsstufen einer Schraube mit angepreßtem Sechskantkopf

5.12 Berechnungsbeispiele

Beispiel 1

Es sind Bolzen nach Bild 5.13 aus 42 CrMo 4 herzustellen. Zu bestimmen sind:
Arbeitsverfahren, Rohling, Kraft und Arbeit,
gegeben: $\eta = 0{,}7$.

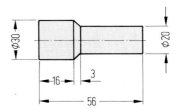

Bild 5.13 Bundbolzen

Lösung:

1. Arbeitsverfahren: Vorwärtsfließpressen
2. Rohling
2.1. Volumen des Fertigteiles

$$V_F = \frac{D^2 \pi}{4} \cdot h_1 + \frac{\pi}{12} \cdot h_2 (D^2 + D \cdot d + d^2) + \frac{d^2 \pi}{4} \cdot h_3$$

$$= \frac{\pi}{4} \left[D^2 h_1 + \frac{h_2}{3} (D^2 + D \cdot d + d^2) + d^2 h_3 \right]$$

$$= 0{,}785 \left[(30 \text{ mm})^2 \cdot 16 \text{ mm} + \frac{3 \text{ mm}}{3} (900 \text{ mm}^2 + 30 \text{ mm} \cdot 20 \text{ mm} + 400 \text{ mm}^2) \right.$$
$$\left. + (20 \text{ mm})^2 \cdot 37 \text{ mm} \right]$$
$V_F = 24\,413 \text{ mm}^3.$

Zuschlag für Abbrand- u. Beizverluste: 2%

$$V_{Ab} = \frac{2}{100} \cdot 24\,413 \text{ mm}^3 = 488 \text{ mm}^3.$$

Volumen des Rohlings $V_R = V_F + V_{Ab} = 24\,413 \text{ mm}^3 + 488 \text{ mm}^3 = 24\,901 \text{ mm}^3$.

2.2. Rohlingsabmessung

$$D_0 = 30{,}0 \text{ mm gewählt}, \quad A_0 = \frac{(30 \text{ mm})^2 \pi}{4} = 706{,}5 \text{ mm}^2$$

$$h_0 = \frac{V_R}{A_0} = \frac{24\,901 \text{ mm}^3}{706{,}5 \text{ mm}^2} = 35{,}24 \text{ mm}, \quad h_0 = 35{,}0 \text{ mm gewählt}.$$

3. Preßkraft F

3.1. $\quad \varphi_h = \ln \frac{A_0}{A_1} = \ln \frac{706{,}5 \text{ mm}^2}{314 \text{ mm}^2} = \ln 2{,}25 = 0{,}81, \quad \varphi_h = 81\%.$

3.2. $\quad k_{f_0} = 420 \text{ N/mm}^2, \quad k_{f_1} = 1080 \text{ N/mm}^2, \quad k_{f_m} = \frac{k_{f_0} + k_{f_1}}{2} = 750 \text{ N/mm}^2.$

3.3. $\quad F = \frac{A_0 \cdot k_{f_m} \cdot \varphi_h}{\eta_F} = \frac{706{,}5 \text{ mm}^2 \cdot 750 \text{ N/mm}^2 \cdot 0{,}81}{0{,}7} = 613\,141 \text{ N} = 613 \text{ kN}.$

4. Arbeit W

$s_w = h_0 - h_k = 35 \text{ mm} - 16 \text{ mm} = 19 \text{ mm} = 0{,}019 \text{ m}$
$W = F \cdot s_w \cdot x = 613 \text{ kN} \cdot 0{,}019 \text{ m} \cdot 1 = 11{,}6 \text{ kNm}.$

Beispiel 2

Es sind Hülsen nach Bild 5.14 aus Al 99,5 herzustellen.
Gegeben: $\eta_F = 0{,}7$

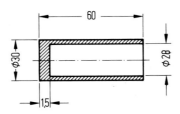

Bild 5.14 Hülse

Zu bestimmen sind:
Arbeitsverfahren, Rohling, Kraft und Arbeit.

Lösung 1:

1. Arbeitsverfahren: Rückwärtsfließpressen

2. Rohling

2.1. Volumen des Fertigteiles

$$V_F = d_i^2 \frac{\pi}{4} \cdot s_b + (D^2 - d_i^2) \frac{\pi}{4} \cdot h_1$$
$$= (28 \text{ mm})^2 \cdot \frac{\pi}{4} \cdot 1,5 \text{ mm} + (30^2 - 28^2) \text{ mm}^2 \cdot \frac{\pi}{4} \cdot 60 \text{ mm} = 6386,7 \text{ mm}^3$$

Zuschlag für Abbrand- und Beizverluste: 1%

$$V_{Ab} = \frac{1}{100} \cdot 6386 \text{ mm}^3 \cong 64 \text{ mm}^3.$$

Volumen des Rohlings $V_R = V_F + V_{Ab} = 6386,7 \text{ mm}^3 + 64 \text{ mm}^3 = 6451 \text{ mm}^3$.

2.2. Rohlingsabmessung

$$D_0 = 30_{-0,1} \text{ mm}, \quad A_0 = 706,5 \text{ mm}^2$$
$$h_0 = \frac{V_R}{A_0} = \frac{6451 \text{ mm}^3}{706,5 \text{ mm}^2} = 9,13 \text{ mm}, \quad h_0 = 9,0 \text{ mm gewählt.}$$

3. Preßkraft F

3.1. $\varphi_h = \ln \dfrac{D_0}{D_0 - d} - 0,16 = \ln \dfrac{30 \text{ mm}}{30 \text{ mm} - 28 \text{ mm}} - 0,16 = \ln 15 - 0,16$

$= 2,70 - 0,16 = 2,54$

$\varphi_h = 254\%$.

3.2. Formänderungsfestigkeit aus der Fließkurve oder Tabelle 1 (Teil III)

$$k_{f_0} = 60 \text{ N/mm}^2, \quad k_{f_1} = 184 \text{ N/mm}^2,$$
$$k_{f_m} = \frac{k_{f_0} + k_{f_1}}{2} = \frac{60 \text{ N/mm}^2 + 184 \text{ N/mm}^2}{2} = 122 \text{ N/mm}^2.$$

3.3. $F = A_{St} \cdot \dfrac{k_{f_m}}{\eta_F} \left(2 + 0,25 \dfrac{h_0}{s}\right) = \dfrac{(28 \text{ mm})^2 \pi}{4} \cdot \dfrac{122 \text{ N/mm}^2}{0,7} \left(2 + 0,25 \dfrac{9}{1}\right)$

$= 455\,836 \text{ N} = 456 \text{ kN}.$

4.1. Umformweg

$$s_w = h_0 - h_1 = 9 \text{ mm} - 1,5 \text{ mm} = 7,5 \text{ mm} = 0,0075 \text{ m}$$

5. Fließpressen 47

4.2 $W = F \cdot s_w \cdot x = 456$ kN $\cdot$ 0,0075 m $\cdot$ 1 = 3,4 kN m.

Beispiel 3

Es sind Werkstücke nach Bild 5.15 herzustellen. Der Rohlingsdurchmesser ist so zu wählen, daß sich zunächst rechnerisch ein Stauchverhältnis von $s = 2$ ergibt. Der errechnete Durchmesser d_0 ist auf volle mm aufzurunden. Die errechnete Rohlingslänge h_0 soll ebenfalls auf volle mm gerundet werden.
Gegeben: Werkstoff Ck 15, $\eta_F = 0,7$, $\mu = 0,15$.
Erstellen Sie den Stadienplan!

Lösung:

1. Volumen

1.1. Kopfvolumen

$$V_K = \frac{4}{3} \pi \cdot r^3 - \pi \cdot h^2 \left(r - \frac{h}{3}\right)$$

$$V_K = \pi \left[\frac{4}{3} \cdot 25^3 - 5^2 \left(25 - \frac{5}{3}\right)\right]$$

$$V_K = \underline{63\,617 \text{ mm}^3}$$

1.2. Volumen der beiden Schäfte

$$V_1 + V_2 = \frac{\pi}{4} (30^2 \cdot 35 + 20^2 \cdot 25)$$

$$= 24\,740 + 7854.$$

1.3. Gesamtvolumen

$$V_{ges} = V_K + V_1 + V_2 = \underline{96\,211 \text{ mm}^3}$$

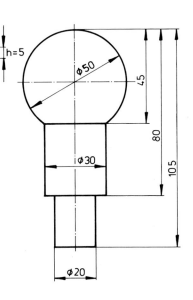

Bild 5.15   Kugelbolzen

2. Erforderliches d_0 aus Stauchverhältnis bestimmen

$$d_0 = \sqrt[3]{\frac{4 \cdot V_K}{\pi \cdot s}}$$

$$= \sqrt[3]{\frac{4 \cdot 63\,617 \text{ mm}^3}{\pi \cdot 2}}$$

$$= 34,34 \text{ mm}$$

$d_0 = \underline{35 \text{ mm } \varnothing \text{ gewählt}}$.

3. Rohlingslänge h_0

$$h_0 = \frac{V_{ges}}{A_0} = \frac{96\,211 \text{ mm}^3}{35^2 \, \pi/4 \text{ mm}^2} = 99,99 \text{ mm}, \quad h_0 = \underline{100 \text{ mm gewählt.}}$$

3.1. Erforderliche Rohlingslänge für den Kugelkopf h_{0_K}

$$h_{0_K} = \frac{V_K}{A_0} = \frac{63\,617 \text{ mm}^3}{962,11 \text{ mm}^2} = \underline{66,1 \text{ mm}}$$

4. Vorwärtsfließpressen

4.1. $\varphi_h = \ln \dfrac{A_0}{A_1} = \ln \dfrac{d_0^2}{d_1^2} = \ln \dfrac{35^2}{20^2} = 1,12 \rightarrow \underline{112\%}$, $\varphi_{h_{zul}} = 120\%$.

4.2. $k_{f_0} = 280$, $k_{f_1} = 784$, $k_{f_m} = 532 \text{ N/mm}^2$

4.3. $F = \dfrac{A_0 \cdot k_{f_m} \cdot \varphi_h}{\eta_F} = \dfrac{962,11 \text{ mm}^2 \cdot 532 \text{ N/mm}^2 \cdot 1,12}{0,7}$

$F = 818\,948 \text{ N} = \underline{819 \text{ kN}}$.

4.4. $s_w = h_0 - h_{0_K} = 100 - 66,1 = 33,9 \text{ mm} = 0,0339 \text{ m}$

4.5. $W = F \cdot s_w \cdot x = 819 \text{ kN} \cdot 0,0339 \text{ m} \cdot 1 = \underline{27,8 \text{ kN m}}$.

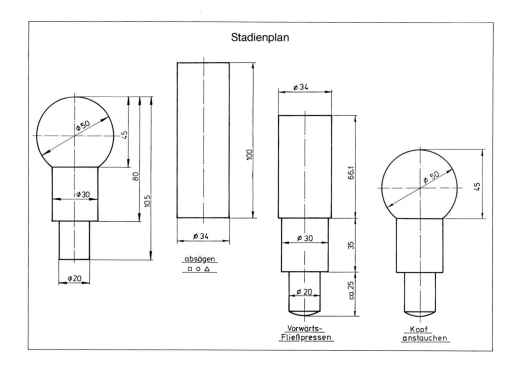

Bild 5.16 Stadienfolge zur Herstellung eines Kugelbolzens

5. Stauchen

5.1. $\varphi_h = \ln \dfrac{h_{0_K}}{h_K} = \ln \dfrac{66{,}1}{45} = 0{,}384 \rightarrow \underline{\underline{38{,}4\%}}$

$\varphi_{h_{zul}} = 150\%$.

5.2. $k_{f_0} = 280, \quad k_{f_1} = 670, \quad k_{f_m} = 475 \text{ N/mm}^2$

5.3. $F = A_1 \cdot k_{f_1} \left(1 + \dfrac{1}{3} \mu \dfrac{d_1}{h_1}\right)$

$= \dfrac{50^2 \pi}{4} \text{ mm}^2 \cdot 670 \text{ N/mm}^2 \left(1 + \dfrac{1}{3} \cdot 0{,}15 \cdot \dfrac{50 \text{ mm}}{45 \text{ mm}}\right)$

$F = 1\,387\,896{,}7 \text{ N} = \underline{\underline{1\,388 \text{ kN}}}$

5.4. $W = \dfrac{V_K \cdot k_{f_m} \cdot \varphi_h}{\eta_F} = \dfrac{63\,617 \text{ mm}^3 \cdot 475 \text{ N/mm}^2 \cdot 0{,}384}{0{,}7}$

$W = 16\,576\,771 \text{ N/mm} = \underline{\underline{16{,}6 \text{ kN m}}}$

5.13 Formenordnung

Für die Arbeitsvorbereitung, in der die Stadienpläne für die Preßteile erstellt werden, ist es wichtig Erfahrungswerte zu sammeln und festzuhalten.
Deshalb arbeitet man mit einer Formenordnung, in der man die vielfältigen Preßteilformen nach Arbeitsverfahren, Arbeitsfolge, Schwierigkeitsgrad usw. ordnet. Tabelle 5.6 zeigt eine solche Formenordnung.
Die Vorteile einer solchen Formenordnung sind:

— Erstellung von Stadienplänen für neue Teile.
  Wenn für ähnliche Teile aus der Formenordnung bereits Stadienpläne vorliegen, dann wird die Erstellung eines neuen Stadienplanes erleichtert, weil man sich an ähnlichen Formen orientieren kann.
  Dadurch wird die Einarbeitung neuer unerfahrener Mitarbeiter wesentlich erleichtert und das Spezialistentum abgebaut.
— Gleiche Formengruppen haben aber auch gleiche oder ähnliche Schwierigkeitsgrade beim Pressen.
  Daraus kann man in Abhängigkeit von der Formengruppe auch Größenordnungen für die zu erwartenden Formänderungswirkungsgrade ableiten (siehe dazu Tabelle 5.7).
— Auch für den Werkzeugbau ergeben sich Vorteile. Ähnliche Formen ergeben auch bei den Werkzeugen ähnliche Elemente, die man dann innerbetrieblich normen und in der Herstellung vereinfachen und dadurch billiger herstellen kann.

5. Fließpressen

Tabelle 5.6 Formenordnung nach Lange

Deckfläche / Mantelfläche	ohne Nebenform einseitig	ohne Nebenform zweiseitig	mit Aussparung (Hohlkörper) einseitig	mit Aussparung (Hohlkörper) zweiseitig	mit Zapfen einseitig	mit Zapfen zweiseitig	mit Aussparung und Zapfen einseitig	mit Aussparung und Zapfen zweiseitig
Klasse 1 Scheibenform $d > h$, $d_1 > h_1$								
Hauptform zylindrisch 1.1	▢	—	▢	▢	▢	▢	▢	▢
Hauptform mit durchgehender Bohrung 1.2	▢	—	▢	▢	▢	▢	▢	▢
Hauptform mit gewölbten, profilierten oder kegeligen Teilflächen 1.3	▢	▢	▢	▢	▢	▢	▢	▢
Klasse 2 gedrungene Form $d = h$, $d_1 = h_1$								
Hauptform zylindrisch 2.1	▢	—	▢	▢	▢	▢	▢	▢
Hauptform mit Kopf oder Flansch 2.2	▢	—	▢	▢	▢	▢	▢	▢
Hauptform mit durchgehender Bohrung 2.3	▢	—	▢	▢	▢	▢	▢	▢
Hauptform mit gewölbten, profilierten oder kegeligen Teilflächen 2.4	▢	▢	▢	▢	▢	▢	▢	▢

Tabelle 5.6 Formenordnung nach Lange

		ohne Nebenform		mit Aussparung (Hohlkörper)		mit Zapfen		mit Aussparung und Zapfen	
Deckfläche / Mantelfläche		einseitig	zweiseitig	einseitig	zweiseitig	einseitig	zweiseitig	einseitig	zweiseitig
Klasse 3 Langform Vollkörper $d < h$ $d_1 > h_1$	Hauptform glatter Schaft 3.1		—						
	Hauptform abgesetzter Schaft 3.2								
	Hauptform mit gewölbten, profilierten oder kegeligen Teilflächen 3.3								

Tabelle 5.6 Formenordnung nach Lange

Deckfläche / Mantelfläche	ohne Nebenform		mit Aussparung (Hohlkörper)		mit Zapfen		mit Aussparung und Zapfen	
	einseitig	zweiseitig	einseitig	zweiseitig	einseitig	zweiseitig	einseitig	zweiseitig
Hauptform außen und innen glatt — 4.1								
Hauptform außen abgesetzt innen glatt — 4.2								
Hauptform außen glatt innen abgesetzt — 4.3								

Klasse 4

Langform Hohlkörper

$d < h$
$d_1 < h$

5. Fließpressen

Tabelle 5.6 Formenordnung nach Lange

Deckfläche Mantelfläche	ohne Nebenform einseitig / zweiseitig	mit Aussparung (Hohlkörper) einseitig / zweiseitig	mit Zapfen einseitig / zweiseitig	mit Aussparung und Zapfen einseitig / zweiseitig
Hauptform außen und innen abgesetzt **4.4**				
Hauptform mit durchgehender Bohrung **4.5**				
Hauptform mit gewölbten, profilierten oder kegeligen Teilflächen **4.6**				

Klasse 4

Langform Hohlkörper

$d < h$
$d < h$

(Maßskizze: Länge l_4, Höhe h, Durchmesser d, Innendurchmesser d_1)

5. Fließpressen

Tabelle 5.7 Formänderungswirkungsgrad $\eta_F = f$ (Werkstückform und Formänderungsgrad φ_h)

Vorwärtsfließpressen

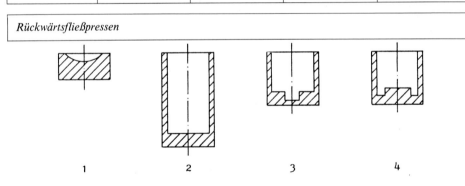

φ_h	Formänderungswirkungsgrad η_F			
	Form 1	Form 2	Form 3	Form 4
< 0,4–0,6	0,6	0,55	0,45	0,4
> 0,6–1,0	0,65	0,6	0,5	0,45
> 1,0–1,6	0,7	0,65	0,55	0,5
> 1,6	0,75	0,7	0,6	0,55

Rückwärtsfließpressen

φ_h	Formänderungswirkungsgrad η_F			
	Form 1	Form 2	Form 3	Form 4
0,4	0,55	0,52	0,5	0,48
> 0,4–1,2	0,57	0,55	0,52	0,5
> 1,2–1,8	0,58	0,56	0,54	0,52
> 1,8	0,6	0,58	0,56	0,55

5.14 Testfragen zu Kapitel 5:

1. Welche Fließpreßverfahren kennen Sie?
2. Aus welchen Größen wird die Hauptformänderung beim Fließpressen berechnet?
3. Wie bestimmt man den Verformungsweg?
4. Nennen Sie die wichtigsten Elemente eines Fließpreßwerkzeuges?
5. Warum muß die Matrize armiert sein?
6. Von welchen Größen ist der Formänderungswirkungsgrad abhängig?
7. Was war falsch, wenn beim Rückwärtsfließpressen innen Oberflächenrisse auftreten?
8. Was ist ein Stadienplan und wozu braucht man ihn?

6. Gewindewalzen

Gewindewalzen ist ein Kalt-Massivumformverfahren, mit dem Gewinde aller Art, Kordel und Schrägverzahnungen hergestellt werden.

6.1 Unterteilung der Verfahren

Man unterteilt die Verfahren nach Art der Werkzeuge in:

6.1.1 Werkzeuge mit endlichen Arbeitsflächen

a) *Flachbackenverfahren* (Bild 6.1)

Das Gewinde wird durch 2 Flachbacken, die das Profil des herzustellenden Gewindes haben, erzeugt.
Die Profilrillen sind um den Steigungswinkel des zu erzeugenden Gewindes geneigt. Die eine Flachbacke ist feststehend und die zweite Flachbacke wird durch einen Kurbeltrieb hin und her bewegt. Die Mitnahme des zu walzenden Rohlings erfolgt durch Reibschluß

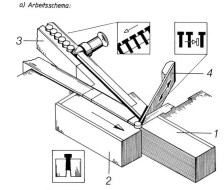

Bild 6.1 Arbeitsschema beim Gewindewalzen mit Flachbacken. 1 feststehende-, 2 bewegte Flachbacke, 3 Zuführschiene, 4 Einstoßschieber

b) *Segmentverfahren* (Bild 6.2)

An Stelle der geraden Walzbacken verwendet man hier gekrümmte Segmente, deren Länge der Umfangslänge des zu walzenden Werkstückes entspricht. Das Gegenstück zu den Segmenten (es können mehrere auf dem Umfang angeordnet sein), ist eine umlaufende Gewinderolle. Bei einer Umdrehung dieser Rolle werden so viele Werkstücke gewalzt, wie außen Segmente angeordnet sind.

Bild 6.2 Arbeitsschema des Gewindewalzens mit Segmentwerkzeugen. 1 Zuführschiene, 2 Segment, 3 umlaufende Rolle, 4 Sperrschieber, 5 Einstoßschieber

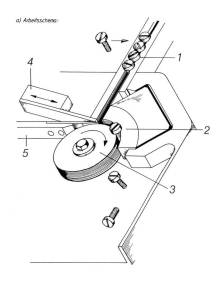

6.1.2 Werkzeuge mit unendlichen Arbeitsflächen

a) *Einstechverfahren* (Bild 6.3)

Beim Einstechverfahren haben die Profilrillen der Walzen die Steigung des zu erzeugenden Gewindes. Die mit gleicher Drehzahl angetriebenen Walzen haben die gleiche Drehrichtung. Das Werkstück dreht sich beim Walzen durch Reibschluß, ohne sich axial zu verschieben. Das so erzeugte Gewinde ist eine genaue Kopie der Rollwerkzeuge. Solche Gewinde haben deshalb eine hohe Steigungsgenauigkeit. Die maximale Gewindelänge ist durch die Breite der Rollwerkzeuge (30–200 mm) begrenzt.

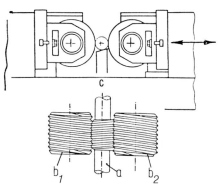

Bild 6.3 Anordnung von Werkstück und Werkzeug beim Einstechverfahren. a) Werkstück, b) Werkzeuge, b_1 ortsfestes-, b_2 verstellbares Rollwerkzeug, c) Werkstückauflage

b) *Durchlauf-Axialschubverfahren* (Bild 6.4)

Hier haben die Walzwerkzeuge steigungslose Rillen, deren Querschnittsform dem flankennormalen Profil entspricht. Die Gewindesteigung wird durch Neigung der Rollenachsen, um den Steigungswinkel des Gewindes, erzeugt. Dadurch erhält das Werkstück einen Axialschub und bewegt sich bei einer vollen Umdrehung um eine Gewindesteigung in axialer Richtung. Weil mit dem Eindringen der Werkzeuge sofort der Vorschub in axialer Richtung einsetzt, wird bei größeren Gewinden die volle Gewindetiefe nicht in einem Durchgang erreicht.

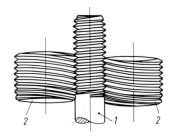

Bild 6.4 Anordnung von Werkstück und Werkzeug beim Axial-Durchlaufverfahren. 1 Werkstück, 2 Werkzeuge

c) *Kombiniertes Einstech-Axialschubverfahren*

Das kombinierte Einstech-Durchlaufverfahren ist eine Kombination der beiden Grundverfahren.
 – langsames axiales Eindringen mit axialem Wandern des Werkstückes,
 – bei axialer Endstellung Änderung der Walzendrehrichtung,
 – Wiederholung des Vorganges bis die gewünschte Gewindetiefe erreicht ist.

6.2 Anwendung der Verfahren

6.2.1 Flachbacken- und Segmentverfahren

Einsatz überwiegend in der Massenfertigung zur Herstellung von Schrauben und Gewindebolzen, an die keine zu hohen Anforderungen an die Genauigkeit gestellt werden.

Bild 6.5 Typische Teile für das Walzen mit Flachbacken und Segmenten

6.2.2 Einstechverfahren

Für Gewinde mit höchster Steigungsgenauigkeit z. B. Meßspindeln für Mikrometerschrauben.
Wegen der technischen Verbesserungen an den Gewinderollmaschinen, die zu immer kleineren Fertigungszeiten führen, wird dieses Verfahren zunehmend auch in der Massenfertigung eingesetzt.

6.2.3 Kombiniertes Einstech-Axialschubverfahren

Für lange Gewinde mit großen Gewindetiefen, die eine große Umformung erfordern. Außer Trapezgewindespindeln können aber auch Formteile, wie z. B. Kugelgriffe, Zahnräder mit Schrägverzahnung und Schnecken mit diesem Verfahren hergestellt werden.

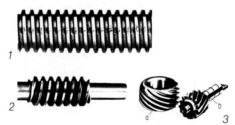

Bild 6.6 Im kombinierten Einstech-Axialschubverfahren erzeugte Werkstücke. 1 Spindel mit Trapezgewinde Tr70×10 aus C45, Walzzeit: 2×60 s/m, 2 Schnecke Modul 4, Walzzeit: 80 s, 3 Schraubenrad und Antriebsritzel Modul 1,25, Walzzeit: 10 s

Die nachfolgenden Tabellen zeigen einige technische Daten für das Walzen mit Gewinderollen.

Tabelle 6.1 Technische Daten für das Walzen mit Rollen

Walzkräfte in kN	10 – 600
Werkstückdurchmesser in mm	5 – 130
Werkstücklänge in mm – Einstechverfahren – Durchlaufverfahren	 max. 200 max. 5000
Gewindesteigung in mm	max. 14
Modul für Schnecken und Schraubenräder in mm	max. 5
Schrägungswinkel zwischen Zahnprofil und Zahnradachse in Grad	30 – 70
Rollendurchmesser in mm – Einstechverfahren – Durchlaufverfahren	130 – 300
Walzzeiten – Einstechverfahren in s/Stück – Durchlaufverfahren in s/m	 2 – 12 60

Tabelle 6.2 Erreichbare Stückzahlen/min beim Gewindewalzen mit Flachbacken

Gewinde	M 6	M 10	M 20	Ausgangswerkstoff
Stückz./min.	500	220	100	$R_m \sim 500$ N/mm²
Stückz./min.	200	100	40	$R_m \sim 1000$ N/mm²

6.3 Vorteile des Gewindewalzens

– *optimaler Faserverlauf*

Der Faserverlauf folgt der äußeren Kontur des Gewindes und verringert damit, im Vergleich zu spanend erzeugten Gewinden, die Kerbwirkung erheblich. Dadurch erreicht man eine Steigerung der Dauerfestigkeit bis zu 50%.

– *preßblanke Oberflächen*

Gewalzte Gewinde haben spiegelblanke glatte Oberflächen.

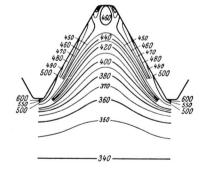

Bild 6.7 Faserverlauf und Härteverlauf bei gewalzten Gewinden aus leg. Stahl

– *Kaltverfestigung*

Durch die Kaltverfestigung kommt es zu einer erheblichen Festigkeitssteigerung (Bild 6.7), die in Verbindung mit der preßblanken Oberfläche zur Verminderung des mechanischen Verschleißes führt.

– *Materialeinsparung*

Die Materialeinsparung gewalzter Gewinde, im Vergleich zu spanend erzeugten Gewinden, beträgt etwa 20%.

– *kurze Fertigungszeiten*

Die Walzzeiten sind im Vergleich zur spanenden Herstellung von Gewinden (siehe Tabellen 6.1 und 6.2) sehr klein.

– *fast alle für die Praxis wichtigen Werkstoffe sind walzbar*

Bis zu einer Bruchdehnung von größer 8% und einer maximalen Festigkeit von 1200 N/mm² lassen sich, bis auf die Automatenstähle, fast alle Stähle walzen. Auch Ms 58-63 weich ist walzbar.

6.4 Bestimmung des Ausgangsdurchmessers

Der Bolzenausgangsdurchmesser läßt sich mit den nachfolgenden Gleichungen in Abhängigkeit von der Art des Gewindes rechnerisch bestimmen.

Für metrische Gewinde

$$\boxed{d_0 = d - 0{,}67 \cdot h}$$

Für Whitworthgewinde

$$\boxed{d_0 = d - 0{,}64 \cdot h}$$

Für überzogene Gewinde

z. B. verzinkt, verchromt

$$\boxed{d_{ü} = d_0 - \frac{2z}{\sin\frac{\alpha}{2}}}$$

h	in mm	Gewindesteigung
d_0	in mm	Bolzenausgangsdurchmesser
d	in mm	Gewindeaußendurchmesser
d_f	in mm	Flankendurchmesser
α	in Grad	Flankenwinkel
z	in mm	Dicke des Metallüberzuges
$d_{ü}$	in mm	Bolzenausgangsdurchmesser für Teile, die einen Metallüberzug erhalten.

6.5 Rollgeschwindigkeiten mit Rundwerkzeugen

Die Rollgeschwindigkeiten liegen, abhängig vom zu rollenden Werkstoff, zwischen 30 und 100 m/min.

6.6 Walzwerkzeuge

6.6.1 Flachbacken

Das Profil der Flachbacken entspricht dem zu erzeugenden Gewinde.
Die Neigung der Rillen entspricht dem Steigungswinkel des Gewindes.

$$\tan \alpha = \frac{h}{\pi \cdot d_f}$$

h in mm Gewindesteigung
d_f in mm Flankendurchmesser

Bild 6.8 Rillenausbildung an einem Flachbackenwerkzeug

Bezüglich der Form der Gewinderollbacken gibt es verschiedene Ausführungen. Eine gebräuchliche Form soll hier gezeigt werden.

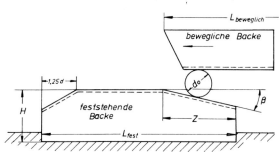

$$z = 3 \cdot d_0$$

$$\beta = 3 \text{ bis } 7°$$

Bild 6.9 Abmessung und Anordnung der Flachbackenwerkzeuge

d_0 in mm Ausgangsdurchmesser
β in Grad Anlaufwinkel
z in mm Anlauflänge

Auch im Anrollteil hat das Gewindeprofil volle Höhe.
Die Backenlänge soll mindestens 15 d_0 betragen.
Die bewegliche Backe soll 15 bis 20 mm länger sein als die feststehende Backe.
Die Backenbreite B

$$B = L_1 + 3h$$

B in mm Backenbreite
h in mm Gewindesteigung
L_1 in mm Länge des Gewindes am Werkstück
H in mm Backendicke
L in mm Backenlänge

Tabelle 6.3 Backenabmessungen für metrische Gewinde

Gewinde-Nenndurchm.	Backenlänge in mm		Backenbreite B in mm	Backendicke H in mm	Anlauflänge z in mm
	bewegl. L_b	festst. L_f			
M 6	125	110	40	25	20
M 10	170	150	45	30	28
M 16	250	230	65	45	46

Tabelle 6.4 Werkzeugwerkstoffe für Flachbacken und Rundwalzen (Rollen)

Werkstoff-Nr.	1.2379	1.2601	1.3343
Einbauhärte HRC	59 bis 61	59 bis 61	60 bis 61

6.6.2 Abmessung der Rollen

– Einstechverfahren (Spitzgewinde)

$$D_f = d_f \cdot \frac{G}{g} \; ; \; D_f/d_f = G/g = k$$

$$D_f = k \cdot d_f$$

$$D_a = k \cdot d_f + t$$

D_f in mm Flankendurchmesser der Rolle
d_f in mm Flankendurchmesser des zu walzenden Gewindes
D_a in mm Außendurchmesser der Rolle
t in mm Gewindetiefe
G in Anzahl Gangzahl der Rolle
g in Anzahl Gangzahl des Gewindes
k Faktor abhängig vom Verhältnis G/g

— *Durchlaufverfahren mit Rillenrollen ohne Steigung*

Beim Durchlaufverfahren ist der Durchmesser des Rollwerkzeuges unabhängig vom Durchmesser des zu erzeugenden Gewindes. Man wählt ihn deshalb in der Regel nach der Abmessung der Maschine.

— *Kombiniertes Einstech-Axialschubverfahren*

$$D_f = k \cdot d_f \frac{\sin \alpha_W}{\sin(\alpha_W - \varepsilon)}$$

α_W = Steigungswinkel des Werkstückgewindes
ε = Schwenkwinkel der Rollenachsen

Die gebräuchlichen Rollenwerkstoffe und die zugeordneten Einbauhärten zeigt Tabelle 6.5.
Die Standmengen der Rollen sind abhängig von der Festigkeit des zu walzenden Werkstoffes.

Tabelle 6.5 Standmengen der Walzwerkzeuge

Materialfestigkeit R_m in N/mm²	Stückzahl pro Werkzeug
1000	100 000
800	200 000
600	300 000

6.7 Beispiel:

Es sind Gewinde M 10 × 50 lang herzustellen.
Der erforderliche Ausgangsdurchmesser ist zu bestimmen.

Lösung:

$d_0 = d - 0{,}67 \cdot h = 10 \text{ mm} - 0{,}67 \cdot 1{,}5 \text{ mm} = 9{,}0 \text{ mm}$
$h = 1{,}5 \text{ mm}$ aus Tabelle.

6.8 Gewindewalzmaschinen

Hier unterscheidet man:

Flachbacken-Gewindewalzmaschinen
Gewindewalzmaschinen mit Rundwerkzeugen
Gewindewalzmaschinen mit Rund- und Segmentwerkzeugen.

6.8.1 Flachbackengewindewalzmaschinen

Der konstruktive Aufbau dieser Maschinen ist in der Grundkonzeption praktisch bei allen Herstellern gleich.
Der Maschinenständer ist als kastenförmige Gußkonstruktion, oder wie bei der im Bild 6.10 gezeigten Maschine, als Kombination von Schweiß- und Gußkonstruktion, ausgeführt.
Ein Schlitten nimmt die bewegliche Backe auf. Die Walzschlittenführung ist überwiegend als nachstellbare Prismen- oder V-Führung ausgebildet. Der Walzschlitten (Bild 6.11) wird von dem auf der Kurbelwelle sitzenden Kurbelrad 3 über das Pleuel 2 angetrieben. Durch die Riemenscheibe, die als Schwungscheibe ausgebildet ist, wird die Gleichförmigkeit beim Lauf der Maschine erreicht.
Die Werkstücke werden von einer Bolzentrommel (Bild 6.10) oder von einem Schwingförderer gerichtet und über gehärtete Zuführschienen in den Arbeitsraum der Maschine geführt. Ein über Kurven gesteuertes Einschiebemesser (Bild 6.1) bringt den Rohling zwischen die Walzwerkzeuge.
Die mit diesen Maschinen erreichbaren Stückzahlen pro Zeiteinheit zeigt Tabelle 6.2.
Flachbacken-Gewindewalzmaschinen werden überwiegend in der Schrauben- und Normteilindustrie eingesetzt.

Bild 6.10 Automatische Hochleistungs-Gewindewalzmaschine Typ R 2 L (Werkfoto Fa. Hilgeland, Wuppertal)

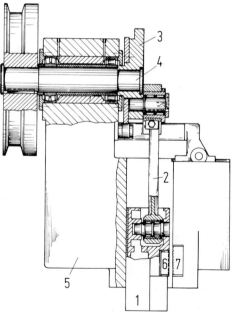

Bild 6.11 Antrieb einer Flachbackengewindewalzmaschine der Firma Hilgeland. 1 Schlitten, 2 Pleuel, 3 Kurbelrad, 4 Kurbelwelle, 5 Maschinenständer, 6 bewegte Flachbacke, 7 feststehende Flachbacke

6.8.2 Gewindewalzmaschinen mit Rundwerkzeugen

Bei dem Walzen mit Rundwerkzeugen wird der Vorschub durch die Rotation und die Zustellung der Werkzeuge erzeugt. Beide Walzwerkzeuge sind angetrieben. Der längsbewegliche Walzschlitten, der ein Walzwerkzeug trägt und die Walzkraft aufbringt, wird hydraulisch betätigt. Der hydraulische Hubkolben ist sowohl bezogen auf die Bewegungsgeschwindigkeit, als auch auf die Kraft, mit der CNC-Steuerung feinfühlig steuerbar.

Während konventionelle Maschinen kraftgesteuert arbeiten, wird bei den CNC-Maschinen in geschlossenen Regelkreisen vorschuborientiert gefahren, daß heißt Eindringtiefe und Materialverdrängung werden pro Werkstückumdrehung aufeinander abgestimmt. Damit ist die Materialverdrängung nicht mehr von der sich aufbauenden Kraft, sondern zielgerichtet beeinflußbar. Dadurch lassen sich

    Walzzeit,
    Kraftverlauf und
    Momentenverlauf

aus den am Umformvorgang beteiligten Einflußgrößen wie z.B.:

    Walzverfahren, Profilform, Material, Rohteilabmessung, Auswalzgrad, Werkzeuggeometrie und Schmierung

mit relativ großer Sicherheit berechnen.

Die im Bild 6.12 gezeigte CNC-gesteuerte Gewindewalzmaschine wird in 6 verschiedenen Größen von 100-1000 kN Walzkraft gebaut.

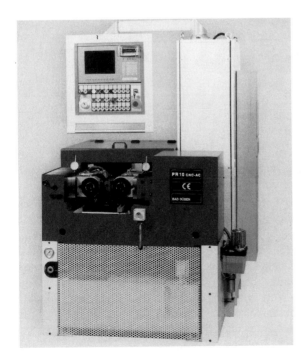

Bild 6.12
Gewindewalzmaschine PW10
CNC/AC
(Werkfoto Fa. Bad Düben
Profilwalzmaschinen GmbH;
Bad Düben)

Der Maschinenkörper ist als C-Gestell ausgeführt und gewährleistet durch den nach oben offenen Arbeitsraum eine gute Zugangsmöglichkeit in den Arbeitsbereich. Durch den Einsatz modernster Proportionalventil- und Antriebstechnik in Verbindung mit der 3-Achsen-CNC-Steuerung ist eine präzise Beeinflussung des Walzprozesses gegeben. Die graphische Bedieneroberfläche ermöglicht eine schnelle und verständliche Handhabung der Maschine. Die wichtigsten Kenngrößen des Verfahrens, wie Kraft und Drehmoment, werden durch die Prozeßvisualisierung in die Sollkurven der Schlitten-und Spindelbewegung eingeblendet und ermöglichen dadurch eine Optimierung des Walzvorganges.

Den Komfort einer umfassenden Datenverwaltung bietet das Prozeßdatenmanagement. Dies ermöglicht auch, daß Wiederholaufträge mit kürzesten Rüstzeiten bearbeitet werden können.

Auch bei der im Bild 6.13 gezeigten Gewindewalzmaschine ist der Maschinenständer als biege- und verwindungssteife Kastenkonstruktion ausgeführt.

Bild 6.13
Gewindewalzmaschine
RTW 30x CNC/AC
(Werkfoto Fa. Rollwalztechnik, Abele + Höltich GmbH, Engen)

Der Rollspindelantrieb (Bild 6.14) erfolgt über Gelenkwellen mit 2 Drehstrom-Servomotoren. Die Drehzahlregelung wird mit Frequenzumformern gesteuert. Beide Werkzeugachsen sind von 7 - 10 winkelverstellbar.

Der längsbewegliche Walzschlitten, der die Walzkraft aufbringt, wird hydraulisch betätigt. Der Hydraulikkolben ist, sowohl bezogen auf die Walzkraft, als auch auf die Bewegungsgeschwindigkeit, feinfühlig über die CNC-Steuerung regelbar. In Verbindung mit einem inkrementalen Meßsystem werden Positions- und Steuersignale umgesetzt und überwacht. Die entscheidende Neuerung dieser Steuerungskonzeption besteht darin, daß die Einspurjustierung beider Walzrollen zueinander über Tasteneingabe erfolgt. Der so gefundene Wert wird abgespeichert und beim Walzvorgang ständig überwacht. Diese abgespeicherten Werte können auch für neue Werkstücke mit gleichen technischen Daten abgerufen werden und ersparen dadurch Rüstzeiten.

Bild 6.15 zeigt den Walzvorgang mit eingelegtem Werkstück.

6. Gewindewalzen 67

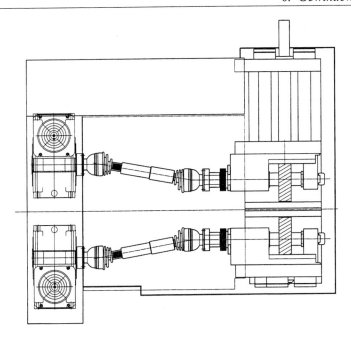

Bild 6.14 Antriebsschema der Walzwerkzeuge und des Walzschlittens
(Werkfoto Fa. Rollwalztechnik, Abele + Höltich GmbH, Engen)

Bild 6.15 Rollwerkzeuge und Werkstück beim Walzvorgang
(Werkfoto, Fa. Rollwalztechnik Abele + Höltich GmbH, Engen)

Die nachfolgende Tabelle zeigt einige technische Daten solcher Gewindewalzmaschinen, die heute auf dem Markt sind.

Tabelle 6.6 Technische Daten der Gewindewalzmaschinen

Walzkraft	in kN	80 - 1000
Walzspindeldurchmesser	in mm	28 - 100
Aufnahmelänge der Walzspindel	in mm	80 - 300
Walzwerkzeugdurchmesser	in mm	70 - 235
Werkstückdurchmesser	in mm	2 - 120
Walzzeiten	in s	1 - 120
Antriebsleistung (Walzspindelmotor)	in kW	2,5 - 30

Einsatzgebiete der Gewindewalzmaschinen mit Rundwerkzeugen

Diese Maschinen können sowohl für

- das Einstechverfahren,
- das Durchlaufverfahren und
- das kombinierte-Einstech-Durchlaufverfahren

eingesetzt werden. Daraus resultiert Ihr Einsatz für die Herstellung von:
- Spezialschrauben mit hoher Genauigkeit
- Dehnschrauben hoher Festigkeit
- ein- und mehrgängigen Schnecken
- Trapezgewinde und Kugelrollspindeln
- Rändel- und Kordelarbeiten

6.9 Testfragen zu Kapitel 6:

1. Wie unterteilt man die Gewindewalzverfahren?
2. Mit welchen Verfahren werden lange Gewinde mit großen Gewindetiefen hergestellt?
3. Was sind die Vorteile des Gewindewalzens?
4. Welche Gewindewalzmaschinen gibt es?

6.10 Verfahren und Maschinen für das Walzen von Verzahnungen

6.10.1 Einleitung

Das Walzen von Verzahnungen gewinnt aufgrund seiner verfahrenstechnischen Vorteile wie zum Beispiel:
- hohe realisierbare Oberflächengüten,
- Festigkeitszunahme durch Kaltverfestigung,
- hohe Belastbarkeit durch angepaßten Faserverlauf,
- kurze Prozeßzeiten und hohe Reproduzierbarkeit,
- gute Materialausnutzung durch spanlose Fertigung,
- geringe Umformkräfte durch partielle Umformung,

immer mehr an Bedeutung.

6.10.2 Walzen von Verzahnungen

Beim Querwalzen von Verzahnungen wird prinzipiell zwischen folgenden Verfahrensvarianten unterschieden:

1. Einstechwalzen: Die Walzwerkzeuge dringen durch eine radiale Achsabstandsverringerung in die rotationssymmetrische Ausgangsform ein und bilden durch die abwälzende Kinematik von Werkzeug und Werkstück die Profilkontur aus.

2. Durchschubwalzen: Die Walzwerkzeuge verfahren dabei, mit konstantem Achsabstand, in axialer Richtung über die gesamte Länge der zu walzenden Verzahnung. Der Achsabstand ist über die Verzahnungsparameter (Fußkreis- und Kopfkreisdurchmesser) des Werkstückprofils definiert. Da bei dieser Verfahrensvariante, im Gegensatz zum reinen Querwalzen, ein Teil der Umformkräfte auch in Längsrichtung aufgebracht werden muß, sind die Walzwerkzeuge mit Einlaufschrägen zu versehen. Ihr Schrägungswinkel bestimmt das Verhältnis zwischen axialem und radialem Materialfluß.

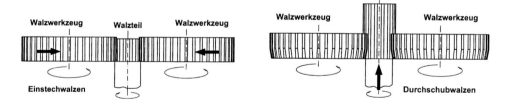

Bild 6.16 Verfahrensvergleich Einstechwalzen - Durchschubwalzen bei Rundwerkzeugen

Eine Kombination beider Verfahren findet beim Walzen von Gewinden Anwendung. Bei dieser kombinierten Verfahrensvariante Einstich-Durchschubwalzen sind die Walzwerkzeuge mit einem kleineren Steigungswinkel als die zu walzende Verzahnung ausgelegt. Ein Einschwenken der Walzwerkzeuge realisiert den axialen Vorschub und gleicht den Steigungsunterschied zwischen Werkzeug und Walzteil aus.

6.10.2. a) Abwälzverhältnisse

Beim Querwalzen wird die Formgebung des Werkstückes durch eine Abwälzbewegung zwischen dem Werkzeugprofil und der zu walzenden Evolventenflanke der Verzahnung realisiert.

Die Walzwerkzeuge dringen dabei, unter durchmesserbezogener Veränderung von Richtung und Geschwindigkeit, über die maschinelle Zustellbewegung ins Werkstück ein und lassen den Werkstoff in die Profillücke des Werkzeugprofils auffließen. Dieser Vorgang erstreckt sich bis zum Erreichen der geforderten Parameterbereiche (Fußkreis- und Kopfkreisdurchmesser) der Verzahnung.

Den sich ständig ändernden kinematischen Abwälzbedingungen über den Eindringvorgang der Werkzeugzähne ins Walzteil muß bei der konstruktiv-mathematischen Auslegung der Walzwerkzeuge Rechnung getragen werden.

Dem verfahrensbedingten asymetrischen Werkstoffluß und den dadurch entstehenden Flankenformabweichungen der Sollkontur der Verzahnung kann mit gesteuerten Reversiervorgängen (Drehrichtungswechsel der Walzwerkzeuge beim Rundrollenverfahren) und damit einem Wechsel von Schub- und Zugflanke entgegengewirkt werden.

Die beim Walzen von Verzahnungsprofilen entstehende Schließnaht am Kopf des Profils hat keinen Einfluß auf die Funktionalität der Verzahnung, da die Qualität eines evolventischen Verzahnungsprofils durch dessen tragbare Flanke bestimmt wird. Ein Soll-Istwert-Vergleich der Profilgeometrie des Walzteiles nach erfolgten Walzversuchen sollte zu einer Korrektur der Walzwerkzeuge herangezogen werden.

Das Werkzeugprofil bei Flachbackenwerkzeugen entspricht dem Bezugsprofil laut DIN und nähert sich beim Rundrollenverfahren bei größer werdendem Werkzeugdurchmesser diesem Bezugsprofil an.

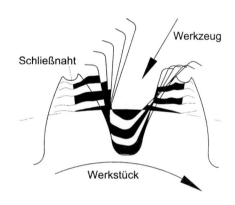

Bild 6.17 Abwälzverhältnisse

6.10.2. b) Einflußgrößen beim Walzen von Verzahnungen

In Bild 6.18 sind die wichtigsten Einflußgrößen für die erreichbare Walzteilqualität dargestellt. Es wurde eine Unterteilung in technologische und maschinenseitige sowie konstruktiv-mathematische Einflußgrößen vorgenommen. Voraussetzung für eine qualitätsgerechte Verfahrensdurchdringung ist die mathematisch exakte Auslegung und Konstruktion der Walzwerkzeuge für den Umformprozeß. Die komplizierte, abwälzende Kinematik zwischen Werkzeugen und Walzteil sowie die Beherrschung des verfahrenstypischen Anwalzproblems bilden die Grundlage für das Erreichen von Verzahnungsqualität 8 nach DIN.

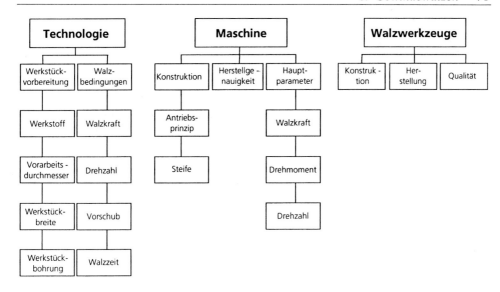

Bild 6.18 Einflußgrößen auf die Walzteilqualität

6.10.2. c) Bestimmung des theoretischen Vordrehdurchmessers d_v

Ein entscheidender Vorteil bei der umformenden Herstellung von Verzahnungsprofilen ist der Umstand, daß prinzipiell kein Materialverlust auftritt.

Der Umformtechniker wird vor die Aufgabe gestellt, Ausgangsformen zu definieren, deren Volumen das der Endform entspricht. Für die erreichbare Walzteilqualität ist die Auslegung des theoretischen Vordrehdurchmessers d_v der rotationssymmetrischen Ausgangsform ein wesentlicher Aspekt.

Bei der mathematisch-geometrischen Bestimmung dieses Parameters muß zwischen zwei Hauptkriterien abgewogen werden. Zum einen wird der Vordrehdurchmesser nach der stattfindenden Materialverdrängung während des Umformprozesses ausgelegt.

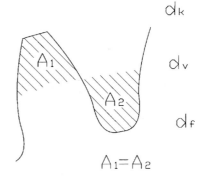

Bild 6.19 d_v nach Volumenkonstanz

Zum anderen muß bei der Berechnung berücksichtigt werden, daß die Anwalzteilung auf dem Außendurchmesser des Werkstückrohlings durch die Kopfkreisteilung der Walzwerkzeuge bestimmt wird. Ergeben sich zwischen dem theoretischen Vordrehdurchmesser nach bestehender Volumenkonstanz und dem Wert nach Auslegung der exakten Anwalzteilung größere Differenzen, muß iterativ korrigiert werden.

6. Gewindewalzen

Annähernd kann bei der Auslegung des theoretischen Vordrehdurchmessers von folgender Formel ausgegangen werden:

$$d_v = \frac{d_k + d_f}{2} + (0,35) \cdot m_n$$

Beispiel:

Es soll ein Schrägstirnrad mit evolventischem Flankenprofil mit folgenden Verzahnungsparametern aus C45 gewalzt werden. Bestimmen Sie den theoretischen Vordrehdurchmesser des rotationssymetrischen Ausgangsteiles.

m = 1,5875
α = 25,75°
z = 10
d_k = 21,7mm
d_f = 14,9mm

Lösung: $d_v = \dfrac{21{,}7\text{ mm} + 14{,}9\text{ mm}}{2} + (0{,}35) \cdot \dfrac{1{,}5875}{\cos 25{,}75°} = \underline{\underline{18{,}92\text{ mm}}}$

6.10.3 Verfahren und Maschinen zum Walzen von Verzahnungen

In Bild 6.20 sind die wichtigsten Walzverfahren zur umformtechnischen Herstellung von Verzahnungsprofilen dargestellt.

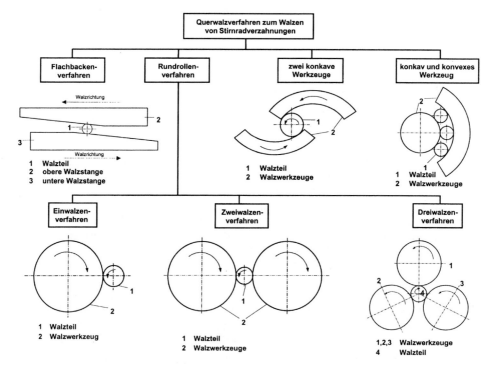

Bild 6.20 Querwalzverfahren zur Herstellung von Verzahnungsprofilen

6.10.3. a) Walzen nach dem Flachbackenverfahren

Prinzip des Walzens mit Flachbackenwerkzeugen (Bild 6.21) ist eine gegenläufige Bewegung von oberer und unterer Walzstange, um einem rotationssymmetrischem Ausgangsteil eine definierte Profilform aufzuwalzen. Bei dem stattfindenden Abwälzvorgang wird also die Werkzeuggeometrie im Werkstück (Verzahnung) abgeformt und es entstehen evolventenförmige Flankenprofile.

Bei Beginn des Walzvorganges ist der Werkstückrohling zwischen Spitzen gespannt. Obere und untere Walzstange bewegen sich translatorisch gegeneinander, treffen gleichzeitig auf das Werkstück auf und versetzen den Rohling durch Reibschluß in Rotation. Durch die abgeschrägten Einlaufzonen der Walzstangen dringen die Werkzeugzähne mit fortwährendem Vorschub tiefer ins Werkstück ein. Der Werkstoff wird dabei an den Kontaktstellen verdrängt und fließt in die Lücken des Werkzeugprofils.

Nach Auswalzen der vollen Profiltiefe zum Ende der Einlaufzone wird die Verzahnung zur Verbesserung von Oberflächengüte, Flankenform und Rundlauf noch in 2 Überwalzungen kalibriert. In der anschließenden, abgeschrägten Auslaufzone der Walzstangen kommt es zu einer Entspannung der Umformkräfte und zur Entnahme der fertiggewalzten Verzahnung.

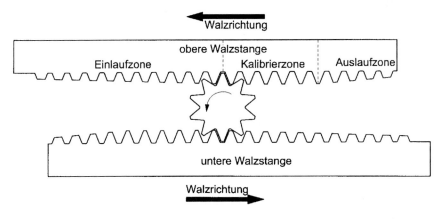

Bild 6.21 Verfahrensprinzip Flachbackenverfahren mit oberer und unterer Walzstange

6.10.3. b) Walzen nach dem Rundrollenverfahren

Beim Querwalzen nach dem Rundrollenverfahren wird der rotationssymmetrische Werkstückrohling in axialer Richtung zwischen Spitzen gespannt. Zwei oder drei Rundwerkzeuge (je nach Verfahren) formen dabei mit gleicher Drehrichtung und konstanter Drehzahl die Verzahnung in den Rohling ein. Der Eindringprozeß der Werkzeugzähne ins Werkstück erfolgt dabei über eine Achsabstandsverringerung der Rundwerkzeuge in radialer Richtung. Diese Zustellbewegung erfolgt hydraulisch über ein beweglich gelagertes Walzwerkzeug. Das zweite Rundwerkzeug ist ortsfest gelagert. Die Spannvorrichtung des Werkstückes muß dabei in Zustellrichtung beweglich sein, um ein Zentrieren des Walzteiles während des Umformprozesses zu garantieren. Eine weitere praktikable Lösung ist das Walzen mit sogenanntem Auflagelineal.

74   6. Gewindewalzen

Bei dieser Verfahrensvariante liegt die Werkstückachse leicht unterhalb der Werkzeugachsen, um ein Herausdrücken des Walzteiles während des Umformprozesses zu verhindern.

Das Rundrollenverfahren kann, aufgrund der Möglichkeit des mehrmaligen Überwalzens, als Umformung mit unendlicher Werkzeuglänge betrachtet werden.

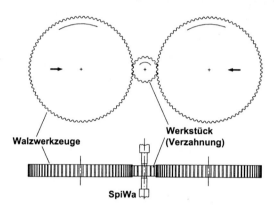

Bild 6.22
Verfahrensprinzip Rundrollenverfahren mit 2 Walzwerkzeugen

Der bisherige Stand der Technik zeigt, daß das Walzen von Verzahnungen mit Rundwerkzeugen bis zu einem Modul von $m = 1,5$ in guter Qualität realisierbar ist. Bei größer werdendem Modul treten auf Grund der kinematischen Bedingungen des Walzens Teilungsfehler, Flankenformfehler und Symmetriefehler in einer Größenordnung auf, die die Gebrauchseigenschaften der Werkstücke maßgeblich beeinflussen. Profilwalzmaschinen nach dem Rundrollenverfahren werden dabei prinzipiell in Zweiwalzen- oder Dreiwalzenanordnung ausgelegt. Übliche Ausführung beim Walzen von Verzahnungsprofilen ist ein Maschinenkonzept nach dem bewährten 2-Rollenprinzip (Bild 6.23) mit zwei beweglichen Walzschlitten.

Bild 6.23 Zweiwalzenmaschine „Rollex" (Werkfoto; Fa. Profiroll Technologies, Bad Düben)

Zwei Hauptspindeln, welche synchron und gleichsinnig angetrieben werden, dienen zur Aufnahme der Walzwerkzeuge. Eine der beiden Walzspindeln ist dabei ortsfest, die andere Walzspindel wird mechanisch oder hydraulisch verfahren und realisiert den Eindringvorgang der Walzwerkzeuge in das rotationssymmetrische Ausgangsteil. Über CNC-Steuerung ist es möglich, ein reproduzierbar genaues Abarbeiten der Sollfunktionen prozeßrelevanter Größen zu steuern und zu visualisieren.

Beim Walzen von großen Profiltiefen mit Rundrollenwerkzeugen kann mit Kräften bis 800 kN (PRZ80, Profiroll Bad Düben) umgeformt werden. Verzahnungsprofile mit üblichem Modul werden, walzteilabhängig, bei Kraftbereichen um 200 kN umgeformt.

Bild 6.24 Arbeitsraum Zweiwalzenmaschine
(Fa. Profiroll Technologies, Bad Düben)

6.10.4 Verfahrensbedingte Walzfehler

Beim Abwälzverfahren treten, aufgrund der komplizierten Kinematik, folgende, für das Walzen von Verzahnungsprofilen typische Walzfehler auf:

– Unterschnitt im Zahnfußbereich der Verzahnung,
– Flankenformabweichungen,
– Flankenlinienabweichungen,
– Teilungsfehler,
– Rundlaufabweichungen.

Rundlauf, Teilung, Flankenform- und Linie sind in ihren Abweichungen von der Soll-Geometrie nach DIN definiert und bestimmen somit Walzteilqualität und Optionalität des Verzahnungsprofils.

6.10.4. a) Unterschnitt im Zahnfußbereich der Verzahnung

Unterschnitt im Zahnfußbereich der Verzahnung entsteht, wenn bei dem zu walzenden Profil die Grenzzähnezahl z_G unterschritten wird.

– bei Eingriffswinkel $\alpha_0 = 20°$: $z_G = \dfrac{2}{\sin^2 \cdot \alpha_0}$

6. Gewindewalzen

Der Kopfradius des Werkzeugprofils dringt, aufgrund der bestehenden Eingriffs- und Abwälzverhältnisse, in die Soll-Kontur des Zahnfußbereiches der Verzahnung ein und unterschneidet die nutzbare Evolventenflanke. Der dabei gewalzte Fehler ist als schädlich anzusehen, wenn die tragende Flanke der Verzahnung derart unterschnitten wird, daß die Tragfähigkeit der Verzahnung im Getriebeeingriff beeinträchtigt wird. Diesem walztechnischem Effekt wird mit einer positiven Profilverschiebung entgegengewirkt. Der Maximalwert dieser Profilverschiebung wird durch die entstehende Spitzenbildung am Kopf der Verzahnung begrenzt.

7. Kalteinsenken

7.1 Definition

Kalteinsenken ist ein Kalt-Massivumformverfahren, bei dem ein gehärteter Stempel mit geringer Geschwindigkeit (kleiner als beim Fließpressen) in ein zu formendes Werkstück eindringt.

7.2 Anwendung des Verfahrens

Zur Herstellung von Gravuren in Preß-, Präge-, Spritzguß-, Kunststoff- und Gesenkschmiedewerkzeugen.
Zum Beispiel:

Schraubenherstellung (Bild 7.1)

Einsenken von Schraubenkopfformen in Stempel und Matrizen.

Bild 7.1 a) kalteingesenkte Schraubenmatrize, b) Senkstempel, c) im Stauchverfahren hergestellte Schloßschraube

Besteckherstellung (Bild 7.2)

Einsenken der Besteckgravuren in Prägewerkzeuge.

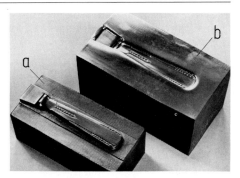

Bild 7.2 Gesenk für einen Besteckgriff.
a) Senkstempel, b) eingesenktes Prägewerkzeug

7. Kalteinsenken

Gesenkherstellung (Bild 7.3)

Einsenken von Gesenkgravuren in Gesenkschmiedewerkzeuge.

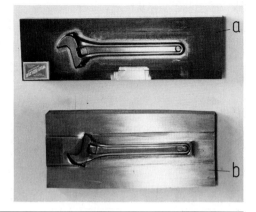

Bild 7.3 Kalteingesenkte Gesenkgravur in ein Gesenkschmiedewerkzeug. a) Senkstempel, b) eingesenkte Gravur

7.3 Zulässige Formänderungen

Die Grenzen für das Kalteinsenken ergeben sich aus dem Formänderungsvermögen der einzusenkenden Werkzeugstähle und aus den zulässigen maximalen Flächenpressungen der Senkstempel.
Eine präzise Berechnungsmethode gibt es hierfür jedoch noch nicht.

7.4 Kraft- und Arbeitsberechnung

7.4.1 Einsenkkraft

$$F = p_{max} \cdot A$$

Ersatzdurchmesser d

$$D = 1{,}13 \cdot \sqrt{A}$$

		Einsenkkraft
F	in N	Einsenkkraft
A	in mm^2	Stempelfläche
d	in mm	Stempeldurchmesser
t	in mm	Einsenktiefe
p_{max}	in N/mm^2	spezifische Einsenkkraft

(aus Tabelle 7.1)

Für nicht runde Stempel kann man aus der Stempelfläche A einen Ersatzdurchmesser d berechnen.

Tabelle 7.1 Spezifische Einsenkkraft p_{max} in N/mm^2 = $f\left(\text{Werkstoff und } \dfrac{t}{d}\right)$

$\dfrac{t}{d}$		0,1	0,2	0,4	0,6	0,8	1,0
Werkstoff-Gruppe	I	1700	2000	2300	2600	2800	2900
	II	2400	2750	3200	–	–	–
	III	3100	[4000]	–	–	–	–

7.4.2 Einsenkarbeit

$$W = F \cdot t$$

W in N mm   Einsenkarbeit

7.5 Einsenkbare Werkstoffe

Tabelle 7.2 Kalteinsenkbare Stähle

Werkstoff-Gruppe	Qualität Kurzname nach DIN 17006	Werkstoff-Nr.	Besondere Hinweise zum Verwendungszweck
Schrauben-Werkzeuge			
I oder II	C 100 W 1 95 V 4	1.1540 1.2835	} Kopfstempel und Matrizen für Kaltarbeit
II III	X 32 CrMoV 3 3 X 38 CrMoV 5 1 45 CrMoW 5 8 X 30 WCrV 5 1 X 30 WCrV 9 3	1.2365 1.2343 1.2603 1.2567 1.2581	} Kopfstempel und Matrizen für Warmarbeit
Gesenkschmiede-Werkzeuge			
II	C 70 W 1	1.1520	Schlagsäume
II	45 CrMoV 6 7 X 32 CrMoV 3 3	1.2323 1.2365	Gesenke für Leichtmetalle Gesenke für Buntmetalle und für Stähle unter Pressen
III	55 NiCrMoV 6 56 NiCrMoV 7	1.2713 1.2714	} Gesenke für Stähle unter Hämmern
Druckguß-Werkzeuge			
I	X 8 CrMoV 5	1.2342	Zinkdruckgußformen
II	45 CrMoV 6 7 X 32 CrMoV 3 3 X 38 CrMoV 5 1 X 32 CrMoV 3 3	1.2323 1.2365 1.2343 1.2365	Zink- und Leichtmetall-Druckgußformen Leichtmetall-Druckgußformen Leichtmetall-Druckgußformen Messing-Druckgußformen
Präge-Werkzeuge			
I oder II II	C 100 W 1 90 Cr 3	1.1540 1.2056	} Prägestempel (Münzprägung)
II III	45 CrMoV 6 7 55 NiCr 10 X 45 NiCrMo 4 X 165 CrMoV 12	1.2323 1.2718 1.2767 1.2601	} Formen für Schmuck, Elektroteile und Möbelbeschläge (Münzprägung)

7.6 Einsenkgeschwindigkeit

Die Einsenkgeschwindigkeiten liegen zwischen

$$v = 0{,}01\ \text{mm/s} \quad \text{bis} \quad 4\ \text{mm/s}$$

wobei Stähle höherer Festigkeit und schwierige Formen mit den kleineren Einsenkgeschwindigkeiten zu senken sind.

7.7 Schmierung beim Kalteinsenken

Um eine Kaltverschweißung zwischen Senkstempel und Werkstück zu verhindern, sind folgende Maßnahmen erforderlich:

- Oberfläche des Stempels muß an den Flächen, an denen er das Werkstück berührt, poliert sein.
- Stempelflächen mit Kupfervitriol-Lösung einstreichen (dient als Schmiermittelträgerschicht).
- Schmierung mit Molybdändisulfid (MoS_2).

7.8 Gestaltung der einzusenkenden Werkstücke

- Bei den einzusenkenden Werkstücken sollen Außendurchmesser und Höhe in Relation zum Senkdurchmesser und zur Senktiefe stehen.

$D = 2{,}5 \cdot d$
$D_A = 1{,}5 \cdot d$
$h \geqq 2{,}5 \cdot t$
$\alpha = 1{,}5$ bis $2{,}5°$

- Das zu senkende Werkstück soll an den Seiten und am Boden Aussparungen haben. Dadurch wird der Werkstofffluß erleichtert und das Einsenkvermögen vergrößert.

Φd
α
h
t
15r
seitliche Aussparung
Aussparung am Boden
ΦD_A
ΦD

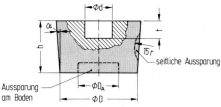

Bild 7.4 Maße am Werkstück, das eingesenkt werden soll. d Senkdurchmesser, t Einsenktiefe, D Außendurchmesser, D_A Aussparung am Boden, r Radius für die Aussparung an den Seiten, α Neigungswinkel $\cong 1°$

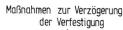

Maßnahmen zur Verzögerung der Verfestigung
unten und seitlich ausgespart (Druckplatte voll)
seitlich ausgespart (Druckplatte hohl)

Bild 7.5 Aussparungen am Werkstück ►

7.9 Einsenkwerkzeug

Das Einsenkwerkzeug besteht aus Senkstempel, Armierungsring, Haltering, gehärteten Unterlagen und Befestigungselementen. Die Befestigungselemente haben die Aufgabe Stempel und Halteringe in ihrer Lage zu sichern.

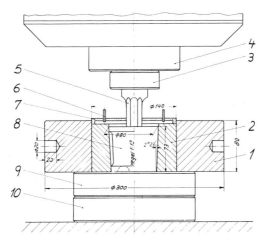

Bild 7.6 Einsenkwerkzeug. 1 Haltering, 2 Armierung, 3 Stempelauflage, 4 Druckplatte, 5 Einsenkstempel, 7 Zentrierring, 8 einzusenkende Matrize, 9 und 10 Druckplatten

Halterung (Armierung, Bild 7.7)

Da beim Senken große Radialkräfte in den zu senkenden Werkzeugen auftreten, die große Tangentialspannungen zur Folge haben, müssen die Werkzeuge in einem Haltering (Schrumpfring) armiert werden. Die Vorspannung des Schrumpfringes wirkt der Tangentialspannung im Werkzeug entgegen. Die Höhe der Halteringe h entspricht der Höhe des Werkstückes. Der innere Haltering a ist gehärtet und hat eine Härte von 58 ± 2 HRC. Der äußere Haltering ist gehärtet. Seine Festigkeit sollte bei 1200 N/mm^2 liegen. Sein äußerer Durchmesser D_1 sollte $2,5\,D$ sein.

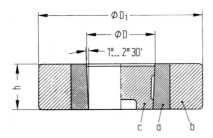

Bild 7.7 Anordnung von Armierungsring, Haltering und einzusenkendem Werkstück. a) Armierung, b) Haltering, c) einzusenkende Matrize

Das eigentliche Einsenkwerkzeug ist der Einsenkstempel (Bild 7.8):

- Er soll keine scharfkantigen Übergänge haben.
- Der Stempelkopf soll etwa 20 mm größer sein als der Schaft.
- Der Schaft muß bis einschließlich Übergangsradius zum Kopf fein geschliffen und poliert sein.

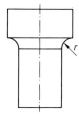

Bild 7.8 Einsenkstempel

Tabelle 7.3 Stempelwerkstoffe und zulässige Flächenpressung

Werkstoff-Nr.	p_{zul} in N/mm²	Härte HRC
1.3343	3200	63
1.2601	3000	62
1.2762	2600	61

7.10 Vorteile des Kalteinsenkens

- gesunder ununterbrochener Faserverlauf (Bild 7.9)
- preßblanke glatte Oberflächen an der gesenkten Kontur
- hohe Maßgenauigkeit der gesenkten Kontur

    Toleranzen: 0,01 – 0,02 mm

- höhere Werkzeugstandzeiten als Folge von optimalem Faserverlauf und hoher Oberflächengüte
- wesentlich kürzere Fertigungszeiten als bei einer spanenden Herstellung.

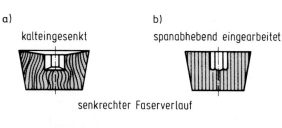

senkrechter Faserverlauf

waagerechter Faserverlauf

Bild 7.9 Faserverlauf. a) bei kalteingesenktem – b) bei spanend hergestelltem Werkstück

7.11 Fehler beim Kalteinsenken

Tabelle 7.4 Senkfehler und ihre Ursachen

Fehler	Ursache	Maßnahme
Werkstück reißt radial ein.	Es wurde ohne Armierungsring eingesenkt.	Werkstück vor dem Senken armieren und evtl. fließgünstigere Vorform einsenken.
Zu große Kaltverfestigung beim Einsenken.	Werkstück am Boden und an den Seiten nicht ausgespart (Bild 7.4) Werkstoff kann nicht abfließen.	Werkstück aussparen.
Einsenkstempel bricht aus.	Zulässige Flächenpressung überschritten. — Stempelkopf ungünstig gestaltet.	Werkstück zwischenglühen nach Teileinsenkung. — Stempelkopfform fließgünstiger gestalten.

7.12 Maschinen für das Kalteinsenken

Zum Einsenken werden hydraulische Sonderpressen eingesetzt. Diese Maschinen zeichnen sich durch besonders stabile Bauweise und feinfühlige Regelbarkeit der Einsenkgeschwindigkeit aus.

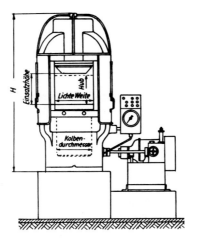

Bild 7.10 Einsenkpresse

84   7. Kalteinsenken

Tabelle 7.5 Baugrößen der Einsenkpressen (Fa. *Sack und Kiesselbach*)

F in kN	H in mm	Kolbendurchm. in mm	Lichte Weite in mm	Hub in mm
1 600	1700	210	220	160
3 150	2000	285	320	250
6 300	2245	400	415	275
12 500	2300	570	585	355
25 000	2700	800	830	380
|	|	|	|	|
200 000	5600	—	1640	400

7.13 Berechnungsbeispiele

Beispiel 1

In eine Preßmatrize (Bild 7.11) soll ein Vierkant mit 15 mm Seitenlänge 12 mm tief eingesenkt werden.
Werkstoff:
X 8 CrMoV 5   Werkstoffgruppe I

Gesucht:
Einsenkkraft.

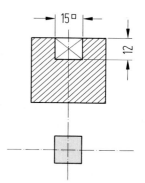

Bild 7.11 Preßmatrize

Lösung:

Ersatzstempeldurchmesser d

$d = 1{,}13\sqrt{A} = 1{,}13 \cdot \sqrt{(15\,\text{mm})^2} = 16{,}95\,\text{mm}$

$t/d = 12\,\text{mm}/16{,}95\,\text{mm} = 0{,}707$

p_{max} aus Tabelle 7.1 für $t/d = 0{,}71$ und Werkstoffgruppe I

$p_{max} = 2710\,\text{N/mm}^2$

$F_{max} = p_{max} \cdot A = 2710\,\text{N/mm}^2 \cdot (15\,\text{mm})^2 = 609\,750\,\text{N} = 609{,}7\,\text{kN}$

Beispiel 2

In eine Schraubenmatrize aus 45 CrMoW 5 8 ist ein Sechskant mit der Schlüsselweite $s = 20$ mm, 4,2 mm tief einzubringen.

Gesucht: Kraft und Arbeit.

Lösung:

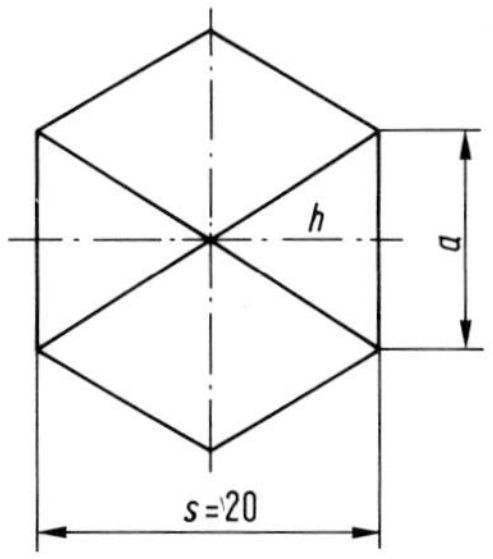

$$A = \frac{a \cdot h}{2} \cdot 6$$

gegeben ist $h = \frac{s}{2} = 10$ mm

$$a^2 - \frac{a^2}{4} = h^2$$

$$h^2 = \frac{3}{4} a^2$$

$$a = \sqrt{\frac{4}{3}} \cdot h = \sqrt{\frac{4}{3}} \cdot 10 = 11{,}54 \text{ mm}$$

$$A = \frac{a \cdot h}{2} \cdot 6 = \frac{11{,}54 \cdot 10}{2} \cdot 6 = \underline{\underline{346{,}2 \text{ mm}^2}}$$

$$d_{ers.} = 1{,}13 \cdot \sqrt{A} = 1{,}13 \cdot \sqrt{346{,}2} = \underline{\underline{21{,}0 \text{ mm}}}$$

$$F = p_{max} \cdot A = \frac{4000 \text{ N/mm}^2 \cdot 346{,}2 \text{ mm}^2}{10^3} = \underline{\underline{1384{,}8 \text{ kN}}}$$

$$\frac{t}{d} = \frac{4{,}2}{21} = \underline{\underline{0{,}2}}$$

$$W = F \cdot t = 1384{,}8 \text{ kN} \cdot 0{,}0042 \text{ m} = \underline{\underline{5{,}8 \text{ kN m}}}$$

Bild 7.12 Vermaßtes Sechseck

7.14 Testfragen zu Kapitel 7:

1. Was versteht man unter dem Begriff Kalteinsenken?
2. Wofür setzt man dieses Verfahren ein?
3. Wie sehen die Senkwerkzeuge aus?
4. Was war falsch, wenn das Werkstück beim Einsenken einreißt?

8. Massivprägen

8.1 Definition

Massivprägen ist ein Kaltumformverfahren mit dem bei geringer Werkstoffwanderung bestimmte Oberflächenformen erzeugt werden.

8.2 Unterteilung und Anwendung der Massivprägeverfahren

8.2.1 Massivprägen

Beim Massivprägen wird die Werkstoffdicke des Ausgangsrohlings verändert.

Anwendung:
Münzprägen (Bild 8.1), Gravurprägen in Plaketten, Prägen von Bauteilen für den Maschinenbau und die Elektroindustrie (Bild 8.2).

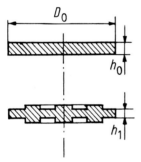

Bild 8.1 Prägen von Münzen

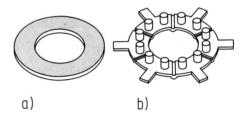

Bild 8.2 Massivgeprägtes Schaltstück.
a) Rohling, b) Fertigteil

8.2.2 Kalibrieren oder Maßprägen

Es wird angewandt, wenn man einem bereits vorgeformten Rohling eine höhere Maßgenauigkeit geben will.
An gesenkgeschmiedeten Pleueln (Bild 8.3) kann man z. B. durch eine Maßprägung die Dicke der Naben und den Abstand der Nabenmittelpunkte auf ein genaues Maß bringen.

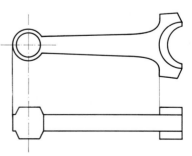

Bild 8.3 Kalibrierung bzw. Maßprägen eines Pleuels

8.2.3 Glattprägen (Planieren)

Es wird angewandt, wenn man verbogene oder verzogene Stanzteile planrichten will.
Durch Einprägen eines Rastermusters (Bild 8.4) (Rauhplanieren) können Spannungen abgebaut und die Teile plan gerichtet werden.

8.3 Kraft- und Arbeitsberechnung

8.3.1 Kraft

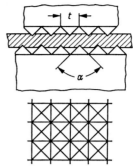

Bild 8.4 Rastermuster eines Richtprägewerkzeuges. α Winkel der Spitzen, t Teilung

Bei der Kraftberechnung unterscheidet man zwischen Gravur- und Schriftprägen und Vollprägen.
Beim Vollprägen ist die Relieftiefe und deshalb auch der Formänderungswiderstand k_w (Tabelle 8.1) größer als beim Gravurprägen.

Tabelle 8.1 k_w-Werte für das Massivprägen in N/mm²

Werkstoff	R_m in N/mm²	k_w in N/mm²	
		Gravurprägen	Vollprägen
Aluminium 99%	80 bis 100	50 bis 80	80 bis 120
Aluminium-Leg.	180 bis 320	150	350
Messing Ms 63	290 bis 410	200 bis 300	1500 bis 1800
Kupfer, weich	210 bis 240	200 bis 300	800 bis 1000
Stahl St 12; St 13	280 bis 420	300 bis 400	1200 bis 1500
Rostfreier Stahl	600 bis 750	600 bis 800	2500 bis 3200

Stempelfläche A

$$A = \frac{D_0^2 \cdot \pi}{4}$$

A in mm² Stempelfläche
D_0 in mm Rohlingsdurchmesser

max. Prägekraft F

$$F = k_w \cdot A$$

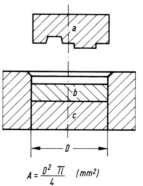

$A = \frac{D^2 \pi}{4}$ (mm²)

Bild 8.5 Bezugsmaße beim Massivprägen. a) Stempel, b) Rohling, c) Matrize

8.3.2 Prägearbeit

$$W = F \cdot h \cdot x$$

$$h = \frac{V_G}{A_{Pr}}$$

$$h_0 = h_1 + h$$

W	in Nm	Prägearbeit
x		Verfahrensfaktor
V_G	in mm³	Volumen der Gravur
A_{Pr}	in mm²	Projektionsfläche des Prägeteiles
h	in mm	Stempelweg
h_0	in mm	Dicke des Rohlings
h_1	in mm	verbleibende Dicke nach der Umformung

Der Verfahrensfaktor x läßt sich aus dem Kraft-Weg-Diagramm (Bild 8.6) bestimmen.

$$x = \frac{F_m}{F_{max}}$$

$$x \cong 0{,}5 \,.$$

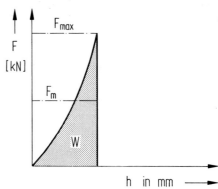

Bild 8.6 Kraft-Weg-Diagramm beim Prägen

8.4 Werkzeuge

Massivprägewerkzeuge erhalten in der Regel ihre Führung durch ein Säulenführungsgestell (Bild 8.7).
Die Gravuren am Werkzeug stellen das Negativ zu der am Werkstück herzustellenden Gravur dar. Wie bei Schmiedegesenken unterscheidet man hier auch zwischen geschlossenen Werkzeugen (Bild 8.7) und offenen Werkzeugen.
Geschlossene Werkzeuge setzt man bei kleineren Werkstoffverdrängungen, wie z. B. beim Münzprägen ein.
Offene Werkzeuge, die am Werkstück Gratbildungen ergeben, verwendet man bei Prägungen mit großen Umformgraden.
Gebräuchliche Werkzeugwerkstoffe zeigt Tabelle 8.2.

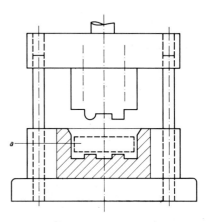

Bild 8.7 Geschlossenes Massivprägewerkzeug mit Säulenführung, a) Rohling

Tabelle 8.2 Werkstoffe für Prägestempel und Matrizen

Werkstoff	Werkstoff-Nr.	Einbauhärte HRC
C 110 W 1	1.1550	60
90 Cr 3	1.2056	62
90 MnV 8	1.2842	62
50 NiCr 13	1.2721	58

8.5 Fehler beim Prägen (Tabelle 8.3)

Fehler	Ursache	Maßnahme
Unvollkommene Ausformung der Gravur	Prägekraft zu klein	Kraft erhöhen
Rißbildung am Werkstück	Formänderungsvermögen des Werkstoffes überschritten	Zwischenglühen

8.6 Beispiel

Es soll eine Gravur nach Bild 8.8 massivgeprägt werden.
Werkstoff: Ms 63. (CuZn 37)
Gesucht: Massivprägekraft und Prägearbeit

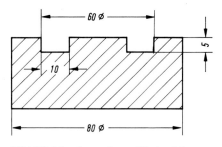

Bild 8.8 Massivgeprägtes Werkstück

$$F = k_w \cdot A = 1500 \frac{N}{mm^2} \cdot \frac{(80 \text{ mm})^2}{4} = 1500 \cdot 5024 \text{ N} = 753\,600 \text{ N} = 7536 \text{ kN}$$

k_w aus Tabelle 8.1 = 1500 N/mm² gewählt

$$h = \frac{V_{Grav}}{A_{Proj}} = \frac{50 \text{ mm} \cdot \pi \cdot 10 \text{ mm} \cdot 5 \text{ mm}}{5024 \text{ mm}^2} \, 1{,}56 \text{ mm}$$

$$W = F_{max} \cdot h \cdot x = 7536 \text{ kN} \cdot 0{,}00156 \text{ m} \cdot 0{,}5 = 5{,}87 \text{ kN m}$$

$$h_0 = h + h_1 = 1{,}56 + 8 = 9{,}56 \text{ mm}.$$

8.7 Testfragen zu Kapitel 8:

1. Was versteht man unter dem Begriff „Massivprägen"?
2. Wie unterteilt man die Massivprägeverfahren?
3. Aus welchen Hauptelementen besteht das Massivprägewerkzeug?

9. Abstreckziehen (Abstrecken)

9.1 Definition

Abstreckziehen ist ein Massivumformverfahren, bei dem die Umformkraft (Zugkraft), von der umgeformten Napfwand aufgenommen werden muß. Übersteigt die Spannung in der umgeformten Napfwand die Zugfestigkeit des Napfwerkstoffes, dann reißt der Boden ab.

9.2 Anwendung des Verfahrens

Zur Herstellung von Hohlkörpern mit Flansch, bei denen die Bodendicke größer oder kleiner ist, als die Wanddicke. Es können mit diesem Verfahren auch Hohlkörper mit Innenkonus hergestellt werden.

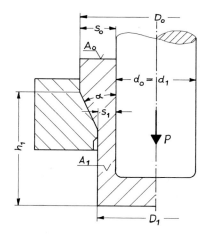

Bild 9.1 Napf mit Flansch. Abstrecken mit einem Ring

9.3 Ausgangsrohling

Der Ausgangsrohling ist ein vorgeformter (überwiegend im Fließpreßverfahren hergestellter) dickwandiger Napf.

9.4 Hauptformänderung (Bild 9.1)

$$\varphi_h = \ln \frac{A_0}{A_1} = \ln \frac{D_0^2 - d_0^2}{D_1^2 - d_0^2} = \ln \frac{D_0^2 - d_0^2}{D_1^2 - d_1^2}$$

A_0 in mm²   Ringfläche vor der Umformung
A_1 in mm²   Ringfläche nach der Umformung
D_0 in mm   Außendurchmesser vor der Umformung
d_0 in mm   Innendurchmesser vor der Umformung
D_1 in mm   Außendurchmesser nach der Umformung
d_1 in mm   Innendurchmesser nach der Umformung (meist ist $d_0 = d_1$)
φ_h —   Hauptformänderung.

9. Abstreckziehen (Abstrecken)

Wenn φ_h gegeben ist und der Grenzdurchmesser D_1, bei $d_0 = d_1 = $ const. gesucht wird, folgt:

$$D_1 = \sqrt{\frac{D_0^2 - d_0^2}{e^{\varphi_h}} + d_0^2}.$$

Beim Abstrecken mit einem Ziehring (Bild 9.1), sind die in Tabelle 9.1 angegebenen Werte zulässig.
Beim Abstrecken mit mehreren hintereinandergeschalteten Ziehringen (Bild 9.2), kann man ca. 20% mehr an Formänderung zulassen (z. B. statt 35% – 40%).

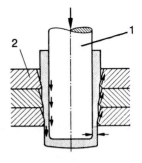

Mehrfachzug

Bild 9.2 Mehrfachzug.
1 Ziehstempel, 2 Ziehring

Tabelle 9.1 Zulässige Formänderungen mit einem Ziehring

Werkstoff	$\varphi_{h\,zul}$
Al 99,8; Al 99,5; AlMg 1; AlMgSi 1; AlCuMg 1	0,35
CuZn 37 (Ms 63)	0,45
Ck 10 – Ck 15, Cq 22 – Cq 35	0,45
Cq 45; 16 MnCr 5; 42 CrMo 4	0,35

Aus dem Quotienten von tatsächlicher und zulässiger Formänderung, läßt sich die Anzahl der erforderlichen Züge bestimmen.
Anzahl der erforderlichen Züge:

$$n = \frac{\varphi_h}{\varphi_{h\,zul}} = \frac{\left(\ln \frac{A_0}{A_n}\right) \cdot 100}{\varphi_{h\,zul}}$$

n		Anzahl der erforderlichen Züge
A_0	in mm²	Querschnittsfläche vor dem 1. Zug
A_n	in mm²	Querschnittsfläche nach dem letzten (n-ten) Zug
$\varphi_{h\,zul}$	in Prozent	zulässige Formänderung
φ_h	in Prozent	Hauptformänderung.

Die tatsächlichen Grenzwerte ergeben sich jedoch aus der Abstreckkraft. Sie muß kleiner bleiben, als das Produkt der Ringfläche A_1 nach der Umformung und der Festigkeit des Werkstoffes.

$$F < A_1 \cdot R_e < A_1 \cdot R_m$$

(R_e früher σ_s – R_m früher σ_B).

Wird $F > A_1 \cdot R_e$: dann tritt eine nicht gewollte zusätzliche Formänderung ein.
Wird $F > A_1 \cdot R_m$: dann reißt der Napf in Bodennähe ab.

9.5 Kraft- und Arbeitsberechnung

9.5.1 Kraft

$$F = \frac{A_1 \cdot k_{f_m} \cdot \varphi_h}{\eta_F \cdot 10^3}$$

F	in kN	Abstreckkraft
A_1	in mm²	Querschnittsfläche nach der Umformung
k_{f_m}	in N/mm²	mittlere Formänderungsfestigkeit
φ_h	–	Hauptformänderung
η_F	–	Formänderungswirkungsgrad
10^3	in N/kN	Umrechnungszahl in kN

9.5.2 Arbeit

$$W = F \cdot h_1 \cdot x$$

W in kN m Arbeit
h_1 in m Stößelweg
x – Verfahrensfaktor ($x = 0{,}9$).

9.6 Beispiel

Ein dickwandiger vorgeformter Napf, soll in einem Napf mit verringerter Wanddicke (Bild 9.3) umgeformt werden.
Gegeben: Werkstoff Cq 45; $\eta_F = 0{,}7$.
Gesucht:

1. Hauptformänderung
2. Anzahl der Züge
3. kleinstmöglicher Durchmesser beim 1. Zug ($\varphi_{h_{zul}} = 35\%$)
4. Kraft für den 1. Zug.

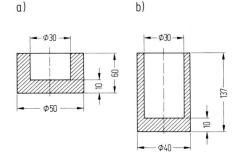

Bild 9.3 Abgestrecktes Werkstück. a) Rohling – vorgeformter Napf, b) Fertigteil nach 3 Zügen

Lösung:

Hauptformänderung:

$$\varphi_h = \ln \frac{D_0^2 - d_0^2}{D_1^2 - d_0^2} = \ln \frac{50^2 \text{ mm}^2 - 30^2 \text{ mm}^2}{40^2 \text{ mm}^2 - 30^2 \text{ mm}^2} = 0{,}82.$$

Anzahl der erforderlichen Züge:

$$n = \frac{\varphi_h}{\varphi_{h_{zul}}} = \frac{82\%}{35\%} = 2{,}34$$

$n = 3$ Züge erforderlich!
(Nach jedem Zug erneute Weichglühung erforderlich!)
Kleinstmöglicher Durchmesser beim 1. Zug:

$$D_1 = \sqrt{\frac{D_0^2 - d_0^2}{e^{\varphi_h}} + d_0^2} = \sqrt{\frac{50^2 \text{ mm}^2 - 30^2 \text{ mm}^2}{e^{0{,}35}} + 30^2 \text{ mm}}$$

$$D_{1_{min}} = \sqrt{\frac{1600}{1{,}419} + 900} = \underline{\underline{45 \text{ mm}}}.$$

Kraft für den 1. Zug:
Für $\varphi_h = 35\%$: $k_{f_0} = 390$ N/mm^2; $k_{f_1} = 860$ N/mm^2; $k_{f_m} = 625$ N/mm^2.
Beim 1. Zug ist: $D_1 = 45$ mm, $d_0 = d_1 = 30$ mm

$$F = \frac{A_1 \cdot k_{f_m} \cdot \varphi_h}{\eta_F \cdot 10^3} = \frac{(D_1^2 - d_0^2) \cdot \pi \cdot \text{mm}^2 \cdot k_{f_m} \cdot \varphi_h}{4 \cdot \eta_F \cdot 10^3}$$

$$F = \frac{(45^2 \text{ mm}^2 - 30^2 \text{ mm}^2) \cdot \pi \cdot 625 \text{ N/mm}^2 \cdot 0{,}35}{4 \cdot 0{,}7 \cdot 10^3} = \underline{\underline{276 \text{ kN}}}.$$

9.7 Testfragen zu Kapitel 9:

1. Wodurch unterscheidet sich das Abstreckziehen vom Vorwärtsfließpressen?
2. Wodurch wird die Größe der Formänderung begrenzt?
3. Für welche Werkstückformen wendet man es an?

10. Drahtziehen

10.1 Definition

Drahtziehen ist ein Gleitziehen (Bild 10.1), bei dem ein Draht größerer Abmessung (d_0) durch einen Ziehring mit kleinerer Abmessung (d_1) gezogen wird. Dabei erhält der Draht die Form und die Querschnittsmaße des Ziehringes.
Das Drahtziehen gehört nach DIN 8584 zu den Fertigungsverfahren mit Zugdruckumformung, weil sich in der Verformungszone ein Spannungszustand, der sich aus Zug- und Druckumformung zusammensetzt, ergibt.

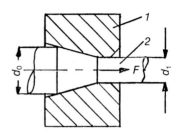

Bild 10.1 Prinzip des Drahtziehens.
1 Werkzeug, 2 Draht

Beim Drahtziehen unterscheidet man:
nach der Abmessung des Drahtes zwischen:

Grobzug: $d = 16$ bis $4{,}2$ mm
Mittelzug: $d = 4{,}2$ bis $1{,}6$ mm
Feinzug: $d = 1{,}6$ bis $0{,}7$ mm
Kratzenzug: $d < 0{,}7$ mm

nach der eingesetzten Maschine zwischen:

Einfachzug
Mehrfachzug.

10.2 Anwendung

Das Draht- und Stangenziehen wird angewandt, um Drähte und Stangen mit glatten Oberflächen und kleinen Toleranzen, für vielfältige Einsatzgebiete (Tabelle 10.1) zu erzeugen.

Tabelle 10.1 Einsatzgebiete der gezogenen Drähte und Stangen

Werkstoff	Anwendung
Kohlenstoffarme Stähle C 10 – C 22	Drähte, Drahtgeflechte, Stacheldraht, Stifte, Nägel, Schrauben, Niete
Kohlenstoffreiche Stähle (bis 1,6% C)	Stangenmaterial für die Automatenbearbeitung, Drahtseile
Legierte Stähle	Technische Federn, Schweißdrähte
Kupfer und Kupferlegierungen	Drähte, Drahtgeflechte, Schrauben und Formteile, Teile für die Elektroindustrie
Aluminium und Al-Legierungen	Schrauben, Formteile, elektrische Leitungen usw.

10.3 Ausgangsmaterial

Ausgangsmaterial für das Drahtziehen sind warmgewalzte Drähte. Für das Stangenziehen setzt man durch Warmwalzen oder durch Strangpressen hergestellte Stangen als Ausgangsmaterial ein.

10.4 Hauptformänderung

Die Hauptformänderung ergibt sich aus dem Querschnittsverhältnis vor und nach dem Zug.

$$\varphi_h = \ln \frac{A_0}{A_1}$$

$$d_1 = \frac{d_0}{e^{\varphi_h/2}}$$

A_0 in mm² Querschnitt vor dem Zug
A_1 in mm² Querschnitt nach dem Zug,
d_0 in mm Durchmesser vor dem Zug
d_1 in mm Durchmesser nach dem Zug
$e = 2.718$ Basiszahl des natürl. Logarithmus
φ_h Hauptformänderung

10.5 Zulässige Formänderungen

Die nachfolgende Tabelle enthält Richtwerte für die Zugabstufung und die zulässige Gesamtformänderung bei Mehrfachzügen.

Tabelle 10.2 Zulässige Formänderungen bei Mehrfachzügen

Werkstoff	Einlauffestigkeit R_m in N/mm²	Einlaufdurchmesser d_0 in mm	Zugabstufung zwischen 2 Zügen $\varphi_{h_{zul}}$ (%)	Gesamtformänderung (Mehrfachzug) $\varphi_{h_{zul}}$ (%)	Anzahl der Ziehstufen
Stahldraht	400	4–12	18–22	380–400	8 bis 21
	1200	4–12	18–22	380–400	
	1200	0,5–2,5	12–15	120–150	
Cu-Werkstoffe	Cu (weich)	8–10 Naßzug	40–50	350–400	5 bis 13
	250	1–3,5	18–20	200–300	
Al-Werkstoffe	Al (weich) und Al-Leg. 80	12–16 Naßzug	20–25	250–300	5 bis 13
		1–3,5	15–20	150–200	

Beim Einfachzug liegen die zulässigen Formänderungen bei:
- Stahldrähten   = 150–200%
- Cu-Werkstoffen = 200%
  (Cu-weich)
- Al-Werkstoffen = 200%
  (Al-weich).

10.6 Ziehkraft

Nach Siebel kann man die Ziehkraft mit der nachfolgenden Gleichung berechnen

$$F_z = A_1 \cdot k_{f_m} \cdot \varphi_h \left(\frac{\mu}{\alpha} + \frac{2 \cdot \widehat{\alpha}}{3 \cdot \varphi_h} + 1 \right).$$

Der Reibungskoeffizient liegt im Mittel bei $\mu = 0{,}035$ ($\mu = 0{,}02$ bis $0{,}05$). Der optimale Ziehwinkel, bei dem sich ein Kraftminimum ergibt, liegt bei $2\alpha = 16°$. Daraus folgt für den Winkel im Bogenmaß:

$$\widehat{\alpha} = \frac{\pi}{180°} \cdot \alpha° = \frac{\pi}{180°} \cdot 8° = 0{,}13.$$

Setzt man diese Werte in obige Gleichung ein, dann kann man die Ziehkraft beim Drahtziehen, näherungsweise mit der vereinfachten Gleichung und einem Formänderungswirkungsgrad $\eta = 0{,}6$ bestimmen.

$$\boxed{F_z = \frac{A_1 \cdot k_{f_m} \cdot \varphi_h}{\eta_F}}$$

F_z in N   Ziehkraft
k_{f_m} in N/mm²   mittlere Formänderungsfestigkeit
A_1 in mm²   Querschnitt des Drahtes nach dem Zug
φ_h –   Hauptformänderung
η_F –   Formänderungswirkungsgrad ($\eta_F = 0{,}6$).

10.7 Ziehgeschwindigkeiten

10.7.1 Einfachzug

Die Ziehgeschwindigkeiten für Einfachzüge können aus der nachfolgenden Tabelle entnommen werden.

Tabelle 10.3 Ziehgeschwindigkeiten v für Einfachzüge

Werkstoff	Einlauffestigkeit R_m in N/mm²	v_{max} in m/s
Stahldraht	(Eisendraht) 400	20
	800	15
	1300	10
Cu (weich)	250	
Messing, Bronze	400	20
Al und Al-Legierungen	80–100	25

10.7.2 Mehrfachzug

Bei Mehrfachzügen ist die Ziehgeschwindigkeit bei jedem Zug anders. Weil das Volumen konstant ist, ergibt sich bei verjüngtem Drahtquerschnitt eine größere Geschwindigkeit.

$$v_1 \cdot A_1 = v_2 \cdot A_2$$
$$v_1 \cdot A_1 = v_n \cdot A_n$$

$$\boxed{v_1 = \frac{v_n \cdot A_n}{A_1}}$$

v_1 in m/s Ziehgeschwindigkeit beim ersten Zug
v_2 im m/s Ziehgeschwindigkeit beim 2. Zug
v_n in m/s Ziehgeschwindigkeit beim n-ten Zug
A_1 in mm² Drahtquerschnitt nach dem 1. Zug
A_2 in mm² Drahtquerschnitt nach dem 2. Zug
A_n in mm² Drahtquerschnitt nach dem n-ten Zug.

In Richtwerttabellen werden bei Mehrfachziehmaschinen immer die größten Geschwindigkeiten, die sich auf den letzten Zug beziehen, angegeben.

Tabelle 10.4 Ziehgeschwindigkeit v_n für Mehrfachzüge

Werkstoff	Einlauffestigkeit R_m in N/mm²	v_n in m/s
Stahldraht	(Eisendraht) 400	20
	800	15
	1300	10
Cu (weich)	250	
Messing, Bronze	400	25
Al (weich) Al-Legierungen	80–100	

10. Drahtziehen

Aus der Ziehgeschwindigkeit, die der zugeordneten Trommel-Umfangsgeschwindigkeit entspricht, läßt sich dann auch die Trommeldrehzahl n bestimmen.

$$n = \frac{v \cdot 60 \text{ s/min}}{d \cdot \pi}$$

v in m/s   Ziehgeschwindigkeit
d in m   Trommeldurchmesser
n in min^{-1} Trommeldrehzahl

10.8 Antriebsleistung

Die Antriebsleistung der Drahtziehmaschine wird aus der Ziehkraft und der Ziehgeschwindigkeit bestimmt.

10.8.1 Einfachziehmaschine (Bild 10.2)

$$P = \frac{F_z \cdot v}{\eta_M}$$

P in kW   Antriebsleistung
F_z in kN   Ziehkraft
v in m/s Ziehgeschwindigkeit
η_M —   Wirkungsgrad der Maschine ($\eta_M = 0{,}8$).

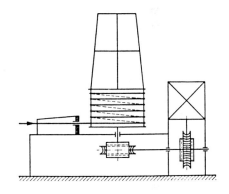

Bild 10.2 Prinzip der Einfachziehmaschine

10.8.2 Mehrfachziehmaschine (Bild 10.3)

Bei Mehrfachziehmaschinen ergibt sich die gesamte Antriebsleistung aus der Summe der Antriebsleistungen der einzelnen Züge

$$P_M = \sum P$$

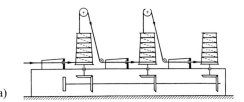

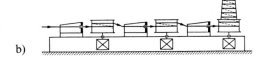

Bild 10.3 Prinzip der Mehrfachdrahtziehmaschine. Drahtzuführung: a) von oben mit Doppelumlenkung, b) in Ziehachse ohne Umlenkung

10.9 Ziehwerkzeuge

Das Ziehwerkzeug, der Ziehstein (Bild 10.4), besteht aus 3 Zonen. Einlaufkonus mit Einlaufwinkel 2β und Ziehkegelwinkel 2α, dem Ziehzylinder l_3 und dem Auslaufkonus l_4 mit Auslaufwinkel 2γ.
Die Länge des Führungszylinders l_3 liegt bei:

$$l_3 = 0{,}15 \cdot d_1$$

Der Ziehkegelwinkel 2α beeinflußt die Ziehkraft und die Oberflächengüte des Drahtes.
Optimale Werte zeigt Tabelle 10.5.

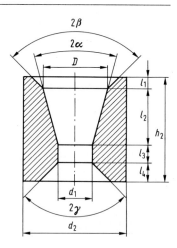

Bild 10.4 Bezeichnung der Winkel und Maße am Ziehstein nach DIN 1547 Bl. 1

Tabelle 10.5 Optimale Ziehkegelwinkel 2α in Abhängigkeit vom Werkstoff, dem Umformgrad und der Art des Zuges

Ziehkegelwinkel 2α				φ_h in %
Werkstoff		Werkstoff		
Stahl (C<0,4%), Messing, Bronze		Stahl (C>0,4%)		
Naßzug	Trockenzug	Naßzug	Trockenzug	
11°	9°	10°	8°	10
16°	14°	15°	12°	22
19°	17°	18°	15°	35

10.9.1 Werkstoffe für Ziehsteine

Ziehsteine werden aus Stahl, Hartmetall und Diamanten hergestellt.

Ziehsteine aus Stahl

Tabelle 10.6 Stähle und Einbauhärten für Ziehsteine aus Stahl

Werkstoff	Arbeitshärte HRC	Einsatzgebiete
1.2203 1.2453 1.2080 1.2436	63–67	Stab- und Rohrziehen

10. Drahtziehen

Ziehsteine aus Hartmetall nach DIN 1547 Bl. 2 (Bild 10.5)

Drähte mit kleinerem Durchmesser werden fast ausschließlich mit Werkzeugen aus gesinterten Hartmetallen gezogen.
Man verwendet dafür die Hartmetallanwendungsgruppen G 10 bis G 60 (kleinste Zahl – höchste Härte).
Die Abmessungen von Hartmetallziehsteinen (Bild 10.5) und der dazugehörigen Armierung aus Stahl zeigt Tabelle 10.7.

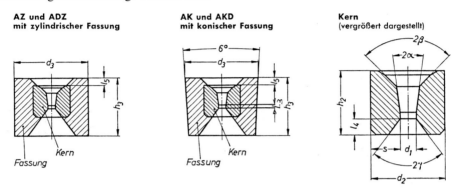

Bild 10.5 Hartmetallziehsteine für Stahldrähte nach DIN 1547 Bl. 2

Tabelle 10.7 Abmessung der Hartmetallziehsteine für Stahldrähte (ISO-A) und Drähte aus NE-Metallen (ISO-B)

Stahldraht d_1 in mm	NE-Metalle d_1 in mm	d_2 in mm	h_2 in mm	d_3 in mm	h_3 in mm	l_3 in mm	2β in Grad	2γ in Grad
1,0	1,5	8	4	28	12	0,5	90	90
2,0	2,5	10	8	28	16	0,5		
3,0	3,5	12	10	28	20	0,6		
5	6	16	13	43	25	0,9	60	75
6,5	8	20	17	43	32	1,2	60	60
9	10,5	25	20	75	35	1,5		
12	13	30	24	75	40	1,8		

Bezeichnung eines Hartmetall-Ziehsteines für Stahldrähte (A)[1]) mit zylindrischer Fassung (Z)[1]), Kerndurchmesser $d_2 = 14$ mm, Fassungsdurchmesser $d_3 = 28$ mm, Ziehholdurchmesser d_1 z.B. 1,8 mm, Ziehkegelwinkel 2α z.B. 16° (16), Kern aus Hartmetall der Anwendungsgruppe G 10, Fassung aus Stahl (St):

Ziehstein AZ 14−28−1,8−16 DIN 1547−G 10−St

Ziehsteine aus Diamanten

Diamantziehsteine werden für das Ziehen von Fein- und Feinstdrähten (0,01 mm bis 1,5 mm) aus Kupfer, Stahl, Wolfram und Molybdän eingesetzt.
Die Diamanten werden in eine Stahlfassung eingesintert. Sie umgibt den Diamanten mit einer dosierten Vorspannung.
Bild 10.6 zeigt das Prinzip eines Diamantenziehwerkzeuges nach DIN 1546 und vergrößert die Ausbildung des Ziehholes.

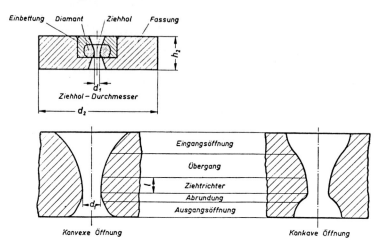

Bild 10.6 Elemente des Diamantziehsteines nach DIN 1546. a) Einzelheiten des Ziehholes

Das Verhältnis der Ziehtrichterlänge zum Ziehholdurchmesser l/d_1 liegt bei:

Stahldrähten von 0,01 – 1,0 mm Durchmesser: 1 bis 2,5
Messing und Bronze von 0,2 – 1,0 mm Durchmesser: 0,8 bis 1,5
Aluminium von 0,2 – 1,0 mm Durchmesser: 0,5 bis 1,0.

Bezeichnung eines Diamantziehsteines mit Fassung 25 × 6 (25) aus Messing Ms 58 für Naßzug von Kupfer (B), Ziehholdurchmesser $d_1 = 0{,}18$ mm (0,18) Verhältnis des Ziehtrichters zum Ziehholdurchmesser $l : d_1 = 0{,}6$ (0,6):

25 B 0,18 × 0,6 DIN 1546.

Bezeichnung eines Diamantziehsteines ohne Fassung für Warmzug von Wolframdraht (H), Ziehholdurchmesser $d_1 = 0{,}02$ mm (0,02) Verhältnis des Ziehtrichters zum Ziehholdurchmesser $l : d_1 = 1{,}5$ (1,5):

H 0,02 × 1,5 DIN 1546.

10.10 Beispiel

Ein Walzdraht aus 42 CrMo 4, $R_m = 1200$ N/mm², soll vom Durchmesser $d_0 = 12{,}5$ mm in einem Mehrfachzug auf $d_1 = 5{,}3$ mm gezogen werden. Es entsteht eine Maschine mit 8 Ziehstufen zur Verfügung. Gegeben:

10. Drahtziehen

$v_{max} = v_n = 10$ m/s
$\eta_F = 0{,}6$ Formänderungswirkungsgrad
$\eta_M = 0{,}7$ Wirkungsgrad der Ziehmaschine.

Gesucht:

1. Gesamtformänderung
2. Formänderung pro Zug
3. Zwischendurchmesser 2. bis 7. Zug bei gleicher Formänderung zwischen den Zügen
4. Ziehkraft für den 1. Zug
5. Antriebsleistung für den 1. Zug.

Lösung:

1. $\varphi_{h_{ges.}} = \ln \dfrac{A_0}{A_1} = \ln \dfrac{12{,}5^2 \pi/4}{5{,}3^2 \pi/4} = 1{,}72 = 172\%$

2. $\varphi_{h_{Zug}} = \dfrac{\varphi_{h_{ges}}}{Z} = \dfrac{172\%}{8} = 21{,}5\%$ pro Zug

3. $d_1 = \dfrac{d_0}{e^{\varphi/2}} = \dfrac{12{,}5}{e^{0{,}215/2}} = \dfrac{12{,}5}{e^{0{,}175}} = \dfrac{12{,}5}{1{,}11349} = 11{,}2$ mm $\varnothing$

   $d_2 = \dfrac{d_1}{e^{\varphi/2}} = 10{,}05$ mm $\varnothing$ usw.

   $d_3 = 9{,}02$, $d_4 = 8{,}10$, $d_5 = 7{,}27$, $d_6 = 6{,}52$, $d_7 = 5{,}85$, $d_8 = 5{,}3$

4. Ziehkraft (1. Zug)

   $F_z = \dfrac{A_1 \cdot k_{f_m} \cdot \varphi_h}{\eta_F}$

   $\varphi_{h_1} = 21{,}1\% = 0{,}215$

   $k_{f_0} = 420$ N/mm^2, $k_{f_1} = 880$ N/mm^2, $k_{f_m} = \dfrac{420 + 880}{2} = 650$ N/mm^2

   $A_1 = \dfrac{d_1^2 \pi}{4} = \dfrac{(11{,}2 \text{ mm})^2 \pi}{4} = 98{,}52$ mm^2

   $F_z = \dfrac{98{,}52 \text{ mm}^2 \cdot 650 \text{ N} \cdot 0{,}215}{0{,}6 \cdot \text{mm}^2} = 22\,946 = 22{,}9$ kN

5. Antriebsleistung (1. Zug)

5.1 Ziehgeschwindigkeit (1. Zug)

   $v_1 = \dfrac{v_n \cdot A_n}{A_1} = \dfrac{10 \text{ m} \cdot (5{,}3 \text{ mm})^2 \pi/4}{(11{,}2 \text{ mm})^2 \pi/4}$

   $v_1 = 2{,}24$ m/s

5.2 Antriebsleistung (1. Zug)

   $P_1 = \dfrac{F_z \cdot v_1}{\eta_M} = \dfrac{22{,}9 \text{ kN} \cdot 2{,}24 \text{ m}}{0{,}7 \cdot \text{s}} = 73{,}3$ kW.

10.11 Testfragen zu Kapitel 10:

1. Wie unterteilt man die Drahtziehverfahren?
2. Wie unterteilt man die Maschinen zum Drahtziehen?
3. Wie bestimmt man die Hauptformänderung beim Drahtziehen?
4. Warum sind die Ziehgeschwindigkeiten bei Mehrfachzügen an jeder Düse anders?

11. Rohrziehen

11.1 Definition

Das Rohrziehen ist ein Gleitziehen von Hohlkörpern (Hohlgleitziehen – DIN 8584), bei dem die Formgebung außen durch ein Ziehhol und innen durch einen Stopfen oder eine Stange erzeugt wird.

11.2 Rohrziehverfahren

Für das Ziehen von Rohren wurden mehrere Arbeitsverfahren entwickelt. Alle Verfahren haben gemeinsam, daß das zu ziehende Rohr an einem Ende angespitzt (zwischen 2 Halbrundbacken in einer Presse zusammengedrückt) wird. Dieses angespitzte Ende wird durch den Ziehring geschoben und dann von der Ziehzange, die am Ziehwagen der Ziehmaschine befestigt ist, festgespannt. Der Ziehwagen zieht nun das Rohr durch den feststehenden Ziehring.
Die Rohrziehverfahren und ihre Besonderheiten zeigt Tabelle 11.1.

Tabelle 11.1 Rohrziehverfahren

Gleitziehen ohne Dorn (Druckzug) Das Rohr wird durch das Ziehhol ohne Abstützung von innen gezogen. Dabei erhält nur der Außendurchmesser ein genaues Maß. Wanddicke und Innendurchmesser haben größere Maßabweichungen. Dieses Verfahren, der sogenannte Druckzug, wird nur bei Rohren mit kleineren Innendurchmessern angewandt.	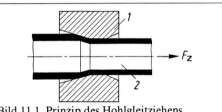 Bild 11.1 Prinzip des Hohlgleitziehens. 1 Ziehwerkzeug, 2 Werkstück
Gleitziehen über einen festen Dorn (Stopfen) Hierbei wird das Rohr über einen, an der Dornstange befestigten, Stopfen geschoben. Beim Ziehvorgang wird das Rohr durch den von Ziehring und Stopfen gebildeten Ringspalt gezogen. Da der Ringspalt kleiner ist als die Wanddicke des zu ziehenden Rohres, wird die Wanddicke verjüngt und das Rohr nimmt im Außendurchmesser das Maß des Ziehholes und im Innendurchmesser das Maß des Stopfens an.	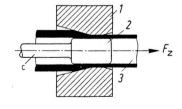 Bild 11.2 Prinzip des Gleitziehens über festen Dorn. 1 Ziehring, 2 Werkstück, 3 Dornstange, 4 Dorn

Tabelle 11.1 Rohrziehverfahren (Fortsetzung)

Gleitziehen über einen schwimmenden Dorn Die Anordnung ist wie beim Stopfenzug. Nur ist hier der Stopfen nicht an einer Dornstange befestigt. Er wird vor Beginn des Zuges eingestoßen. Durch seine kegelige Form wird er beim Ziehvorgang von selbst in Ziehrichtung in die Matrize hineingezogen.	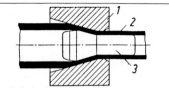 Bild 11.3 Prinzip des Gleitziehens über schwimmenden Dorn. 1 Ziehring, 2 Werkstück, 3 schwimmender Dorn
Gleitziehen über eine mitlaufende Stange An Stelle des Stopfens wird hier eine lange Stange, die vorn verjüngt ist und einen zylindrischen Ansatz hat, in das Rohr geschoben. Dabei wird der zylindrische Ansatz durch das angespitzte Rohrstück hindurchgesteckt. Die Ziehzange erfaßt diesen zylindrischen Zapfen. Beim Ziehvorgang werden dann Stange und Rohr gleichzeitig in Ziehrichtung bewegt.	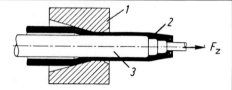 Bild 11.4 Prinzip des Gleitziehens über mitlaufender Stange. 1 Ziehring, 2 Werkstück, 3 mitlaufende Stange

11.3 Hauptformänderung und Ziehkraft

Die Grenzen für die zulässigen Hauptformänderungen ergeben sich aus der erforderlichen Ziehkraft.
Da die Ziehkraft von dem Rohrquerschnitt A_1 (Bild 11.5) nach der Formänderung übertragen werden muß, muß sie kleiner bleiben als die Zerreißkraft.

$F_z < F_{zul.}$

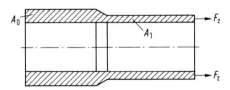

Bild 11.5 Rohrquerschnitte A_0 vor und A_1 nach dem Zug

Daraus ergeben sich die zulässigen Formänderungen. Kann man mit einem Zug die erforderliche Querschnittsabnahme nicht erreichen, weil $F_z > F_{zul.}$, dann muß man nach dem 1. Zug Zwischenglühen.
Wie man die Ziehkraft F_z und die Zerreißkraft $F_{zul.}$ rechnerisch bestimmen kann, zeigt Tabelle 11.2.

Tabelle 11.2 Berechnung von Hauptformänderung und Ziehkraft

Zugart	Zulässige Formänderung $\varphi_{h_{zul}}$ in % (ergibt sich aus Ziehkraft)	Hauptformänderung φ_h (-)	Ziehkraft in N
Druckzug	20 – 50	$\varphi_h = \ln \dfrac{d_0}{d_1}$ $\varphi_{h\%} = \varphi_h \cdot 100\ (\%)$	$F_z = \dfrac{A_1 \cdot k_{f_m} \cdot \varphi_h}{\eta_F}$ für $2\alpha = 16°$ (optimaler Öffnungswinkel) gilt:
Stopfenzug	30 – 50	$\varphi_h = \ln \dfrac{A_0}{A_1}$	$\eta_F = 0{,}4 - 0{,}6$ für $\varphi_h = 15\%$ $\eta_F = 0{,}7 - 0{,}8$ für $\varphi_h = 50\%$
Stangenzug	40 – 60	$\varphi_h = \ln \dfrac{D_0^2 - d_0^2}{D_1^2 - d_1^2}$ $\varphi_{h(\%)} = \varphi_h \cdot 100\ (\%)$	$F_{zul.} = A_1 \cdot R_m$ F_z muß aber kleiner sein als $F_{zul.}$, sonst reißt das Rohr ab.

φ_h — Hauptformänderung
D_0 in mm Außendurchmesser vor dem Zug
d_0 in mm Innendurchmesser vor dem Zug
A_0 in mm² Rohrquerschnitt vor dem Zug
D_1 in mm Außendurchmesser nach dem Zug
d_1 in mm Innendurchmesser nach dem Zug
A_1 in mm² Rohrquerschnitt nach dem Zug

k_{f_m} in N/mm² mittlere Formänderungsfestigkeit
R_m in N/mm² Zugfestigkeit des Rohrwerkstoffes
F_z in N Ziehkraft
$F_{zul.}$ in N vom Rohrquerschnitt maximal übertragbare Kraft
η_F — Formänderungswiderstand

11.4 Ziehwerkzeuge

Für das Rohrziehen verwendet man überwiegend Ziehwerkzeuge aus Hartmetall.
Der Ziehstein, DIN 1547, Bl. 6+7, entspricht im Aufbau den im Bild 10.5 für das Drahtziehen gezeigten Werkzeugen.
Der Ziehdorn, DIN 8099, Bl. 1+2, besteht aus dem Grundkörper aus Stahl (Bild 11.6) und dem eigentlichen Dorn aus Hartmetall.
Gebräuchliche Hartmetallsorten sind auch hier G 10 bis G 60.

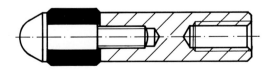

Bild 11.6 Ziehdorn (DIN 8099 Bl. 2) mit aufgeschraubtem Hartmetallring

11.5 Beispiel

Ein Rohr aus Ck 45 ($R_m = 800$ N/mm²) mit der Ausgangsabmessung $D_0 = 45$, $d_0 = 30$, soll auf die Maße $D_1 = 40$ und $d_1 = 28$ gezogen werden.

Gesucht:

1. Ziehkraft
2. zulässige Grenzkraft
3. kann die Querschnittsabnahme in einem Zug erreicht werden?

Lösung:

$$\varphi_h = \ln \frac{D_0^2 - d_0^2}{D_1^2 - d_1^2} = \ln \frac{45^2 - 30^2}{40^2 - 28^2} = 0{,}32 \rightarrow 32\%$$

$$k_{f_0} = 390, \quad k_{f_1} = 840, \quad k_{f_m} = 615 \text{ N/mm}^2$$

$$F_z = \frac{A_1 \cdot k_{f_m} \cdot \varphi_h}{\eta_F} = \frac{(40^2 - 28^2) \cdot \pi \,\text{mm}^2 \cdot 615 \text{ N} \cdot 0{,}32}{4 \cdot 0{,}7 \text{ mm}^2}$$

$$F_z = 180\,178 \text{ N} \cong \underline{180 \text{ kN}}$$

$$F_{zul.} = \frac{A_1 \cdot R_m}{10^3 \text{ N/kN}} = \frac{640{,}9 \text{ mm}^2 \cdot 800 \text{ N}}{10^3 \text{ N/kN} \cdot \text{mm}^2} = \underline{512{,}7 \text{ kN}}$$

Da F_z erheblich kleiner als $F_{zul.}$ ist, kann diese Umformung in einem Zug erfolgen.

11.6 Testfragen zu Kapitel 11:

1. Welche Rohrziehverfahren gibt es?
2. Wodurch unterscheiden sie sich?

12. Strangpressen

12.1 Definition

Strangpressen (Bild 12.1) ist ein Massivumformverfahren, bei dem ein erwärmter Block, der von einem Aufnehmer (Rezipienten) umschlossen ist, mittels Preßstempel durch eine Formmatrize gedrückt wird. Dabei nimmt der austretende Strang die Form der Matrize an.

Strangpressen ist ein Druckumformverfahren und gehört nach DIN 8583 zur Untergruppe Durchdrücken. Die eigentliche Umformung vom Preßblock zum Preßstrang erfolgt in der trichterförmigen Umformzone vor der Matrize.

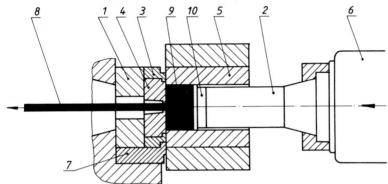

Bild 12.1 Prinzip des direkten Vollstrangpressens. 1 Druckplatte, 2 Stempel, 3 Werkzeugträger, 4 Matrize, 5 Rezipient, 6 Plunger, 7 Schieber, 8 Profilstrang, 9 Block, 10 Preßscheibe

12.2 Anwendung

Das Verfahren wird eingesetzt um Voll- und Hohlprofile aller Art (Bild 12.2) aus Aluminium- und Kupferlegierungen und aus Stahl zu erzeugen.

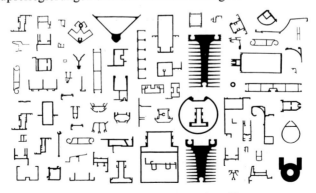

Bild 12.2 Typische Strangpreßprofile

12.3 Ausgangsmaterial

Auf Warmumformungstemperatur erwärmte Voll- oder Hohlblöcke.
Für die Herstellung von Hohlprofilen benötigt man Hohlblöcke.
Bei der Rohrherstellung kann der Hohlblock auch in der Strangpresse durch einen Lochvorgang, der dem eigentlichen Strangpressen vorangeht, erzeugt werden.

12.4 Die Strangpreßverfahren

Beim Strangpressen unterscheidet man:

a) nach der Art, wie der Block im Rezipienten verschoben wird in:

direktes und indirektes Strangpressen.

b) nach dem beim Strangpressen entstehenden Produkt in:

Voll- und Hohl-Strangpressen.

12.4.1 Direktes Strangpressen (Vorwärtsstrangpressen)

Hier sind Werkstofffluß des austretenden Stranges und Stempelbewegung (Bild 12.1) gleichgerichtet.
Der auf Umformungstemperatur erwärmte Block (Bild 12.3) wird in die Maschine eingebracht. Der Stempel, der durch die Preßscheibe vom Werkstoff getrennt ist, drückt den Block durch die Matrize.
Der Preßrest wird durch Rückfahren des Aufnehmers freigelegt und abgeschert oder abgesägt.

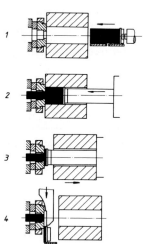

Bild 12.3 Arbeitsablauf beim direkten Strangpressen. 1 Block und Preßscheibe in Presse einbringen, 2 Block auspressen, 3 Rückfahren des Aufnehmers, 4 Preßrest abtrennen

12.4.2 Indirektes Strangpressen (Rückwärtsstrangpressen)

Beim Rückwärtsstrangpressen (Bild 12.4) sitzt die Matrize auf dem hohl ausgeführten Preßstempel.
Der Werkstofffluß ist der relativen Stempelbewegung entgegengerichtet. Hier führen Plunger und Rezipient gleichzeitig die Preßbewegung aus.
Dadurch gibt es beim Rückwärtsstrangpressen keine Relativbewegung zwischen Block und Rezipient. Diese Relativbewegung (beim Vorwärtsstrangpressen) ist ein Nachteil, weil dadurch zusätzliche Reibungswärme erzeugt wird, die nur durch Verringerung der Preßgeschwindigkeit in Grenzen gehalten werden kann.

12. Strangpressen

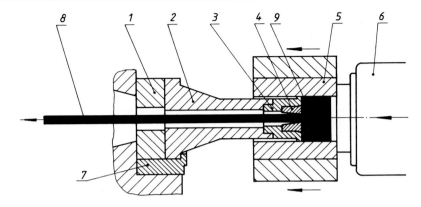

Bild 12.4 Prinzip des indirekten Strangpressens. 1 Druckplatte, 2 Stempel, 3 Werkzeugträger, 4 Matrize, 5 Rezipient, 6 Plunger, 7 Schieber, 8 Profilstrang, 9 Block, 10 Preßscheibe

12.4.3 Vollstrangpressen bzw. Hohlstrangpressen

Bei der Erzeugung von Vollprofilen spricht man vom Vollstrangpressen und bei der Erzeugung von Hohlprofilen vom Hohlstrangpressen.
Eine Verfahrensübersicht zeigt Tabelle 12.1.

Tabelle 12.1 Strangpreßverfahren

Prinzipskizze	Verfahren	Anwendung
	Direktes Strangpressen: Matrize und Aufnehmer liegen fest zueinander. Stempel bewegt sich und drückt den Block durch die Matrize	Vollprofile, Stangen und Bänder aus Vollblöcken
	Indirektes Strangpressen: An feststehendem, hohlgebohrtem Stempel befindet sich die Matrize mit Preßscheibe. Bewegung führt am Ende verschlossener Aufnehmer mit Rohling aus. Er fährt gegen die feststehende Matrize.	Drähte und Profile aus Vollblöcken

12. Strangpressen

Tabelle 12.1 Strangpreßverfahren (Fortsetzung)

Prinzipskizze	Verfahren	Anwendung
	Direktes hydrostatisches Strangpressen: Die Umformung des Blockes erfolgt durch eine unter hohem Druck stehende Flüssigkeit (12 000 bar). Der Druck wird durch den voreilenden Stempel erzeugt.	Einfache kleine Profile aus schwer preßbaren Werkstoffen, die mit den anderen Verfahren nicht preßbar sind.
	Direktes Rohrpressen über feststehendem Dorn: Der Rohling ist ein Hohlblock. Der feststehende Dorn bildet mit der Matrize den Ringspalt. Der Hohlstempel macht die Arbeitsbewegung.	Rohre und Hohlprofile aus Hohlblöcken.
	Indirektes Rohrpressen über feststehendem Dorn: Arbeitsbewegung führt verschlossener Aufnehmer aus. Am feststehenden Stempel befindet sich vorn die Matrize.	Rohre und Vollprofile aus Hohlblöcken oder Vollblöcken, die in der Presse gelocht werden.

1 Produkt, 2 Matrize, 3 Block, 4 Preßscheibe, 5 Aufnehmer, 6 Stempel, 7 Preßscheibe mit Matrize, 8 Verschlußstück, 9 Dichtung, 10 Preßflüssigkeit, 11 Dorn

Tabelle 12.2 Vor- und Nachteile der Strangpreßverfahren

Verfahren	Vorteile	Nachteile
Vorwärtsstrangpressen	Einfache Handhabung, gute Strangoberfläche, einfache Handhabung bei der Strangabkühlung	Hohe Reibungswärme zwischen Preßblock und Aufnehmer, Veränderung der Werkstoffeigenschaften durch überhöhte Temperatur, kleinere Preßgeschwindigkeiten
Rückwärtsstrangpressen	Höhere Preßgeschwindigkeiten kleinerer Umformwiderstand geringere Preßrestdicken, weil Fließlinien bis in die Endzone optimal, geringerer Verschleiß im Aufnehmer	Preßstrangdurchmesser begrenzt, weil durch den Hohlstempel geführt. Abkühlung des Stranges schwieriger, setzt gute Preßblockoberflächen voraus (in der Regel gedrehte Oberfläche)
Hydrostatisches Strangpressen	Reine Druckumformung, idealer Fließlinienverlauf, auch spröde Werkstoffe noch umformbar, höchste Umformgrate bis $\varphi = 900\%$ z. B. bei Al-Werkstoffen möglich	Dichtungsprobleme wegen der erforderlichen hohen Arbeitsdrücke (bis 20 000 bar)

12.5 Hauptformänderung

φ_h — Hauptformänderung
A_0 in mm² Querschnitt vor der Formänderung
A_1 in mm² Querschnitt nach der Formänderung
λ — Preßgrat

$$\varphi_h = \ln \frac{A_0}{A_1}$$

$$\lambda = \frac{A_0}{A_1}$$

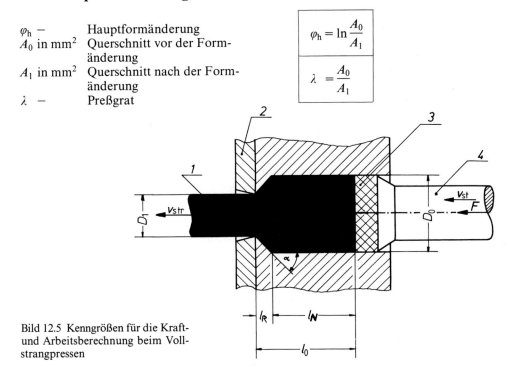

Bild 12.5 Kenngrößen für die Kraft- und Arbeitsberechnung beim Vollstrangpressen

12.6 Formänderungsgeschwindigkeiten beim Strangpressen $\dot{\varphi}$

Wegen des komplizierten Materialflusses in der Umformzone (Bild 12.6) bestimmt man die Umformgeschwindigkeit beim Strangpressen näherungsweise mit den nachfolgenden Formeln:

$\dot{\varphi}$ in s⁻¹ Umformgeschwindigkeit
v_{st} in mm/s Stempelgeschwindigkeit
D in mm Rezipientendurchmesser, Hauptformänderung
v_{str} in m/min Austrittsgeschwindigkeit des Preßstranges
A_0 in mm² Querschnitt vor der Formänderung
A_1 in mm² Querschnitt nach der Formänderung
D_0 in mm Blockdurchmesser
D_1 in mm Strangdurchmesser
10^3 mm/m Umrechnungszahl von m in mm
60 s/min Umrechnungszahl von min in s

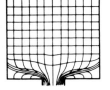

Bild 12.6 Fließlinienverlauf beim Vorwärts-Vollstrangpressen mit $\alpha = 90°$

$$\dot{\varphi} \cong \frac{6 \cdot v_{st} \cdot \varphi_h}{D}$$

$$\dot{\varphi} \cong \frac{2 \cdot v_{str}}{D_1}$$

$$v_{st} = \frac{10^3 \cdot v_{str} \cdot A_1}{60 \cdot A_0}$$

Tabelle 12.3 Zulässige Formänderungen, Preßtemperaturen, Geschwindigkeiten und Preßbarkeit für Stahl-, Kupfer- und Al-Werkstoffe

Werkstoff		Preß-temperatur in °C (Mittelwert)	Max. Preßgrat λ_{max}	$\varphi_{h\,zul.}$	Geschwindigkeit		Preßbarkeit		
					Strang v_{str} in m/min	Stempel v_{st} in m/s für λ_{max}	gut	mittel	schlecht
Al	Al 99,5	430	1000	6,9	50 – 100	1,6	×		
	AlMg 1	440	150	5,0	30 – 75	8,3	×		
	AlMgSi 1	460	250	5,5	5 – 30	2,0		×	
	AlCuMg 1	430	45	3,8	1,5 – 3	1,1			×
Cu	E-Cu	850	400	6,0	300	12,5	×		
	CuZn 10 (Ms 90)	850	50	3,9	50 – 100	33			×
	CuZn 28 (Ms 72)	800	100	4,6	50 – 100	16,6		×	
	CuZn 37 (Ms 63)	775	250	5,5	150 – 200	13,3		×	
	CuSn 8	800	80	4,4	30	6,2			×
St	C 15, C 35, C 45, C 60	1200	90	4,5	360	66	×		
	100 Cr 6	1200	50	3,9	360	120		×	
	50 CrMo 4	1250	50	3,9	360	120		×	
Ti	TiA 15 Sn 2,5	950	100	4,6	360	60			×

12.7 Preßkraft

12.7.1 Vorwärts-Vollstrangpressen

$$F = F_{pr} + F_R$$

$$F = \frac{A_0 \cdot k_f \cdot \varphi_h}{\eta_F} + D_0 \cdot \pi \cdot l \cdot \mu_w \cdot k_f$$

$\eta_F = 0{,}4 - 0{,}6 \quad \mu_w = 0{,}15 - 0{,}2$ bei guter Schmierung

12.7.2 Rückwärts-Vollstrangpressen

Hier entfällt die Reibungskraft im Rezipienten, weil sich der Block im Rezipienten nicht bewegt.

$$F = \frac{A_0 \cdot k_f \cdot \varphi_h}{\eta_F}$$

F	in N	Gesamtpreßkraft
F_{pr}	in N	Umformkraft
F_R	in N	Reibungskraft im Rezipienten
A_0	in mm²	Querschnittsfläche des Blockes
D_0	in mm	Durchmesser des Blockes
φ_h	—	Hauptformänderung
η_F	—	Formänderungswirkungsgrad
μ_w	—	Reibungskoeffizient für die Wandreibung im Rezipienten
k_f	in N/mm²	Formänderungsfestigkeit

Die Formänderungsfestigkeit k_f ist bei der Warmumformung abhängig von:
- der Umformtemperatur
- der Umformgeschwindigkeit.

Die k_f-Werte für die optimalen Umformtemperaturen können aus Tabelle 12.4 für eine Umformgeschwindigkeit von $\dot{\varphi} = 1\,\mathrm{s}^{-1}$ entnommen werden.
Den k_f-Wert unter Berücksichtigung der tatsächlichen Umformgeschwindigkeit kann man mit der nachfolgenden Gleichung berechnen:

$$k_f = k_{f_1} \left(\frac{\dot{\varphi}}{\dot{\varphi}_1}\right)^m.$$

Da $\dot{\varphi}_1 = 1\,\mathrm{s}^{-1}$ ist (Basiswert in Tab. 12.4), kann man die Gleichung vereinfacht schreiben:

$$k_f = k_{f_1} \cdot \dot{\varphi}^m$$

k_f	in N/mm²	Formänderungsfestigkeit bei optimaler Umformtemperatur und der tatsächlichen Umformgeschwindigkeit
$\dot{\varphi}$	in s⁻¹	tatsächliche Umformgeschwindigkeit $\left(\dot{\varphi} = \dfrac{6 \cdot v_{st} \cdot \varphi_h}{D}\right)$
$\dot{\varphi}_1$	in s⁻¹	Basisgeschwindigkeit $\dot{\varphi}_1 = 1\,\mathrm{s}^{-1}$
k_{f_1}	in N/mm²	Formänderungsfestigkeit bei optimaler Umformtemperatur und Basisgeschwindigkeit $\dot{\varphi}_1 = 1\,\mathrm{s}^{-1}$
m	—	Werkstoffexponent

k_{f_1} und m können aus Tabelle 12.4 entnommen werden.

12.8 Arbeit

Die Umformarbeit kann auch für das Strangpressen mit der Siebelschen Grundgleichung bestimmt werden.

$$W = \frac{V \cdot \varphi_h \cdot k_f}{10^6 \cdot \eta_F}$$

W in kN m   Umformarbeit
V in mm³   an der Umformung beteiligtes Volumen
k_f in N/mm²   Formänderungsfestigkeit
10^6 Umrechnungszahl von N mm in kN m

Das Kraft-Weg-Diagramm (Bild 12.7) zeigt den Kraftverlauf beim direkten Strangpressen. Die Gesamtarbeit (Fläche unter der Kurve), setzt sich aus den Anteilen für

W_1 das Stauchen des Preßblockes
W_2 die Herstellung des Fließzustandes
W_3 die eigentliche Umformung (Scher-, Reibungs- und Schiebungswiderstände in der Umformungszone)
W_4 die Reibung zwischen Preßblockmantelfläche und Rezipientenbohrung

zusammen.

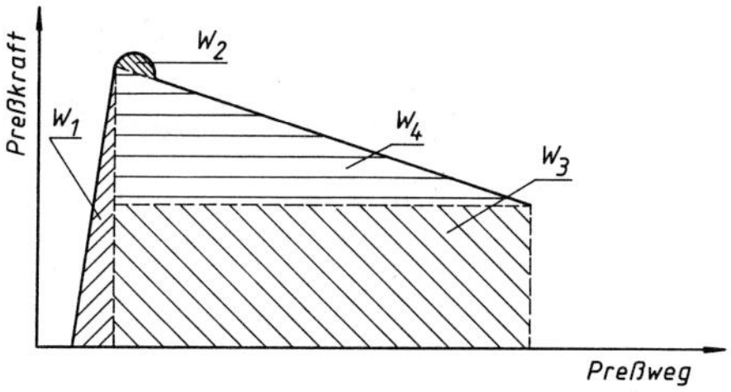

Bild 12.7 Kraft-Weg-Diagramm

Tabelle 12.4 Basiswerte k_{f_1} für $\dot{\varphi}_1 = 1\,\text{s}^{-1}$ bei den angegebenen Umformtemperaturen und Werkstoffexponenten m zur Berechnung von $k_f = f(\dot{\varphi})$

Werkstoff		m	k_{f_1} bei $\dot{\varphi}_1 = 1\,\text{s}^{-1}$ (N/mm²)	T (°C)
St	C 15	0,154	99/ 84	1100/1200
	C 35	0,144	89/ 72	
	C 45	0,163	90/ 70	
	C 60	0,167	85/ 68	
	X 10 Cr 13	0,091	105/ 88	1100/1250
	X 5 CrNi 18 9	0,094	137/116	
	X 10 CrNiTi 18 9	0,176	100/ 74	
Cu	E-Cu	0,127	56	800
	CuZn 28	0,212	51	800
	CuZn 37	0,201	44	750
	CuZn 40 Pb 2	0,218	35	650
	CuZn 20 Al	0,180	70	800
	CuZn 28 Sn	0,162	68	800
	CuAl 5	0,163	102	800
Al	Al 99,5	0,159	24	450
	AlMn	0,135	36	480
	AlCuMg 1	0,122	72	450
	AlCuMg 2	0,131	77	450
	AlMgSi 1	0,108	48	450
	AlMgMn	0,194	70	480
	AlMg 3	0,091	80	450
	AlMg 5	0,110	102	450
	AlZnMgCu 1,5	0,134	81	450

$k_f = k_{f_1} \left(\dfrac{\dot{\varphi}}{\dot{\varphi}_1}\right)^m$. Für $\dot{\varphi}_1 = 1\,\text{s}^{-1}$ wird $\boxed{k_f = k_{f_1} \cdot \dot{\varphi}^m}$

12.9 Werkzeuge

Strangpreßwerkzeuge sind mechanisch und thermisch hoch beanspruchte Werkzeuge. Bild 12.8 zeigt ein in seine Einzelteile aufgelöstes Werkzeug für das direkte Rohrstrangpressen und Bild 12.9 ein Werkzeug für das indirekte Strangpressen von Rohren über mitlaufenden Dorn.

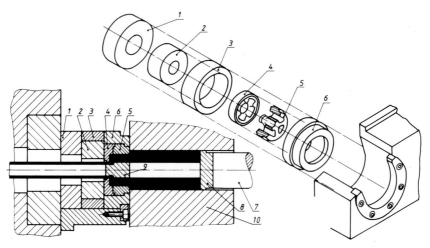

Bild 12.8 Direktes Strangpressen von Rohren. 1 Druckplatte, 2 Stützwerkzeug, 3 Halter für Stützwerkzeug, 4 Matrize, 5 Dornteil, 6 Werkzeughalter, 7 Preßstempel, 8 Preßscheibe, 9 Dorn, 10 Rezipient

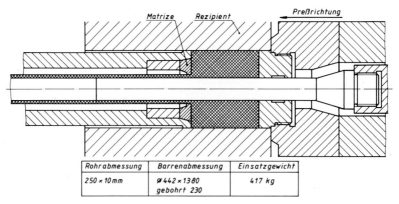

Rohrabmessung	Barrenabmessung	Einsatzgewicht
250 × 10 mm	⌀ 442 × 1380 gebohrt 230	417 kg

Bild 12.9 Werkzeug zum indirekten Strangpressen von Rohren über mitlaufenden Dorn

Der Rezipient (Teil 10 in Bild 12.8) ist armiert und besteht, wie Bild 12.10 zeigt, in der Regel aus 3 Teilen.
Neben der richtigen Dimensionierung der Werkzeugelemente ist beim Strangpressen auf eine optimale Schmierung zu achten. Als Schmiermittel werden überwiegend Glas, Graphit, Öl und MoS_2 eingesetzt.
Die nachfolgende Tabelle 12.5 zeigt Werkzeugwerkstoffe für Strangpreßwerkzeuge.

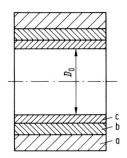

Bild 12.10 Einzelteile des Rezipienten (Teil 10 in Bild 12.8). a) Mantel, b) Zwischenbüchse, c) Innenbüchse

Tabelle 12.5 Werkzeugwerkstoffe für Strangpreßwerkzeuge (Bilder 12.8 und 12.10)

Werkzeugteile	Al-Legierungen		Cu-Legierungen		Stahl- und Stahllegierungen	
	Werkstoff	Einbauhärte (HRC)	Werkstoff	Einbauhärte (HRC)	Werkstoff	Einbauhärte (HRC)
Rezipient (Bild 12.10) Innenbüchse c Zwischenbüchse b Mantel a	1.2343 1.2323 1.2312	40 – 45 32 – 40 30 – 32	1.2367 1.2323 1.2323	40 – 45 32 – 40 30 – 32	1.2344 1.2323 1.2343	40 – 45 32 – 40 30 – 32
Stempelkopf 7	1.2344	45 – 52	1.2365	45 – 52	1.2365	45 – 52
Preßscheibe 8	1.2343	42 – 48	1.2344	42 – 48	1.2365	42 – 48
Matrize 4	1.2343	42 – 48	1.2367	42 – 48	1.2344	42 – 48
Matrizenhalter 3	1.2714	40 – 45	1.2714	40 – 45	1.2714	40 – 45

12.10 Strangpreßmaschinen

Bei den Strangpreßmaschinen unterscheidet man zwischen

Strang- und Rohrpressen.

Mit einer Strangpresse (Bild 12.11) werden überwiegend Vollprofile, wie z. B. Stangen, Bänder und Drähte, hergestellt.

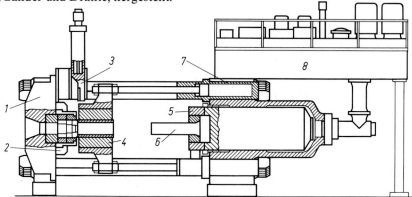

Bild 12.11 Schematische Darstellung einer Vorwärtsstrangpresse für Vollprofile, Stangen, Bänder und Drähte. 1 Gegenholm, 2 Werkzeugschieber oder Werkzeugdrehkopf, 3 Schere, 4 Blockaufnehmer, 5 Laufholm, 6 Stempel, 7 Zylinderholm, 8 Ölbehälter mit Antrieb und Steuerung. (Werkfoto der Firma SMS Hasenclever Maschinenfabrik, Düsseldorf)

Die Rohrstrangpressen (Bild 12.12) werden bevorzugt zur Erzeugung von Rohren und Hohlprofilen eingesetzt.

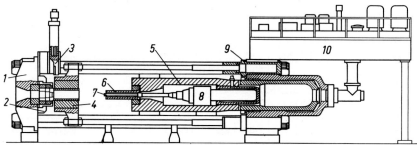

Bild 12.12 Schematische Darstellung einer Vorwärts-, Strang- und Rohrpresse. 1 Gegenholm, 2 Werkzeugschieber oder Werkzeugdrehkopf, 3 Schere, 4 Blockaufnehmer, 5 Laufholm, 6 Stempel, 7 Dorn, 8 Locher, 9 Zylinderholm, 10 Ölbehälter mit Antrieb und Steuerung. (Werkfoto der Firma SMS Hasenclever Maschinenfabrik, Düsseldorf)

Die Rohrstrangpresse hat, im Gegensatz zur Strangpresse, einen unabhängig vom Stempel bewegbaren Dorn. Dadurch können auf dieser Maschine sowohl Hohlblöcke als auch Vollblöcke zu Rohren oder Hohlprofilen umgeformt werden. Für Hohlblöcke genügt ein Dornvorschieber (geringe Kraft), für Vollblöcke braucht man einen Locher (Teil 8 im Bild 12.12) mit großer Kraft, der den Block locht.

Der Antrieb der Strangpressen ist öl- oder wasserhydraulisch.

Kleine bis mittlere Pressen werden überwiegend ölhydraulisch angetrieben. Bei großen Anlagen mit hohen Preßgeschwindigkeiten bevorzugt man den Wasserspeicherantrieb. Hier verwendet man als Druckflüssigkeit mit Ölanteilen aufbereitetes Wasser.

Die Baugrößen von Vorwärtsstrangpressen zeigt die folgende Tabelle.

Tabelle 12.6 Baugrößen der Vorwärtsstrangpressen (Richtwerte von Firma SMS Hasenclever, Düsseldorf)

Preßkraft in kN	Blockabmessung	
	Durchmesser D_0 in mm	Länge L_{max} in mm
5 000	80 – 140	375
8 000	100 – 180	475
16 000	140 – 250	670
25 000	180 – 315	850
40 000	224 – 400	1060
63 000	280 – 500	1330
100 000	355 – 630	1680
125 000	400 – 710	1870

(10 kN = 1 t)

12.11 Beispiel

Es sind Rundstangen mit einem Durchmesser $d = 15$ mm, aus AlMgSi1 herzustellen.

Gegeben:

Preßstempelgeschwindigkeit: 2 mm/s = v_{st}
Dichte von AlMgSi1: $\varrho = 2{,}7$ kg/dm³
Blockabmessung: $D_0 = 180$ mm $\varnothing$, $L = 475$ mm lang
Umformtemperatur: 450 °C (Tab. 12.4).

Gesucht: Preßkraft.

Lösung:

1. Hauptformänderung

$$\varphi_h = \ln \frac{A_0}{A_1} = \ln \frac{180^2 \, \pi/4 \text{ mm}^2}{15^2 \, \pi/4 \text{ mm}^2} = \underline{\underline{4{,}96}}$$

$\varphi_{h_{zul}} = 5{,}5$ Tab. 12.3

weil $\varphi_h < \varphi_{h_{zul}}$ kann die Strangabmessung in einer Preßoperation erzeugt werden.

2. Austrittsgeschwindigkeit des Preßstranges

$$v_{str} = \frac{v_{st} \cdot 60 \cdot A_0}{10^3 \cdot A_1} = \frac{2 \text{ mm} \cdot 60 \text{ s} \cdot 1 \text{ m} \cdot 180^2 \cdot \pi/4 \text{ mm}^2}{\text{s} \cdot \text{min} \cdot 10^3 \text{ mm} \cdot 15^2 \pi/4 \text{ mm}^2}$$

$$v_{str} = \underline{17{,}28 \text{ m/min}}.$$

3. Umformgeschwindigkeit $\dot{\varphi}$

$$\dot{\varphi} = \frac{6 \cdot v_{st} \cdot \varphi_h}{D} \qquad D \sim D_0.$$

$$\dot{\varphi} = \frac{6 \cdot 2 \text{ mm} \cdot 4{,}96}{\text{s} \cdot 180 \text{ mm}} = \underline{0{,}33 \text{ s}^{-1}}.$$

4. Formänderungsfestigkeit k_f

$k_{f_1} = 48 \text{ N/mm}^2$ für $T = 450\,°\text{C}$ und $\dot{\varphi} = 1 \text{ s}^{-1}$, Tab. 12.4

$k_f = k_{f_1} \cdot \dot{\varphi}^m$, $m = 0{,}108$ aus Tab. 12.4

$k_f = 48 \cdot 0{,}33^{0{,}108} = 48 \cdot 0{,}887 = 42{,}57 \text{ N/mm}^2$.

5. Preßkraft für das Voll-Vorwärtsstrangpressen

$$F = \frac{A_0 \cdot k_f \cdot \varphi_h}{\eta_F} + D_0 \cdot \pi \cdot l \cdot \mu_w \cdot k_f$$

$\eta_F = 0{,}5$; $\mu_w = 0{,}15$ gewählt.

$$F = \frac{180^2 \, \pi/4 \text{ mm}^2 \cdot 42{,}6 \text{ N} \cdot 4{,}96}{0{,}5 \cdot \text{mm}^2} + 180 \text{ mm} \cdot \pi \cdot 475 \text{ mm} \cdot 0{,}15 \cdot 42{,}6 \text{ N/mm}^2$$

$$= 10\,753\,655 \text{ N} + 1\,716\,393 \text{ N}$$

$$F = \underline{12\,470 \text{ kN}}.$$

12.12 Testfragen zu Kapitel 12:

1. Nach welchen Kriterien unterscheidet man die Strangpreßverfahren?
2. Nennen Sie die wichtigsten Strangpreßverfahren und die typischen Einsatzgebiete?
3. Was sind die Vor- und Nachteile des Strangpreßverfahrens?
4. Von welchen Größen ist k_f beim Strangpressen vor allem abhängig?
5. Wie unterscheidet man die Strangpreßmaschinen?

13. Gesenkschmieden

13.1 Definition

Gesenkschmieden ist ein Warm-Massivumformverfahren. Nach DIN 8583 gehört es zu den Druckumformverfahren mit gegeneinander bewegten Formwerkzeugen, wobei der Werkstoff in eine bestimmte Richtung gedrängt wird und die Form der im Gesenk vorhandenen Gravuren annimmt (siehe Tabelle 13.1, Seite 114).

13.3 Ausgangsrohling

13.3.1 Art des Materials

Tabelle 13.2 Zuordnung des Ausgangsmaterials zu den Schmiedeverfahren

Verfahren	Art des Materials
Schmieden von der Stange	Stangenmaterial bis ca. 40 $\varnothing$
Schmieden vom Stück	Stangenabschnitte aus Knüppeln mit rundem oder quadratischem Querschnitt
Schmieden vom Spaltstück	gewalzte Bleche

13.3.2 Materialeinsatzmasse m_A

$$m_A = m_E + m_G + m_Z$$

m_A in kg Materialeinsatzmasse
m_E in kg Masse des fertigen Schmiedestückes
m_G in kg Gratmasse
m_Z in kg Zunder- und Abbrandmasse.

Die Materialeinsatzmasse ist abhängig von der Werkstückform und der Werkstückmasse.
Damit man aber nicht für jedes neue Werkstück Zunder-, Abbrand- und Gratmasse bestimmen muß, hat man Richtwerte erstellt. In diesen Richtwerten gibt ein Massenverhältnisfaktor W an, wieviel mal größer die Einsatzmasse m_A sein muß, als die Masse des Fertigteiles. Da aber die Gestaltung des Grates sehr von der Form des Schmiedeteiles abhängig ist, berücksichtigt dieser Faktor W nicht nur die Fertigmasse, sondern auch die Form des Schmiedeteiles. Bestimmte charakteristische Formen, die in der Fertigung die gleiche Problematik haben, hat man in Formengruppen zusammengefaßt. Die nachfolgende Tabelle 13.3 zeigt einen kleinen Ausschnitt aus dieser Formenordnung.

13.2 Unterteilung und Anwendung des Verfahrens

Tabelle 13.1

Prinzipbild	Verfahren	Beschreibung	Vorteile	Nachteile	Einsatzgebiete
Schmieden von der Stange. a) Schmieden, b) Abtrennen, c) Abgraten	Schmieden von der Stange	Walzstange ca. 2 m lang, wird an einem Ende erwärmt und im Gesenk geschmiedet. Nach dem Schmieden wird das Werkstück durch einen letzten Hammerschlag von der Stange getrennt.	Bequeme Handhabung, kein kraftaufwendiges Halten mit der Schmiedezange. Zeitgewinn durch einfaches Einlegen in das Gesenk.	Größerer Werkstoffeinsatz, weil das Volumen nicht genau abgestimmt werden kann	Für längliche Werkstücke mit kleinerer Masse (2 bis 3 kg)
(Flansch)	Schmieden vom Stück	Ausgangsrohling ist hier ein abgesägter oder abgescherter Stangenabschnitt.			Gedrungene scheibenförmige Teile.
	Längsschmieden:	Wenn die Verformung in Richtung der Faser erfolgt.	Faserverlauf ideal folgt der äußeren Kontur.	Etwas größerer Materialeinsatz.	
Herstellung einer Kurbelwelle. a) Rohling, b) Zwischenform, c) fertige Kurbelwelle	Querschmieden:	Wenn die Verformung senkrecht zur Faser erfolgt.	Faserverlauf ideal folgt der äußeren Kontur.	Etwas größerer Materialeinsatz.	Teile mit ausgeprägter Längsachse z. B. Kurbelwellen.
Entstehung eines Zangenhebels. 1 Ausschneiden des Spaltstückes, 2 Stauchen, 3 Fertigschmieden	Schmieden vom Spaltstück	Die Ausgangsform wird aus einem Blechstreifen durch Flächenschluß fast verlustlos ausgeschnitten. Danach wird durch Stauchen oder Biegen eine Zwischenform erzeugt. Die Endform erhält das Werkstück im Gesenk.	Geringer Werkstoffverbrauch – genaues Rohlingsvolumen – deshalb geringe Gradbildung – kurze Schmiedezeiten, weil Werkstoffmassenverteilung gering.	Faserverlauf kann nicht der Form des Schmiedestückes optimal angepaßt werden.	Für Massenteile mit nicht zu hoher Festigkeitsbeanspruchung, wie z. B. Messer, Zangen, Scheren, Zangen, Schraubenschlüssel.

13. Gesenkschmieden

Aus dieser Formentabelle und den Fertigmassen der Gesenkschmiedestücke hat man Zahlentabellen für den Faktor W zusammengestellt. Mit Hilfe dieser Tabellen 13.4 kann die Materialeinsatzmasse m_A leicht bestimmt werden.

$$m_A = W \cdot m_E$$

Tabelle 13.3 Formenordnung (Auszug aus *Billigmann/Feldmann*, Stauchen und Pressen)

Anwendungsbeispiele	Formengruppe	Erläuterung
	1.1	Kugelähnliche und würfelartige Teile, volle Naben mit kleinem Flansch, Zylinder und Teile ohne Nebenformelemente
	1.2	Kugelähnliche und würfelartige Teile, Zylinder mit einseitigen Nebenformelementen
	2.1	Naben mit kleinem Flansch; Formgebung teils durch Steigen des Werkstoffes im Obergesenk, teils durch Steigen im Untergesenk
	2.2	Rotationssymmetrische Schmiedestücke mit gelochten Naben und Außenkränzen. Gelochte Nabe und der Außenkranz sind durch dünne Zonen miteinander verbunden
	3.1	Zweiarmige Hebel mit vollem Querschnitt und Verdickungen in der Mitte und an beiden Enden; Teile müssen vorgeschmiedet werden, z. B. Fußpedale und Kupplungshebel
	3.2	Sehr lange Schmiedestücke mit mehrmaligem großem Querschnittswechsel, an denen der Werkstoff stark steigen muß; Kurbelwellen mit angeschmiedeten Gegengewichten und mehr als 6 Kröpfungen. Gratanfall sehr hoch wegen mehrfachem Zwischenentgraten

Tabelle 13.4 Massenverhältnisfaktor W als f (m_E und Formengruppe)

m_E in kg		1,0	2,5	4,0	6,3	20	100
W bei Formengruppe	1	1,1	1,08	1,07	1,06	1,05	1,03
	2	1,25	1,19	1,17	1,15	1,08	1,06
	3	1,5	1,46	1,41	1,35	1,20	–

13.4 Vorgänge im Gesenk

Die Vorgänge im Gesenk lassen sich in 3 Phasen (Bild 13.1) zerlegen:

1. Stauchen
2. Breiten
3. Steigen

Stauchen

Beim Stauchen wird die Höhe des Werkstückes ohne nennenswerte Gleitwege an den Gesenkwänden verringert.

Breiten

Breiten liegt dann vor, wenn der Werkstoff überwiegend quer zur Bewegung des Werkzeuges fließt. Die Gleitwege, auf denen der Werkstoff die Gesenkwände berührt, sind relativ lang. Dadurch entsteht viel Reibung und es werden hohe Umformungskräfte benötigt.

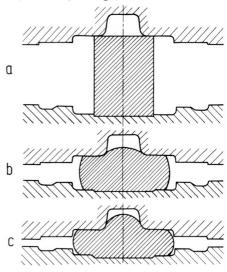

Bild 13.1 Vorgänge im Gesenk. a) Stauchen, b) Breiten, c) Steigen

Steigen

Das Steigen des Werkstoffes ist die letzte Umformphase im Gesenk. Dabei ist der Werkstofffluß der Arbeitsbewegung entgegengerichtet. Die ursprüngliche Höhe des Werkstückes wird örtlich vergrößert.

Damit es aber im Gesenk überhaupt zum Steigen kommt, muß der Fließwiderstand im Gratspalt höher sein, als der zum Steigen erforderliche im Werkzeug. Erst wenn die Gesenkform völlig ausgefüllt ist, darf der Werkstoff in den Gratspalt abfließen.

Dieser Fließwiderstand im Gratspalt ist abhängig von dem Verhältnis Gratbahnbreite zu Gratbahndicke (b/s).

13.4.1 Berechnung des Fließwiderstandes im Gratspalt

Der Fließwiderstand p_fl ist nach Siebel für das Stauchen zwischen parallelen Platten:

$$p_\text{fl} = 2\,\mu \cdot k_\text{f} \cdot \frac{b}{s}$$

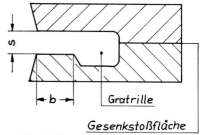

p_fl	in N/mm²	Fließwiderstand
b	in mm	Gratbahnbreite
s	in mm	Gratdicke
μ	—	Reibungswert
k_f	in N/mm²	Formänderungsfestigkeit.

Bild 13.2 Ausbildung der Gratbahn

Durch Änderung des Gratbahnverhältnisses b/s kann der Innendruck im Gesenk so variiert werden, daß er den Erfordernissen des Werkstückes entspricht. Werkstücke bei denen der Werkstoff im Gesenk stark steigen muß, erfordern einen hohen Innendruck und damit ein großes Gratbahnverhältnis (z. B. b/s = 5 bis 10).

13.4.2 Berechnung des Gratspaltes

Die Gratbahnendicken lassen sich näherungsweise berechnen:

$$s = 0{,}015 \cdot \sqrt{A_s}$$

s in mm   Gratdicke
A_s in mm²   Projektionsfläche des Schmiedestückes *ohne* Grat.

Tabelle 13.5 Gratbahnverhältnis $b/s = f\,(A_s$ und der Art der Umformung)

A_s in mm²	b/s für überwiegend		
	Stauchen	Breiten	Steigen
bis 2000	8	10	13
2 001 – 5 000	7	8	10
5 001 – 10 000	5,5	6	7
10 001 – 25 000	4	4,5	5,5
26 000 – 70 000	3	3,5	4,5
71 000 – 150 000	2	2,5	3,5

13.5 Kraft- und Arbeitsberechnung

Eine genauere Kraft- und Arbeitsberechnung ist beim Gesenkschmieden nicht möglich, weil hier zu viele Einflußgrößen, wie z. B. die Umformtemperatur, interkristalline Vorgänge im Werkstoff, Formänderungsgeschwindigkeit, Form des Werkstückes, Art des Werkstoffes und die Art der Maschine auf der umgeformt wird, gleichzeitig auf den Umformvorgang einwirken.
Näherungsweise kann man die Kraft und Arbeit wie folgt berechnen:

Berechnungsvorgang:

1. Umformgeschwindigkeit

$$\dot{\varphi} = \frac{v}{h_0}$$

$\dot{\varphi}$ in s^{-1} Umformgeschwindigkeit
v in m/s   Bär- bzw. Stößelauftreffgeschwindigkeit
h_0 in m   Ausgangshöhe des Rohlings

v-Werte für die hier üblichen Preßmaschinen zeigt Tabelle 13.6.

13. Gesenkschmieden

Tabelle 13.6 Umformgeschwindigkeit $\dot\varphi = f(v$ und Ausgangshöhe h_0 des Rohlings)

$$\dot\varphi = \frac{v}{h_0} \quad (s^{-1})$$

Maschine		Bär- bzw. Stößel-auftreffgeschwindigkeit v in m/s	für $h_0 =$												
			$h_0 \to$	5	10	20	30	40	50	100	150	200	250	300	400	500
Hammer	Fall-	5,6		1120	560	280	187	140	112	56	37,3	28	22,4	18,6	14	11,2
	Oberdruck-	6		1200	600	300	200	150	120	60	40	30	24	20	15	12
	Gegenschlag-	12		2400	1200	600	400	300	240	120	80	60	48	40	30	24
Spindelpr.		1,0		200	100	50	33,3	25	20	10	6,7	5,0	4,0	3,3	2,5	2,0
Hydraul. Pressen		0,25		50	25	12,5	8,3	6,2	5	2,5	1,7	1,25	1,0	0,83	0,6	0,5
Kurbelpr. bei $\alpha = 30°$		0,6		120	60	30	20	15	12	6,0	4,0	3,0	2,4	2,0	1,5	1,2

2. Formänderungsfestigkeit

$$k_f = k_{f_1} \cdot \dot{\varphi}^m$$

m —	Werkstoffexponent
k_f in N/mm²	Formänderungsfestigkeit bei der Umformgeschwindigkeit $\dot{\varphi}$ und der Umformtemperatur T
k_{f_1} in N/mm²	Formänderungsfestigkeit für $\dot{\varphi} = 1$ (s⁻¹) bei der Umformtemperatur T (k_{f_1} aus Tabelle 12.4, Seite 107)
$\dot{\varphi}$ in s⁻¹	Umformgeschwindigkeit (für $\dot{\varphi}$ von 1 bis 300 s⁻¹ kann k_f auch aus Tabelle 13.7 entnommen werden.)

3. Formänderungswiderstand am Ende der Umformung

$$k_{we} = y \cdot k_f$$

k_{we} in N/mm² Formänderungswiderstand am Ende der Umformung
y — Formfaktor (berücksichtigt die Werkstückform)
  y aus Tabelle 13.8 entnehmen!

4. Maximale Preßkraft

$$F = A_d \cdot k_{we}$$

F in N max. Preßkraft
A_d in mm² Projektionsfläche des Schmiedeteiles *einschließlich* Gratbahn.

5. Mittlere Hauptformänderung

Weil am Schmiedeteil die Höhe h_1 nicht genau definiert werden kann, arbeitet man hier mit der mittleren Endhöhe h_{1_m} die man aus dem Volumen und der Projektionsfläche des Schmiedestückes (Bild 13.3) bestimmt.

$$\varphi_h = \ln \frac{h_1}{h_0}, \quad h_{1_m} = \frac{V}{A_d}$$

$$\varphi_{h_m} = \ln \frac{V}{A_d \cdot h_0}$$

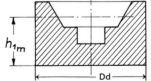

Bild 13.3 Definition der mittleren Endhöhe

h_1 in mm Höhe nach der Umformung
h_0 in mm Rohlingshöhe
V in mm³ Volumen des Gesenkschmiedestückes
φ_{h_m} — mittlere Hauptformänderung

13. Gesenkschmieden

Tabelle 13.7 Formänderungsfestigkeit in Abhängigkeit von der Umformungsgeschwindigkeit für die Umformungstemperatur T = constant

Werkstoff	T (°C)	$k_f = f(\dot\varphi)$ für T = const. k_f in N/mm²								
		$\dot\varphi = 1$ (s⁻¹)	$\dot\varphi = 2$ (s⁻¹)	$\dot\varphi = 4$ (s⁻¹)	$\dot\varphi = 6$ (s⁻¹)	$\dot\varphi = 10$ (s⁻¹)	$\dot\varphi = 20$ (s⁻¹)	$\dot\varphi = 30$ (s⁻¹)	$\dot\varphi = 40$ (s⁻¹)	$\dot\varphi = 50$ (s⁻¹)
C 15	1200	84	93	104	110	120	133	141	145	153
C 35	1200	72	80	88	93	100	111	118	122	126
C 45	1200	70	78	88	94	102	114	122	128	132
C 60	1200	68	76	86	92	100	112	120	126	131
X 10 Cr 13	1250	88	94	100	104	109	116	120	123	126
X 5 CrNi 18 9	1250	116	124	132	137	144	154	160	164	168
X 10 CrNiTi 18 9	1250	74	84	94	101	111	125	135	142	147
E–Cu	800	56	61	67	70	75	82	86	89	92
CuZn 28	800	51	59	68	75	83	96	105	111	117
CuZn 37	750	44	51	58	63	70	80	87	92	97
CuZn 40 Pb 2	650	35	41	47	51	58	67	73	78	82
CuZn 20 Al	800	70	79	90	97	106	120	129	136	142
CuZn 28 Sn	800	68	76	85	91	99	110	118	124	128
CuAl 5	800	102	114	128	137	148	166	178	186	193
Al 99,5	450	24	27	30	32	35	39	41	43	45
AlMn	480	36	40	44	46	49	54	57	59	61
AlCuMg 1	450	72	78	85	90	95	104	109	113	116
AlCuMg 2	450	77	84	92	97	104	114	120	125	129
AlMgSi 1	450	48	52	56	58	62	66	69	71	73
AlMgMn	480	70	80	92	99	109	125	135	143	150
AlMg 3	450	80	85	91	94	99	105	109	112	114
AlMg 5	450	102	110	119	124	131	142	148	153	157
AlZnMgCu 1,5	450	81	89	98	103	110	121	128	133	137

$\dot\varphi = 70$ (s^{-1})	$\dot\varphi = 100$ (s^{-1})	$\dot\varphi = 150$ (s^{-1})	$\dot\varphi = 200$ (s^{-1})	$\dot\varphi = 250$ (s^{-1})	$\dot\varphi = 300$ (s^{-1})
161	170	181	189	196	201
133	140	148	154	159	164
140	148	158	166	172	177
138	147	157	164	171	176
130	134	139	143	145	148
173	179	186	191	195	198
156	166	179	188	196	202
96	101	106	110	113	116
126	135	148	157	164	171
103	111	120	128	133	138
88	96	104	111	117	121
150	160	172	182	189	195
135	143	153	160	166	171
204	216	231	242	251	258
47	50	53	56	58	59
64	67	71	74	76	78
121	126	133	137	141	144
134	141	148	154	159	163
76	79	82	85	87	89
160	171	185	196	204	212
118	122	126	130	132	134
163	169	177	183	187	191
143	150	159	165	170	174

6. Formänderungsarbeit

$$W = \frac{V \cdot \varphi_{h_m} \cdot k_f}{\eta_F}$$

W	in Nmm	Formänderungsarbeit
k_f	in N/mm²	mittlere Formänderungsfestigkeit
η_F	–	Formänderungswirkungsgrad
V	in mm³	Volumen des Schmiedestückes
φ_{h_m}	–	Formänderungsgrad aus mittlerer Endhöhe h_m.

Tabelle 13.8 Formfaktor y, Formänderungswirkungsgrad η_F, und Gratbahnverhältnis b/s in Abhängigkeit von der Form des Gesenkschmiedeteiles.

Form	Werkstück	y	η_F	b/s
1	Stauchen im Gesenk ohne Gratbildung	4	0,5	3
2	Stauchen im Gesenk mit leichter Gratbildung	5,5	0,45	4
3	Gesenkschmieden einfacher Teile mit Gratbildung	7,5	0,4	6–8
4	Gesenkschmieden schwieriger Teile mit Grat	9	0,35	9–12

$$k_{we} = y \cdot k_f$$

13.6 Werkzeuge

Gesenkschmiedewerkzeuge unterliegen hohen mechanischen und thermischen Beanspruchungen.

Mechanisch: durch die Schmiedekraft (Schlagbeanspruchung) bis $p = 2000$ N/mm².
Folge: Schubrisse an der Gravuroberfläche.

13. Gesenkschmieden

Thermisch: durch die Berührung mit den auf Schmiedetemperatur erwärmten Rohlingen.
Dadurch entstehen in den Gesenkwerkzeugen Temperaturschwankungen bis 200 °C, die extreme Wärmewechselspannungen zur Folge haben. Dies kann zu netzförmig verteilten Oberflächenrissen an den Gesenken führen.

Weil die Berührungszeiten zwischen Gesenk und Werkstück von der zum Gesenkschmieden eingesetzten Maschine abhängig sind, unterscheidet man zwischen:

Hammergesenken: mechanisch besonders hoch beansprucht.

Pressengesenken: thermisch besonders hoch beansprucht, weil Berührungszeit länger.

Die Elemente eines Gesenkes zeigt Bild 13.4, und einige typische Werkstoffe mit den zugeordneten Einbaufestigkeiten zeigt Tabelle 13.9.

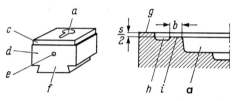

Bild 13.4 Elemente des Gesenkes. a) Gravur, c) Bezugsflächen, d) Körper, e) Transportöffnung, f) Spannelement, g) Aufschlagfläche, h) Gratrille, i) Gratbahn

Tabelle 13.9 Gesenkwerkstoffe für Hammer-, Pressen- und Stauchmaschinengesenke

Werkzeug	Hammer		Presse		Waagerechte Schmiedemaschinen		
	Werkstoff	Einbaufestigkeit N/mm²	Werkstoff	Einbaufestigkeit N/mm²	Werkzeug	Werkstoff	Einbaufestigkeit N/mm²
Vollgesenk	1.2713 1.2714	1200–1360 1200–1800	1.2713 1.2714 1.2343 1.2344	1200–1350 1200–1800 1300–1700 1300–1700	Matrize	1.2344 1.2365 1.2367 1.2889	1300–1800 1300–1800 1300–1800 1500–1900
			1.2365 1.2367	1300–1700 1300–1700	Dorn	1.2365 1.2367	1500–1800 1500–1800
Muttergesenk	1.2713	1020–1360	1.2713	1000–1200		1.2889	1500–1900
Gesenkeinsatz	1.2714 1.2344	1300–1800 1300–1800	1.2343 1.2344 1.2367 1.2606	1300–1800 1300–1800 1300–1800 1300–1800			
Gravureinsatz	1.2365 1.2889	1500–1800 1500–1800	1.2365 1.2889	1500–1800 1500–1800			

13. Gesenkschmieden

Tabelle 13.10 Bauformen der Gesenke

Unterscheidungsmerkmal: Gratspalt	
1 Obergesenk, 2 Untergesenk, 3 Auswerfer	*Gesenk mit Gratspalt (offenes Gesenk)* Bei diesem Gesenk kann das überschüssige Volumen in den Gratspalt abfließen.
	Die Anzahl der Gravuren ist beliebig. Hat es nur eine Gravur für ein Werkstück, dann ist es ein *Einfachgesenk*
	Hat es mehrere Gravuren, für 2 oder mehr Werkstücke, z. B. 1 Gravur zum vorformen und 1 Gravur zum fertigformen, dann ist es ein *Mehrfachgesenk*
1 Preßstempel, 2 Werkstück	*Gesenk ohne Gratspalt (geschlossenes Gesenk)* Hier muß das Einsatzvolumen des Rohlings genau dem Volumen des Fertigteiles entsprechen, weil überschüssiger Werkstoff nicht abfließen kann Anwendung: für Genauschmiedeteile
Unterscheidungsmerkmal: Werkstoff des Gesenkes	
	Vollgesenk Gesenkunterteil und Gesenkoberteil sind jeweils aus einem Stück, aus hochwertigem Gesenkstahl
1 Muttergesenk, 2 Gesenkeinsatz a) b 1) b 2)	*Gesenk mit Gesenkeinsätzen* Muttergesenk (Gesenkhalter) und Gesenkeinsatz sind aus unterschiedlichen Werkstoffen. Nur der Gesenkeinsatz ist aus teurem Gesenkstahl. Hier unterscheidet man nach der Art, wie der Gesenkeinsatz befestigt ist in: a) *Kraftschlüssige Einsätze* Einsatz eingepreßt (Fugenpressung $p \sim 50-70$ N/mm^2). Übermaß ca. 1‰ vom Durchmesser b) *Formschlüssige Einsätze* b 1 – mit Schraubenbefestigung b 2 – mit Keilbefestigung

13.6.1 Gesenkführung

Ober- und Untergesenk müssen, wenn das Schmiedestück keine Versetzung haben soll, genau zueinander geführt sein.
Flach-, Rund- und Bolzenführungen sind am gebräuchlichsten.
Weil die Bolzenführung billig herstellbar und bei eingetretenem Verschleiß die Führungselemente (Bolzen und Buchse) leicht austauschbar sind, wird sie (Bild 13.5) bevorzugt eingesetzt.

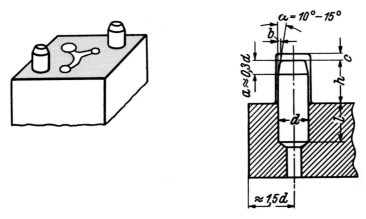

Bild 13.5 Bolzenführung

13.6.2 Blockabmessung der Gesenke

Die Blockabmessung wird in Abhängigkeit von der Gravurtiefe gewählt.

Tabelle 13.11 Mindestblockabmessungen

Gravurtiefe h in mm	Mindestdicke a in mm	Mindest-Gesenk-blockhöhe H in mm
10	20	100
25	40	160
40	56	200
63	80	250
100	110	315

13.7 Gestaltung von Gesenkschmiedeteilen

In DIN 7523 T1–T3 werden allgemeine Gestaltungsregeln für Gesenkschmiedestücke gegeben. Den Inhalt dieser Regeln könnte man wie folgt zusammenfassen:

- Konstruiere möglichst einfache Formen und beachte bei der Gestaltung auch die Werkstofffragen!
- Vermeide schroffe Querschnittsübergänge und scharfe Kanten!
- Beachte bei der Formgebung die Spannmöglichkeiten für die mechanische Bearbeitung!
- Überlege, ob schwierige Formen nicht durch andere Arbeitsverfahren günstiger hergestellt werden können!

Nach diesen Regeln sind bei der Gestaltung der Schmiedestücke besonders zu beachten:

13.7.1 Seitenschrägen (Bild 13.6)

An den Innenflächen, die von einem in das Werkstück eindringenden Dorn erzeugt werden, besteht die Gefahr des Aufschrumpfens auf den Dorn. Deshalb sollten die Innenflächen eine Neigung (Bild 13.6) von

$\alpha \cong 6°$

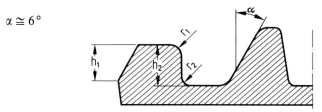

Bild 13.6 Rundungshalbmesser von Kanten und Hohlkehlen und Winkel an Seitenschrägen

haben. Da für das Lösen der Außenkontur meist ein Auswerfer zur Verfügung steht, reicht hier eine Neigung von $\alpha = 1 - 3°$.

13.7.2 Rundungen von Kanten und Hohlkehlen

Scharfe Kanten erhöhen an den Werkzeugen die Kerbrißgefahr und verkürzen die Lebensdauer der Werkzeuge. Deshalb ist darauf zu achten, daß die Rundungshalbmesser ein Mindestmaß haben. Die Größe der Rundungshalbmesser r_1 und r_2 läßt sich näherungsweise in Abhängigkeit von den Steghöhen h_1 und h_2 bestimmen.

$$r = \frac{1}{10} \cdot h$$ für h_1 und h_2 bis 100 mm

$$r = \frac{1}{20} \cdot h$$ für h_1 und h_2 von 120 – 250 mm

13.8 Erreichbare Genauigkeiten

Die beim Gesenkschmieden normal erreichbaren Genauigkeiten liegen nach DIN 7526 zwischen IT 12 und IT 16. In Ausnahmefällen (sogenanntes Genauschmieden), können für bestimmte Maße an einem Schmiedestück auch Toleranzen bis IT 8 erreicht werden.

13.9 Beispiel

Es sollen Riemenscheiben nach Bild 13.7 aus Werkstoff C 45 hergestellt werden. Als Umformmaschine steht eine Kurbelpresse mit einer mittleren Stößelgeschwindigkeit $v = 600$ mm/s im Arbeitsbereich zur Verfügung.

Zu bestimmen sind:

1. Materialeinsatzmasse
2. Gratdicke und Gratbahnbreite
3. Umformkraft
4. Umformarbeit

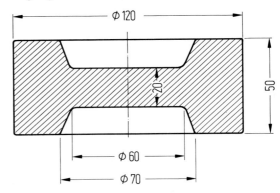

Bild 13.7 Riemenscheibe

Lösung:

1. Materialeinsatzmasse m_A

1.1. Masse des fertigen Schmiedestückes

$$m_E = (D^2 \cdot h_1 - d_m^2 \cdot h_2) \frac{\pi}{4} \cdot \varrho =$$
$$= [(1,2 \text{ dm})^2 \cdot 0,5 \text{ dm} - (0,65 \text{ dm})^2 \cdot 0,3 \text{ dm}] \frac{\pi}{4} \cdot 7,85 \text{ kg/dm}^3 = 3,63 \text{ kg}$$

1.2. Wahl des Gewichtsfaktors $W = f$ (Formengruppe 2 und m_E) aus Tabelle 13.4, Seite 115

$W = 1,18$ gewählt

1.3. Einsatzmasse m_A

$m_A = W \cdot m_E = 1,18 \cdot 3,63 \text{ kg} = 4,28 \text{ kg}$

1.4. Volumen des Rohlings

$$V = \frac{m}{\varrho} = \frac{4,28 \text{ kg}}{7,85 \text{ kg/dm}^3} = 0,545223 \text{ dm}^3 = 545\,223 \text{ mm}^3$$

13. Gesenkschmieden

1.5. Rohlingsabmessung
Ausgangsdurchmesser $D_0 = 110$ mm gewählt

$$h_0 = \frac{V}{A_0} = \frac{545\,223 \text{ mm}^3}{\frac{(110 \text{ mm})^2 \pi}{4}} = 57{,}40 \text{ mm}$$

$h_0 = 60$ mm gewählt

2. Gratdicke s

$A_s = 120^2 \cdot \pi/4 = 11\,309 \text{ mm}^2$

$s = 0{,}015 \cdot \sqrt{A_s} = 0{,}015 \cdot \sqrt{11\,309} = 1{,}59$ mm

$s = 1{,}6$ mm gewählt!

Das Werkstück entspricht der Form 2 (Tab. 13.8, Stauchteil mit leichter Gratbildung). Es wird deshalb ein Gratbahnverhältnis $b/s = 4$ angenommen (Tab. 13.5). Daraus folgt:

$b = 4 \cdot s = 4 \cdot 1{,}6 \text{ mm} = 6{,}4 \text{ mm} \qquad b = 6{,}0$ mm gewählt!

Aus der Gratbahnbreite und dem Durchmesser des Fertigteiles läßt sich nun der Projektionsdurchmesser D_d und die Projektionsfläche des Schmiedestückes einschließlich Gratbahn A_d bestimmen.

Projektionsdurchmesser:

$D_d = D + 2 \cdot b = 120 \text{ mm} + 2 \cdot 6 \text{ mm} = 132$ mm

Projektionsfläche A_d:

$$A_d = D_d^2 \frac{\pi}{4} = \frac{(132 \text{ mm})^2 \pi}{4} = 13\,678 \text{ mm}^2$$

3. Umformkraft und Umformarbeit
3.1 Umformgeschwindigkeit $\dot{\varphi}$

$$\dot{\varphi} = \frac{v}{h_0} = \frac{600 \text{ mm/s}}{60 \text{ mm}} = 10 \text{ s}^{-1}$$

3.2. Formänderungsfestigkeit

$k_f = k_{f_1} \cdot \varphi^m = 70 \text{ N/mm}^2 \cdot 10^{0,163} = 102 \text{ N/mm}^2$

aus Tabelle 12.4:

$m = 0{,}163 \qquad k_{f_1} = 70 \text{ N/mm}^2$ für $T = 1200\,°\text{C}$

oder aus Tabelle 13.7 den k_f-Wert für $\dot{\varphi} = 10 \text{ s}^{-1}$.

3.3. Formänderungswiderstand am Ende der Formänderung

$$k_{we} = y \cdot k_f = 5{,}5 \cdot 102 \text{ N/mm}^2 = 561 \text{ N/mm}^2 \quad y = 5{,}5 \text{ aus Tabelle 13.8 - Form 2}$$

3.4. Umformkraft

$$F = A_d \cdot k_{we} = 13\,678 \text{ mm}^2 \cdot 561 \text{ N/mm}^2 = 7\,673\,358 \text{ N} = 7673 \text{ kN}$$

3.5. Mittlere Hauptformänderung

$$\varphi_{h_m} = \ln \frac{V_E}{A_d \cdot h_0} = \ln \frac{110^2 \cdot \pi \cdot \text{mm}^2 \cdot 60 \text{ mm}}{4 \cdot 13\,678 \text{ mm}^2 \cdot 60 \text{ mm}} = 0{,}364$$

V_E in mm³ eingesetztes Volumen mit $h_0 = 60$ mm

3.6. Formänderungsarbeit

$$W = \frac{V_E \cdot \varphi_{h_m} \cdot k_f}{\eta_F} = \frac{570\,199 \text{ mm}^3 \cdot 0{,}364 \cdot 102 \text{ N/mm}^2}{0{,}45 \cdot 10^6} = 52{,}9 \text{ kN m}$$

$\eta_F = 0{,}45$ aus Tabelle 13.8
10^6 – Umrechnungsfaktor in kN m

13.10 Testfragen zu Kapitel 13:

1. Wie unterscheidet man die Gesenkschmiedeverfahren?
2. Mit welchem Hilfsfaktor kann man die erforderlichen Einsatzmassen bestimmen?
3. Welche Bedeutung hat die Gratbahn am Schmiedegesenk und was kann man damit steuern?
4. Von welchen Größen ist die Formänderungsfestigkeit beim Gesenkschmieden abhängig?
5. Welche Überlegungen ergeben sich daraus für den Einsatz der Maschinen?
6. Nach welchen Kriterien unterscheidet man die Bauformen der Schmiedegesenke?

Tabelle 13.12 $k_{f_1} = f(T)$ für $\dot{\varphi}_1 = 1\,\text{s}^{-1}$ (12.4)

Werkstoff		m	k_{f_1} bei $\dot{\varphi}_1 = 1\,\text{s}^{-1}$ (N/mm²)	T (°C)
St	C 15	0,154	99/ 84	1100/1200
	C 35	0,144	89/ 72	
	C 45	0,163	90/ 70	
	C 60	0,167	85/ 68	
	X 10 Cr 13	0,091	105/ 88	1100/1250
	X 5 CrNi 18 9	0,094	137/116	
	X 10 CrNiTi 18 9	0,176	100/ 74	
Cu	E-Cu	0,127	56	800
	CuZn 28	0,212	51	800
	CuZn 37	0,201	44	750
	CuZn 40 Pb 2	0,218	35	650
	CuZn 20 Al	0,180	70	800
	CuZn 28 Sn	0,162	68	800
	CuAl 5	0,163	102	800
Al	Al 99,5	0,159	24	450
	AlMn	0,135	36	480
	AlCuMg 1	0,122	72	450
	AlCuMg 2	0,131	77	450
	AlMgSi 1	0,108	48	450
	AlMgMn	0,194	70	480
	AlMg 3	0,091	80	450
	AlMg 5	0,110	102	450
	AlZnMgCu 1,5	0,134	81	450

$k_f = k_{f_1} \left(\dfrac{\dot{\varphi}}{\dot{\varphi}_1}\right)^m$. Für $\dot{\varphi}_1 = 1\,\text{s}^{-1}$ wird $\boxed{k_f = k_{f_1} \cdot \dot{\varphi}^m}$

14. Tiefziehen

14.1 Definition

Tiefziehen ist ein Umformen von ebenen Zuschnitten (aus Blech) zu Hohlkörpern. Es gehört zu den Verfahren mit Zugdruckumformung.
Die Umformung erfolgt unter Verwendung von:

Ziehring, Ziehstempel und Niederhalter (Bild 14.1).

Dabei wird der Werkstoff durch den Ziehstempel in den von Stempel und Ziehring gebildeten Ziehspalt hineingezogen und zu einem Napf umgeformt.

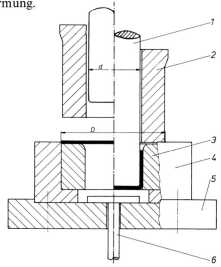

Bild 14.1 Werkzeug- und Werkstückanordnung beim Ziehvorgang. 1 Ziehstempel, 2 Niederhalter, 3 Ziehring, 4 Aufnahmekörper, 5 Grundplatte, 6 Auswerfer

14.2 Anwendung des Verfahrens (Bilder 14.2 und 14.3)

Das Verfahren dient zur Herstellung von Hohlkörpern aller Formen, bei denen die Wanddicke gleich der Bodendicke ist.

Bild 14.2 Tiefziehteile für den Haushalt

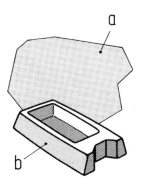

Bild 14.3 Tiefgezogene Ölwanne. a) Zuschnitt, b) Fertigteil

14.3 Umformvorgang und Spannungsverteilung

14.3.1 Die einzelnen Phasen des Ziehvorganges

a) Ronde auf Ziehring zentrisch auflegen (Bild 14.1).
b) Faltenhalter drückt Ronde fest auf Ziehring.
c) Ziehstempel zieht Ronde über Ziehkante durch die Öffnung des Ziehringes. Dabei wird der äußere Durchmesser der Ronde immer mehr verkleinert, bis die Ronde vollständig zum Napf umgeformt ist.
d) Soll am Ziehteil ein Blechflansch verbleiben, so ist der Tiefzug zu begrenzen.

14.3.2 Entstehung der charakteristischen Dreiecke

Formt man einen Hohlkörper in eine Ronde zurück, dann stellt man fest, daß

a) der Boden des Napfes mit seinem Radius r_N unverändert erhalten bleibt.
b) der Mantel des Hohlteiles aus einer Vielzahl von Rechtecken der Breite b und der Länge $(r_a - r_N)$ gebildet wird.
c) zwischen den Rechtecken Dreiecksflächen – die sog. »charakteristischen Dreiecke« – stehenbleiben (Bild 14.4).

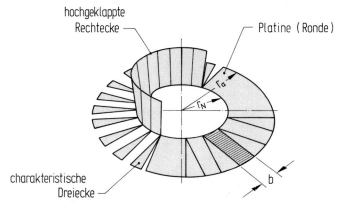

Bild 14.4 Hochgeklappte Rechtecke bilden den Mantel des Ziehteiles. Charakteristische Dreiecke zwischen den Rechtecken

14.3.3 Folge der charakteristischen Dreiecke

a) Überschüssiger Werkstoff geht nicht verloren, würde aber ohne Niederhalter zu Faltenbildung führen.
b) Der Niederhalter verhindert also die Faltenbildung.
c) Da der Werkstoff nicht ausweichen kann, wird das Blech
zwischen Faltenhalter und Ziehring gestaucht,
zwischen Ziehring und Stempel wieder gestreckt,
was zur Verlängerung des Ziehteiles führt.
d) Die Niederhalterkraft muß außer der eigentlichen Ziehkraft zusätzlich aufgebracht werden; dadurch Erhöhung der Ziehkraft.

e) Die Ziehkraft wird vom Materialquerschnitt des Ziehteils übertragen, und zwar zunächst in Bodennähe,
später – mit fortlaufendem Ziehvorgang – vom zylindrischen Teil in Bodennähe.
f) Dadurch erfolgt eine Schwächung des Materialquerschnittes in Bodennähe.

14.3.4 Spannungsverteilung (Bild 14.5)

Tangentiale Stauchung σ_t
entsteht durch das Wandern des Werkstoffes zu immer kleineren Durchmessern.

Radiale Zugspannung σ_r
entsteht durch die Zugkraft beim Einziehen der Ronde in den Ziehspalt.

Druckspannung σ_d
entsteht durch die Faltenhalterkraft – der Werkstoff wird auf Druck beansprucht.

Biegespannung σ_b
entsteht durch das Biegen über die Ziehkante.

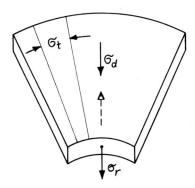

Bild 14.5 Spannungszustand der Ronde beim Tiefzug

14.4 Ausgangsrohling

Ausgangsrohling ist eine Blechplatine oder Ronde. Die Größe und Gestalt der Platine sind wichtig für

den Werkstoffbedarf (richtiger Zuschnitt vermindert Abfall beim Beschneiden);
die Gestaltung des Ziehwerkzeugs und die Wirtschaftlichkeit des Verfahrens.

Bei der Zuschnittsermittlung wird angenommen, daß die Materialdicke während des Zuges konstant bleibt.

14.4.1 Zuschnittsermittlung für zylindrische Teile mit kleinen Radien ($r < 10$ mm)

Napf ohne Flansch (Bild 14.6)

$$\frac{D^2 \cdot \pi}{4} = \frac{d^2 \cdot \pi}{4} + d\pi h$$

$$\boxed{D = \sqrt{d^2 + 4dh}}$$

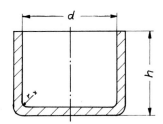

D in mm Rondendurchmesser
d in mm $\}$ siehe Bild 14.6
h in mm

Bild 14.6 Napf mit kleinen Bodenradien ($r < 10$ mm)

144 14. Tiefziehen

Napf mit Flansch (Bild 14.7)

$$\frac{D^2 \pi}{4} = \frac{d_1^2 \pi}{4} + d_1 \pi h + (d_2^2 - d_1^2) \frac{\pi}{4}$$

$$\frac{D^2 \pi}{4} = \frac{\pi}{4} (d_1^2 + 4 d_1 h + d_2^2 - d_1^2)$$

$$\boxed{D = \sqrt{d_2^2 + 4 d_1 h}}$$

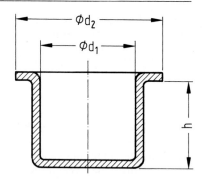

Bild 14.7 Napf mit Flansch

14.4.2 Zuschnittsermittlung für rotationssymmetrische Teile mit großen Radien ($r > 10$ mm)

Bodenradien > 10 mm müssen bei der Zuschnittsermittlung besonders berücksichtigt werden. Dies geschieht durch Anwendung der »Guldinschen Regel«:
»Die Oberfläche eines Umdrehungskörpers, die durch Drehung einer Linie um ihre Achse entstanden ist, ist gleich der erzeugenden Linie, multipliziert mit dem Weg, den der Linienschwerpunkt mit dem Abstand r_s von der Drehachse beschreibt.«

$$\boxed{O = 2 r_s \cdot \pi \cdot l}$$

O in mm²   Oberfläche des Rotationskörpers
r_s in mm   Schwerpunktsradius
l in mm   Länge der sich drehenden Kurve
D in mm   Rondendurchmesser

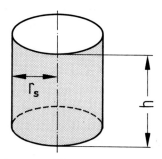

Bild 14.8 Oberfläche eines Umdrehungskörpers

Dieser Oberfläche muß die Rondenfläche entsprechen (Bild 14.9)

$$\frac{D^2 \pi}{4} = 2 \pi r_s \cdot l$$

$$\frac{D^2 \pi}{4} = 4 \cdot 2 \cdot \frac{\pi}{4} \cdot r_s \cdot l$$

$$\boxed{D = \sqrt{8 \cdot r_s \cdot l}}$$

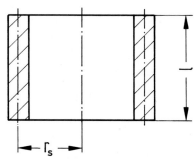

Bild 14.9 Größe des Schwerpunktradius bei einem Rotationskörper

Für beliebige Körper, die nicht nur eine Begrenzungslinie und damit auch nicht nur einen Schwerpunktsradius haben, gilt dann (Bild 14.10)

$$D = \sqrt{8 \cdot \sum (r_s \cdot l)}$$

Beispiel:

1. $l_1 = \dfrac{d-2r}{2}$ $r_{s1} = \dfrac{d-2r}{4}$

2. $l_2 = \dfrac{2r\pi}{4} = \dfrac{r\pi}{2}$ $r_{s2} = 0{,}64\,r + \dfrac{d-2r}{2}$

3. $l_3 \cong h - r$ $r_{s3} = \dfrac{d}{2}$

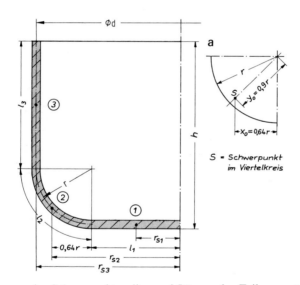

Bild 14.10 Bestimmung der Schwerpunktsradien und Längen der Teilsegmente an einem Rotationskörper mit großen Radien ($r > 10$ mm). a) Schwerpunktslage; beim Viertelkreis

$$D = \sqrt{8\,(l_1 \cdot r_{s1} + l_2 \cdot r_{s2} + l_3 \cdot r_{s3})}$$

$$= \sqrt{8\left[\left(\dfrac{d-2r}{2}\right)\left(\dfrac{d-2r}{4}\right) + \dfrac{r\pi}{2}\left(0{,}64\,r + \dfrac{d-2r}{2}\right) + (h-r)\dfrac{d}{2}\right]}$$

$$D = \sqrt{(d-2r)^2 + 4\,[1{,}57\,r\,(d-2r) + 2r^2 + d\,(h-r)]}$$

Tabelle 14.1 Berechnungsformeln für die Berechnung der Rondendurchmesser für verschiedene Gefäßformen

Form	Formel
	$\sqrt{d^2 + 4dh}$
	$\sqrt{d_2^2 + 4d_1 h}$
	$\sqrt{d_3^2 + 4(d_1 h_1 + d_2 h_2)}$
	$\sqrt{d_1^2 + 4d_1 h + 2f \cdot (d_1 + d_2)}$
	$\sqrt{d_2^2 + 4(d_1 h_1 + d_2 h_2) + 2f(d_2 + d_3)}$
	$\sqrt{2d^2} = 1{,}4\,d$
	$\sqrt{d_1^2 + d_2^2}$
	$1{,}4\sqrt{d_1^2 + f(d_1 + d_2)}$
	$1{,}4\sqrt{d^2 + 2dh}$

Tabelle 14.1 (Fortsetzung)

	$\sqrt{d_1^2 + d_2^2 + 4 d_1 h}$
	$1{,}4 \sqrt{d_1^2 + 2 d_1 h + f \cdot (d_1 + d_2)}$
	$\sqrt{d^2 + 4 h^2}$
	$\sqrt{d_2^2 + 4 h^2}$
	$\sqrt{d_2^2 + 4 (h_1^2 + d_1 h_2)}$
	$\sqrt{d^2 + 4 (h_1^2 + d h_2)}$
	$\sqrt{d_1^2 + 4 h^2 + 2 f \cdot (d_1 + d_2)}$
	$\sqrt{d_1^2 + 4 [h_1^2 + d_1 h_2 + \frac{1}{2} \cdot (d_1 + d_2)]}$
	$\sqrt{d_1^2 + 2 s (d_1 + d_2)}$

14.4.3 Zuschnittsermittlung für rechteckige Ziehteile nach AWF 5791

Die Zuschnittsermittlung rechteckiger Ziehteile beruht auf der Zerlegung des Hohlteiles in flächengleiche Elemente:

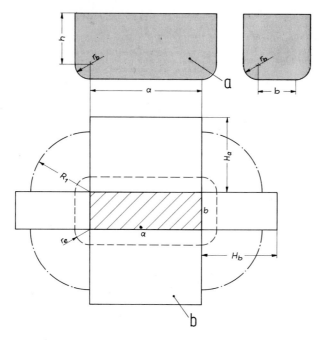

Bild 14.11 Zerlegung eines rechteckigen Hohlteiles a), in flächengleiche Elemente b)

1. Zeichne den Napfboden ohne Radius. Dabei ergibt sich ein Rechteck mit den Seiten a und b (Bild 14.11).
2. Lege die Seitenwände einschließlich Radius r_b um (Radius abwickeln) und trage sie an die zugeordneten Seiten des Rechtecks $a-b$ an.
3. Das so entstandene Kreuz hat das Grundrechteck $a-b$ um das Maß H_a auf Seite a und H_b auf Seite b verlängert.
4. In die einspringenden Ecken des Kreuzes wird ein Viertelkreis mit dem Radius R_1 geschlagen.
5. Die scharfen eckenförmigen Übergänge werden durch Kreisbögen oder andere Kurven so ausgeglichen, daß die Fläche des Grundkörpers erhalten bleibt.
   Die Ausgleichradien R_a und R_b setzt man mit ca. $a/4$ bzw. $b/4$ an (Bild 14.12).
   Wenn $a = b$, wird der Zuschnitt ein Kreis.
6. Der Angleich kann bei einfachen Formen auch durch eine Gerade erfolgen (dies ergibt ein 8-Eck). Dieses Verfahren ist jedoch ungenauer.

14. Tiefziehen   149

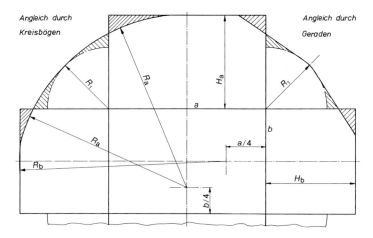

Bild 14.12 Angleichung des konstruierten Zuschnittes durch Kreisbögen oder Gerade

14.4.3.1 Berechnung der Konstruktionswerte R_1, H_a, H_b bei gegebenem h, a, b, r
Fall 1: Eckenradius = Bodenradius

$r_e = r_b = r$

Konstruktionsradius R:

$$R = 1{,}42\sqrt{r \cdot h + r^2}$$

Korrekturfaktor x:

$$x = 0{,}074 \left(\frac{R}{2r}\right)^2 + 0{,}982$$

Korrigierter Konstruktionsradius R_1:

$$R_1 = x \cdot R$$

Abwicklungslänge H_a:

$$H_a = 1{,}57\,r + h - 0{,}785\,(x^2 - 1)\,\frac{R^2}{a}$$

Abwicklungslänge H_b:

$$H_b = 1{,}57\,r + h - 0{,}785\,(x^2 - 1)\,\frac{R^2}{b}$$

$a = L - 2r_e$
$b = B - 2r_e$
$h = H - r_b$
$r_e = r_b$

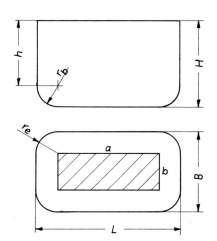

Bild 14.13 Rechteckiges Hohlteil mit unterschiedlichen Boden- und Eckenradien

Fall 2: Eckenradius ungleich Bodenradius

$$r_e \neq r_b$$

Konstruktionsradius R:

$$R = \sqrt{1{,}012\, r_e^2 + 2\, r_e\, (h + 0{,}506\, r_b)}$$

Korrekturfaktor x:

$$x = 0{,}074 \left(\frac{R}{2\, r_e}\right)^2 + 0{,}982$$

Korrigierter Konstruktionsradius R_1:

$$R_1 = x \cdot R$$

Abwicklungslänge H_a:

$$H_a = 0{,}57\, r_b + h + r_e - 0{,}785\, (x^2 - 1)\, \frac{R^2}{a}$$

Abwicklungslänge H_b:

$$H_b = 0{,}57\, r_b + h + r_e - 0{,}785\, (x^2 - 1)\, \frac{R^2}{b}$$

14.4.4 Zuschnittsermittlung für ovale und verschieden gerundete zylindrische Ziehteile

In der Regel geht man hier vom zylindrischen Zuschnitt aus, so weit das Verhältnis der Halbachsen der Ellipse

$$\frac{a}{b} \leq 1{,}3$$

14.5 Zulässige Formänderung

Die Grenzen der zulässigen Formänderung sind beim Tiefziehen durch das Ziehverhältnis gegeben. Mit Hilfe des Ziehverhältnisses wird

a) bestimmt, wieviele Ziehoperationen zur Herstellung eines Ziehteiles notwendig sind;
b) die Ziehfähigkeit von Tiefziehblechen beurteilt;
c) der Korrekturfaktor $n = f$ (Ziehverhältnis) zur Berechnung der Ziehkraft bestimmt.

Man unterscheidet:

14.5.1 Kleinstes Ziehverhältnis m

$$m = \frac{d}{D} = \frac{\text{Stempeldurchmesser}}{\text{Rondendurchmesser}}$$

Das zulässige kleinste Ziehverhältnis m ist der Grenzwert, den das Verhältnis von Stempeldurchmesser zu Rondendurchmesser haben darf. Das tatsächliche Ziehverhältnis m_{tats} darf gleich oder größer, aber nicht kleiner sein als m_{zul}.

$$m_{tats} \geqq m_{zul}$$

14.5.2 Größtes Ziehverhältnis β

β ist der reziproke Wert von m.

$$\beta = \frac{D}{d} = \frac{\text{Rondendurchmesser}}{\text{Stempeldurchmesser}}$$

14.5.2.1 Größtes zul. Ziehverhältnis im Anschlag (1. Zug)

$$\beta_{0\,zul} = \frac{D}{d}$$

Tabelle 14.2 Mittlere Werte für $\beta_{0\,zul}$, z. B. für WUSt 1403, USt 1303, Ms 63, Al 99,5

d/s	30	50	100	150	200	250	300	350	400	450	500	600
$\beta_{0\,zul}$	2,1	2,05	2,0	1,95	1,9	1,85	1,8	1,75	1,7	1,65	1,60	1,5

Das tatsächliche Ziehverhältnis β_{tats} darf gleich oder kleiner, aber nicht größer sein, als das zulässige Ziehverhältnis $\beta_{0\,zul}$.
Das zulässige Ziehverhältnis β für den 1. Zug läßt sich auch rechnerisch bestimmen:
Für gut ziehfähige Werkstoffe, z. B. St 1403, Ms 63

$$\beta_{0\,zul} = 2,15 - \frac{d}{1000 \cdot s}$$

Für weniger gut ziehfähige Werkstoffe, z. B. St 1203

$$\beta_{0\,zul} = 2,0 - \frac{1,1 \cdot d}{1000 \cdot s}$$

d in mm   Stempeldurchmesser
s in mm   Blechdicke

14.5.2.2 Zulässiges Ziehverhältnis im Weiterschlag (2. Zug, 3. Zug)

Für Tiefziehbleche wie St 1203; St 1303 liegt das zulässige Ziehverhältnis im Mittel bei

$$\beta_1 = 1,2 \text{ bis } 1,3$$

Dabei ist beim 2. Zug der höhere und beim 3. Zug der kleinere Wert anzunehmen.

z. B. beim 2. Zug $\beta_1 = 1{,}3$ } ohne Zwischenglühung
 beim 3. Zug $\beta_1 = 1{,}2$

Wird nach dem 1. Zug zwischengeglüht, dann erhöhen sich die Werte um ca. 20%. Dann kann man für den 2. Zug

$\beta_1 = 1{,}6$

annehmen.

14.6 Zugabstufung

14.6.1 Zugabstufung für zylindrische Teile

1. Zug $\quad d_1 = \dfrac{D}{\beta_0}$

2. Zug $\quad d_2 = \dfrac{d_1}{\beta_1}$

3. Zug $\quad d_3 = \dfrac{d_2}{\beta_1}$

n. Zug $\quad \boxed{d_n = \dfrac{d_{n-1}}{\beta_1}}$

Mit der Näherungsgleichung von Hilbert kann man für zylindrische Näpfe (Bild 14.14) die erforderliche Anzahl der Züge n, überschlägig berechnen.

$$\boxed{n \cong \frac{h_n}{d_n} = \frac{D^2 - d_n^2}{4 \cdot d_n^2}}$$

n – Anzahl der erforderlichen Züge
h_n in mm Napfhöhe nach dem n-ten Zug
d_n in mm Napfdurchmesser nach dem n-ten Zug
D in mm Rondendurchmesser

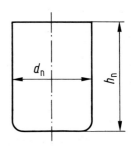

Bild 14.14 Zylindrischer Napf

14.6.2 Zugabstufung für ovale Teile und Teile mit elliptischer Grundfläche

Für $\frac{a}{b} \leq 1{,}3$ erfolgt die Zugabstufung wie bei runden Teilen, ausgehend von einer Ronde.

$$\beta = \frac{D}{d_0} = \frac{\text{Rondendurchmesser}}{\text{kl. Durchm. der Ellipse}}$$

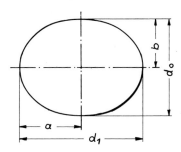

Bild 14.15 Ziehteil mit elliptischer Bodenform

Maßgebend im Ziehverhältnis ist der kleinere Durchmesser der Ellipse.
Für $\frac{a}{b} > 1{,}3$ erfolgt die Zugabstufung wie bei rechteckigen Ziehteilen.

14.6.3 Zugabstufung für rechteckige Teile

Sie ist abhängig vom Konstruktionsradius R_1 (siehe Abschnitt 14.4.3.1) und von der Werkstoffkonstanten q.
Für Tiefziehblech St 12 bis St 14:

$$q \approx 0{,}3$$

1. Zug (Anschlag) $r_1 = 1{,}2 \cdot q \cdot R_1$
2. Zug $r_2 = 0{,}6 \cdot r_1$
3. Zug (Fertigteil) $r_3 = 0{,}6 \cdot r_2$

Falls weitere Züge erforderlich sind, dann gilt allgemein:

n-ter Zug $r_n = 0{,}6 \cdot r_{n-1}$

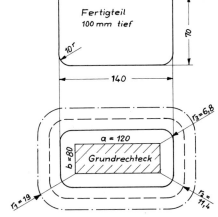

Bild 14.16 Zugabstufung bei einem rechteckigen Ziehteil

D. h., man geht wie bei der Zuschnittsermittlung von einem Grundrechteck des Napfbodens aus und bestimmt die zulässigen Eckenradien.
Es sind so viele Züge erforderlich, wie zur Erzeugung des Endeckenradius notwendig sind.

Beispiel:

Bestimme die Abstufung für ein rechteckiges Ziehteil.

$$\text{Blechdicke } s = 1 \text{ mm}$$
$$r_e = r_b = 10 \text{ mm}$$
$$q = 0{,}34$$
$$R_1 = 46{,}8 \text{ mm}$$

1. Zug: $r_1 = 1{,}2\, q \cdot R_1 = 1{,}2 \cdot 0{,}34 \cdot 46{,}8 \text{ mm} = 19 \text{ mm}$
2. Zug: $r_2 = 0{,}6 \cdot r_1 = 0{,}6 \cdot 19 \text{ mm} = 11{,}4 \text{ mm}$
3. Zug: $r_3 = 0{,}6 \cdot r_2 = 0{,}6 \cdot 11{,}4 \text{ mm} = 6{,}84 \text{ mm}$
            $r_3 = 6{,}84 \text{ mm} < 10 \text{ mm}$ (< als Radius des Fertigteils),

also kann das Fertigteil mit 3 Zügen hergestellt werden.

14.7 Berechnung der Ziehkraft

14.7.1 Ziehkraft für zylindrische Teile im ersten Zug

$$F_Z = U \cdot s \cdot R_m \cdot n = d \cdot \pi \cdot s \cdot R_m \cdot n$$

F_Z in N   Ziehkraft
U in mm   Umfang des Ziehstempels
d in mm   Stempeldurchmesser
s in mm   Blechdicke
R_m in N/mm²   Zugfestigkeit
n Korrekturfaktor

Der Korrekturfaktor n berücksichtigt das Verhältnis von Ziehspannung zu Zugfestigkeit. Er ist vor allem abhängig vom tatsächlichen Ziehverhältnis, das sich aus der Abmessung des Ziehteiles ergibt.

Tabelle 14.3 Korrekturfaktor $n = f(\beta_{tat})$

n	0,2	0,3	0,5	0,7	0,9	1,1	1,3
$\beta_{tat} = \dfrac{D}{d}$	1,1	1,2	1,4	1,6	1,8	2,0	2,2

Tabelle 14.4 Maximale Zugfestigkeiten R_m einiger Tiefziehbleche

Werkstoff	St 1303	St 1404	CuZn 28 (Ms 72)	Al 99,5 (F 10)
$R_{m_{max}}$ in N/mm²	400	380	300 Tiefziehgüte	100 halbhart

14.7.2 Ziehkraft für zylindrische Teile im Weiterschlag (2. Zug)

$$F_{Zw} = \frac{F_Z}{2} + d_1 \cdot \pi \cdot s \cdot R_m \cdot n$$

d_1 Stempeldurchmesser beim 2. Zug.

14.7.3 Ziehkraft für rechteckige Teile

$$F_Z = \left(2 \cdot r_e \cdot \pi + \frac{4(a+b)}{2}\right) \cdot R_m \cdot s \cdot n$$

r_e in mm Eckenradius (siehe Bild 14.11)
a in mm Länge des Napfes ohne Bodenradius r_b (Bild 14.11)
b in mm Breite des Napfes ohne Bodenradius r_b.

14.8 Niederhalterkraft

14.8.1 Niederhalterdruck

$$p = \left[(\beta_{tat} - 1)^2 + \frac{d}{200 \cdot s}\right] \cdot \frac{R_m}{400}$$

p in N/mm² Niederhalterdruck
d in mm Stempeldurchmesser
D in mm Rondendurchmesser
s in mm Blechdicke
R_m in N/mm² Zugfestigkeit
β_{tat} — tatsächliches Ziehverhältnis (1. Zug).

14.8.2 Niederhalterfläche

$$A_N = (D^2 - d_w^2) \cdot \tfrac{\pi}{4}$$

$$d_w = d + 2 \cdot w + 2 \cdot r_M \quad \text{(siehe Bild 14.17)}$$

A_N in mm² Niederhalterfläche
d_w in mm wirksamer Durchmesser des Niederhalters
w in mm Ziehspalt
r_M in mm Ziehkantenradius.

156 14. Tiefziehen

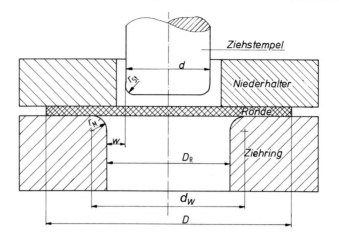

Bild 14.17 Anordnung von Ziehstempel, Niederhalter und Ziehring

14.8.3 Niederhalterkraft

$$F_N = p \cdot A_N$$

F_N in N Niederhalterkraft.

14.9 Zieharbeit

14.9.1 Bei doppelt wirkenden Pressen:

$$W = F_Z \cdot x \cdot h$$.

Eine doppelt wirkende Presse hat praktisch 2 Stößel (Bild 14.18). Der äußere Stößel wird für den Niederhalter und der innere Stößel für den eigentlichen Ziehvorgang benötigt. Beide Stößel sind getrennt voneinander steuerbar. Der normale Tiefzug erfordert eine solche doppelt wirkende Presse: oder anders ausgedrückt: Eine Ziehpresse ist immer eine doppelt wirkende Maschine.

Bild 14.18 Prinzip des Tiefziehvorganges bei einer doppeltwirkenden Presse. a) Ziehstößel, b) Niederhalter, c) Ziehring, d) Auswerfer

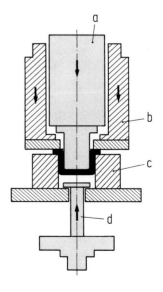

14.9.2 Bei einfach wirkenden Pressen:

$$W = (F_Z \cdot x + F_N) \cdot h$$

W in Nmm Zieharbeit
F_Z in N Ziehkraft
F_N in N Niederhalterkraft
h in mm Napfhöhe = Ziehweg
x — Verfahrensfaktor ($x = 0{,}63$).

Eine einfach wirkende Presse hat nur einen Stößel und einen Auswerfer. Dieser Auswerfer kann für die Betätigung des Niederhalters eingesetzt werden, wenn man das Ziehwerkzeug um 180° dreht. Dann ist der Ziehring am Stößel befestigt und der Ziehstempel steht fest auf dem Pressentisch.
Der Niederhalter wird über Zwischenbolzen vom Auswerfer betätigt. Da die Niederhalterkraft variabel sein muß, kann man eine solche Maschine nur dann auch für das Tiefziehen einsetzen, wenn die Auswerferkraft verstellbar ist. Eine solche Einrichtung bezeichnet man, wenn sie speziell für das Tiefziehen eingebaut wurde, als Ziehkissen.
Da der Stößel, bei einer solchen Werkzeuganordnung nicht nur die Ziehkraft F_Z, sondern zusätzlich noch die Niederhalterkraft F_N überwinden muß, addieren sich bei der Arbeitsberechnung die beiden Kräfte.

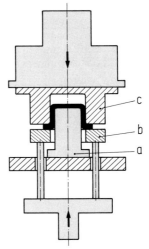

Bild 14.19 Prinzip des Tiefziehvorganges bei einer einfachwirkenden Presse. a) Ziehstempel, b) Niederhalter, c) Ziehring

Arbeitsdiagramm (Kraft-Weg-Diagramm):

Das Arbeitsdiagramm zeigt den Kraft-Weg-Verlauf beim Tiefziehen. Die Kraft-Weg-Kurve ist annähernd eine auf dem Kopf stehende Parabel. Die Fläche unter der Parabel stellt die Zieharbeit dar. Zur rechnerischen Bestimmung der Zieharbeit aus Kraft und Ziehweg benötigt man die mittlere Ersatzkraft F_m, die man sich über den ganzen Weg als konstant vorstellt. Dieses aus F_m und s entstehende Rechteck muß der Fläche unter der Parabel flächengleich sein.
Das Verhältnis F_m/F_{max} bezeichnet man als Verfahrensfaktor, weil es den Kraftverlauf des jeweiligen Arbeitsverfahrens kennzeichnet.

$x = 0{,}63$

$F_m = F_{max} \cdot x$

$x = \dfrac{F_m}{F_{max}}$

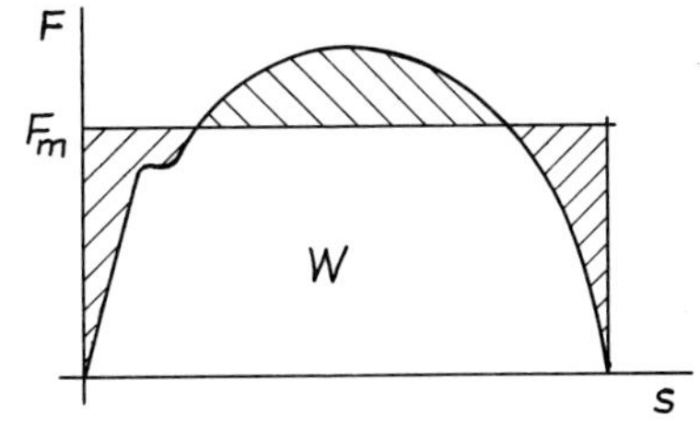

Bild 14.20 Kraft-Weg-Verlauf beim Tiefziehen

14.10 Ziehwerkzeuge (Bild 14.17)

14.10.1 Ziehspalt *w*

Der Ziehspalt *w* ist die halbe Differenz zwischen Ziehringdurchmesser und Stempeldurchmesser.

$$w = s \sqrt{\frac{D}{d}}$$

w in mm Ziehspalt
D in mm Rondendurchmesser
d in mm Stempeldurchmesser
s   Blechdicke

Für genauere Berechnungen gilt (nach *Oehler*):

$$w = s + k \cdot \sqrt{s}$$

Tabelle 14.5 Werkstoffaktor *k* zur Bestimmung des Ziehspaltes *w*

Werkstoff	Stahl	hochwarmfeste Legierungen	Aluminium	sonst. NE-Metalle
k in $\sqrt{mm}$	0,07	0,2	0,02	0,04

14.10.2 Stempelradius r_{st} für zylindrische Teile

$$r_{st} = (4 \ldots 5) \cdot s$$

Er ist durch das Ziehteil gegeben.

14.10.3 Ziehkantenrundung r_M

für zylindrische Teile:

Zu kleine Radien beanspruchen das Blech zusätzlich auf Dehnung.
Zu große Radien führen zur Faltenbildung am Ende des Zuges, weil dann der Faltenhalter nicht mehr wirksam ist.

$$r_M = \frac{0{,}035}{\sqrt{mm}} [50\ mm + (D - d)] \cdot \sqrt{s}$$

r_M in mm Ziehkantenradius
D in mm Rondendurchmesser
d in mm Fertigteildurchmesser = Stempeldurchmesser
s in mm Blechdicke

r_M ist also abhängig von:

der Blechdicke s
dem Rondendurchmesser D
dem Fertigteildurchmesser d (= Stempeldurchmesser).

Bei geringen Ziehtiefen ist r_M kleiner zu wählen, weil sonst die Druckfläche für den Faltenhalter zu klein wird.
Die Blechberührungsflächen bei Ziehringen sind sauber geschliffen und poliert auszuführen, um die Reibungskräfte zu verringern.

für rechteckige Teile:

a) für die Rechteckseite a: (siehe Bild 14.11, Seite 138)

$$r_a = \frac{0{,}035}{\sqrt{mm}} [50\ mm + 2(H_a - r_e)] \cdot \sqrt{s}$$

b) für die Rechteckseite b:

$$r_b = \frac{0{,}035}{\sqrt{mm}} [50\ mm + 2(H_b - r_e)] \cdot \sqrt{s}$$

c) Radien in den Ecken des rechteckigen Werkzeuges:

$$r_e \approx 1{,}5\ r_a.$$

14.10.4 Konstruktive Ausführung der Ziehwerkzeuge

Die konstruktive Gestaltung eines Ziehwerkzeuges wird von zwei Faktoren bestimmt:

1. **von der Art des Tiefzuges.**
   Hier unterscheidet man Werkzeuge für den 1. Zug und Werkzeuge für den Weiterschlag (2. Zug; 3. Zug; 4. Zug).

Die wichtigsten Elemente eines Tiefziehwerkzeuges zeigen die Bilder 14.21 für den 1. Zug und 14.22 für den Weiterschlag (2. Zug, 3. Zug, usw.).

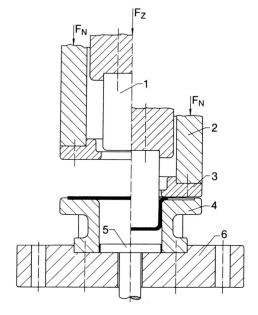

Bild 14.21 Tiefziehwerkzeug für den 1. Zug. 1 Ziehstempel, 2 Niederhalterstößel, 3 Niederhalter, 4 Ziehring, 5 Auswerfer, 6 Grundplatte

2. **von der zur Verfügung stehenden Presse (einfach- oder doppeltwirkende Pressen).**
   Soll ein Tiefzug auf einer einfachwirkenden Presse ausgeführt werden, dann muß der Ziehring am Stößel befestigt sein und der Niederhalter vom Ziehkissen betätigt werden.

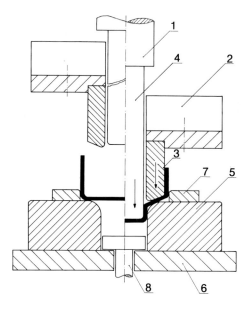

Bild 14.22 Tiefziehwerkzeug für den 2. Zug. 1 Ziehstößel, 2 Niederhalterstößel, 3 Niederhalter, 4 Ziehstempel, 5 Ziehring, 6 Grundplatte, 7 Zentrierring, 8 Auswerfer

14. *Tiefziehen* 161

Das Prinzip des Werkzeugaufbaues für den 1. Zug zeigt Bild 14.19 und ein Werkzeug für den 2. Zug Bild 14.23.

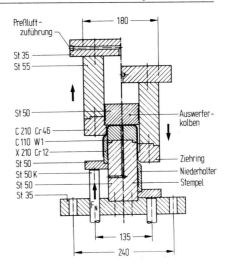

Bild 14.23 Ziehwerkzeug für den 2. Zug für eine einfachwirkende Presse

An Stelle des klassischen 2. Zuges, kann man auch den Stülpzug anwenden. Beim Stülpen wird der vorgeformte Napf (Bild 14.24) durch den Umstülpvorgang auf den nächst kleineren Durchmesser gebracht. Dabei werden die Innenwände des vorgezogenen Napfes, nach dem Stülpen, zu Außenwänden.
Das Prinzip eines Stülpwerkzeuges zeigt Bild 14.25.

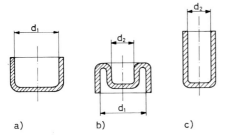

Bild 14.24 (oben). Gestülptes Werkstück, a) vor-, b) während-, c) nach dem Stülpen

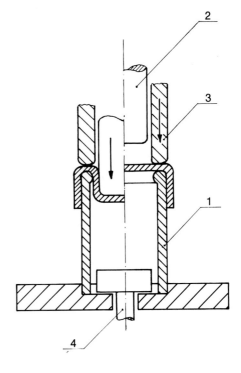

Bild 14.25 (rechts). Prinzip des Stülpwerkzeuges, 1 Ziehring, Ziehstempel, 3 Niederhalter, 4 Auswerfer

3. Ziehwerkzeuge für unregelmäßige Flachformen z.B. für den Automobilbau

Ziehwerkzeuge für unregelmäßige, flache Formen wie sie vielfach bei Automobilteilen auftreten, sind durch schwierige Umformverhältnisse gekennzeichnet. Anstelle des klassischen Ziehrings ist eine formgebende Ziehmatrize, die die Negativform des Werkstückes enthält, einzusetzen. Diese Werkzeuge werden im Gußverfahren, häufig Vollformguß und anschließender spanender Nachbearbeitung erzeugt.

Zur Realisierung der Formgebung sind neben der Zug-Druck-Beanspruchung auch ein- oder zweiachsige Zugbeanspruchungen und Biegebeanspruchungen durch entsprechende Werkzeuggestaltung aufzubringen. Die in Bild 14.26 dargestellte Ziehwulst (Einfließwulst) nach VDI-Richtlinie 3377 kommt in der Regel an der Matrize und die Ziehstäbe sind in der Regel am Niederhalter, mit entsprechenden Aussparungen in der Matrize, angeordnet.

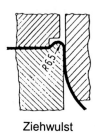
Ziehwulst

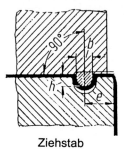
Ziehstab

Bild 14.26 Ziehwülste und Ziehstäbe nach VDI-Richtlinie 3377
(Bereich b × h: 10 × 8 ... 20 × 25 mm)

Den Ziehstäben kommt eine größere Bedeutung zu als den Ziehwülsten und sie werden dort angeordnet, wo Probleme mit unterschiedlichen Beanspruchungsverhältnissen und damit verbundenen Werkstofffluß auftreten. In Bild 14.27 ist beispielhaft die Anordnung von Ziehstäben an einem Ziehteil nach VDI-Richtlinie 3141 dargestellt.

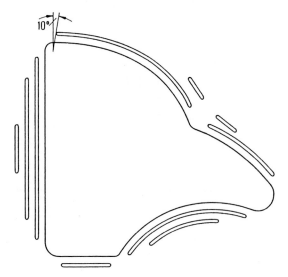

Bild 14.27
Anordnung von Ziehstäben an einem Automobil-Ziehteil
(VDI-Richtlinie 3141)

Durch die Ziehwülste und Ziehstäbe kann eine durch FEM-Simulation und letztlich durch große Erfahrungen der Werkzeugbauer feinabgestimmt, eine gezielte Beeinflußung des Werkstoffflusses vorgenommen werden, so daß die Versagensfälle Rißbildung, zu starke Blechdickenreduzierung und Faltenbildung vermieden werden können. Im Bild 14.28 sind der Tiefziehstempel, der Niederhalter, die Ziehmatrize und das Bauteil „Seitenwand des PkW Audi Avant" dargestellt.

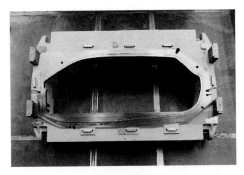
Niederhalter

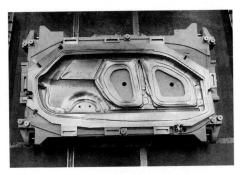
Ziehmatrize

Ziehstempel

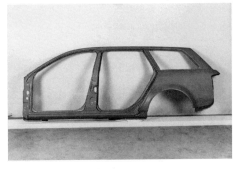
Seitenwandteil Audi Avant

Bild 14.28 Werkzeugsatz zur Herstellung der Seitenwand Audi Avant
(Werkfoto KUKA Werkzeugbau Schwarzenberg GmbH)

Auf Grund der dargestellten Probleme bei diesen komplizierten Ziehwerkzeugen sind in der Praxis in der Vorentwicklung neuer Automobilteile, neben der FEM-Simulation der Realisierbarkeit des Verfahrens und der Werkzeugkonstruktion auch Prototypenwerkzeuge für die Herstellung einer begrenzten Anzahl von Teilen für Erprobungszwecke nach wie vor erforderlich.

In Bild 14.29 sind beispielhaft drei Werkzeugsätze für die Herstellung von Prototypbauteilen dargestellt, die eine sehr schnelle Fertigung der Werkzeuge und damit der Werkstücke ausgehend von den 3D-CAD-Daten der Konstruktion erlauben. In der Variante 1 werden die Werkzeuge im Gußverfahren mittels einer niedrigschmelzenden Legierung MCP 137 (Fa. HEK GmbH) hergestellt. Diese Werkzeuge sind bis zu einer Stückzahl von ca. 30 Teile einsetzbar, danach muß ein neuer Abguß mit der fast 100 % wiedernutzbaren MCP-Legierung erfolgen. Für größere Stückzahlen an Prototypenteilen wird international eine Zn-Legierung (ZAMAK) eingesetzt, die dann das Vollformgießen und anschließende spanende Nachbearbeitung erforderlich macht.

In der Variante 2 sind die Werkzeuge aus Blechlamellen zusammengesetzt, die mit dem Laser geschnitten sind und anschließend über Stifte, Schrauben, teilweise Kleber oder bei Großwerkzeugen durch Schweißen montiert werden. Der Nachteil dieser Variante sind Markierungen auf den Blechteilen durch die Stufenstruktur des lamellierten Werkzeuges, so daß diese Variante nur für Fahrzeugteile im Nichtsichtbereich zur Anwendung kommt. Bei Großwerkzeugen sind nach japanischen Erfahrungen allerdings beträchtliche Zeit- und Kosteneinsparungen möglich.

Die Variante 3 zeigt die Anwendung der Hochgeschwindigkeitsbearbeitung des HSC-Fräsen (HSC – High Speed Cutting) im Werkzeugbau. Die Oberflächenqualität der Werkzeuge kommt an die Schleifbearbeitung heran und die Anwendung der Variante 3 stellte sich für das betrachtete relativ kleine Bauteil (ca. 130 mm × 100 mm × 35 mm, Blechdicke 1,5 mm; St 14) mit einer Freiformfläche sowohl zeit- als auch kostenmäßig als günstigste Lösung heraus.

Variante 1   Variante 2   Variante 3

Bild 14.29 Ziehwerkzeuge für Prototypen (Foto: Sebb/HTW Dresden)
(1 – Stempel; 2 – Niederhalter; 3 – Ziehmatrize)

Bei Einsatz der neuentwickelten HSC-Hexapod Mikromat 6X Fräsmaschine, die mit dem Prinzip der Parallelkinematik arbeitet, sind nach ersten Untersuchungen weitere Zeiteinsparungen bis zu 40 % möglich. Alle drei Varianten sind deutlich schneller und kostengünstiger als eine herkömmliche Fertigung, wie aus Tabelle 14.6a zu entnehmen ist.

Tabelle 14.6a Vergleich der Fertigungszeit und -kosten für Prototypenwerkzeuge (einschließlich CAD-Konstruktion)

	Variante 1 – Gießen	Variante 2 – Blechlamellierung	Variante 3 – HSC-Fräsen	Konventionelle Fertigung (Fräsen, Erodieren)
Zeit /h/	51	53,5	33,2	104,5
Kosten /DM/	4.445,00	5.310,00	3.935,00	7.275,00
Platz	2	3	1	4

Tabelle 14.6 Ziehringabmessungen in mm nach DIN 323 gestuft

Ronde D	d_1	d_2	d_3	h_1	h_2
18,5	10	13	50	20	10
22	12,5	16	50	20	10
29	16	20	50	25	13
36	20	24	63	25	13
45,5	25	29	63	25	13
58	31,5	38	80	32	16
73	40	46	80	32	16
90	50	56	100	32	16
116	63	70	125	32	20
145	80	88	160	40	20
180	100	108	200	40	20
225	125	132	250	40	25
290	160	168	315	40	25
360	200	208	400	50	25
455	250	258	500	50	32
580	315	328	630	63	32
725	400	408	800	63	32

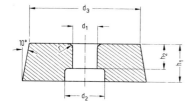 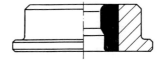

Stahl   Hartmetall

Tabelle 14.7 Werkzeugwerkstoffe

Werkstoff-Nr.	DIN-Bezeichnung	Einbauhärte HRC	Ziehstempel	Ziehmatrize
1.1540	C 100 W 1	63	×	×
1.2056	90 Cr 3	63	×	×
1.2842	90 MnV 8	62	×	×
1.2363	105 CrMoV 5-1	63	×	×
1.2436	210 CrW 12	62	×	×
Hartmetall	ISO-Bezeichnung	Einbauhärte HV 30	Ziehstempel	Ziehmatrize
	G 20	1400	×	×
	G 30	1200	×	×

14.11 Erreichbare Genauigkeiten

Tabelle 14.8 Höhentoleranzen (±) in mm zylindrischer Ziehteile ohne Flansch

Werkstoff-dicke in mm	Höhe des Ziehteiles in mm					
	20	21 bis 30	31 bis 50	51 bis 100	101 bis 150	151 bis 200
1	0,5	0,6	0,8	1,1	1,4	1,6
1 bis 2	0,6	0,8	1,0	1,3	1,7	1,8
2 bis 4	0,8	1,0	1,2	1,6	1,9	2,2

Tabelle 14.9 Höhentoleranzen (±) in mm zylindrischer Ziehteile mit Flansch

Werkstoff-dicke in mm	Höhe des Ziehteiles in mm					
	20	21 bis 30	31 bis 50	51 bis 100	101 bis 150	151 bis 200
1	0,3	0,4	0,5	0,7	0,9	1,0
1 bis 2	0,4	0,5	0,6	0,8	1,1	1,2
2 bis 4	0,5	0,6	0,7	0,9	1,3	1,4

Tabelle 14.10 Durchmessertoleranzen in mm zylindrischer Hohlteile ohne Flansch für Blechdicken von $s = 0,5$ bis 2,0 mm

Ziehverhältnis β	Durchmesser des Ziehteiles in mm				
	30	31 bis 60	61 bis 100	101 bis 150	151 bis 200
1,25	0,10	0,15	0,25	0,40	0,60
1,50	0,12	0,20	0,40	0,50	0,75
2,0	0,15	0,25	0,45	0,60	0,90

14.12 Tiefziehfehler

Tabelle 14.11 Tiefziehfehler (nach *G. W. Oehler*)

Bild	Art des Fehlers	Fehlerursache	Abhilfe
Materialfehler			
	Unregelmäßige Rißbildung vom Zargenrand abwärts. Risse dieser Art bilden sich oft erst Tage und Wochen nach dem Ziehen	Zu hohe Spannungen	Material sofort nach dem Ziehen glühen
	Einseitiger tiefer Einriß in der Zarge, Rißform geschwungen. Rißkante sauber. Einseitiger Querriß	Fehler im Blech ininfolge knötchenartiger Verdickungen od. eingepreßter Fremdkörper, wie beispielsweise Späne	
	Kurze Querrisse in der Zarge. Schwarze Punkte mit darüber und darunter angrenzenden verplätteten Stellen	Feine Löcher im Werkstoff, poröses Blech	
Fehler im Werkzeug			
	Boden wird allseitig abgerissen, ohne daß es zu einer Zargenbildung kommt	Das Ziehwerkzeug wirkt als Schnitt, da 1. zu geringe und scharfkantige Ziehkantenrundung oder 2. zu enger Ziehspalt oder 3. zu großer Niederhalterdruck oder 4. zu hohe Ziehgeschwindigkeit	Vergrößerung des Ziehkantenradius, meist durch Nachschleifen des Stempels oder Ziehringes Nachlassen des Niederhalterdruckes Hubzahl der Presse herabsetzen
	Blanke hohe Druckspur der Höhe p im oberen Teil der Zarge außen	Zu enger Ziehspalt	Nachschleifen von Ziehring oder Stempel

Bild	Art des Fehlers	Fehlerursache	Abhilfe
	Bei sonst gelungenem Durchzug ausgefranster Zargenrand und verplättete Falten	1. zumeist Ziehspalt zu weit oder 2. Ziehkantenabrundung zu groß	Werkzeugerneuerung zwecks Herabsetzung der Spaltweite
	Bei fast gelungenem Zug stark gefalteter Restflansch mit waagerechten Einrissen darunter	zu große Ziehkantenrundung zu geringer Niederhalterdruck	Oberfläche des Ziehringes abschleifen und Kantenradius verkleinern Höheren Niederhalterdruck einstellen
17 18	Blasenbildung am Bodenrand. Auswölbung des Bodens entsprechend der gestrichelten Linie	1. schlechte Stempelentlüftung, 2. zuweilen auch stark abgenutzte Ziehkante	Entlüftungskanäle anbringen oder erweitern. Ziehkante polieren

Falscher Zuschnitt oder falsche Zugabstufung

Bild	Art des Fehlers	Fehlerursache	Abhilfe
	Nach Bildung eines nur kurzen Zargenansatzes, dessen Höhe etwa der Ziehkantenrundung entspricht, reißt der Boden ab	Zu große Abstufung im Verhältnis zur Tiefziehgüte des Bleches Stempelführung außermittig zum Ziehring	β-Wert (= höchstzulässiges D/d-Verhältnis) nach dem Napfprüfverfahren ermitteln. Evtl. geringer abstufen oder ein Blech höherer Tiefzieheignung wählen. Werkzeug richtig einstellen!
	Einrisse in den Ecken von Rechteckzügen vom Rande senkrecht nach unter zur Bodenecke	1. Werkstoffverknappung in den Ecken infolge falschen Zuschnittes 2. Zu enger Ziehspalt in den Ecken	Zuschnitt ändern Rechteckzüge erfordern in den Ecken einen weiteren Ziehspalt als an den Seiten
	In den Bodenecken von Rechteckzügen beginnender, dann schräg verlaufender Riß	1. Werkstoffhäufung in den Ecken 2. Zu starke Eckenabstufung	Zuschnittsänderung Abstufung verringern oder hochwertigeres Tiefziehblech verwenden

Bild	Art des Fehlers	Fehlerursache	Abhilfe
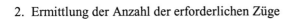	Einseitige Zipfelbildung am Zargenrand oder am Blechflansch	1. Außermittige Einlage des Zuschnittes 2. Ungleicher Niederhalterdruck 3. Außermittige Lage des Stempels zum Ziehring (selten) 4. Ungleiche Blechdicke	Anlagestifte einsetzen! Werkzeug ausrichten
Bedienungsfehler			
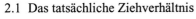	Blechflansch in Nähe des Steges einseitig breit	Außermittige Einlage des Zuschnittes	Einlagebegrenzungsstifte anbringen!

14.13 Beispiel

Es sind, auf einer doppeltwirkenden Ziehpresse, Blechgehäuse nach Bild 14.30 herzustellen.
Gegeben: Werkstoff St 1303
Gesucht: Rondendurchmesser D, Kraft, Arbeit (für den 1. Zug)

Lösung:

1. Zuschnittermittlung

$$D = \sqrt{d^2 + 4dh}$$
$$= \sqrt{(80\,\text{mm})^2 + 4 \cdot 80\,\text{mm} \cdot 90\,\text{mm}}$$
$$D = 187{,}6\,\text{mm}$$
$$D = 188\,\text{m gewählt}$$

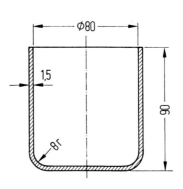

2. Ermittlung der Anzahl der erforderlichen Züge

2.1 Das tatsächliche Ziehverhältnis

$$\beta_{\text{tat}} = \frac{D}{d} = \frac{188\,\text{mm}}{80\,\text{mm}} = 2{,}35$$

2.2 Durchmesser-Wanddicken-Verhältnis d/s

$$\frac{d}{s} = \frac{80\,\text{mm}}{1{,}5\,\text{mm}} = 53{,}3$$

2.3 Zulässiges Ziehverhältnis für den 1. Zug

$\beta_{\text{zul}} \approx 2{,}05$ aus Tabelle 14.2, Seite 151

2.4 Entscheidung

weil $\beta_{0\,zul} < \beta_{tat}$
$2{,}05 < 2{,}35$

ist das Teil nach Bild 14.26 nicht in einem Zug herstellbar.

2.5. Zugabstufung

1. Zug $\quad d_1 = \dfrac{D}{\beta_0} = \dfrac{188 \text{ mm}}{2{,}05} = 91{,}7 \text{ mm}$

$d_2 = \dfrac{d_1}{\beta_1} = \dfrac{91{,}7 \text{ mm}}{1{,}3} = 70{,}5 \text{ mm}$

d. h., mit 2 Zügen ist das Ziehteil herstellbar.
Um beim 1. Zug nicht bis an die Grenze der Umformbarkeit gehen zu müssen, wird

$d_1 = 94{,}0 \text{ mm}$ gewählt.

Daraus folgt

$\beta_{tat} = \dfrac{188 \text{ mm}}{94 \text{ mm}} = 2{,}0$

Beim 2. Zug ergibt sich dann ein β_{tat} von

$\beta_{tat} = \dfrac{d_1}{d_2} = \dfrac{94 \text{ mm}}{80 \text{ mm}} = 1{,}17$

d. h., d_2 wird auch jetzt noch mit Sicherheit erreicht.

2.6. Höhe des Napfes nach dem 1. Zug

aus $\quad D = \sqrt{d^2 + 4\,d\,h} \quad$ folgt:

$h_1 = \dfrac{D^2 - d^2}{4\,d} = \dfrac{(188 \text{ mm})^2 - (94 \text{ mm})^2}{4 \cdot 94 \text{ mm}} = \dfrac{35\,344 \text{ mm}^2 - 8836 \text{ mm}^2}{376 \text{ mm}}$

$h_1 = 70{,}5 \text{ mm}$.

Da mit einer geringen Zipfelbildung gerechnet werden muß, wird

$h = 70{,}5 \text{ mm} + 1{,}5 \text{ mm} = 72 \text{ mm}$ angenommen.

3. Ziehkraft F_Z

$F_Z = d \cdot \pi \cdot s \cdot R_m \cdot n = 94$ mm $\cdot \pi \cdot 1{,}5$ mm $\cdot 400$ N/mm² $\cdot 1{,}1$

$F_Z = 194\,904$ N $= \underline{\underline{195\text{ kN}}}$

Für $\beta_{tat} = 2{,}0$ folgt $n = 1{,}1$ aus Tab. 14.3, $R_m = 400$ N/mm² aus Tab. 14.4.

4. Ziehspalt w

$$w = s \cdot \sqrt{\frac{D}{d}} = 1{,}5 \text{ mm} \cdot \sqrt{\frac{188 \text{ mm}}{94 \text{ mm}}} = 2{,}12 \text{ mm}$$

$w = 2{,}1$ mm gewählt.

5. Ziehkantenrundung r_M

$$r_M = \frac{0{,}035}{\sqrt{\text{mm}}} \cdot [50 \text{ mm} + (D-d)] \cdot \sqrt{s}$$

$$r_M = \frac{0{,}035}{\sqrt{\text{mm}}} \cdot [50 \text{ mm} + (188 \text{ mm} - 94 \text{ mm})] \cdot \sqrt{1{,}5 \text{ mm}}$$

$r_M = 6{,}17$ mm

$r_M = 6{,}0$ mm gewählt.

6. Niederhalterkraft F_N

6.1. Niederhalterdruck

$$p = \left[(\beta_{tats} - 1)^2 + \frac{d}{200 \cdot s}\right] \cdot \frac{R_m}{400}$$

$$= \left[(2-1)^2 + \frac{94 \text{ mm}}{200 \cdot 1{,}5 \text{ mm}}\right] \cdot \frac{400 \text{ N/mm}^2}{400} = 1{,}31 \text{ N/mm}^2.$$

6.2. Niederhalterfläche (siehe Bild 14.17)

$d_W = d + 2 \cdot w + 2 \cdot r_M = 94$ mm $+ 2 \cdot 2{,}1$ mm $+ 2 \cdot 6$ mm $= 110{,}2$ mm

$A_N = (D^2 - d_W^2) \cdot \frac{\pi}{4} = (188^2 - 110{,}2^2) \cdot \frac{\pi}{4} = 18\,221{,}2$ mm²

6.3. Niederhalterkraft

$F_N = A_N \cdot p = 18\,221{,}2$ mm² $\cdot 1{,}31$ N/mm² $= 23\,869$ N $= 23{,}9$ kN.

7. Arbeit W

$W = F_Z \cdot x \cdot h_1 = 195$ kN $\cdot 0{,}63 \cdot 0{,}072$ m $= 8{,}84$ kN m.

14.14 Hydromechanisches Tiefziehen (Hydro-Mec-Ziehverfahren)

14.14.1 Definitionen

Beim hydromechanischen Tiefziehen (Bild 14.31), wird die umzuformende Blechplatine (1. Zug) unmittelbar durch ein druckreguliertes Wasserkissen an den eintauchenden Ziehstempel gepreßt und erhält dabei die genaue Form des Ziehstempels.

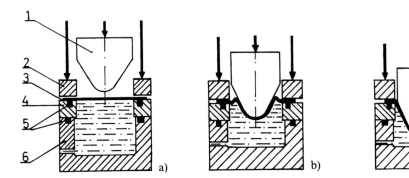

Bild 14.31 Prinzip des hydromechanischen Tiefziehens. a) vor-, b) während-, c) am Ende des 1. Zuges. 1 Ziehstempel, 2 Niederhalter, 3 Platine, 4 Ziehring, 5 Dichtung, 6 Wasserkasten

Beim 2. Zug (Bild 14.32) verläuft der Vorgang ähnlich. Hier hat der Außendurchmesser des Niederhalters den Innendurchmesser des Napfes nach dem 1. Zug. Dadurch wird der Napf vor dem 2. Zug am Niederhalter zentriert.

Der Stempel hat den neuen verkleinerten Durchmesser, der mit dem 2. Zug erzeugt werden soll.

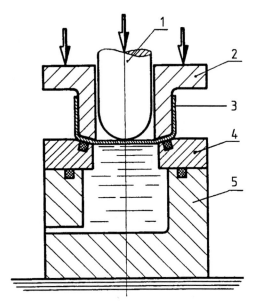

Bild 14.32 Werkzeug für den 2. Zug. 1 Ziehstempel, 2 Niederhalter, 3 Werkstück vor dem 2. Zug, 4 Ziehring, 5 Wasserkasten

14.14.2 Vorteile des hydromechanischen Tiefziehens

Tritt an die Stelle des starren Ziehringes ein Wirkmedium, dann wirkt dieses Wirkmedium beim Eintauchen des Stempels einen allseitigen Druck aus, der das entstehende Werkstück an den Stempel anpreßt.

Dabei treten zwischen Stempel und Werkstück Reibungskräfte auf, die einen Teil der Ziehkraft auf die Zarge übertragen. Dadurch wird die über den Ziehteilboden eingeleitete Kraft kleiner und der meistbeanspruchte Werkstückbereich verschiebt sich vom Werkstückboden zum Ziehradius hin.
Daraus ergeben sich folgende Vorteile:

- Das erreichbare Ziehverhältnis ist wesentlich günstiger, als beim klassischen Ziehverfahren. Es werden Ziehverhältnisse z. B. für St 13 und $d/s = 100$ bis $\beta = 2,4$ möglich.
- Konische und parabolische Ziehteile werden in einem Zug hergestellt. Beim klassischen Ziehverfahren sind für solche Teile oft 4–5 Ziehoperationen mit 1–2 Zwischenglühungen erforderlich.
- Die Blechdickenreduzierung an den Bodenradien ist sehr gering und ermöglicht deshalb in vielen Fällen den Einsatz dünnerer Blechdicken. Auch kleinste Bodenradien sind aus diesem Grund noch einwandfrei zu ziehen.
- Mit dem gleichen Werkzeug können Platinen verschiedener Dicke und unterschiedlicher Materialarten verarbeitet werden.
- Die Herstellkosten sind niedriger als beim klassischen Ziehverfahren.
  - niedrige Werkzeugkasten
  - weniger Ziehstufen
  - geringere Glühkosten.
- Jede von oben doppeltwirkende Presse kann mit einer Hydro-Mec-Einheit auch nachträglich ausgerüstet werden.
Teure Sondermaschinen sind nicht erforderlich.

14.14.3 Anwendung des Verfahrens

Das Hydro-Mec-Verfahren wird bevorzugt für schwierige Ziehteile im besonderen für schwierige kegelige und parabolische Hohlkörper, die beim klassischen Verfahren viele Züge erfordern, eingesetzt.

14.14.4 Ziehkraft

$$F_Z = 1,5 \cdot R_m \cdot d \cdot \pi \cdot s + \frac{A_{st} \cdot p}{10}$$

R_m in N/mm²   Zugfestigkeit
d in mm   Stempeldurchmesser
s in mm   Blechdicke
A_{st} in cm²   Stempelquerschnitt
p in bar (daN/cm²)   Druck im Kissen

Tabelle 14.12 Arbeitsdrücke beim hydromechanischen Tiefziehen

Werkstoff	Al und Al-Legierungen	Tiefziehblech St 13, St 14	hochlegierte Bleche z. B. Nirostableche
Arbeitsdruck p in bar	60–300	200–700	300–1000

14.14.5 Niederhalterkraft (nach Siebel)

1. Niederhalterpressung p

$$p = 2 \cdot 10^3 \left[(\beta_{tat} - 1)^2 + \frac{D}{200 \cdot s} \right] \cdot R_m$$

2. Niederhalterkraft

$$F_N = A_N \cdot p$$

F_N	in N	Niederhalterkraft
p	in N/mm²	Niederhalterpressung
R_m	in N/mm²	Zugfestigkeit
D	in mm	Rondendurchmesser
s	in mm	Blechdicke
A_N	in mm2	wirksame Niederhalterfläche
β_{tat}	–	tatsächliches Ziehverhältnis

14.15 Außenhochdruckumformen (AHU®)

14.15.1 Definition

Beim AHU wird das großflächige ebene Blechteil durch einen speziell gestalteten Blechhalter fest auf den Wasserkasten gepreßt und eingespannt. Danach wird durch das Wirkmedium ein Druck aufgebracht, der eine Vorwölbung des Blechteiles entgegen der eigentlichen Umformrichtung ermöglicht. Es erfolgt eine gleichmäßige Abstreckung der gesamten Bauteilfläche mit einhergehender Kaltverfestigung. Dadurch wird speziell für flache und großflächige Bauteile der Automobilindustrie wie Türen und Motorhauben eine merkliche Verbeserung der Beulsteifigkeit erreicht. Das Verfahrensprinzip wird auch beim aktiven Hydro-Mec-Verfahren angewendet.

14.15.2 Darstellung des Wirkungsprinzips

Im Bild 14.33 sind die vier Stufen dargestellt. Nach dem Einlegen der Platine wird das Werkzeug geschlossen und die Blechhalterkraft aufgebracht. Danach kann dann der Wirkmediendruck zum Vorwölben aufgebracht und das Wölben entgegen der Stempelbewegung und Abstrecken des Materials erfolgen. Der Ziehstempel wird daraufhin gegen den Wirkmediendruck die Umformung vornehmen und das Blechmaterial kommt zum Anliegen an die Stempeloberfläche. Abschließend wird bei maximalem Blechhalterdruck eine Kalibrierung des Bauteils dergestalt vorgenommen, daß der Fluiddruck gezielt zu einem oberen Grenzwert erhöht wird.

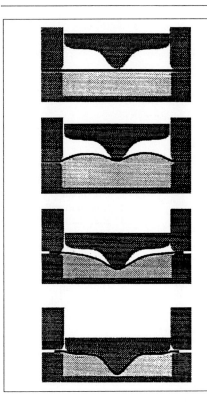

	Schließen des Werkzeuges nach Einlegen der Platine und Aufbringen der Blechhaltekraft
	Vorwölben der Platine mittels Wirkmediendruck
	Ziehstempel verformt die Platine gegen den Wirkmediendruck bei gleichzeitig hohem Blechhalterdruck
	Kalibrierung des Blechformteils mittels hohem Fluiddruck bei maximalem Blechhaltedruck

Bild 14.33 Prinzip des AHU (Audi AG / UTG TU München / Schnupp Hydraulik)

Die für das AHU entwickelte Presse zeichnet sich durch eine kompakte Bauweise aus. Die Presse ist aus Ober- und Unterholm aufgebaut, diese sind durch vier Ständer verbunden und mittels Zuganker vorgespannt. Sowohl der Blechhalter als auch der Stößel wird mechanisch durch Riegel fixiert und der Umformdruck durch ein Schließzylinderpaket von 10×10 Zylindern unter dem Tisch aufgebracht. Diese Schließzylinder sind in zwei Regelkreise aufgeteilt und in sechs Gruppen ansteuerbar, so daß ein zielgerichtetes Aufbringen der Schließkraft auch bei unsymmetrischen Bauteilen möglich ist.

Eine schematische Darstellung befindet sich im Bild 14.34, ein Foto der Presse ist im Bild 14.35 dargestellt und in der beiliegenden CD-ROM kann eine Simulation des Arbeitsprinzips betrachtet werden.

14. Tiefziehen

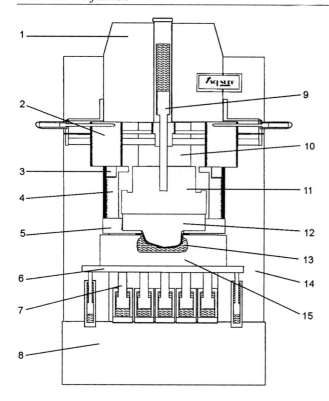

Bild 14.34
Prinzip der AHU-Presse
(Schnupp-Hydraulik)
1 Oberholm
2 Blechhalter-Riegel
3 Blechhalterzylinder
4 Blechhalter
5 Blechhalterring
6 Tischplatte
7 Tischschließzylinder
8 Unterholm
9 Stößelzylinder
10 Stößel-Riegel
11 Stößel
12 Stempel
13 Platine
14 Ständer
15 Wasserkasten

Die technischen Daten für das Schnupp-Pressensystem, das für den AHU-Prozeß, für das Innenhochdruck-Umformen und das konventionelle Tiefziehen eingesetzt wird, sind folgende:

Kräfte:	Schließkraft	32.000 kN
	Stößelkraft	1.500 kN
	Blechhalterkraft	6.500 kN
Hübe:	Stößelzylinder	1.150 mm
	Blechhalterzylinder	150 mm
	Schließzylinder	
Druckübersetzer:	Wasserdruck	max. 3000 bar
Werkzeugeinbauraum:		1.600 × 2.500 × 1.300 /mm/
Pressenabmaße:		3.500 × 3.000 × 6.800 /mm/

Gegenüber der konventionellen Pressentechnik zeichnet sich die AHU-Presse vor allem aus durch:
- exakte Positionierung des Stempels zum Wasserkasten,
- hohe Reproduziergenauigkeit,
- punktuell regelbare Blechhalterkräfte,
- keine Querkräfte an den Pressenführungen,
- gutes Preis-, Leistungsverhältnis

Bild 14.35 Schnupp AHU-Presse bei der Firma AUDI AG
(Werkfoto: Schnupp GmbH & Co Hydraulik KG, 94327 Bogen)

14.15.3 Anwendung des Verfahrens

Das AHU kommt für großflächige und relativ flache Bauteile der Außenhaut an Automobilen vorteilhaft zur Anwendung. Durch die erreichbare Abstreckung im Vorwölbprozeß ergeben sich erhebliche Vorteile im Vergleich zum konventionellen Ziehen. Im Bild 14.36 ist der Werkzeugsatz, bestehend aus Stempel, Blechhalter und Wasserkasten für das Bauteil „Tür kreativ", ein Gemeinschaftsprojekt der Firma AUDI AG, dem Lehrstuhl Umformtechnik und Gießereiwesen der TU München und der Firma Schnupp Hydraulik zu sehen.

Durch intensive theoretische und experimentelle Arbeit ist es gelungen, aus der Vielzahl der möglichen Parameterkombinationen wie Schaltbild der Tischschließzylinder, Blechhalterkräfte, Verlauf der Fluiddruckkurven, Umformdruck, Vorwölbhöhe, Vorwölbdruck und Kalibrierdruck das Parameterfeld für Gutteile zu bestimmen, so daß mit diesem Werkzeugsatz erfolgreich Werkstücke aus unterschiedlichen Materialien und auch Blechdicken hergestellt werden können. Sowohl von der japanischen Firma Toyota als auch von der Ford AG sind ähnliche Ergebnisse bekanntgeworden.

178 14. Tiefziehen

Blechhalter   Wasserkasten

Stempel   „Tür kreativ"

Bild 14.36 Werkzeugsatz und Werkstück zum AHU
(Werkfotos: AUDI AG/UTG TU München)

14.15.4 Technisch-wirtschaftliche Einschätzung des AHU

In Ergänzung zu den im Punkt 14.14.2 genannten Vorteilen kommen beim AHU noch hinzu:

– Erhöhung der Beulsteifigkeit und Stabilität der Bauteile
– Bessere Oberflächenqualität des Außenhautbereiches, da kein Kontakt mit metallischen Werkzeugelementen, wie beim konventionellen Ziehen, erfolgt.
– Beträchtliche Erhöhung der Abstreckungswerte im Vergleich zum konventionellen Verfahren.

Die höhere Zykluszeit, der etwas höhere Materialeinsatz und die an die AHU-Technologie anzupassenden Vor- und Nachbereitungsschritte (i.R. Laserbeschneiden) sind bei der wirtschaftlichen Einschätzung zu beachten. Nach Untersuchungen des bekannten amerikanischen Massachusetts Institute of Technology (MIT) ist bis zu einer Zahl von ca. 60.000 Werkstücken pro Jahr der Einsatz der Außenhochdruckumformung wirtschaftlicher als die konventionelle Ziehtechnologie. Im Vergleich zur herkömmlichen Technologie lassen sich beim Hauptkostenfaktor Werkzeuge bis zu 40 % Einsparungen erzielen. Als typische Anwendungsfälle kommen deshalb Außenhautteile für Nischenprodukte der Automobilindustrie in kleinen und kleinsten Serien bis hin zur Individualisierung von Großserienfahrzeugen (z.B. Langversionen), aber auch spezielle schwierig zu ziehende Bauteile wie z.B. der Kraftstofftank in Betracht.

14.16 Innenhochdruckumformen (IHU)

14.16.1 Definition

Beim IHU werden in der Regel aus rohrförmigen Anfangsformen, die auch vorgebogen sein können, durch Anwendung eines hohen Innendruckes, ausgeübt durch ein Wirkmedium und gleichzeitiger axialer oder auch radialer Stauchung, komplizierte Hohlkörper im Kaltumformvorgang hergestellt. Es sind auch erste Untersuchungen zur Formung komplizierter Hohlkörper durch Innendruck aus ebenen Platinen (verschweißt oder unverschweißt) bekannt geworden.

14.16.2 Darstellung des Wirkungsprinzips

Im Bild 14.37 ist das Wirkprinzip am Beispiel der Herstellung eines Fittings dargestellt. Auch wenn das Wirkprinzip schon länger bekannt ist und auch wissenschaftlich untersucht wurde, der Durchbruch in der industriellen Nutzung ist erst durch Entwicklungen auf den Gebieten der Hochdruckhydraulik, der Steuerungs- und Regelungstechnik, der Pressen- und Werkzeugtechnik und dem Einsatz des IHU-Verfahrens für Bauteile der Automobilindustrie gelungen.

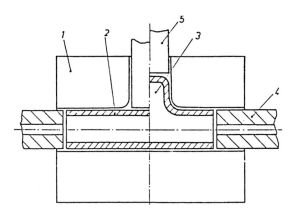

Bild 14.37
Prinzip des IHU
(Quelle: Dissertation R. Zscheckel, TU Dresden, 1977)

Die rohrförmige Anfangsform 2 wird in die Matrize 1 eingelegt, das Werkzeug wird geschlossen und mit hohem Druck zugehalten. Die axialen Stempel 4 dichten die Rohrenden ab, das Wirkmedium 3 wird durch eine Bohrung in den Stempeln in das Bauteil eingebracht und der hohe Innendruck weitet das Rohr auf, wobei die Stempel gleichzeitig das Rohr etwas nachschieben. Ein Gegenhalter 5 begrenzt den Werkstofffluß an der formgebenden Öffnung für das T-Stück.

Nach der Innenhochdruckumformung wird das Werkzeug geöffnet und das fertige Werkstück kann entnommen werden.

Für die Verfahrensbeherrschung ist es erforderlich, daß der Innendruck des Wirkmediums und die Nachschubkraft der Axialstempel genau aufeinander abgestimmt sind. Es kommt zu zwei typischen Versagensfällen, wenn

1.) zu großer Innendruck, d.h. durch zu große Materialabstreckungen durch Zugspannungen kommt es zur Rißbildung und damit zum Versagensfall „Bersten";
2.) zu große Axialkraft, die zu irreversibler Faltenbildung führt;

auftreten. Durch eine feinfühlige Prozeßsteuerung muß erreicht werden. daß die durch den Innendruck verursachte Wanddickenveringerung bei der Umformung, durch Nachschieben von Material durch die Axialstempel, nicht in kritische Bereiche kommt, aber andererseits die Axialkraft so limitiert wird, das unerwünschte Falten oder Knickungen vermieden werden. Neben des Einsatzes der FEM-Simulation in der Vorbereitung von IHU-Prozessen hat sich deshalb die Fuzzy-Regelung des IHU-Prozesses in der Praxis bewährt.

Die Axialstempel haben neben der Ausübung von Umformkraft, auch die Abdichtung der Kontaktstelle zwischen Stempelstirn und Stirnseite des IHU-Bauteils zu realisieren, damit das Wirkmedium den entsprechenden Innendruck aufbauen kann. Es sind sowohl kraft- als auch kraft-formschlüssige Varianten im Einsatz, d.h. neben der Kegelabdichtung ist die Ringzackenabdichtung oder auch die O-Ring-Abdichtung in Anwendung.

Eine wichtige Prozeßgröße ist die erforderliche Schließkraft der Presse, die dafür sorgen muß, daß Ober- und Unterwerkzeug fest geschlossen bleiben, wenn der Kalibrierinnendruck, der bis zu 7000 bar betragen kann, in der Endphase des Prozesses aufgebracht wird. Die erforderliche Schließkraft läßt sich überschläglich aus folgenden Beziehungen berechnen:

$$F_{\text{schließ}} = A_{\text{proj}} \times p_i$$

A_{proj} – auf die Teilungsebene projizierte Oberfläche des IHU-Bauteils /mm²/
p_i – erforderlicher Innendruck für das Kalibrieren /N/mm²/

$$p_i \sim 1{,}5 \times p_{\text{berst}}$$

p_{berst} – Berstdruck /N/mm²/

$$p_{\text{berst}} = 2 \times R_m \times s_0 / d_0 - s_0$$

R_m – Zugfestigkeit /N/mm²/
s_0 – Ausgangsblechdicke /mm/
d_0 – Durchmesser des Ausgangsrohres /mm/

14.16.3 Anwendung des Verfahrens

Das Verfahren erlaubt es hochfeste Bauteile mit komplexen Geometrien herzustellen, die in sehr unterschiedlichen Anwendungsfällen zur Verbesserung der wirtschaftlichen Fertigung beitragen, denn es kommt zu erheblichen Einsparungen an Einzelteilen, bzw. sind beachtliche Massereduzierungen möglich.

Typische Anwendungsbeispiele sind

- Teile für die Sanitär- und Installationsindustrie (Rohrbögen, T-Stücke, Reduzierstücke, Gehäuse usw.)
- Teile für die Fahrzeug- und Zulieferindustrie (Krümmer, Quer- und Längsträger, Knoten, Rahmen usw.)
- Teile für die Rohr- und Rohrkomponentenindustrie (Rohrbögen, Kreuzstücke usw.)

In den nachfolgenden Bildern sind einige Beispiele angegeben.

A

B

C

Bild 14.38
IHU-Beispiele
(A - Fittings;
B - Abgassystem für BMW M3 6-Zylinder;
C - Überrollbügel für Porsche Boxster)
(Werkfotos: Schuler Hydroforming GmbH &
Co. KG)

A

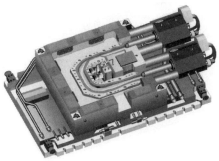

B

Bild 14.39 Beispiel fur IHU-Strukturteil und schematische Darstellung eines IHU-Werkzeuges (A - Integral-Motorträger fiir PKW (NAFTA-Bereich) (hergestellt auf 50.000 kN IHU-Anlage); B - Schematische Darstellung eines IHU-Werkzeuges (Unterwerkzeug) für PKW-Motorträger inkl. axialer Umformzylinder) (Quelle: Siempelkamp Pressen Systeme, Krefeld)

Pressen für die Innenhochdruckumformung sind oft als Vier-Säulen-Pressen ausgeführt, damit allseitig eine gute Zugänglichkeit besteht und sind speziell für die IHU konzipiert, d.h. entsprechend auf das vorgesehene Werkstücksortiment abgestimmt, sind sowohl die Einbaumaße der Werkzeuge, die Lage der Horizontalzylinder, die Anzahl der gesteuerten Hydraulikachsen, das Wirkmediumsystem und nicht zuletzt die erforderliche Schließkraft entscheidend für die Pressenauslegung.

Im Bild 14.40 ist beispielhaft eine IHU-Presse mit 50.000 kN Schließkraft abgebildet, auf der auch großflächige IHU-Teile gefertigt werden können.

Bild 14.40 50.000 kN IHU-Presse am Fraunhofer-Institut für Werkzeugmaschinen und Umformtechnik Chemnitz (Werkfoto: Schuler Hydroforming GmbH & Co. KG)

Um die erforderliche hohe Form- und Maßgenauigkeit der IHU-Teile zu erreichen, die verfahrensbedingt durch den hohen Innendruck am Ende des Vorganges (Kalibrierdruck) bewirkt wird, sind sehr hohe Anforderungen an die Werkzeuge zur Innenhochdruckumformung zu stellen.

Im Bild 14.41 ist ein IHU-Werkzeug abgebildet, das zur Herstellung von Elementen für Abgaskrümmer dient.

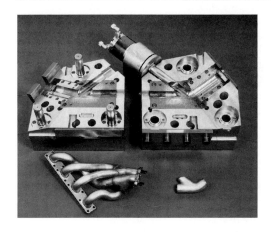

Bild 14.41
IHU-Werkzeug für Abgaskrümmer
(Werkfoto: Schuler Hydroforming
GmbH & Co. KG)

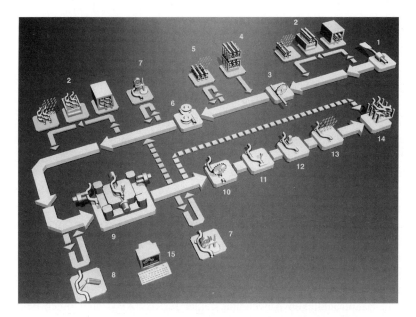

Bild 14.42 Schematische Darstellung einer IHU Komplettanlage
(Quelle: Siempelkamp Pressen Systeme, Krefeld)

1 Halbzeugherstellung
2 Wärme- und Oberflächenbehandlung
3 Zuschneiden
4 Magazinieren
5 Waschen
6 Biegen, Vorformen
7 Prüfen, Handling
8 Schmierstoffauftrag
9 Zuführen
　Vorformen
　Umformen
　Lochen
　Entnehmen
　Aufbereiten des Umformmediums
10 Sägen
11 Lochen; Endenbearbeitung
12 Kennzeichnen
13 Reinigen
14 Verpacken
15 Prozeßsteuerung

Der Nachteil der teilweise relativ langen Zykluszeit im Vergleich zu den Konkurrenzverfahren, der Auswirkung auf die wirtschaftlichen Stückzahlen hat, wird vielfach durch die überragenden Eigenschaften der IHU-Bauteile ausgeglichen. Eine wirtschaftliche Fertigung von IHU-Bauteilen ist allerdings nur möglich, wenn der Gesamtprozeß von der Vorbehandlung der Anfangsformen, der Wärme- und Oberflächenbehandlung bis zur Endbearbeitung betrachtet wird.

In Bild 14.42 ist ein Beispiel für eine IHU-Komplettanlage dargestellt.

14.16.3 Vorteile des IHU

Die entscheidenden Vorteile des IHU sind:
- Herstellung von komplizierten Bauteilen, die vorher nur durch mehrere Einzelteile fertigbar waren,
- hohe Maß- und Formgenauigkeit der Bauteile,
- Erhöhung der Festigkeit durch Kaltverfestigung,
- geringes Gewicht bei optimaler Festigkeit,
- hohe Steifigkeit,
- hohe Dauerfestigkeit,
- weniger Schweißverbindungen für komplexe Bauteile,
- geringe Strömungswiderstände (Abgassysteme)

14.17 Testfragen zu Kapitel 14:

1. Zu welchen Umformverfahren gehört das Tiefziehen?
2. Nennen Sie die typischen Werkstücke, die mit diesem Verfahren hergestellt werden?
3. Was sind charakteristische Dreiecke und wie kommt es dazu?
4. Warum kann man bei der Rohlingsberechnung von der Flächengleichheit ausgehen?
5. Nennen Sie die wichtigsten Elemente der Ziehwerkzeuge?
6. Wodurch unterscheidet sich ein Ziehwerkzeug für den 1. Zug von einem solchen für den 2. Zug?
7. Was passiert, wenn die Niederhalterkraft zu klein ist und was geschieht, wenn sie zu groß ist?
8. Nennen Sie die wichtigsten Vorteile der Außenhochdruckumformung (AHU)?
9. Welche hauptsächlichen Anwendungsfelder für das AHU sind Ihnen bekannt und nennen Sie wirtschaftliche Grenzen?
10. Erläutern Sie das Wirkungsprinzip der Innenhochdruck-Umformung?
11. Nennen Sie typische Werkstücke, die mit diesen Verfahren hergestellt werden?
12. Wie kann man die wichtige Prozeßgröße „Schließkraft" überschläglich berechnen?
13. Nennen Sie die wichtigsten Vorteile der Innenhochdruck-Umformung (IHU)?
14. Welche typischen Versagensfälle treten bei der Innenhochdruck-Umformung auf?

Hinweis: Auf der CD-ROM wird ein Tiefziehvorgang im Film gezeigt!

15. Ziehen ohne Niederhalter und Drücken

15.1 Ziehen ohne Niederhalter

Beim Ziehen ohne Niederhalter vereinfacht sich der Werkzeugaufbau, weil der Niederhalter entfällt. Außerdem kann das Ziehen ohne Niederhalter auf jeder einfachwirkenden Presse ausgeführt werden.

15.1.1 Grenzen des Tiefziehens oder Niederhalter

Die zulässigen Grenzen für die Tiefziehbleche St 12 – St 14 liegen bei:

Tabelle 15.1 Zulässige Ziehverhältnisse

Zug →	1. Zug	Weiterschlag
$\beta_{zul} = \dfrac{D}{d}$	< 1,8	< 1,2
D/s	< 58	< 60

15.1.2 Ziehringformen für das Ziehen ohne Niederhalter

Optimale Ziehverhältnisse sind mit einem Ziehring, dessen Abrundung eine Evolente ist (Bild 15.1 b), zu erreichen.

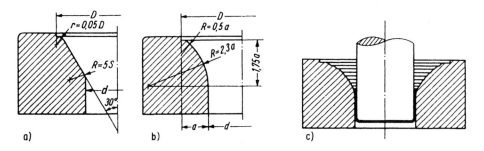

Bild 15.1 Ziehringformen für das Tiefziehen ohne Niederhalter

Wegen der guten Schmiermittelhaftung haben sich auch Ziehringe der Form *e* bewährt. Sie sind aber teurer in der Herstellung.

Der Kegelige Ziehring Form *a*, mit 60° Kegelwinkel (Bild 15.1a und 15.2), ist der günstigste Ziehring. Er ist leicht herstellbar und man erreicht mit ihm maximale Ziehverhältnisse.

15. Ziehen ohne Niederhalter und Drücken

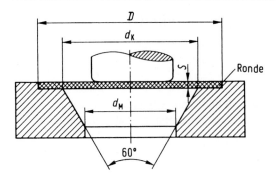

Bild 15-2
Konischer Ziehring

Tabelle 15.2 Zulässige Ziehverhältnisse in Abhängigkeit von d_M/d_K für $D/s = 40$

d_M/d_K	0,6	0,7	0,8
β_{zul}	1,9	1,6	1,5

Je kleiner der Quotient d_M/d_K (Mittelwerte liegen bei 0,6 – 0,8), um so größer ist das zulässige Ziehverhältnis.

15.1.3 Kraft- und Arbeitsberechnung

Die Kraft- und Arbeitsberechnung wird, wie in Kap. 14.7.1 und 14.9 gezeigt, ausgeführt.

15.1.4 Testfragen zu Kapitel 15:

1. Was sind die Vorteile dieses Verfahrens?
2. In welchen Grenzen ist es einsetzbar?

15.2 Drücken

15.2.1 Definition

Drücken ist Zug-Druck-Umformen runder Blechzuschnitte (Ronden) oder Hohlkörper zu rotationssymmetrischen Hohlkörpern mit vielfältigen Formen der Mantellinie durch punktförmigen oder in Einzelfällen linienförmigen Angriff der Werkzeuge bei in der Regel rotierenden Werkstücken (DIN 8584, T4). Eine Blechdickenänderung ist nicht beabsichtigt.
Bei den Drückwalzverfahren (Abstreckdrücken, Projizierdrücken) (DIN 8583, T2), die oft in Verbindung mit dem Drücken angewendet werden, handelt es sich auch um Verfahren zur Herstellung von rotationssymmetrischen Hohlkörpern, wobei die Wanddickenänderung beabsichtigt ist.

15.2.2 Anwendung des Verfahrens

Das Verfahren Drücken, bei dem die sich drehende Blechronde durch gezielte Einwirkung mit einem Drückwerkzeug allmählich an den Drückdorn als formgebendes Gegenwerkzeug angelegt wird, hat eine lange historische Entwicklung aufzuweisen. Das Handdrücken leicht umformbarer Materialien im handwerklichen und kunstgewerblichen Bereich ist auch heute noch in Anwendung. Die industrielle Nutzung hat durch den Einsatz moderner CNC-Maschinen einen enormen Aufschwung genommen. Die geringen Werkzeugkosten im Vergleich zum Tiefziehen und die große Flexibilität durch Nutzung der CNC-Steuerungen sind nur einige der dafür verantwortlichen Faktoren.

Bild 15.3 Drückteile (Werkfotos: hdm-Metalldrückmaschinen GmbH, Ahlen)

15.2.3 Beschreibung des Verfahrens

In der örtlich eng begrenzten Umformzone treten wie beim Tiefziehen tangentiale Druck- und radiale Zugspannungen auf.

Die Bewegung der Werkzeuge entlang der zu fertigenden Werkstückmantellinie erfolgt manuell oder wird maschinell über Kopiereinrichtung oder CNC-Steuerung realisiert.

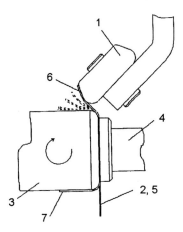

Bild 15.4
Prinzipdarstellung des Drückens
1 Drückrolle
2 Ronde
3 Drückfutter
4 Anpreßbolzen
5 Anfangszustand,
6 Zwischenzustand
7 Endzustand)

188 15. Ziehen ohne Niederhalter und Drücken

Bild 15.5 Versuchsaufbau zum CNC-Drücken auf einer Drehmaschine
(HTW Dresden, Foto Sebb) (1 - Drückrolle, 2 - Ronde, 3 - Drückfutter, 4 - Anpreßbolzen)

Die Bewegungen der Drückrolle können im CNC-Programm für einfache Teile leicht den jeweiligen Werkstückformen angepaßt werden. Im nachfolgenden Beispiel, das auf der Versuchseinrichtung im Bild 15.5 realisiert wurde, werden die Stufen des Drückvorganges, die ein allmähliches Anlegen des Blechmaterials an das Drückfutter ermöglichen, dargestellt.

In der industriellen Praxis kommen Drückmaschinen zum Einsatz, die in der Regel über eine sogenannte „Play-Back"-Steuerung verfügen, d.h. die Verfahrbewegungen der Drückrollen werden durch einen erfahrenen Bediener mittels Joystick an der Maschine ohne Werkstück durchgeführt und diese Bewegungen werden in der CNC-Steuerung gespeichert. Die gespeicherten Verfahrbewegungen sind dann noch graphisch editierbar.

Im Bild 15.7 ist eine Hochleistungsdrückmaschine dargestellt, die über eine Play-back-Steuerung MC 2000 basierend auf einer Siemens SINUMERIK CNC-Steuerung Typ 840D verfügt.

15. Ziehen ohne Niederhalter und Drücken

Stufen des Drückvorganges	Bilder des Drückvorganges
Anfangszustand: Die Ronde wird fest durch den Andrückbolzen, eingespannt. Die Drückrolle befindet sich in der Startposition.	
Zwischenzustand 1: Die Ronde rotiert mit einer Drehzahl von 1000 U/min und die Drückrolle beginnt mit der Umformung der Ronde. Durch die tangentialen Druckspannungen entstehen Falten.	
Zwischenzustand 2: Der Werkstoff wird durch die gesteuerte Bewegung der Drückrolle allmählich an das Drückfutter angelegt. Die Falten werden durch Überrollen beseitigt.	
Endzustand: Ein Napf mit Flansch ist hergestellt.	

Bild 15.6 Stufen des Drückvorganges (Fotos: Sebb/HTW Dresden)

15. Ziehen ohne Niederhalter und Drücken

Bild 15.7 Hochleistungsdrückmaschine hdm 45/90
(Werkfoto: hdm-Metalldrückmaschinen GmbH, Ahlen)

Die Maschine zeichnet sich durch eine hohe Wiederholbarkeit der gespeicherten Werte von 0,001 mm aus, verfügt über eine vollautomatische Konturerfassung mittels speziell entwickeltem Sensorkopf-Abtastverfahren und kann bis zu 8 Werkzeuge aufnehmen. Im Bild 15.8 ist der Arbeitsraum zu sehen.

Bild 15.8 Arbeitsraum der HDM 45/90 (Werkfoto: hdm-Metalldrückmaschinen GmbH, Ahlen)

15.2.4 Grenzen des Drückens

Das Drückverhältnis β wird analog zum Tiefziehen aus Rondendurchmesser D und Drückfutterdurchmesser d wie folgt berechnet:

$$\beta = D/d$$

In Abhängigkeit vom zu bearbeitendem Werkstoff sind die in der folgenden Tabelle enthaltenen maximalen Drückverhältnisse (ohne Glühen) erreichbar.

Tabelle 15.3 Maximales Drückverhältnis β_{max}

Werkstoff	β_{max}
Baustahlblech	1,40
Tiefziehstahlblech	2,00
Hochlegiertes Stahlblech	1,27
Al und Al-Legierungen	1,55
Cu und Cu-Legierungen	2,00
Ni	1,27

15.2.5 Versagensfälle beim Drücken

Die Versagensfälle beim Drücken resultieren aus der Verfahrensspezifik einerseits und aus der Nichteinhaltung der optimalen technologischen Parameter andererseits wie in nachfolgender Tabelle zu ersehen ist.

Tabelle 15.4 Typische Versagensfälle beim Drücken (Fotos: Sebb/HTW Dresden)

Versagensfall	Bild	Ursache	Abhilfe
Ausknicken des Flansches durch Wellen- und Faltenbildung		– Druckspannungen – zu großes Drückverhältnis β – zu großer Vorschub	– β verkleinern – Vorschub verringern
Radiale Risse am äußeren Napfbereich		– Überschreitung der Biegewechselfestigkeit des Materials durch ständiges Beseitigen der Falten	– β verkleinern – Vorschub vergrößern
Risse in tangentialer Richtung am Übergang zwischen Flansch und Zarge		– Zugspannungen – zu großer Stufensprung	– Stufensprung verkleinern

15.2.6 Wirtschaftlichkeitsvergleich Drücken von Hohlkörpern und Tiefziehen

Ein Vergleich des Einsatzes des Verfahrens Tiefziehen mit dem Verfahren Drücken von Hohlkörpern ist sowohl aus technischen als auch wirtschaftlichen Gesichtspunkten qualitativ in Tabelle 15.5 aufgenommen worden.

Tabelle 15.5 Vergleich Tiefziehen Drücken

	Tiefziehen	**Drücken**
Werkstückform	• nahezu beliebig	• nur rotationssymmetrisch
Eigenschaften der Werkstücke; Einsatzmaterial	• gute Oberflächen • geringe-mittlere Toleranzen • Stahlblech in Ziehgüte • NE-Blech	• blanke Oberflächen • geringe Toleranzen • Stahlblech auch minderer Güte • NE-Blech
Werkzeuge und Maschinen	• je Stufe ein Werkzeugsatz erforderlich • hydraulische oder mechanische Pressen • i.R. mehrstufiger Prozeß	• einfachere Werkzeuge • (universelle Drückrollen und an Werkstückform angepaßte Drückfutter) • Drückmaschinen, für einfache Teile auch auf Drehmaschinen • Einstufiger oder mehrstufiger Prozeß
Stückkosten Stückzeiten	• niedrig • niedrig – Massenfertigung	• höher • mittel – Einzel-, Serienfertigung
Rüstzeiten	• mittel – hoch, je nach Automatisierungsgrad	• niedrig
Wirtschaftliche Stückzahlen	• sehr hoch	• kleinere Serien bis hin zu Einzelstücken (große Durchmesser) wirtschaftlich herstellbar • bei sehr großen Durchmessern (Parabolspiegel, Flugzeugteile) konkurrenzlos

15.3 Testfragen

1. Vergleichen Sie die Grenzen und Möglichkeiten der Anwendung der Verfahren Tiefziehen/Drücken für die Herstellung von rotationssymmetrischen Hohlkörpern in unterschiedlichen Stückzahl- und Abmessungsbereichen.
2. Welche Beanspruchungsverhältnisse liegen beim Drücken vor?
3. Wie berechnen Sie das Drückverhältnis und wodurch wird es begrenzt?
4. Nennen Sie typische Versagensfälle und ihre Ursachen beim Drücken!

16. Biegen

16.1 Definition

Biegen ist nach DIN 8586 ein Umformen von festen Körpern, mit dem aus Blechen oder Bändern abgewinkelte oder ringförmige Werkstücke erzeugt werden.
Bei Biegen wird der plastische Zustand durch eine Biegebeanspruchung herbeigeführt.

16.2 Anwendung des Verfahrens

Als Blechumformverfahren wird das Biegen eingesetzt, um abgewinkelte Teile, Profile aus Blech, Rohre und Werkstücke für den Schiffs- und Apparatebau herzustellen. Aus Profilmaterial stellt man außer den oben genannten Teilen auch Ringe für verschiedene Einsatzgebiete her.

16.3 Biegeverfahren

Tabelle 16.1 Biegeverfahren

1. *Freies Biegen* Beim freien Biegen dienen die Werkzeuge, Stempel und Matrize, nur zur Kraftübertragung. Das Werkstück liegt auf 2 Punkten auf. Der Stempel führt die Biegebewegung aus. Dabei stellt sich eine zur Mitte hin wachsende Krümmung ein. Das freie Biegen wird überwiegend zum Richten von Werkstücken eingesetzt.	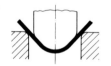 Prinzip des freien Biegens
2. *Gesenkbiegen* Beim Gesenkbiegen drückt der Biegestempel das Werkzeug in das Biegegesenk. Die Umformung endet mit einem Prägedruck im Gesenk. Dabei unterscheidet man zwischen V-Biegen und U-Biegen. *2.1 V-Biegen* Biegestempel und Biegegesenk sind V-förmig ausgebildet. In der Anfangsphase liegt zunächst freies Biegen vor. Dabei nimmt das Werkstück immer neue Radien an. Erst in der Endstellung erhält es durch einen Prägedruck die gewünschte Endform.	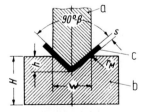 Werkzeug- und Werkstückanordnung beim V-Biegen. a) Stempel, b) Matrize, c) Werkstück

2.2 U-Biegen

Auch beim U-Biegen erhält das Werkstück die Endform durch einen Prägedruck.

Um während des Biegevorganges eine Bodenwölbung zu verhindern, arbeitet man hier oft mit einem Gegenhalter. Er drückt schon während des Biegevorganges gegen den Werkstückboden.

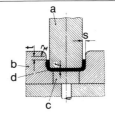

Werkzeug- und Werkstückanordnung beim U-Biegen.
a) Stempel,
b) Matrize,
c) Gegenhalter,
d) Werkstück

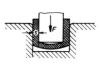

3. Walzbiegen

Beim Walzbiegen wird das Biegemoment durch 3 Walzen aufgebracht.
Die Oberwalze ist um den Winkel γ ausschwenkbar und die beiden Unterwalzen sind höhenverstellbar. Sie werden beide angetrieben. Durch Verstellen der Walzen zueinander können beliebige Durchmesser erzeugt werden, deren kleinste Durchmesser durch die Größe der Biegerollen und die größtmöglichen Durchmesser durch die Plastizitätsbedingung begrenzt werden.

Prinzip des Walzbiegens mit 3 Walzen

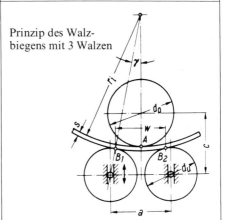

16.4 Grenzen der Biegeumformung

16.4.1 Beanspruchung des Werkstoffes

Sie ist innerhalb des gebogenen Querschnittes verschieden.

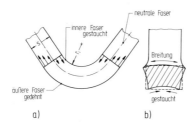

Bild 16.1 Werkstoffbeanspruchung beim Biegen. a) in Längsrichtung, b) in Querrichtung, s ist die Blechdicke

Die *innere* Faser   wird in Schenkelrichtung *gestaucht*.
                     quer zur Kraftrichtung *gebreitet*.
Die *äußere* Faser   ist in Schenkelrichtung *gedehnt*.
                     quer zur Schenkelrichtung *gestaucht*.
Die *neutrale* Faser hat keine Längenänderung. Sie liegt annähernd in der Mitte.

Die tatsächliche Lage der neutralen Faser ist zum kleinen Radius hin verschoben. Sie ist abhängig von der Blechdicke s und vom Biegeradius r.

16.4.2 Gesenkbiegen

Beim Gesenkbiegen werden die gewünschten Formen, V oder U, dann am präzisesten erreicht, wenn am Ende der Umformung ein genügend großer Prägedruck aufgebracht wird.
Je kleiner der Biegeradius r_i (= Stempelradius), um so besser steht der von den Schenkeln eingeschlossene Winkel. Der Biegeradius sollte jedoch nicht kleiner als $0{,}6 \cdot s$ und bei Werkstoffen höherer Festigkeit gleich der Blechdicke sein.

$$\boxed{r_{i\,min} = s \cdot c}$$

$r_{i\,max}$ in mm   kleinster zulässiger Biegeradius
s in mm   Blechdicke
c Werkstoff-Koeffizient nach Tabelle 16.2

Der tatsächliche Biegeradius r_i muß $\geq r_{i\,min}$ sein.
Für Stahl ist $E = 2{,}1 \cdot 10^5$ N/mm^2.

16.4.3 Walzbiegen

Beim Walzbiegen ergeben sich die Grenzwerte der Biegeradien aus der Plastizitätsbedingung und beim kleinsten Radius zusätzlich aus der Abmessung der Biegerollen.

$$\boxed{r_{i\,max} = \frac{s \cdot E}{2 \cdot R_e}}$$

$r_{i\,max}$ in mm   maximaler Biegeradius
E in N/mm^2 Elastizitätsmodul
Re in N/mm^2 Streckgrenzenfestigkeit
s in mm   Blechdicke

Tabelle 16.2 Werkstoff-Koeffizienten c für das Gesenkbiegen

Werkstoff	c-Werte			
	weichgeglüht		verfestigt	
	Lage der Biegelinie zur Walzrichtung		Lage der Biegelinie zur Walzrichtung	
	quer	längs	quer	längs
Al	0,01	0,3	0,3	0,8
Cu	0,01	0,3	1,0	2,0
CuZn 37 (Ms 63)	0,01	0,3	0,4	0,8
St 13	0,01	0,4	0,4	0,8
C 15–C 25 St 37–St 42	0,1	0,5	0,5	1,0
C 35–C 45 St 50–St 70	0,3	0,8	0,8	1,5

16.5 Rückfederung

Bei jedem Biegevorgang kommt es zu einer Rückfederung, d. h. es gibt eine Abweichung vom Soll-Biegewinkel.

Die Größe der Rückfederung ist abhängig von

> Fließgrenze des umgeformten Werkstoffes
> Biegeart (freies oder formschlüssiges Biegen)
> Biegeradius (je kleiner r ist, um so größer ist die plastische Umformzone – um so kleiner demnach die Rückfederung).

Die Folge daraus:

> Die Biegewerkzeuge erhalten einen kleineren Winkel als das Fertigteil.

Winkel- bzw. Biegeradiuskorrektur

$$\boxed{\beta = \gamma - \gamma^*}$$ (siehe Bild 16.2)

β	in Grad	Auffederungswinkel
s	in mm	Blechdicke
γ^*	in Grad	tatsächlicher Winkel

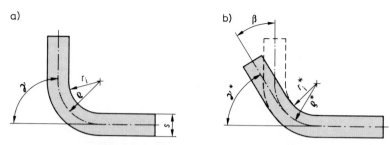

Bild 16.2 Rückfederung von Biegeteilen. a) vor-, b) nach der Rückfederung

Tabelle 16.3 Auffederungswinkel $\beta = f(r_i, s)$ für St bis $R_m = 400 \text{ N/mm}^2$ und Ms bis $R_m = 300 \text{ N/mm}^2$

β in Grad	5	3	1
s in mm	0,1 bis 0,7	0,8 bis 1,9	2 bis 4
r_i in mm	$1 \cdot s$ bis $5 \cdot s$	$1 \cdot s$ bis $5 \cdot s$	$1 \cdot s$ bis $5 \cdot s$

16.6 Ermittlung der Zuschnittslänge L

L = gestreckte Länge,
  = die Summe aller geraden und gebogenen Teilstücke

$L = l_1 + l_b + l_2$

L in mm gestreckte Länge
l_b in mm Länge des Bogens
l_1 in mm Schenkellänge
l_2 in mm Schenkellänge
r_i in mm Biegeradius

$$L = l_1 + \frac{\pi \cdot \alpha}{180°}\left(r_i + \frac{e \cdot s}{2}\right) + l_2$$

s in mm Blechdicke
e Korrekturfaktor
α in Grad Biegewinkel

für $\alpha = 90°$ wird L:

$$L = l_1 + 1{,}57\left(r_i + \frac{e \cdot s}{2}\right) + l_2$$

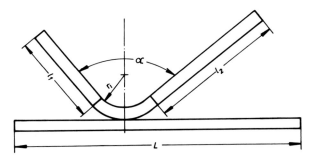

Bild 16.3 Maße des Biegeteiles für die Zuschnittsbestimmung

Tabelle 16.4 Korrekturfaktor $e = f(r_i/s)$

$\dfrac{r_i}{s}$	5,0	3,0	2,0	1,2	0,8	0,5
e	1,0	0,9	0,8	0,7	0,6	0,5

Der Korrekturfaktor e berücksichtigt, daß die neutrale Faser nicht genau in der Mitte liegt.

16.7 Biegekraft F_b

16.7.1 Biegen im V-Gesenk

$$F_b = \frac{1{,}2 \cdot b \cdot s^2 \cdot R_m}{w}$$

F_b	in N	Biegekraft
b	in mm	Breite des Teiles
s	in mm	Dicke des Teiles
R_m	in N/mm²	Zugfestigkeit
w	in mm	Gesenkweite
r_i	in mm	Biegeradius
$r_{i\,min}$	in mm	kleinster noch zulässiger Radius

$l = 6 \cdot s$

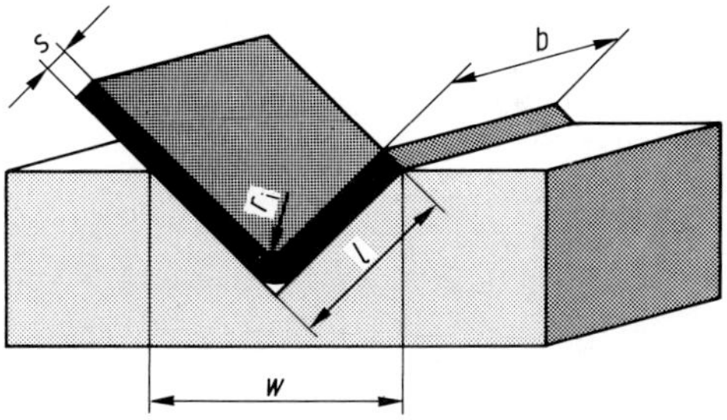

Bild 16.4 Abmessung des V-Gesenkes

$w = 5 \cdot r_i$
wenn $r_i > r_{i\,min} \cong 2 \cdot s$ bis $5 \cdot s$

$w = 7 \cdot r_i$
wenn $r_i = r_{i\,min} \cong 1{,}3 \cdot s$

Prägekraft

$$F_{b\,Präg} = n \cdot F_b$$

n	2	2	2,5	3,5
r_i/s	> 0,7	0,7	0,5	0,35

16.7.2 Biegen im U-Gesenk

$$F_b = 0,4 \cdot s \cdot b \cdot R_m$$

Ohne Gegenhalter im Werkzeug. Deshalb wölbt sich der Boden aus.

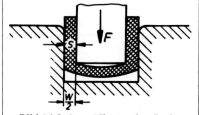

Bild 16.5 Auswölbung des Bodens beim U-Biegen ohne Gegenhalter

16.7.3 Biegekraft bei Werkzeug mit plattenförmigem, federnden Auswerfer (Gegenhalter)

$$F_{bG} \approx 1{,}25 \cdot F_b \qquad F_G = 0{,}25 \cdot F_b$$

$$F_{bG} = 0{,}5 \cdot s \cdot b \cdot R_m$$

F_{bG} in N   Gesamtbiegekraft
F_G in N   Gegenhaltekraft
s in mm   Blechdicke
b in mm   Breite des Biegeteiles
R_m in N/mm²   Zugfestigkeit

Durch den Gegenhalter wird das Auswölben des Bodens verhindert.

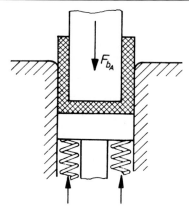

Bild 16.6 U-Biegen mit Gegenhalter

16.7.4 Abwärtsbiegen

$$F_b = 0{,}2 \cdot s \cdot b \cdot \sigma_B$$

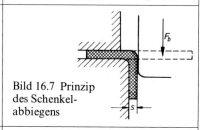

Bild 16.7 Prinzip des Schenkelabbiegens

16.7.5 Rollbiegen

$$F_b = \frac{0{,}7 \cdot s^2 \cdot b \cdot R_m}{d_1}$$

d_1 in mm   äußerer Durchmesser der Rolle

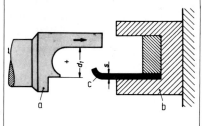

Bild 16.8 Ausbildung von Werkzeug und Werkstück beim Rollbiegen. a) Stempel, b) Matrize, c) Werkstück

16.7.6 Kragenziehen

$$F_b = 0.7 \cdot s \cdot d_1 \cdot \delta \cdot R_m$$

$$d = D - 2(H - 0.43 \cdot r - 0.72 \cdot s)$$

$$H = \frac{D - d}{2} + 0.43 \cdot r + 0.72 \cdot s$$

F_b in N Biegekraft
H in mm Höhe des Kragens, $H_{max} \approx 0.12 \cdot d_1 + s$
D in mm mittlerer Kragendurchmesser
s in mm Blechdicke
r in mm Biegeradius
d_1 in mm Bohrungsdurchmesser der Matrize, $d_1 \approx D + 0.3 \cdot s$
δ in mm Lochaufweitwert, $\delta = \dfrac{d_1 - d}{d_1}$
d in mm Durchmesser des eingestanzten Loches
R_m in N/mm² Zugfestigkeit

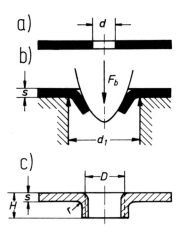

Bild 16.9 Prinzip des Kragenziehens. a) Werkstück vor-, b) während-, c) nach der Umformung

16.8 Biegearbeit W

16.8.1 V-Biegen

$$W = x \cdot F_b \cdot h \quad \text{Allgemein}$$

W in Nm Biegearbeit
x Verfahrensfaktor, $x = \tfrac{1}{3}$
F_b in N Biegekraft
h in m Stempelweg

$$W = \tfrac{1}{3} \cdot F_b \cdot h$$

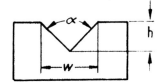

16.8.2 U-Biegen

Ohne federnden Gegenhalter (ohne Endprägung)

$$W = x \cdot F_b \cdot h$$

W in Nm Biegearbeit
x Verfahrensfaktor; $x = \frac{2}{3}$
F_b in N Biegekraft
h in m Stempelweg; $h = 4 \cdot s$

$$W = 1{,}06 \cdot s^2 \cdot b \cdot R_m$$

W in Nm Biegearbeit
s in mm Blechdicke
b in m Breite des Biegeteiles
R_m in N/mm² Zugfestigkeit

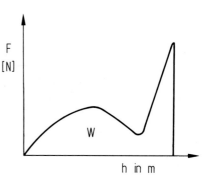

Bild 16.10 Kraft-Weg-Diagramm

Mit federndem Gegenhalter

$$W = (x \cdot F_b + F_G) \cdot h$$

W in Nm Biegearbeit
x Verfahrensfaktor; $x = \frac{2}{3}$
F_b in N Biegekraft
F_G in N Gegenhaltekraft; $F_G = 0{,}25\, F_b$
h in m Stempelweg; $h = 4 \cdot s$

$$W = 2{,}4 \cdot s^2 \cdot b \cdot R_m$$

W in Nm Biegearbeit
s in mm Blechdicke
b in m Breite des Biegeteiles
R_m in N/mm² Zugfestigkeit

16.9 Biegewerkzeuge

16.9.1 V-Gesenk

Das Werkzeug besteht aus:

Stempel und Matrize (Bild 16.11)

Matrizenradius r_m

$r_m = 2,5 \cdot s$

r_m in mm Matrizenradius (Mittelwert)
s in mm Blechdicke

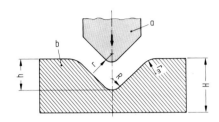

Bild 16.11 Konstruktionsmaße des V-Gesenkes. a) Stempel, b) Matrize

Rundung in Matrizenvertiefung R

$R = 0,7 \, (r+s)$

Tabelle 16.5 Tiefe der Matrizenausnehmung h in mm

h	4	7	11	15	18	22	25	28
s	1	2	3	4	5	6	7	8
H	20	30	40	45	55	65	70	80

h in mm Tiefe der Ausnehmung
s in mm Blechdicke
H in mm Höhe der Matrize

16.9.2 U-Gesenk

Das Werkzeug besteht aus:

Stempel, Matrize und Federboden.

Matrizenradius r_m

$r_m = 2,5 \cdot s$

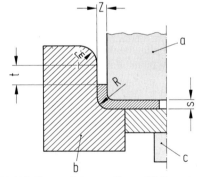

Bild 16.12 Konstruktionsmaße am U-Gesenk

Tabelle 16.6 Maß t (Abstand von der Werkzeugrundung)

t	3	4	5	6	8	10	15	20	t in mm
s	1	2	3	4	5	6	7	8	s in mm

Spaltbreite Z in mm

$Z_{max} = s_{max}$

$Z_{min} = s_{max} - s \cdot n$

s_{max} in mm max. Blechdicke

Tabelle 16.7 n für Schenkellängen von < 25 bis 100 mm

n	0,15	0,10	0,10	0,08	0,08	0,07	0,07	0,06
s	1	2	3	4	5	6	7	8

s in mm Blechdicke

Rundung in Matrizenvertiefung R

$$R = 0{,}7\,(r+s)$$

oder $R = 0$

Tabelle 16.8 Werkzeugwerkstoffe

Werkstoff-Nr.	DIN-Bezeichnung	Einbauhärte HRC	Stempel	Matrize
1.1550	C 110 W 1	60	×	×
1.2056	90 Cr 3	64	×	×
1.2842	90 MnV 8	62	×	×

16.10 Biegefehler

Nicht alle Bleche eignen sich zum Biegen. Deshalb ist die Wahl des richtigen Materials von großer Bedeutung. Die Eignung für bestimmte Biegeteile läßt sich durch Biege-, Abkant- und Faltversuche (DIN 1605, 9003, 1623) bestimmen. Soweit es das Werkzeug zuläßt, soll die Faser quer zur Biegekante liegen. Nur in Ausnahmefällen sollten Biegekante und Faserverlauf die gleiche Richtung haben.
Der häufigste Fehler beim Biegen ist das Aufreißen des Werkstoffes an der Außenkante (Bild 16.13).

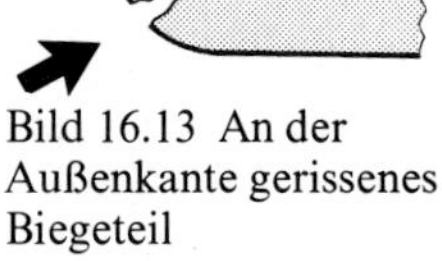

Bild 16.13 An der Außenkante gerissenes Biegeteil

16.11 Beispiel

Es sollen Winkel nach Bild 16.3 mit einer Breite $b = 35$ mm, einer Blechdicke $s = 2$ mm, den Schenkellängen $l_1 = 20$ mm und $l_2 = 30$ mm bei einem inneren Biegeradius $r_i = 10$ mm und einem Biegewinkel von $\alpha = 90°$ aus Werkstoff St 1303 (weichgeglüht) hergestellt werden. Die Biegelinie liegt quer zur Walzrichtung.

$$R_m = 400 \text{ N/mm}^2,\ R_e = 280 \text{ N/mm}^2,\ A_{10} = 25\%,\ E = 210\,000 \text{ N/mm}^2$$

Gesucht:

1. Zuschnittslänge
2. Kleinster noch zulässiger Biegeradius $r_{i\,min}$
3. Gesenkweite w
4. Biegekraft
5. Biegearbeit

Lösung:

1. $L = l_1 + \dfrac{\pi \cdot \alpha}{180°}\left(r_i + \dfrac{e \cdot s}{2}\right) + l_2$

    $= 20\text{ mm} + \dfrac{\pi \cdot 90°}{180°}\left(10\text{ mm} + \dfrac{1 \cdot 2\text{ mm}}{2}\right) + 30\text{ mm} = 67{,}27\text{ mm}$

2. $r_{i\,min} = c \cdot s = 0{,}01 \cdot 2\text{ mm} = 0{,}02\text{ mm}$ $\qquad c$ aus Tabelle 16.2

    $r_{i\,tat} > r_{i\,min}$

3. $w = 5 \cdot r_i = 5 \cdot 10\text{ mm} = 50\text{ mm}$

4. $F_b = \dfrac{1{,}2 \cdot b \cdot s^2 \cdot R_m}{w} = \dfrac{1{,}2 \cdot 35\text{ mm} \cdot (2\text{ mm})^2 \cdot 400\text{ N/mm}^2}{50\text{ mm}} = 1344\text{ N}$

5. $W = x \cdot F_b \cdot h = \dfrac{1}{3} \cdot 1344\text{ N} \cdot 0{,}025\text{ m} = 11{,}1\text{ N m}$

    $h = \dfrac{w}{2} = \dfrac{50\text{ mm}}{2} = 25\text{ mm}$

16.12 Biegemaschinen

Biegemaschinen werden unterteilt nach ihren Einsatzgebieten in Maschinen:

1. *zur Erzeugung von Abkantprofilen*
1.1 Abkantpressen
1.2 Schwenkbiegemaschinen

2. *zur Erzeugung von Ringen und Rohren*
2.1 Dreiwalzen-Biegemaschinen
2.2 Profilstahl-Biegemaschinen

3. *zur Erzeugung von Blechprofilen*
3.1 Sickenmaschinen

Tabelle 16.9 Übersicht der Biegemaschinen

1.1 *Abkantpressen*

Das Herstellen von Biegeprofilen in Abkantpressen ist ein Zwangsbiegen in Biegegesenken.

Das Gesenk entspricht in seiner Form der zu erzeugenden Kontur.

Um ein Rückfedern am Werkstück möglichst klein zu halten, muß der Enddruck (Prägedruck) beim Abkanten groß sein.

Abkantpressen werden überwiegend in bruchsicherer Stahlplattenbauweise gebaut. Der Antrieb der hier gezeigten CNC-gesteuerten Abkantpresse (F_{max} = 5000 kN, max. Werkstücklänge 4 m) ist hydraulisch. Der Gleichlauf der beiden Preßzylinder wird mit einem berührungslosen Meßsystem elektronisch gesteuert. Der Pressenstößel ist in Vierpunktführungen spielfrei geführt. Die Maschine ist mit einem CNC-gesteuerten automatischen Werkzeugwechselsystem ausgerüstet. Fünf am Preßbalken in einem Kettensystem in Bereitschaft gehaltene Oberwerkzeuge können mit einem eingestellten Programm abgerufen und automatisch positioniert werden. In der Arbeitsposition werden diese Werkzeuge hydraulisch geklemmt. Sie bilden mit 4 ebenfalls programmierbaren Unterwerkzeugen, die seitlich verschoben werden, Werkzeugpaarungen, mit denen komplizierte Profile ohne Zwischenablage hergestellt werden können.

Bei der hier eingesetzten frei programmierbaren CNC-Steuerung erfolgt die Eingabe im Dialogsystem direkt vom Bediener an der Maschine. Die so eingegebenen Daten werden in der Steuerung gespeichert und können zu jederzeit abgerufen werden. In einer Werkzeugbibliothek können die Abmessungen von 50 Werkzeugen gespeichert und auf dem Bildschirm grafisch dargestellt werden.

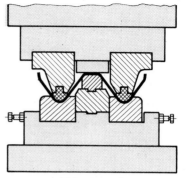

Abkantgesenk

CNC-gesteuerte Abkantpresse mit automatischem Werkzeugwechselsystem (Werkfoto, Firma Günzburger Werkzeugmaschinenfabrik)

Tabelle 16.9 (Fortsetzung)

1.2 *Schwenkbiegemaschinen*

Schwenkbiegen ist ein Biegen mit einer Wange, die an dem herausragenden Werkstück angreift und mit diesem um die Werkzeugkante geschwenkt wird.

Die Hauptelemente der Schwenkbiegemaschine sind: Oberwange, Unterwange und Biegewange. Ober- und Unterwange sind die Werkzeugträger.

Um die in der Oberwange befestigte Schiene, deren Kante gerundet ist, wird das Blech gebogen.

Beim Biegevorgang wird zunächst das zu biegende Blech zwischen Ober- und Unterwange festgeklemmt. Dann biegt die schwenkbare Biegewange das Blech in den gewünschten Winkel.

Die hier gezeigte Schwenkbiegemaschine mit einer Arbeitsbreite von 2–4 m kann für max. Blechdicken von 3–5,0 mm eingesetzt werden. Sie wurde als Stahl-Schweißkonstruktion ausgeführt. Das Öffnen und Schließen der Oberwange erfolgt über Hydraulikzylinder. Spanndruck und Schließgeschwindigkeit sind einstellbar. Die Unterwange wird zentral verstellt und ist mit einer auswechselbaren Leiste versehen.

Der servohydraulische Antrieb der Biegewange gewährleistet ein exaktes Anfahren der Biegewinkel bei größter Wiederholgenauigkeit. Das besondere Meßsystem der Biegewange ermöglicht auch das Anfahren kleinster Winkel.

Die Maschine kann mit verschiedenen Steuerungen, 1-fach Programmsteuerung oder einer MCNC-Programmsteuerung, geliefert werden. Bei der MCNC-Steuerung RAS Multibend 8000 erfolgt die Eingabe in Verbindung mit dem Bildschirm im Dialog zum Bedienenden. Außer den Eingabewerten für Biegewinkel, Anschlagposition und Öffnungsweite der Oberwange können viele Hilfsfunktionen eingegeben werden.

Die interne Speicherkapazität umfaßt 99 Programmsätze.

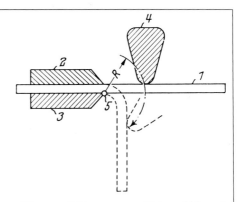

Biegen mit Biegewangen (Schwenkbiegen)

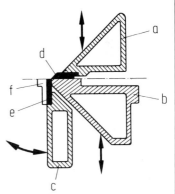

Schnitt durch die Wangen einer Schwenkbiegemaschine.
a) Oberwange, b) Unterwange, c) Biegewange, d) Dreikantschiene, e) Flachschiene, f) Verstärkungsschiene

Schwenkbiegemaschine mit servo-hydraulischem Antrieb. RAS 74.20-74.40 (Werkfoto, Firma Reinhardt Maschinenbau, 7032 Sindelfingen)

Arbeitsbeispiele zur Erzeugung von Profilen zeigen die Bilder 16.14 und 16.15.

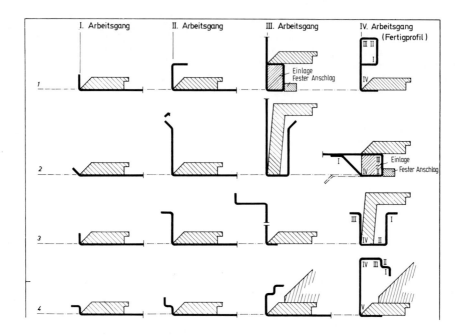

Bild 16.14 Arbeitsbeispiele zur Erzeugung von Profilen mit Schwenkbiegemaschinen

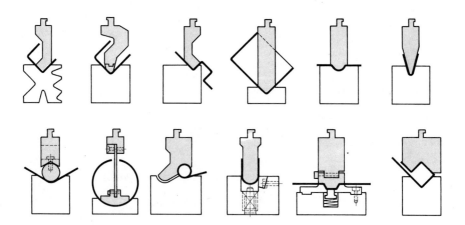

Bild 16.15 Arbeitsbeispiele zur Erzeugung von Profilen mit Abkantpressen

Tabelle 16.9 (Fortsetzung)

2.1 Dreiwalzen-Biegemaschinen

Bei den Dreiwalzen-Biegemaschinen werden die Unterwalzen (1 und 3) mechanisch angetrieben.
Die Oberwalze läuft ohne Antrieb als Schleppwalze mit. Damit der fertiggestellte Rohrschuß ausgebracht werden kann, ist ein Lager dieser Walze ausklappbar.

Dreiwalzen-Blechbiegemaschine Type UH 7 mit geöffnetem Klapplager (Firma Herkules-Werke)

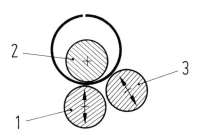

Asymmetrische Walzenanordnung
1 Unterwalze, 2 Oberwalze, 3 Biegewalze

2.2 Profilstahl-Biegemaschinen

Bei diesen Maschinen sind die Walzenachsen vertikal angeordnet.
Die Walzen bestehen aus Einzelelementen. Dadurch können sie durch Distanzringe an die zu erzeugende Profilform angepaßt werden.
Die Walzenachsen der beiden angetriebenen Seitenwalzen sind zweifach, unten im Maschinenkörper und oben in der Traverse, gelagert.
Die nicht angetriebene Mittelwalze ist radial verstellbar.

Profilbiegemaschine
(Firma Herkules-Werke)

Tabelle 16.9 (Fortsetzung)

3. *Sickenmaschinen*

Die Hauptelemente der Sickenmaschinen nach DIN 55211 sind die zwei durch ein Getriebe verbundene Wellen.
Die Wellenenden nehmen die Werkzeuge, Sicken-, Falz- oder Bördelwalzen, auf.
Die Oberwalze ist zum Einstellen des Abstandes e vertikal verstellbar.
Die Unterwalze ist in Achsrichtung verstellbar, dadurch kann sie, entsprechend dem zu walzenden Profil, zur Oberwalze ausgerichtet werden.
Die Walzwerkzeuge werden auf die Wellenenden aufgesteckt.

Typische auf Sickenmaschinen hergestellte Profile zeigt Bild 16.16.

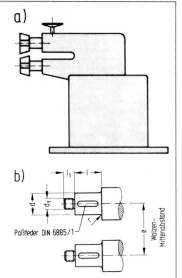

a) Prinzip einer Sickenmaschine
b) Abmessungsbereich der Wellenzapfen für die Werkzeugaufnahme

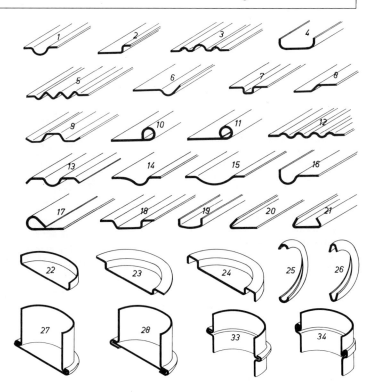

Bild 16.16 Profile, die auf Sickenmaschinen hergestellt wurden (Werkfoto, Fa. Stückmann & Hillen)

16.13 Testfragen zu Kapitel 16:

1. Wie unterteilt man die Biegeverfahren?
2. Wie ermittelt man die Zuschnittslänge?
3. Welche Biegemaschinen kennen Sie?

17. Hohlprägen

17.1 Definition

Prägen ist ein Umformverfahren, bei dem unter Einwirken eines hohen Druckes an einem Werkstück die Oberfläche verändert wird. Je nachdem, wie die Umformung dabei erfolgt, unterscheidet man zwischen Hohlprägen und Massivprägen.
Beim Hohlprägen bleibt die Werkstoffdicke des Ausgangsrohlings auch nach der Umformung erhalten. Einer Vertiefung auf der einen Seite liegt eine Erhöhung auf der anderen Seite des Werkstückes gegenüber (Bild 17.1).

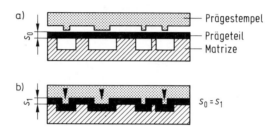

Bild 17.1 Hohlprägen. a) Ausgangsform vor dem Prägen, b) nach dem Prägen

17.2 Anwendung des Verfahrens

Angewandt zur Herstellung von Blechformteilen aller Art, z. B.

a) Einprägen von Sicken und örtlichen Erhöhungen zur Versteifung von Blechteilen (Bild 17.2)
b) für Plaketten aus dünnem Blech (Bild 17.3)
c) für Schmuckwaren
d) Glattprägen oder Planieren.

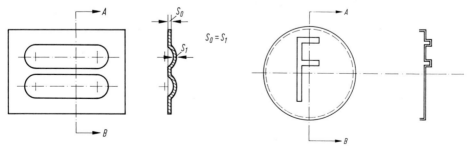

Bild 17.2 Sicken zur Versteifung von Blechteilen   Bild 17.3 Hohlgeprägte Plakette

Das Glattprägen liegt zwischen Hohl- und Massivprägen. Es wird angewandt, wenn verbogene oder verzogene Stanz- oder Schnitteile plan gerichtet werden sollen. Durch Einprägen eines Rastermusters (Rauhplanieren) können Spannungen abgebaut und die Teile plan gerichtet werden. Zuweilen führt man das Richten auch zwischen planparallelen Platten durch (Bild 17.4).

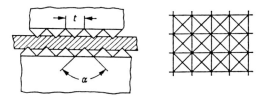

Bild 17.4 Rastermuster eines Richtprägewerkzeuges. α Winkel der Spitze, t Teilung

17.3 Kraft- und Arbeitsberechnung

17.3.1 Prägekraft beim Hohlprägen F_H

Beim Hohlprägen unterscheidet man, bezogen auf die erforderliche Prägekraft, zwischen

a) einer Prägung, bei der eine Rückfederung des Werkstoffes — ohne die Maße des Prägeteiles zu gefährden — in kleinen Grenzen möglich ist; der Stempel sitzt mit Spiel, also lose in der Matrize, d. h.

$$b > a + 2 \cdot s \quad \text{(Bild 17.5)}$$

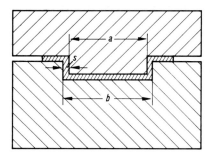

Bild 17.5 Hohlprägen. s Werkstoffdicke

b) bei einer Prägung, bei der eine Rückfederung wegen der einzuhaltenden Toleranz nicht möglich ist. Hier darf zwischen Stempel, Matrize und dem zu verformenden Werkstoff kein Spiel vorhanden sein. Der Stempel muß fest in der Matrize sitzen, d. h.

$$a + 2 \cdot s \geq b.$$

17. Hohlprägen

Im Grenzfall kommt es dabei in den Übergangszonen zu einem Absteckvorgang des zu verformenden Materials.

Aus den genannten Gründen ergeben sich unterschiedliche Formänderungswiderstände und somit verschiedene k_w-Werte bei losen und festsitzenden Stempeln (siehe Tabelle 17.1)

Formänderungswiderstand k_w

Die Berechnungswerte nach Tabelle 17.1 beziehen sich auf eine Umformung mit Spindelpressen.

Beim Einsatz von Kniehebel- oder Kurbelpressen muß man mit 50% höheren Werten rechnen, da die Schlagwirkung »weich« ist, im Gegensatz zum »harten« Schlag der Spindelpressen.

Tabelle 17.1 k_w-Werte für das Hohlprägen in N/mm²

Werkstoff	R_m in N/mm²	loser Stempel k_w in N/mm²	festsitzender Stempel Blechdicke in mm	k_w in N/mm²
Aluminium 99%	80 bis 100	50 bis 80	bis 0,4 0,4 bis 0,7	80 bis 120 60 bis 100
Messing Ms 63	290 bis 410	200 bis 300	bis 0,4 0,4 bis 0,7 > 0,7	1000 bis 1200 700 bis 1000 600 bis 800
Kupfer weich	210 bis 240	100 bis 250	bis 0,4 0,4 bis 0,7 > 0,7	1000 bis 1200 700 bis 1000 600 bis 800
Stahl (Tiefziehqualität) St 12-3; St 13-3	280 bis 420	350 bis 400	bis 0,4 0,4 bis 0,7 > 0,7	1800 bis 2500 1250 bis 1600 1000 bis 1200
Stahl rostfrei	600 bis 750	600 bis 900	bis 0,4 0,4 bis 0,7 > 0,7	2200 bis 3000 1600 bis 2000 1200 bis 1500

Der Formänderungswiderstand ist abhängig

a) vom umzuformenden Werkstoff,
b) von der Oberfläche des Werkstoffes und des Werkzeuges,
c) von der Schmierung an den Gleitflächen,
d) von der Form des Werkstückes und der Prägung,
e) von der Umformgeschwindigkeit und damit von der verwendeten Maschine.

Stempelfläche A_H

$$A_H = b \cdot l$$

A_H in mm² vom Stempel tatsächlich zu prägende Projektionsfläche der zu prägenden Form

max. Prägekraft F_H

$$F_H = k_w \cdot A_H$$

F_H in N   Prägekraft
k_w in N/mm²   Formänderungswiderstand
A_H in mm²   Stempelfläche

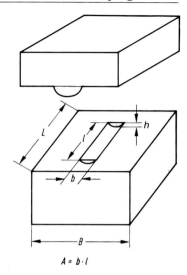

Bild 17.6 Bezugsmaße beim Hohlprägen

17.3.2 Prägearbeit W (Hohl- und Massivprägen)

Die Prägearbeit läßt sich aus folgender Gleichung ermitteln:

$$W = F_m \cdot h$$

W in Nm   Prägearbeit
F_m in N   mittlere Prägekraft, die über den gesamten Verformungsweg wirksam ist
h in m   Verformungsweg

Der Verformungsweg h ist beim Hohlprägen gleich der größten Vertiefung;
Die mittlere Kraft F_m ergibt sich aus dem Kraft-Weg-Diagramm, das beim prägen etwa einer Dreieckfläche entspricht. Der Flächeninhalt der aus der Kraft-Weg-Kurve der Abszisse und der Parallelen zur Ordinate im Abstand h gebildeten Dreieckfläche entspricht der Prägearbeit.

$$W = \frac{F_H \cdot h}{2}$$

d.h., die Formänderungsarbeit W läßt sich für das Prägen auch darstellen als

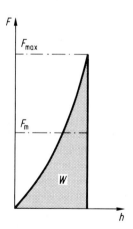

Bild 17.7 Kraft-Weg-Diagramm beim Prägen

$$W = x \cdot F_H \cdot h$$

W in Nm Formänderungsarbeit
F_H in N maximale Prägekraft
F_m in N mittlere Prägekraft
h in m Verformungsweg
x Verfahrensfaktor,
  $x = F_m/F_{max} \approx 0{,}5$
  x kann aus dem Arbeitsdiagramm bestimmt werden

17.4 Werkzeuge zum Hohlprägen

Das Prägewerkzeug besteht aus den Hauptbestandteilen Prägestempel und Matrize (Bild 17.8). Beim Hohlprägewerkzeug haben Stempel und Matrize praktisch die gleiche Kontur. Die Stellen, die beim Stempel erhaben sind, sind bei der Matrize vertieft. In der Abmessung sind die Tiefe und die Breite der Matrize um die Blechdicke größer als die erhabene Stempelkontur. Um die Werkzeuge in ihrer Lage zu sichern und beim Arbeitsvorgang zu führen, werden sie in ein Säulenführungsgestell eingebaut (Bild 17.8).

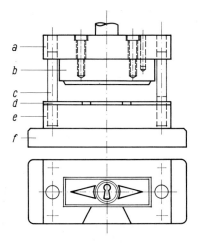

Bild 17.8 Hohlprägen von Schlüsselschildern (Prägewerkzeug nach AWF 5561). a) Stempelkopf, b) Prägestempel, c) Führungssäule, d) Aufnahme, e) Matrize (Unterstempel), f) Grundplatte

17.4.1 Werkzeugwerkstoffe

Für niedrig beanspruchte Werkzeuge setzt man unlegierte Stähle ein, wie z.B. den Werkstoff C 110 Wl. Für höher beanspruchte Hohlprägewerkzeuge und für Massiv- und Münzprägewerkzeuge werden überwiegend legierte Stähle verwendet.

Tabelle 17.2 Werkstoffe für Prägestempel und Matrizen

Werkstoff	Werkstoff-Nr.	Einbauhärte HRC
C 110 Wl	1.1550	60
90 Cr 3	1.2056	62
90 MnV 8	1.2842	62
50 NiCr 13	1,2721	58

17.5 Prägefehler

Beim Hohlprägen kommt es entlang der Prägekanten, z. B. bei Sicken (Bild 17.9) oft zu Rißbildungen, wenn die Prägung sehr scharfkantig ist. Diese Neigung zur Rißbildung wird noch erhöht, wenn Faserverlauf und Sickenverlauf parallel sind. Deshalb legt man den Faserverlauf möglichst quer zum Sicken- oder Prägekantenverlauf.

17.6 Beispiel

Es soll eine Sicke nach Bild 17.9 in ein Blech eingeprägt werden.

Werkstoff: St 12-03 (Tiefziehblech), 1 mm dick.
Gesucht: Hohlprägekraft und Prägearbeit.

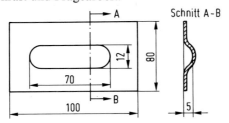

Bild 17.9 Hohlgeprägtes Werkstück

$$F_H = A \cdot k_w = b \cdot l \cdot k_w = 12 \text{ mm} \cdot 70 \text{ mm} \cdot 1000 \text{ N/mm}^2 = 840\,000 \text{ N} = 840 \text{ kN}$$

k_w aus Tabelle 17.1 = 1000 N/mm² gewählt

$$W = F_H \cdot h \cdot x = 840 \text{ kN} \cdot 0{,}005 \text{ m} \cdot 0{,}5 = 2{,}1 \text{ kN m}$$

17.7 Testfragen zu Kapitel 17:

1. Was versteht man unter Hohlprägen?
2. Wodurch unterscheidet sich das Hohlprägen vom Massivprägen?
3. Was ist Glattprägen und wo wendet man es an?
4. Aus welchen Elementen setzt sich ein Hohlprägewerkzeug zusammen?

18. Schneiden (Zerteilen)

18.1 Definition

Zerteilen ist nach DIN 8588 ein spanloses Trennen von Werkstoffen. Nach Art der Schneidenausbildung unterscheidet man zwischen dem Scherschneiden und dem Keilschneiden (Bild 18.1).
Bein industriell überwiegend angewandtem Scherschneiden erfolgt die Werkstofftrennung durch zwei Schneiden mit großem Keilwinkel β.

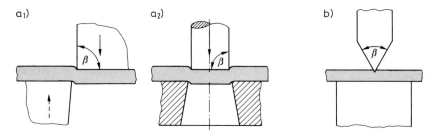

Bild 18.1 Zerteilverfahren. a) Scherschneiden: a_1 offener Schnitt, a_2 geschlossener Schnitt, b) Keilschneiden

18.2 Ablauf des Schneidvorganges (Bild 18.2)

Der Stempel setzt auf das Blech auf. Die Schneiden pressen sich in den Werkstoff, bis der aufgebrachte Druck den Scherwiderstand überwindet. Von der Schnittplatte ausgehend, kommt es zur Rißbildung (sogenannter voreilender Riß). Die die Werkstofftrennung einleitenden Risse setzten sich in das Blechinnere fort und führen dann zur Materialtrennung.

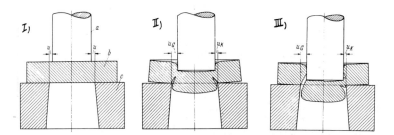

Bild 18.2 Ablauf des Schneidvorganges. I) Aufsetzen des Stempels, II) Rißbildung in der Schneidphase, III) Trennung am Ende des Schneidvorganges. a) Stempel, b) Blech, c) Schnittplatte, u_G) großer Schneidspalt, u_K) kleiner Schneidspalt, u) Schneidspalt

18.3 Unterteilung der Schneidverfahren nach DIN 8588
Tabelle 18.1

	1. Offener Schneidvorgang *1.1 Abschneiden (Trennen)* Vollständiges Trennen, einer in sich *nicht* geschlossenen Linie.
	1.2 Einschneiden Teilweises Trennen einer offenen Schnittlinie.
	1.3 Beschneiden Vollständiges Trennen einer offenen, oder in sich geschlossenen Linie. Abschneiden von überflüssigem Restwerkstoff von flachen oder hohlen Teilen.
	2. Geschlossener Schneidvorgang *2.1 Ausschneiden* Vollständiges Trennen einer in sich geschlossenen Linie.
	2.2 Lochen Vollständiges Trennen einer in sich geschlossenen Linie, aus einem Einzelteil, oder aus einem Streifen.
	2.3 Nachschneiden Herstellen von Fertigmaßen durch zusätzliches Abschneiden (Schaben) z. B. einer Bearbeitungszugabe.
	2.4 Feinschneiden Ausschneiden oder Lochen, wobei der Werkstoff allseitig eingespannt ist. Dabei werden in einem Arbeitsgang die gleichen Gütegrate erreicht, wie beim Nachschneiden.
	2.5 Abgratschneiden Vollständiges Abtrennen des Grates an Gußteilen, Formpreß- oder Schmiedeteilen.

18. Schneiden (Zerteilen)

18.4 Zulässige Formänderung

Die Grenzen der Formänderung werden meist durch die Form der Stanzteile gegeben. Form und Anordnung der herzustellenden Teile entscheiden den Einsatz der Werkzeugart und die Werkzeuggestaltung.

18.5 Kraft- und Arbeitsberechnung

1. Offener Schneidvorgang 1.1 mit geradem Messer $$A = b \cdot s$$	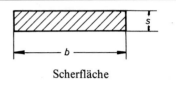 Scherfläche
1.2 mit geneigtem Messer (z. B. bei Blechscheren) $$A_{\text{Neig}} = \frac{l \cdot s}{2} = \frac{s^2}{2 \cdot \tan \lambda}$$ $$l = \frac{s}{\tan \lambda}; \quad \lambda = 2° \text{ bis } 10°$$	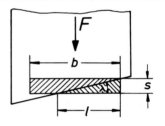 Scherfläche bei geneigtem Messer
2. Geschlossener Schneidvorgang Scherfläche $$A = U \cdot s$$ Schnittkraft $$F = A \cdot \tau_B$$ Schneidarbeit $$W = F \cdot s \cdot x$$	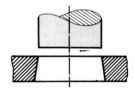 Prinzip des geschlossenen Schneidvorganges

$$x = \frac{F_m}{F_{max}}$$

Antriebsleistung der Maschine

$$P = \frac{F \cdot v}{\eta_M}$$

F	in N	Schnittkraft
A	in mm²	Scherfläche
s	in mm	Blechdicke
b	in mm	Breite
l	in mm	Länge
τ_B	in N/mm²	Scherfestigkeit
λ	in Grad	Neigungswinkel
v	in m/s	Schneidgeschwindigkeit
η_M		Wirkungsgrad der Maschine; $\eta_M \approx 0{,}7$
W	in Nm	Schneidarbeit
x		Verfahrensfaktor, ergibt sich aus Kraft-Weg-Diagramm; $x = 0{,}6$ für Schneiden
P	in W	Antriebsleistung der Maschine

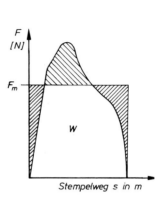

Kraft-Weg-Diagramm

Die Scherfestigkeit τ_B läßt sich aus der Zugfestigkeit R_m annähernd rechnerisch bestimmen zu:

$$\tau_B = c \cdot R_m$$

$c \approx 0{,}8$ (im Mittel)

Für Bleche mit hoher Bruchfestigkeit: $c = 0{,}7$
Für Bleche mit geringer Bruchfestigkeit und großer Bruchdehnung: $c = 0{,}9$

Tabelle 18.2 Scherfestigkeiten τ_B verschiedener Werkstoffe

Werkstoff	Scherfestigkeit τ_B in N/mm²	
	weich	hart
St 12	240	300
St 13	240	300
St 14	250	320
St 37	310	–

Werkstoff	Scherfestigkeit τ_B in N/mm²	
	weich	hart
St 42	400	–
C 10	280	340
C 20	320	380
C 30	400	500
C 60	550	720
rostbest. Stahl	400	600
Al 99,5	70	150
AlMgSi 1	200	250
AlCuMg kaltausgeh.	320	–
AlCuMg Lösungsgegl.	180	–
Ms 72 Tiefziehgüte	220 bis 300	–
Ms 63	250 bis 320	350 bis 400

18.6 Resultierende Wirkungslinie (Linienschwerpunkt)

Die Kraftübertragung vom Stößel auf das Werkzeug soll ohne Hebelwirkung und damit ohne Kippmoment erfolgen.
Eine solche Momentenwirkung würde die Führungen der Presse und der Werkzeuge zusätzlich beanspruchen und die Genauigkeit der Stanzteile verringern.
Deshalb ist es wichtig, daß der Einspannzapfen des Schnittwerkzeuges an der richtigen Stelle, im Kraftschwerpunkt, sitzt.
Da die Kraft aus Umfangslinie und Materialdicke berechnet wird, liegt der Kraftschwerpunkt im Schwerpunkt der Umfangslinie. Man nennt ihn deshalb den Linienschwerpunkt.

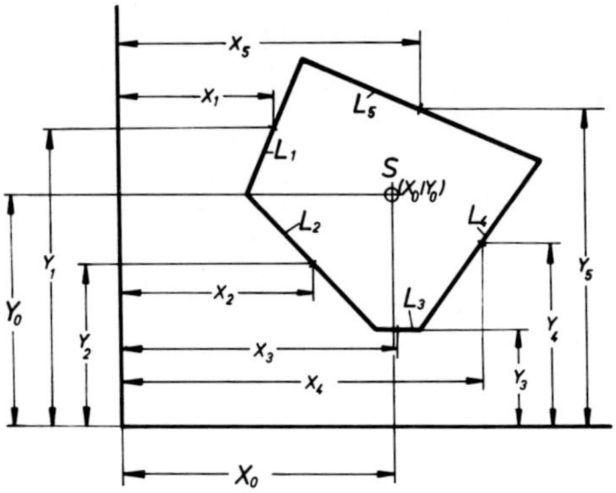

Bild 18.3 Ermittlung des Linienschwerpunktes aus den Einzellinien

18. Schneiden (Zerteilen)

Berechnung des Schwerpunktes

Man zerlegt die Umfangslinien in Teilsegmente, von denen man die Schwerpunkte kennt. Dann wird aus den Teilabständen und den Teillängen das Produkt gebildet, diese Produkte werden summiert und die so gewonnene Summe durch die Summe aller Teillängen geteilt.

Eine Umfangslinie setzt sich für alle Figuren immer wieder aus den gleichen Grundelementen zusammen. Solche Grundelemente sind:

   Kreise, Kreisbögen und Gerade.

Für solche Grundelemente muß man die Schwerpunkte kennen (siehe Tabelle 18.3).

$$x_0 = \frac{L_1 \cdot x_1 + L_2 \cdot x_2 + L_3 \cdot x_3 + L_4 \cdot x_4 + L_5 \cdot x_5}{L_1 + L_2 + L_3 + L_4 + L_5}$$

$$y_0 = \frac{L_1 \cdot y_1 + L_2 \cdot y_2 + L_3 \cdot y_3 + L_4 \cdot y_4 + L_5 \cdot y_5}{L_1 + L_2 + L_3 + L_4 + L_5}$$

L Länge des Teilstückes
x_n Abstand von der Ordinate
y_n Abstand von der Abszisse
$s\,(x_0/y_0)$ Schwerpunkt

Bei symmetrischen Durchbrüchen bildet man den Linienschwerpunkt nicht aus den Linienschwerpunkten der Einzellinien, sondern aus den Umfängen der Symmetriefiguren und des Flächenschwerpunktes.

Beispiel:

Gegeben: Werkzeuganordnung nach Skizze (Bild 18.4)
Gesucht: Kraftschwerpunkt

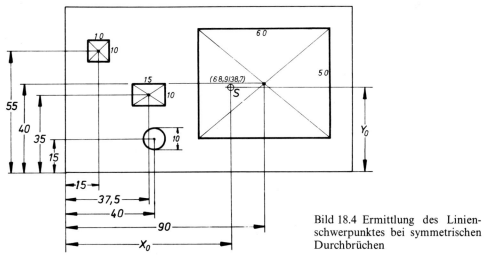

Bild 18.4 Ermittlung des Linienschwerpunktes bei symmetrischen Durchbrüchen

Lösung:

1. $$x_0 = \frac{x_1 \cdot U_1 + x_2 \cdot U_2 + x_3 \cdot U_3 + x_4 \cdot U_4}{U_1 + U_2 + U_3 + U_4}$$

   $$= \frac{15\,\text{mm} \cdot 40\,\text{mm} + 37{,}5\,\text{mm} \cdot 50\,\text{mm} + 40\,\text{mm} \cdot 31{,}4\,\text{mm} + 90\,\text{mm} \cdot 220\,\text{mm}}{40\,\text{mm} + 50\,\text{mm} + 31{,}4\,\text{mm} + 220\,\text{mm}}$$

   $$= \frac{23\,531\,\text{mm}^2}{341{,}4\,\text{mm}} = 68{,}9\,\text{mm}$$

2. $$y_0 = \frac{y_1 \cdot U_1 + y_2 \cdot U_2 + y_3 \cdot U_3 + y_4 \cdot U_4}{U_1 + U_2 + U_3 + U_4}$$

   $$= \frac{55\,\text{mm} \cdot 40\,\text{mm} + 35\,\text{mm} \cdot 50\,\text{mm} + 15\,\text{mm} \cdot 31{,}4\,\text{mm} + 40\,\text{mm} \cdot 220\,\text{mm}}{40\,\text{mm} + 50\,\text{mm} + 31{,}4\,\text{mm} + 220\,\text{mm}}$$

   $$= \frac{13\,221\,\text{mm}^2}{341{,}4\,\text{mm}} = 38{,}7\,\text{mm}$$

Tabelle 18.3 Linienschwerpunkte

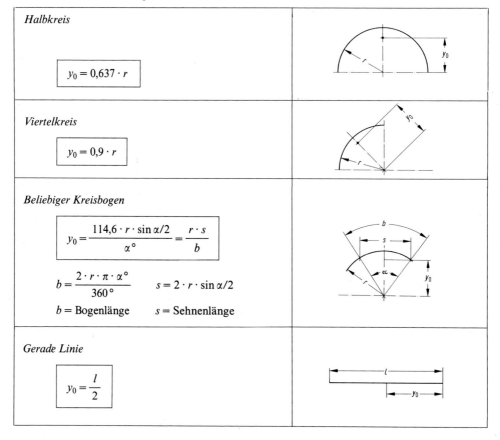

Halbkreis

$y_0 = 0{,}637 \cdot r$

Viertelkreis

$y_0 = 0{,}9 \cdot r$

Beliebiger Kreisbogen

$$y_0 = \frac{114{,}6 \cdot r \cdot \sin \alpha/2}{\alpha°} = \frac{r \cdot s}{b}$$

$b = \dfrac{2 \cdot r \cdot \pi \cdot \alpha°}{360°}$ $s = 2 \cdot r \cdot \sin \alpha/2$

b = Bogenlänge s = Sehnenlänge

Gerade Linie

$y_0 = \dfrac{l}{2}$

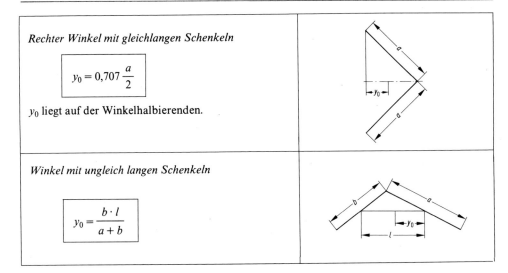

Rechter Winkel mit gleichlangen Schenkeln

$$y_0 = 0{,}707 \frac{a}{2}$$

y_0 liegt auf der Winkelhalbierenden.

Winkel mit ungleich langen Schenkeln

$$y_0 = \frac{b \cdot l}{a + b}$$

18.7 Schneidspalt

Welches Maß, Stempel oder Matrize, muß dem Werkstücknennmaß entsprechen?

18.7.1 Für das Ausschneiden von Außenformen

muß der Schnittplattendurchbruch dem Nennmaß des Werkstückes entsprechen. Der Stempel hat dann die Abmessung:

    Lochstempellänge $L_{St} = l - 2 \cdot u$
    Lochstempelbreite $B_{St} = b - 2 \cdot u$
    Nennmaße sind l und b

Das aus dem Streifen herausgefallene Teil hat die geforderten Maße.

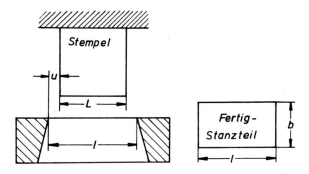

Bild 18.5 Abmessung von Stempel- und Schnittplatte beim Ausschneiden

18.7.2 Für das Lochen

muß der Stempel dem Nennmaß des Werkstückes entsprechen. Hier hat dann der Matrizendurchmesser das Maß:

$d = \text{Nennmaß}$
$D = d + 2 \cdot u$

Das Loch hat das geforderte Maß.

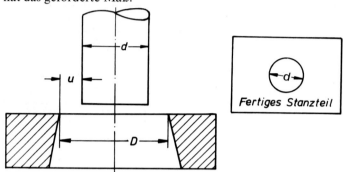

Bild 18.6 Abmessung von Stempel- und Schnittplatte beim Lochen

18.7.3 Größe des Schneidspaltes u

Für Feinbleche bis 3,0 mm Dicke (empirische Gleichung)

$$u = 0{,}007 \sqrt{\text{mm}^2/\text{N}} \cdot s \cdot \sqrt{\tau_B}$$

u in mm   Schneidspalt
s in mm   Blechdicke
τ_B in N/mm²   Scherfestigkeit

Für Bleche > 3,0 mm Dicke

$$u = (0{,}007 \cdot s - 0{,}005 \text{ mm}) \cdot \sqrt{\text{mm}^2/\text{N}} \cdot \sqrt{\tau_B}$$

Stempelspiel S

$$S = 2 \cdot u$$

S in mm   Stempelspiel

Der Schneidspalt hat Einfluß auf die Sauberkeit der Schnittfläche, die Schneidkraft und die Schneidarbeit.
Bei Stählen mit kleineren Blechdicken (< 2,5 mm) wird mit zunehmendem Schneidspalt der Anteil der Bruchfläche größer. Zu kleine Schneidspalte unter $u = 0{,}1 \cdot s$ führen zur Zipfelbildung.

Durch die richtige Wahl des Schneidspaltes wird erreicht, daß die von der Schneidstempelkante und der Schneidplattenkante ausgehenden Risse (Bild 18.2) einander treffen und dadurch eine zipfelfreie Bruchfläche entsteht.

18.8 Steg- und Randbreiten

Die Stegbreite e und die Randbreite a sind abhängig von

- der Blechdicke
- dem Werkstoff
- der Steglänge L_e
- der Randlänge L_a
- der Streifenbreite B

Bei runden Teilen

$$L_e = L_a < 10 \text{ mm}$$

annehmen!

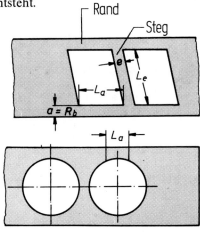

Bild 18.7 Steg- und Randbreiten. a) bei Ausschnitten mit geraden Begrenzungslinien, b) bei runden Ausschnitten

Tabelle 18.4 Rand- und Stegbreiten in mm (Auszug aus VDI 3367, Tafel 1)

Werkstoff-dicke s in mm	Stegbreite e in mm Randbreite a in mm	Streifenbreite B in mm							
		B bis 100				B über 100–200			
		Steglänge L_e oder Randlänge L_a in mm							
		bis 10	10 bis 50	50 bis 100	über 100	bis 10	10 bis 50	50 bis 100	100 bis 200
0,3	e a	0,8 0,9	1,2 1,5	1,4 1,7	1,6 1,9	1,0 1,1	1,4 1,7	1,6 1,9	1,8 2,2
0,5	e a	0,8 0,9	0,9 1,0	1,0 1,2	1,2 1,5	1,0 1,1	1,0 1,2	1,2 1,5	1,4 1,7
0,75	e bzw. a	0,9	1,0	1,2	1,4	1,0	1,2	1,4	1,6
1,0	e bzw. a	1,0	1,1	1,3	1,5	1,1	1,3	1,5	1,7
1,5	e bzw. a	1,3	1,4	1,6	1,8	1,4	1,6	1,8	2,0
2,0	e bzw. a	1,6	1,7	1,9	2,1	1,7	1,9	2,1	2,3

Steglänge L_e oder Randlänge L_a in mm

18.9 Erreichbare Genauigkeiten

Die Tabellen 18.5, 18.6 und 18.7 zeigen, welche Toleranzen beim Stanzen eingehalten werden können. Beim Ausschneiden von Durchbrüchen werden im allgemeinen größere Genauigkeiten erreicht, als beim Ausstanzen der äußeren Kontur. Die in den Tabellen angegebenen Werte können bei erhöhten Genauigkeitsforderungen, durch besonders genau gefertigte Werkzeuge, auf die Hälfte reduziert werden. Durch ein zusätzliches Nachschneiden können die in den Tabellen 18.5 und 18.6 angegebenen Toleranzen auf ein Fünftel der Tabellenwerte vermindert werden.

Tabelle 18.5 Toleranzen in mm beim Ausschneiden von Durchbrüchen

Werkstoffdicke s in mm	Größe des Durchbruches in mm			
	bis 10	11 bis 30	31 bis 50	51 bis 100
0,3 bis 1,0	0,05	0,07	0,08	0,12
1 bis 2	0,06	0,08	0,10	0,14
2 bis 4	0,08	0,10	0,12	0,15

Tabelle 18.6 Toleranzen in mm beim Ausschneiden des äußeren Umfanges

Werkstoffdicke s in mm	Max. Seitenlänge des Umfanges in mm				
	bis 10	11 bis 30	31 bis 50	51 bis 100	101 bis 200
0,3 bis 1	0,10	0,14	0,16	0,20	0,25
1 bis 2	0,18	0,20	0,22	0,28	0,40
2 bis 4	0,24	0,26	0,28	0,34	0,60

Tabelle 18.7 Toleranzen in mm der Mittelpunktsabstände der Durchbrüche

Werkstoffdicke s in mm	Mittelpunktsabstand in mm		
	bis 50	51 bis 100	101 bis 200
0,3 bis 1	± 0,1	± 0,15	± 0,20
1 bis 2	± 0,12	± 0,20	± 0,25
2 bis 4	± 0,15	± 0,25	± 0,30

18.10 Schneidwerkzeuge

Die Schneidwerkzeuge unterteilt man:

1. *Nach der Art der Führung*
1.1 *Freischnitte*
   Schneidwerkzeuge ohne Zusatzführung im Werkzeug
1.2 *Führungsschnitte*
1.2.1 mit unmittelbarer Führung
   Plattenführungsschnitt
   a) Führungsplatte aus Stahl
   b) Führungsplatte ausgegossen mit Kunststoff (Duroplast)
   c) Führungsplatte ausgegossen mit Zamak (Zinklegierung)
1.2.2 mit indirekter Führung
   Säulenführungsschnitt
   Führung übernimmt hier das Säulenführungsgestell
2. *Nach der Funktion der Werkzeuge*
2.1 *Einfachschnitt*
   Kann nur eine Funktion ausführen; entweder nur Lochen oder nur Ausschneiden.
2.2 *Folgeschnitt*
   In bestimmter Reihenfolge werden zuerst die Durchbrüche des Stanzteiles gelocht und dann das vorgelochte Teil ausgeschnitten.
2.3 *Gesamtschnitt*
   Beim Gesamtschnitt wird in einem Stößelniedergang gelocht und ausgeschnitten.

18.10.1 Ausführungsformen der Schneidwerkzeuge

1.1 Freischnitte

Beim Freischnitt ist der Stempel im Werkzeug selbst nicht geführt. Das setzt eine Maschine mit guter Führung voraus. Zum Abstreifen des Stanzstreifens vom Stempel dient ein feststehender, am Werkzeugunterteil befestigter Abstreifer. Zum Schneiden weicher Werkstoffe werden bei diesen Werkzeugen nur die Stempel gehärtet. Die Schnittplatte aus St 60 oder C 100 bleibt bei kleinen Stückzahlen weich.
Diese Freischnitte werden bevorzugt für kleine Stückzahlen eingesetzt (Bild 18.8).

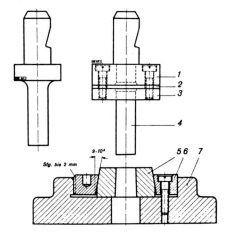

Bild 18.8 Freischnitt (nach AWF 5005). 1 Stempelkopf, 2 gehärtete Zwischenlage, 3 Stempelaufnahmeplatte, 4 Schneidstempel, 5 Matrize, 6 Spannring, 7 Werkzeugaufnahmeplatte

1.2 Führungsschnitte

1.2.1 mit unmittelbarer Führung
Pattenführungsschnitte (stempelgeführte Werkzeuge)

Bei diesen Werkzeugen wird der Stempel durch eine besondere Führungsplatte, die über der Schnittplatte angeordnet ist, geführt. Die Führungsplatte hat den gleichen Durchbruch wie die Schnittplatte, jedoch ohne Stempelspiel. Zwischen Schnitt- und Führungsplatte liegen Zwischenleisten, deren Dicke von der Werkstoffdicke abhängig ist. Die Führungsplatte ist gleichzeitig die Abstreiferplatte (Bild 18.9).

Eine genaue Führung ist bei diesen Werkzeugen nur bis zu einem Stempeldurchmesser bis ca. 10 mm Durchmesser möglich, weil infolge der begrenzten Führungsplattendicke die Führungslänge zu klein ist.

Solche Plattenführungsschnitte werden für mittlere bis große Stückzahlen eingesetzt. Wegen der Stempelführung lassen sich solche Werkzeuge in der Maschine leicht einrichten.

Die Herstellung der Führungsplatte aus Stahl ist teuer. Deshalb arbeitet man bei dieser Führung mit drei Ausführungsformen:

a) Führungsplatte aus Stahl.
b) Führungsplatte mit eingegossener Kunststoffführung.
c) Führungsplatte mit eingegossener Zamak-Führung (Zamak ist die Abkürzung für eine Zinklegierung).

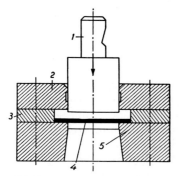

Bild 18.9 Plattenführungsschnitt.
1 Stempel, 2 Stempelführungsplatte, 3 Zwischenlage (Streifenführung), 4 Werkstück, 5 Schnittplatte

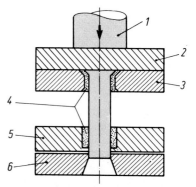

Bild 18.10 Plattenführungsschnitt mit eingegossener Kunststoff-Führung. 1 Einspannzapfen, 2 Kopfplatte, 3 Stempelaufnahmeplatte, 4 Kunststoff oder Zamak, 5 Führungsplatte, 6 Schnittplatte

Plattenführungsschnitte mit Kunststoff-Führung

Bei Werkzeugen mit nicht zu großen Genauigkeitsforderungen und für mittlere Stückzahlen kann man die stempelführenden Durchbrüche mit Kunststoff oder einer Zinklegierung (Zamak) ausgießen.

Die Durchbrüche in der Metallführungsplatte sind dann wesentlich größer als der Stempel, der geführt werden soll. Deshalb ist auch ihre Lagegenauigkeit zueinander von untergeordneter Bedeutung. Der Stempelkopf, mit den in ihrer Lage genau definierten Stempeln, wird in die Führungsplatte mit ihren vergrößerten Durchbrüchen hineingestellt (Bild 18.10).

Nun werden die Stempel in der Führungsplatte mit Kunststoff umgossen und erhalten so ihre genaue Führung. Als Kunststoff zum Ausgießen verwendet man Epoxidharze. Die so hergestellten Führungsplatten sind wesentlich billiger als Vollstahlplatten. Sie haben jedoch auch eine geringere Standzeit und werden deshalb nur dann eingesetzt, wenn es die oben erwähnten Bedingungen erlauben.

1.2.2 mit indirekter Führung
Säulenführungsschnitte

Bei diesen Werkzeugen ist der Stempel nicht mehr unmittelbar, sondern mittelbar geführt. Das Werkzeug selbst ist ein Freischnitt. Es wird in ein Säulenführungsgestell eingebaut (verschraubt und verstiftet). Das Säulenführungsgestell hat höchste Führungsgenauigkeit. Dadurch wird man von der Pressenführung unabhängig. Die hohe Führungsgenauigkeit führt zur Vergrößerung der Lebensdauer der Werkzeuge (Bild 18.11).

So ein Führungsgestell besteht aus Unter- und Oberteil, den einsatzgehärteten Säulen (St C 10.61; St C 16.61) und der Gleit- oder Kugelführung.

Beim eingebauten Werkzeug kann das Führungsteil unten oder oben liegen.

Dies ist abhängig von der Werkzeuggestaltung und der Art der Führung.

Säulenführungsgestelle gibt es in verschiedenen Ausführungsformen, die in DIN 9812, 9814, 9816, 9819 und 9822 genormt sind.

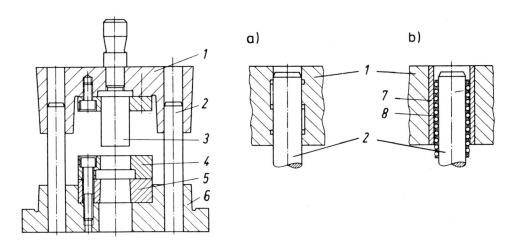

Bild 18.11 Säulenführungsschnitt. a) mit Führungsbüchse, b) mit Kugelführung, 1 Gestelloberteil, 2 Führungssäule, 3 Stempel, 4 Abstreifer, 5 Schneidplatte, 6 Gestellunterteil, 7 Führungsbüchse, 8 Kugelkäfig

2.1 *Einfachschnitt*

Er kann nur eine Funktion ausführen, entweder nur Lochen oder Ausschneiden. Bezüglich der Führung kann er als Frei- oder Führungsschnitt ausgebildet sein.

2.2 Folgeschnitt

Beim Folgeschnitt werden in einer bestimmten Reihenfolge mit dem gleichen Werkzeug mehrere Arbeitsgänge ausgeführt. Bei einem Werkstück mit Durchbrüchen werden z. B. zuerst die Durchbrüche ausgestanzt und dann der Umfang (Bild 18.12) ausgeschnitten.

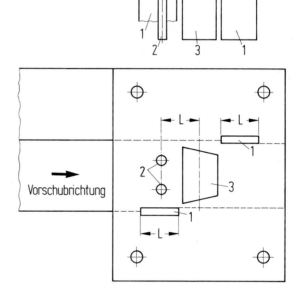

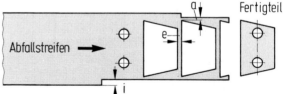

Bild 18.12 Prinzip des Folgeschnittes. 1 Seitenschneider, 2 Vorlocher, 3 Schneidstempel für den Umfangsschnitt, a Randbreite, e Stegbreite, i Seitenschneider-Beschneidemaß

2.3 Gesamtschnitt

Beim Gesamtschnitt (Bild 18.13) werden Umriß und Ausschnitt in einem Stößelniedergang gleichzeitig geschnitten.
Deshalb erreicht man mit diesem Werkzeug höchste Lagegenauigkeiten zwischen der Außenform und den Durchbrüchen im Werkstück. Ungleichmäßigkeiten im Streifenvorschub haben ebenfalls keinen Einfluß auf die Lagegenauigkeit am Werkstück.
Lagefehler ergeben sich allein aus der Herstellgenauigkeit des Werkzeuges.
Bei dem in Bild 18.13 gezeigten Gesamtschnitt ist im Oberteil 1 die Schnittplatte 2 mit dem Lochstempel 3 untergebracht. Der Abstreifer 4 streift den Streifen vom Stempel 3 ab. Der Schneidstempel 5, der die Außenkontur ausstanzt, sitzt im Untergestell. Der Abstreifer 6 streift den Abfallstreifen vom Schneidstempel 5 ab.
Der vom Stempel 3 ausgestanzte Putzen fällt nach unten aus. Das Schnitteil wird mit dem Abstreifer 6 in den Streifen zurückgedrückt und mit dem Streifen aus dem Werkzeug herausgeführt.

Solche Werkzeuge werden zur Herstellung von Werkstücken eingesetzt, die in großen Stückzahlen mit kleinsten Toleranzen gefertigt werden (Toleranzen bis zu 0,02 mm). Gesamtschnitte sind teure Werkzeuge. Ein solches Werkzeug kostet etwa doppelt so viel wie ein Schnitt mit 2 Seitenschneidern. Deshalb muß man immer vorher prüfen, ob der Einsatz eines Gesamtschnittes für den vorliegenden Fall das wirtschaftlichste Werkzeug ist.

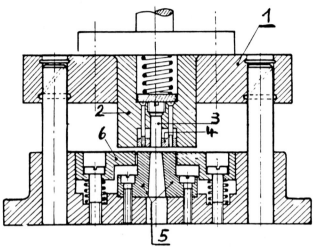

Bild 18.13 Gesamtschnitt zur Herstellung einer gelochten Scheibe (ähnlich AWF 5202)

18.10.2 Vorschubbegrenzung bei Schnittwerkzeugen

Einhänge- oder Anschlagstift

Der Einhängestift ist die billigste Vorschubbegrenzung. Er ist ein Stift in Pilz- oder Hakenform, der in der Schnittplatte befestigt wird. Anstelle eines Einhängestiftes kann man auch einen Winkel als Anschlag an der Schnittplatte anbringen (Bild 18.14). Wenn der Schnittstempel bei der Aufwärtsbewegung den Blechstreifen freigibt, wird dieser von Hand über den Einhängestift gehoben und vorgeschoben, bis die Kante des Restquerschnittes zum Anschlag kommt.

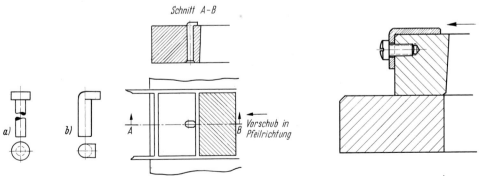

Bild 18.14 Verschiedene Arten von Einhängestiften. a) Einhängestift in Pilzform, b) in Hakenform, c) Winkelanschlag

18. Schneiden (Zerteilen)

Seitenschneider

Der Seitenschneider ergibt die genaueste Vorschubbegrenzung. Er ist ein zusätzlicher Schneidstempel, der den Rand des Blechstreifens beschneidet. Das Blech wird gegen den Anschlag im Werkzeug geschoben (Bild 18.15). Beim Niedergang des Stößels klinkt der Seitenschneider an der Seite des Streifens ein Stück Material der Breite b und der Länge L aus. Um diese Länge L (Vorschubmaß des Streifens) kann nun das Blech nach vorn geschoben werden.

Je nach Genauigkeit des Vorschubes und Ausnutzung des Streifens arbeitet man mit einem oder 2 Seitenschneidern, die dann rechts und links in der Längsrichtung versetzt angebracht werden (Bild 18.12).

Bezüglich der Form der Seitenschneider unterscheidet man:

Bild 18.15 Anordnung des Seitenschneiders. B Breite des Streifens vor, B_1 Breite des Streifens nach dem Beschneiden durch den Seitenschneider, L Länge des Vorschubschrittes, b Beschneidemaß

Gerade Seitenschneider

Gerade Seitenschneider haben eine gerade Fläche als Schneidkante. Beim Verschleiß des Anschlages im Werkzeug kommt es am Blechstreifen zu einer Gratbildung.
Dieser Grat behindert den Streifenvorschub und führt nicht selten auch zu Fingerverletzungen (Bild 18.16).

Ausgesparte Seitenschneider

Sie sind vorteilhaft, aber auch teurer in der Herstellung. Der ausgesparte Seitenschneider stanzt in das vorzuschiebende Blech Vertiefungen ein. Wenn nun Grat an den Übergangsstellen der Vertiefungen stehen bleibt, dann kann sich beim Vorschieben des Streifens der Grat in den Vertiefungen umlegen. Dadurch wird der Streifenvorschub nicht mehr behindert (Bild 18.16).

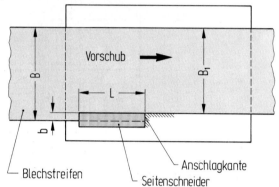

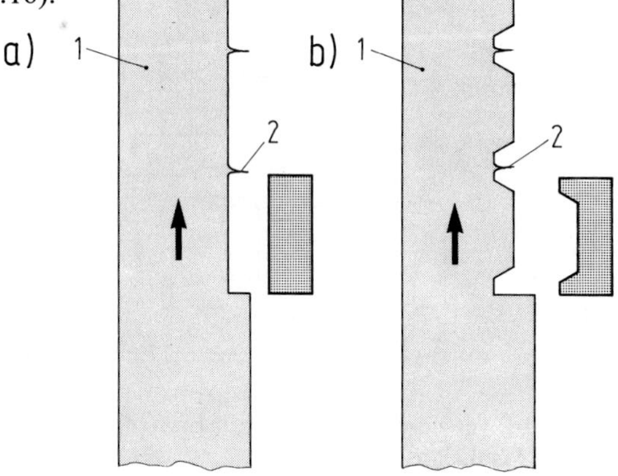

Bild 18.16 Seitenschneiderausführungen. a) gerader Seitenschneider, b) ausgesparter Seitenschneider, 1 Blechstreifen, 2 Grat

18.10.3 Streifenführung

Um die Toleranz von Streifenbreite und Streifenführung auszugleichen, werden Führungen meist federnd ausgeführt (Bild 18.17).

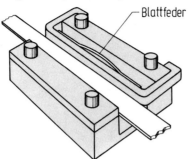

Bild 18.17 Federnde Streifenführung

18.10.4 Lochstempel

Bei den Lochstempeln sind die auf den Stempelkopf wirkende Flächenpressung und die Knicklänge besonders zu beachten. Die Flächenpressung p am Stempelkopf soll den Wert $p = 25$ kN/cm² nicht überschreiten, sonst muß zwischen Stempelaufnahmeplatte und Stempelkopfplatte eine gehärtete Druckplatte (Bild 18.18) eingelegt werden. Wird sie weggelassen, dann drückt sich der Stempel in die Kopfplatte ein.

$$p = \frac{F_s}{A_k}$$

p in kN/cm² Flächenpressung
F_S in kN Schnittkraft
A_k in cm² Stempelquerschnittsfläche

Bei einem Stempelkopfdurchmesser von 8,2 mm und einer Stanzkraft von $F_s = 30$ kN ergibt sich z. B. eine Flächenpressung von:

$$p = \frac{30 \text{ kN}}{0{,}528 \text{ cm}^2} = 56{,}8 \text{ kN/cm}^2$$

d. h. es ist eine gehärtete Zwischenplatte erforderlich.
Bezüglich der Knickgefahr bei Lochstempeln kann man als Faustregel sagen:
Die freie Knicklänge l soll bei nicht geführten Stempeln kleiner als

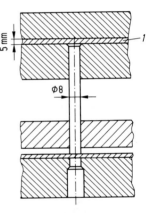

Bild 18.18
Anordnung der gehärteten Zwischenplatte 1

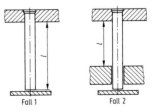

Bild 18.19
Freie Knicklänge l
Fall 1: nicht geführt,
Fall 2: geführt

$$l \leq 8 \cdot d$$

und bei geführten Stempeln (Bild 18.19) kleiner als

$$l \leq 12 \cdot d$$

sein.
Im Grenzfall kann man die zulässige Knicklänge mit der Eulerschen Gleichung berechnen

$$l_{max} = \sqrt{\frac{\pi^2 \cdot E \cdot I}{F_s \cdot v}}$$

$v = 4$ ungeführt
$v = 0{,}5$ geführt $\Big\}$ Sicherheitsfaktor
$E_{St} = 210\,000$ N/mm^2
I = äquatoriales Trägheitsmoment
F_s = Schnittkraft

18.10.5 Durchbruchformen an Schneidplatten

Die zwei am häufigsten verwendeten Durchbruchformen zeigt Bild 18.20.
Bei Ausführung b wird beim Nachschleifen der Durchbruch größer. Deshalb wählt man vor allem bei kleinen Toleranzen die Ausführung a.
Die Größe des Kegelwinkels und die Höhe h des zylindrischen Durchbruches sind überwiegend von der Blechdicke abhängig.

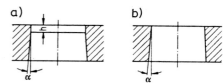

Bild 18.20 Durchbruchformen an Schneidplatten

Tabelle 18.8 Richtwerte für Kegelwinkel und die Höhe des zylindrischen Teiles bei Schneidplatten

Blechdicke s in mm	Ausführung b	Ausführung a	
	Kegelwinkel α	Höhe des zylindr. Durchbruchs h in mm	α
0,5 – 1	15' – 20'	5 – 10	3° – 5°
1,1 – 2	20' – 30'		
2,1 – 4	30' – 45'		
4,1 – 8	45' – 1°		

18.10.6 Einspannzapfen

Das Werkzeugoberteil wird in den meisten Fällen durch den Einspannzapfen mit dem Pressenstößel verbunden. Konstruktiv kennt man folgende Ausführungsarten (Bild 18.21):

A: Einnieten in die Kopfplatte
B: Einschrauben mit Spreizsicherung durch einen Kegelstift
C: Einschrauben mit Bund-Gegenlage und Sicherungsstift gegen Verdrehen
D: Preßpassung zwischen Zapfen und Platte mit eingedrehter Spannkerbe.

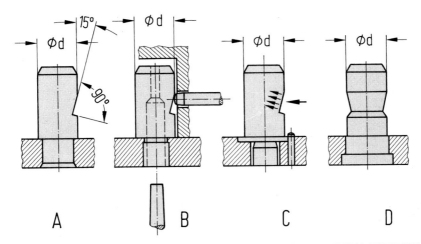

Bild 18.21 Befestigungsarten der Einspannzapfen (siehe dazu AWF 5901, DIN 9859)

18.10.7 Werkzeugwerkstoffe

Tabelle 18.9 Stahlauswahl für Schneidstempel und Schnittplatten

Zu trennender Werkstoff		Werkstoff-Nr.	Einbauhärte in HRC
Materialart	Materialdicke in mm		
Bleche und Bänder aus Stahl und Nichteisenmetalllegierungen	bis 4	1.2080, 1.2436	58 – 62
	bis 6	1.2379, 1.2363, 1.2842	56 – 60
	bis 12	1.2550	54 – 58
	über 12	1.2767	48 – 52
Trafo-, Dynamobleche und -bänder	bis 2	1.2379, 1.2436	60 – 63
	bis 6	1.2379	58 – 62

Tabelle 18.9 (Fortsetzung)

Bleche und Bänder aus austenitischen Stählen	bis 4	1.2379, 1.3343	60 – 64
	bis 6	1.2379, 1.3343	58 – 62
	bis 12	1.2550	54 – 58
	über 12	1.2767	50 – 54
Feinschneidwerkzeuge für Bleche und Bänder aus metallischen Werkstoffen	bis 4	1.2379, 1.3343	60 – 63
	bis 6	1.2379, 1.3343	58 – 62
	bis 12	1.2379, 1.3343	56 – 60
Kunststoffe, Holz, Gummi, Leder, Textilien, Papier		1.2080, 1.2379, 1.2436, 1.2842	58 – 63
		1.2550	54 – 58

18.11 Beispiel

Es sind 2 mm dicke Ronden mit 40 mm Durchmesser aus Werkstoff St 1303 mit $\tau_B = 240$ N/mm² auszustanzen.
Gesucht sind Kraft und Arbeit.

$$F = U \cdot s \cdot \tau_B = d \cdot \pi \cdot s \cdot \tau_B = 40 \text{ mm} \cdot \pi \cdot 2 \text{ mm} \cdot 240 \text{ N/mm}^2 = 60\,288 \text{ N}$$
$$F = 60{,}3 \text{ kN}$$
$$W = F \cdot s \cdot x = 60{,}3 \text{ kN} \cdot 0{,}002 \text{ m} \cdot 0{,}6 = 0{,}072 \text{ kN m} = 72 \text{ N m}$$

Tabelle 18.10 Maschinen für den offenen Schneidvorgang

1. Tafelscheren

Sie haben die Aufgabe aus Tafelmaterial Streifen zu schneiden.
Damit beim Schneidvorgang ein gratfreier rechtwinkliger Schnitt entsteht, muß das Blech durch einen Niederhalter festgeklemmt werden. Außerdem muß die Bewegung von Untermesser zu Obermesser so abgestimmt sein, daß die Wirkungslinie der Scherkraft senkrecht verläuft. Dies erreicht man durch eine Schrägstellung oder durch eine Schwingbewegung (Ausschwenken um einen Drehpunkt) des Obermessers.

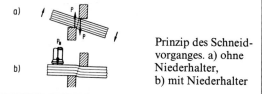

Prinzip des Schneidvorganges. a) ohne Niederhalter, b) mit Niederhalter

Die hier abgebildete Tafelschere arbeitet mit Schwingschnitt, d.h. der obere Messerbalken wird elektrohydraulisch um einen Drehpunkt geschwenkt.

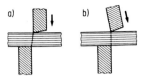

Wirkungslinie der Scherkraft beim Schneidvorgang. a) Parallelschnitt, b) Schräg- oder Schwingschnitt

Der Niederhalter ist mit hydraulisch gesteuerten Einzelstößeln, mit automatischer Anpassung an die Schnittkraft, versehen.

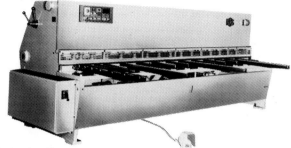

Hydraulische Tafelschere mit Schwingschnitt (Werkfoto Fa. Reinhardt, Sindelfingen)

2. Streifenscheren

Streifenscheren sind Scheren, die im kontinuierlichen Schnitt aus breiten Walzbändern, Bänder mit definierter Breite schneiden. Die kleinste Breite, die sich aus dem kleinsten Messerabstand ergibt, liegt bei 40 mm. Die maximale Blechdicke, die man mit Streifenscheren noch schneiden kann, beträgt ca. 6,5 mm. Die als Ringe ausgebildeten Werkzeuge sitzen auf den Messerwellen und werden durch Distanzhalter auf die zu schneidenden Streifenbreiten eingestellt. Die beiden parallel zueinander angeordneten Wellen werden von einem Motor über ein Vorgelege angetrieben. Die Drehrichtung der beiden Wellen ist gegenläufig.

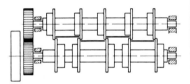

3. Kreis- und Kurvenscheren

Mit diesen Scheren kann man gekrümmte Linien schneiden. Sie werden deshalb zum Beschneiden von Blechformteilen und zur Herstellung von Ronden eingesetzt. Kreis- und Kurvenscheren bestehen in ihren Hauptelementen aus rotierenden Rundmessern. Damit diese Messer gekrümmten Umfangslinien folgen können, dürfen sie nur einen bestimmten Durchmesser haben.

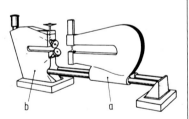

Kurvenschere mit Zentriereinrichtung. a) Zentrierbügel für Ronde, b) Kurvenschere

$$D \approx 120 \cdot s$$

D in mm   Messerdurchmesser
s in mm   Blechdicke

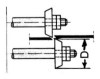

18.12 Testfragen zu Kapitel 18:

1. Wie unterteilt man die Schneidverfahren nach DIN 8588?
2. Beschreiben Sie den Ablauf des Schneidvorganges?
3. Warum ist an Blechscheren das bewegte Obermesser zur Tischfläche hin geneigt?
4. Warum muß bei einem Schnittwerkzeug der Einspannzapfen im Linienschwerpunkt der Schneidstempel sein?
5. Was versteht man unter den Begriffen Schneidspalt, Steg- und Randbreite?
6. Wie unterteilt man die Schneidewerkzeuge?
7. Was ist ein Folgeschnitt und für welche Stanzteile benötigt man ihn?
8. Wie funktioniert ein Gesamtschnittwerkzeug?
9. Was ist ein Seitenschneider und welche Aufgabe hat er?
10. Warum ist ein ausgesparter Seitenschneider besser als ein Vollseitenschneider?
11. Was ist bei der Streifenführung zu beachten?
12. Warum darf der Schneidestempel nicht zu lang sein?
13. Wozu benötigt man eine Tafelschere
   eine Streifenschere
   eine Kreisschere?

19. Feinschneiden (Genauschneiden)

19.1 Definition

Feinschneiden ist ein Schneidverfahren, mit dem Werkstücke mit völlig glatter, abrißfreier Schnittfläche bei höchster Maßgenauigkeit erzeugt werden.

19.2 Einsatzgebiete

Ein typisches Einsatzgebiet ist die Herstellung von Zahnrädern mit Modulen von 0,2 bis 10 mm und Blechdicken von 1 bis 10 mm. Aber auch Zahnstangen und andere Genauteile wie z. B. Sperrhebel für Kfz-Türen werden ohne Nacharbeit im Feinstanzverfahren hergestellt (Bild 19.1).

Bild 19.1 Feinschnitteil und Feinschnittfläche (Werkfoto Fa. Feintool AG, Lyss/Schweiz)

19.3 Ablauf des Schneidvorganges

Beim Feinschneiden wird der Werkstoff:

1. vor dem Schneidvorgang
   durch ein mit einer Ringzacke versehenes Werkzeugelement (Bild 19.2) fest gegen die Schnittplatte gedrückt.

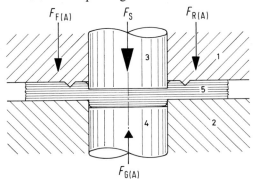

Bild 19.2 Prinzip des Feinstanzens.
F_s Schneidkraft, F_G Gegenhaltekraft, F_R Ringzackenkraft, $F_{G(A)}$ Auswerferkraft, $F_{R(A)}$ Abstreiferkraft (Werkfoto Fa. Feintool AG, Lyss/Schweiz)

242 19. Feinschneiden (Genauschneiden)

2. während des Schneidvorganges
   wird das auszuschneidende Werkstück in der Schnittebene durch einen Gegenstempel (Bild 19.2) mit der Kraft F_G von unten gespannt.
   In diesem gespannten Zustand wird der Schneidvorgang ausgeführt.
3. nach dem Schneidvorgang
3.1 wirkt das Ringzackenelement als Abstreifer, der das Stanzgitter vom Stempel abstreift.
3.2 wirkt der Gegenstempel als Auswerfer, der das ausgeschnittene Teil von unten nach oben auswirft.
   Wie man an dem Arbeitsablauf erkennt, sind zum Feinschneiden Spezialpressen (dreifachwirkende Stanzautomaten) erforderlich.

19.4 Aufbau des Feinstanzwerkzeuges

Den schematischen Aufbau eines Feinstanzwerkzeuges zeigt Bild 19.3.
Die Besonderheit an diesem Werkzeug ist die Ringzackenplatte, die vom äußeren Stößel der Presse mit dem Gestelloberteil bewegt wird. Der Schneidstempel wird, getrennt von der Bewegung der Ringzackenplatte, vom inneren Stößel der Presse betätigt.
Der Gegenhaltestempel wird vom Auswerfer der dreifachwirkenden Presse betätigt.

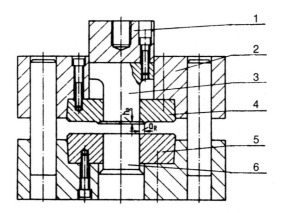

Bild 19.3 Hauptelemente eines Feinschneidwerkzeuges. 1 Stempelkopf, 2 Gestelloberteil, 3 Schneidstempel, 4 Ringzackenplatte, 5 Schneidplatte, 6 Gegenstempel

19.5 Schneidspalt

Außer der Ringzacke ist der kleine Schneidspalt ein besonderes Merkmal des Feinschneidwerkzeuges. Er bewirkt die glatten Schnittflächen. Seine Größe ist abhängig von der Blechdicke und dem Verhältnis von Stempeldurchmesser und Blechdicke.

19. Feinschneiden (Genauschneiden)

Tabelle 19.1 Schneidspalt u in Abhängigkeit von der Blechdicke s und dem Stempeldurchmesser-Blechdicken-Verhältnis d/s

s in mm	1	2	3	4	5	8
u in mm für $q = 0{,}7$	0,012	0,024	0,036	0,048	0,06	0,095
u in mm für $q = 1{,}0$	0,01	0,02	0,03	0,04	0,05	0,08
u in mm für $q = 1{,}2$	0,005	0,01	0,015	0,02	0,025	0,04

$q = \dfrac{d}{s}$, d in mm Stempeldurchmesser, s in mm Blechdicke

19.6 Kräfte beim Feinschneiden

Schnittkraft

$$F_s = U \cdot s \cdot \tau_B$$

F_s in N	Schnittkraft
U in mm	Umfang des Schneidstempels
s in mm	Blechdicke
τ_B in N/mm²	Scherfestigkeit (siehe Tab. 18.2 Kap. 18.5).

Ringzackenkraft (Bild 19.4)

$$F_R = 4 \cdot L \cdot h \cdot R_m$$

L in mm	Länge der Ringzacke
h in mm	Ringzackenhöhe (Bild 19.4)
R_m in N/mm²	Zugfestigkeit
F_R in N	Ringzackenkraft

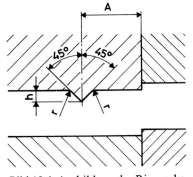

Bild 19.4 Ausbildung der Ringzacke

Tabelle 19.2 Ringzackenhöhe h in Abhängigkeit von der Blechdicke s

h in mm	0,3	0,5	0,7	0,8	1,0
s in mm	1–2	2,1–3	3,1–6	6,1–9	9,1–11

Gegenkraft

$$F_G = A \cdot p$$

p = 20 N/mm² bis 70 N/mm²
p = 20 bei kleinflächigen dünnen Teilen!

F_G	in N	Gegenkraft
A	in mm²	Fläche des Feinschnitteiles
		(Draufsicht des auszuschneidenden Teiles)
p	in N/mm²	Spezifischer Anpreßdruck

Abstreifkraft bzw. Auswerfkraft

$$F_A = 0{,}12 \cdot F_s$$

F_A in N   Abstreifkraft/Auswerfkraft

Die Ringzackenpalette streift das Stanzgitter vom Schneidstempel ab (Abstreifkraft), und der Gegenstempel stößt das Teil aus der Schnittplatte aus (Auswerfkraft).

19.7 Feinschneidpressen

Feinschneidpressen sind dreifach wirkende Pressen mit mechanischem Antrieb bis 2500 kN Presskraft und hydraulischem Antrieb bis 14000 kN Presskraft. Diese Maschinen mit CNC-Steurung haben einen senkrecht von unten nach oben arbeitenden Stößel, einen gesteuerten Bewegungsablauf mit einem genauen oberen Umkehrpunkt des Stößels, eine exakte Stößelführung und eine grosse Ständersteifigkeit.

Bei den Mechanischen Feinschneidpressen der Fa. Feintool (Bild 19.5) erfolgt der Antrieb von einem stufenlos regelbaren Gleichstrommotor über das Schwungrad, eine Lamellenkupplung und ein Schneckenradgetriebe auf zwei synchron laufende Kurbelwellen unterschiedlicher Exzentrizität. Diese Kurbelwellen treiben ein Doppelkniehebelsystem an, welches den gesteuerten Bewegungsablauf erzeugt.

Die Hydraulischen Feinschneidpressen der Fa. Feintool (Bild 19.6) sind mit einem Druckspeicherantrieb ausgerüstet. Dabei lädt die Hydraulikpumpe einen Hochdruck-Akkumulator als Energiespeicher – vergleichbar dem Schwungrad bei der mechanischen Feinschneidpresse – kontinuierlich auf. Während dem Schneidvorgang speist dieser Speicher den Hauptarbeitszylinder. Die Schnittgeschwindigkeit ist somit im Unterschied zum Direktantrieb nicht von der Pumpenleistung abhängig. Die Hydraulikpumpe speist gleichzeitig auch den Niederdruck-Akkumulator, der die Schnellschließzylinder versorgt. Infolgedessen können die einzelnen Phasen des Bewegungsablaufes weg-, druck- und geschwindigkeitsabhängig auf jedes Werkzeug abgestimmt werden. Am Ende des Schneidvorgangs läuft der Stößel im oberen Umkehrpunkt gegen einen mechanisch verstellbaren Festanschlag.

19. Feinschneiden (Genauschneiden) 245

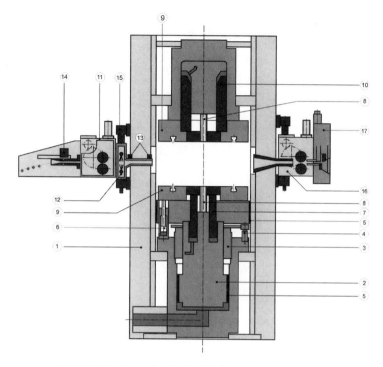

Bild 19.5 Aufbau einer hydraulischen Feinschneidpresse

Maschinenelemente
1 Vier-Säulen-Pressenkörper
2 Hauptarbeitszylinder/ Stößel
3 Festanschlag d. Stößels
4 Stellmotor (Hubverstellung)
5 Stößelführung
6 Schnellschließzylinder
7 Gegenhalterzylinder
8 Mittenabstützung
9 Werkzeugaufspanntische
10 Ringzackenzylinder

Elemente des Vorschubsystems
11 Einlaufvorschub
12 Bandsprühgerät
13 Anschneideautomatik
14 Bandendkontrolle
15 Vorschubhöhenverstellung
16 Auslaufvorschub
17 Abfalltrenner

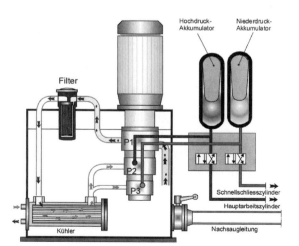

Bild 19.5a
Hydraulikaggregat
(Werkfoto Fa. Feintool
Technologie AG,
Lyss/Schweiz)

246 19. Feinschneiden (Genauschneiden)

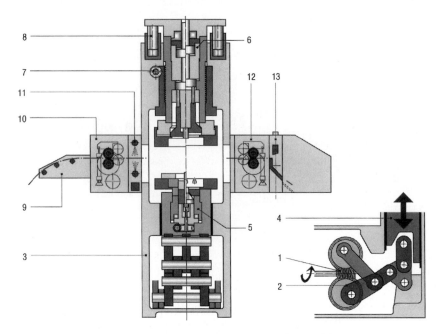

Bild 19.6 Aufbau einer mechanischen Feinschneidpresse
(Werkfoto, Fa. Feintool Technologie, Lyss/Schweiz)

Maschinenelemente
1 Getriebe
2 Doppelkniehebel
3 Vier-Säulen-Pressenkörper
4 Stößel
5 Gegenhalterkolben
6 Ringzackenkolben
7 Werkzeughöhenverstellung

Elemente des Vorschubsystems
8 Einlaufrollenkorb
9 Eilaufvorschub
10 Sprühgerät
11 Auslaufvorschub
12 Abfalltrenner

19.8 Testfragen zu Kapitel 19

1. Was versteht man unter Feinschneiden?
2. Wofür wird dieses Verfahren eingesetzt?
3. Erklären Sie den Ablauf des Schneidvorganges beim Feinschneiden!
4. Wie ist ein Feinschneidwerkzeug aufgebaut?
5. Von welchen Größen ist die Wahl des Schneidspaltes abhängig?
6. Was ist die Besonderheit bei Feinstanzpreßmaschinen?

19.9 Laserschneidmaschinen

Die im Bild 19.7 gezeigte Maschine Trumatic 600 Laserpress ist eine Kombination aus:

einer elektrohydraulischen Stanzpresse;
einer Laserschneidmaschine.

Mit dem Stanzkopf, mit elektrohydraulischem Stößelantrieb, werden die Standardkonturen wie z.B. runde und rechteckige Durchbrüche mit einem Hub ausgestanzt. In dieser Stanzeinheit sind Hubweg und Stanzkraft variabel. Beide werden in Abhängigkeit von Werkzeug und Material steuerungstechnisch optimiert. Alle Werkzeuge lassen sich 360° drehen. Dadurch reduziert sich die Anzahl der benötigten Werkzeuge auf ein Minimum. Die Werkzeuge werden aus dem Linearspeicher abgerufen und in wenigen Sekunden gewechselt.

Bild 19.7 Trumpf CNC-Blechbearbeitungszentrum Trumatic 600 Laserpress
(Werkfoto Fa, Trumpf GmbH, Ditzingen)

Mit der Laserschneid- und Abtrageinheit Trumatic 600 Laserpress (CO_2-Gaslaser, hochfrequenzerzeugt), erfolgt anschließend an den Stanzvorgang die Feinbearbeitung des Werkstückes. So werden z.B. kleinste Durchbrüche (Bild 19.8), die mit einem Stanzstempel gar nicht mehr erzeugt werden könnten, weil sonst ein so dünner Stempel abbrechen würde, vom Laserstrahl erzeugt.

Das Werkstück wird in der gleichen Aufspannung von der Stanzeinheit zum Laserkopf verschoben.

Die berührungslose automatische Abstandsregelung DIAS (digitales intelligentes Abstandssystem) hält den Abstand zwischen Schneiddüse und Werkstück konstant. Dadurch kann der Laser selbst auf bereits vorhandenen Umformungen (z.B. Auswölbungen) schneiden.

248 19. Feinschneiden (Genauschneiden)

Bild 19.8 Komplettbearbeitung eines Werkstückes
(Laserschneiden, Stanzen und Prägen) (Werkfoto Fa. Trumpf GmbH, Ditzingen)

Das Schnellwechselsystem ermöglicht auch den Austausch eines Laserkopfes in wenigen Sekunden. Die Maschine ist mit einer Trumpf CNC-Steuerung ausgestattet. Ihre einfache Bedienung ist ganz auf den Menschen zugeschnitten. Die graphische Steuerungsoberfläche entspricht dem Windows Standard. Da die Bedienerstruktur auf die produktiven Tätigkeiten ausgerichtet ist, kann die Bearbeitung mit wenigen Schritten eingeleitet werden. Auch zur Programmierung sind nur 3 Schritte erforderlich:
1. Zeichnung einlesen;
2. Blechtafel belegen und Bearbeiten automatisch definieren lassen (der integrierte Schachtelprozessor berechnet automatisch die optimale Tafelbelegung, mit der am wenigsten Material benötigt wird);
3. NC-Programm automatisch generieren.

Tabelle 19.3 Technische Daten der Anlage

Arbeitsbereich (X, Y) kombinierter Stanz-Laserbetrieb	2585 x 1600 mm
Laserleistung	1.800 - 3.000 W
max. Stanzkraft	220 kN
max. Blechdicke	8 mm
erreichbare Genauigkeit	± 0,1 mm

20. Fügen durch Umformen

Fügen durch Umformen ist laut DIN 8593 (siehe Bild 1.1) eine Sammelbezeichnung für Verfahren, bei denen die Fügeteile oder Hilfsfügeteile örtlich – bisweilen auch ganz – umgeformt werden. Die Umformkräfte können mechanisch, hydraulisch, elektromagnetisch oder auf andere Art, z. B. explosiv, aufgebracht werden. Die Verbindung ist im Allgemeinen durch Formschluss gegen ungewolltes Lösen gesichert. Dabei wird unterschieden in Fügen durch

- Umformen drahtförmiger Körper (z. B. Flechten)
- Umformen bei Blech-, Rohr- und Profilteilen (Bördeln, Falzen, Clinchen) und
- Nietverfahren (Hohlnieten, Stanznieten).

Das vorliegende Kapitel befasst sich mit dem Clinchen (verbreitete englischsprachige Version des Durchsetzfügens) und dem vorlochfreien Stanznieten, da diese Verfahren seit Mitte der 1990er Jahre zunehmend an Bedeutung gewinnen. Sie lösen auf Grund ihrer Vorteile im Automobilbau zum großen Teil das konventionelle Widerstandspunktschweißen ab.

Die ökonomischen Vorteile liegen in der Fügbarkeit unterschiedlicher Werkstoffe (z. B. Aluminium plus Stahl), in höheren Werkzeugstandmengen und im Vermeiden von Wärmeeintrag. Letzteres führt insbesondere bei höherfesten Blechen zur besseren Ausnutzung der Festigkeit, da die ursprünglichen Werkstoffeigenschaften nicht durch thermische Einflüsse verändert werden.

Die Umformung am Fügepunkt wird durch gezielte Veränderung der Halbzeugdicke erreicht. Es handelt sich damit um einen Massivumformvorgang, der aus einer Überlagerung verschiedener Verfahren zusammengesetzt ist, z. B. Durchsetzen, Stauchen, Fließpressen.

Theoretische Berechnungen für Kenngrößen wie z. B. Kraft- und Arbeitsbedarf und die Beschreibung der Verfahrensgrenzen (fügbare Blechdicken, fügbare Festigkeiten) bei dem sich komplex ändernden dreiachsigen Spannungs- und Deformationszustand stoßen immer noch auf Schwierigkeiten. Die bisherigen Entwicklungen sind daher durch Experimente geprägt. Zukünftig wird durch den verstärkten Einsatz der numerischen Simulation der experimentelle Aufwand reduziert werden.

Auf der beiliegenden CD sind zu allen Gliederungspunkten weiterführende Beispiele zu finden.

20.1 Clinchen

20.1.1 Prinzip

Im Bild 20.1 sind 4 Stufen beim Clinchen mit beweglicher Matrize schematisch dargestellt. Nach der Positionierung der Bleche mit Hilfe des Niederhalters (Teilbild 1) wird das unter der Stempelstirn befindliche Material durchgesetzt und gestaucht (Teilbild 2). Durch radial nach außen verdrängten Werkstoff bildet sich ein Hinterschnitt zwischen den Blechen (Teilbild 3). Neben diesem Formschluss entstehen gleichzeitig radiale Druckeigenspannungen, die in der Verbindung zu einem Kraftschluss führen (Teilbild 4).

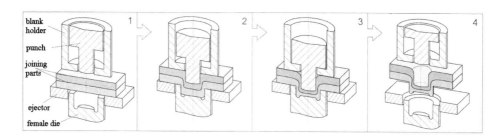

Bild 20.1 Prinzipdarstellung des Clinchprozesses mit starrer Matrize (LWF Paderborn)

Im Bild 20.2 ist ein Clinchpunkt mit beweglicher Matrize im Querschliff dargestellt. Man erkennt den Bodenbereich, aus welchem das helle Aluminium infolge der axialen Stempelbewegung durch radialen Werkstofffluss den Hinterschnitt geformt hat. Durch das passive Aufspreizen der beweglichen Matrizenlamellen wird die Formung des Hinterschnittes unterstützt.

Bild 20.2 Querschliff eines Clinchpunktes mit beweglichen Matrizensegmenten; Verbindung von Aluminium (oben) und Stahl (unten) (Fraunhofer-IWU Chemnitz)

20.1.2 Anwendung des Verfahrens

Wesentlicher Vorteil des Clinchens sind die geringen Kosten. Das Verfahren ist für die Verbindung von Blechen, Profilen und Druckgussteilen geeignet, wobei sich das Hauptanwendungsgebiet im Bereich von s = 1,2 ... 4 mm Gesamtblechdicke befindet.

20.1 Clinchen

Dabei können Werkstoffe mit R_m bis 1000 MPa gefügt werden, wobei im Allg. für die Paarung gilt, dass das dickere und/oder härtere Halbzeug stempelseitig angeordnet sein soll. Eine Einschränkung stellt das notwendige Umformvermögen dar. Bei geringen Bruchdehnungen (unter 10%) tritt vor allem in der zugspannungsbelasteten matrizenseitigen Lage Rissversagen auf.

Anwendungsgebiete des Clinchens sind z. B. die Automobilindustrie (Bild 20.3 und 20.4), die sog. weiße Ware (Hausgerätetechnik), Lüftungs- und Klimabau, Elektronik, Medizintechnik und allgemeine Blechverarbeitung (Bild 20.4)

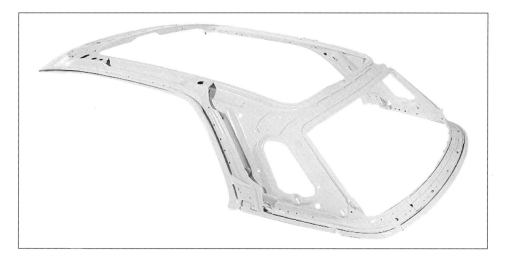

Bild 20.3 Hardtop BMW 3er mit 125 Clinchpunkten (Eckold GmbH & Co. KG)

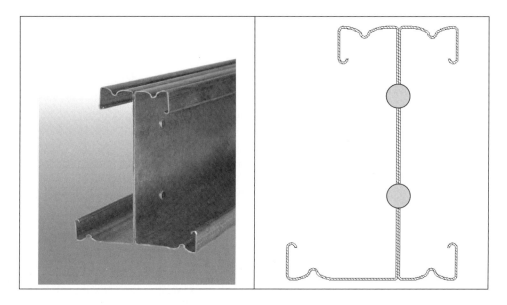

Bild 20.4 Dachträgerelement (Eckold GmbH & Co. KG)

20.1.3 Werkzeuge und Ausrüstungen

Im Bild 20.5 sind Aktivwerkzeuge mit einer Darstellung der Zugänglichkeit gezeigt.

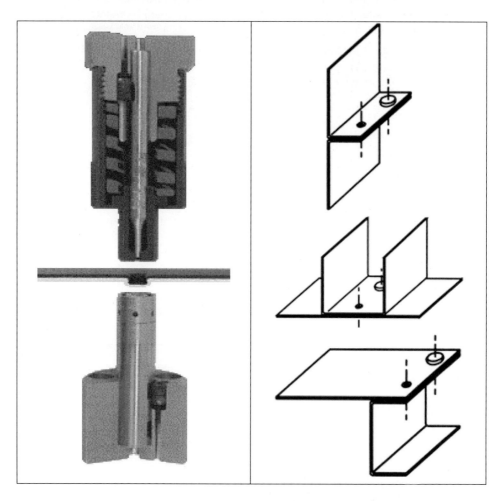

Bild 20.5 links: Werkzeuge; rechts: Zugänglichkeitsproblem (BTM Europe GmbH)

Im Bild 20.6 ist eine stationäre Anwendung dargestellt, eine Fügezelle mit 10 Clinchbügeln zur Herstellung von Motorhauben. Im Gegensatz zum Punktschweißen sind die erforderlichen Kräfte beim Clinchen mit 30-100 kN deutlich höher und erfordern schwerere Fügezangen.

20.1 Clinchen

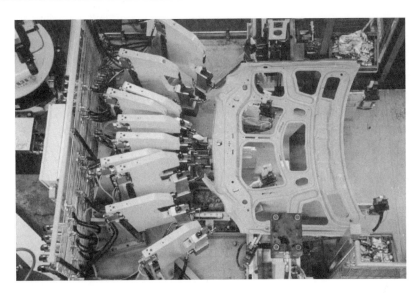

Bild 20.6 Fügezelle (Eckold GmbH & Co. KG)

20.1.4 Entwicklungstendenzen

Zukünftige Anwendungen erfordern qualitative Sprünge, wie z. B.:

- Geringere Kosten der Werkzeuge und Ausrüstungen (z. B. Bild 20.7 Fügepunkt ohne Formmatrize)
- Geringere Fügekräfte (z. B. Taumelclinchen)
- Besseres Umformvermögen für spröde Werkstoffe
- Kombination mit anderen Verfahren (Hybridfügen Clinchen und Kleben; Innenhochdruckumformung und Clinchen mit dem Fluid als aktives Fügewerkzeug)

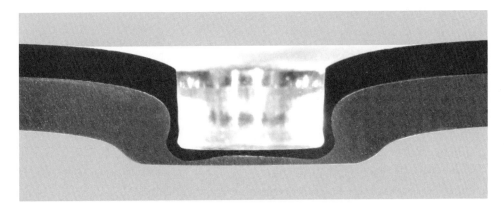

Bild 20.7 Matrizenloses Clinchen (Fraunhofer-IWU Chemnitz)

20.2 Vollstanznieten

20.2.1 Prinzip

Im Bild 20.8 ist der Nietvorgang mit Vollstanzniet in 4 Stufen dargestellt. Zu Beginn werden die Fügeteile durch den Niederhalter fixiert (Teilbild 1). Während des Stempelhubes locht der Stanzniet beide Blechlagen und die Butzen werden ausgestoßen (Teilbild 2). Mit der weiteren Stempelbewegung beginnt sich der konische Nietkopf in die obere Blechlage einzuformen (Teilbild 3). Erst nach vollständigem Kopfeinformen presst der stirnseitige Ring der Matrize den Blechwerkstoff der unteren Lage in die Schaftnut des Nietes und stellt auf diese Weise eine formschlüssige Verbindung her, der kraftschlüssig radiale Druckspannungen überlagert sind (Teilbild 4).

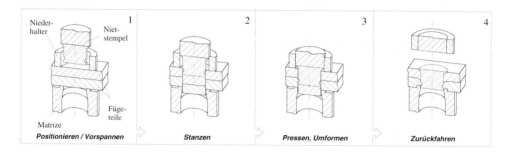

Bild 20.8 Prinzipdarstellung des Vollstanznietens (LWF Paderborn)

Im Bild 20.9 erkennt man die Schaftnut am Niet einer Vollstanznietverbindung. Für das Fügen unterschiedlicher Gesamtblechstärken gibt es einen Mehrbereichsniet mit mehreren Nuten.

Bild 20.9
Querschliff durch einen Vollstanznietpunkt
(Fraunhofer-IWU Chemnitz)

20.2.2 Anwendung des Verfahrens

In Bild 20.9 erkennt man die gute Ebenheit im Kopfbereich und die beidseitige Bündigkeit der Verbindung. Diese Vorteile sind oft ein Anwendungskriterium. Bei dieser Verbindung liegt das Hauptanwendungsgebiet im Bereich von s = 1,5 ... 5 mm Gesamt-

20.2 Vollstanznieten

blechdicke, wobei die untere Lage wegen des Vorgangs der Schaftnutfüllung eine Mindestdicke von ca. 1 mm haben muss.

Es können Werkstoffe auch mit R_m > 1000 MPa gefügt werden. In der oberen Lage sind auch sehr dünne Materialien (< 1 mm) und Nichtmetalle einsetzbar. Das Umformvermögen stellt keine enge Grenze dar. Durch den Schneidprozess liegt eine stark lokal begrenzte Umformung vor, so dass auch Werkstoffe mit geringer Bruchdehnung, z. B. Magnesium verarbeitbar sind.

Anwendungsgebiet des Vollstanznietens ist hauptsächlich die Automobil- (Bild 20.10) und Schienenfahrzeugindustrie.

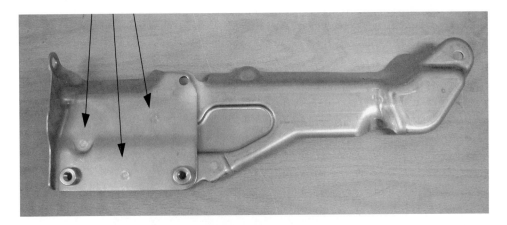

Bild 20.10 Stanzgenietes Wärmeabschirmblech für den Audi TT (Kerb-Konus-Vertriebs-GmbH)

20.2.3 Werkzeuge und Ausrüstungen

Im Bild 20.11 ist eine Vollstanznietanlage dargestellt, bestehend aus Roboter und Fügezange (auch C-Bügel genannt). Die Niete werden magaziniert verarbeitet; Antrieb ist ein Hydraulikzylinder.

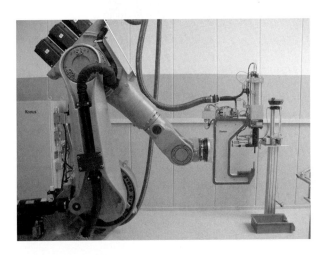

Bild 20.11
Vollstanznietanlage (Kerb-Konus-Vertriebs-GmbH)

20.2.4 Entwicklungstendenzen

Zukünftige Entwicklungen zielen in folgende Richtungen:

- Niedrigere Kosten für Niete (umformende statt spanende Herstellung), Werkzeuge und Ausrüstungen
- FEM-Berechnung (Bild 20.12)
- Geringere Fügekräfte/einseitige Zugänglichkeit (z. B. Hochgeschwindigkeit)
- Breiteres Einsatzspektrum (neue Nietformen oder Werkzeugkonzepte; z. B. geteilte Matrizen)
- Korrosionsstabilität der Verbindung (z. B. Keramikniet)
- Kombination mit anderen Verfahren (Clinchen und Kleben)

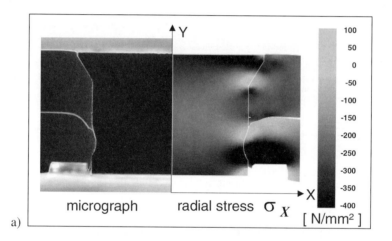

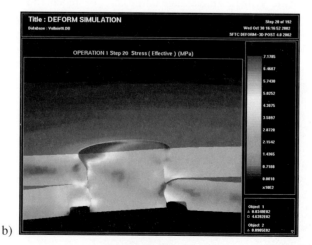

Bild 20.12   a) Querschliff und 2D-Fügesimulation; b) 3D-Belastungssimulation einer Vollstanznietverbindung (Fraunhofer-IWU Chemnitz)

Durchgängige numerische Lösungen bieten einen sehr großen Zeit- und Kostenvorteil. Die einzelnen Schritte Blechumformung, Fügen und Belasten müssen aber in ihrer Komplexität und der jeweils erzeugten Deformationsgeschichte erfasst werden. Die in Bild 20.12 dargestellte Simulation des Fügevorganges (Endzustand) kann rotationssymmetrisch (2D) gerechnet werden. Die Belastung im Scherzug bewirkt dagegen einen komplexen Spannungszustand, der räumlich (3D) betrachtet werden muss.

20.3 Halbhohlstanznieten

20.3.1 Prinzip

Im Bild 20.13 ist der Nietvorgang mit dem Halbhohlstanzniet in 4 Stufen dargestellt. Zu Beginn werden die Fügeteile durch den Niederhalter fixiert (Teilbild 1). Während des Stempelhubes (Teilbild 2) durchschneidet der Niet nur die stempelseitige obere Blechlage, wobei der ausgelochte Butzen im Hohlraum des Stanznietes aufgenommen wird. Mit der weiteren Stempelbewegung spreizt der Halbhohlstanzniet im unteren Teil auf und bildet den Hinterschnitt (Teilbild 3). Auch in dieser formschlüssigen Verbindung verbleiben radiale Druckspannungen und bilden zusätzlich den für die zyklische Belastbarkeit wichtigen Kraftschluss (Teilbild 4).

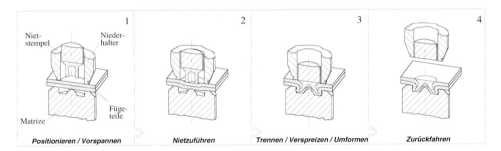

Bild 20.13 Prinzipdarstellung des Halbhohlstanznietens (LWF Paderborn)

Im Bild 20.14 ist eine Halbhohlstanznietverbindung dargestellt. Deutlich erkennt man die durchschnittene obere Blechlage und den Hinterschnitt in der unteren Lage. Die Matrizenkontur bildet sich im unteren Teil deutlich ab.

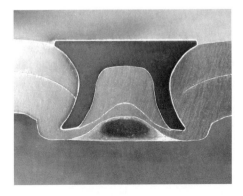

Bild 20.14
Querschliff durch einen Halbhohlstanznietpunkt (Fraunhofer-IWU Chemnitz)

20.3.2 Anwendung des Verfahrens

Die Halbhohlstanznietverbindung liegt in den Festigkeiten am höchsten, vor allem gegenüber dem Punktschweißen. Dieser Vorteil ist das Anwendungskriterium für die Zulassung der Verbindung im crashrelevanten Bereich eines Automobils.

Bei der Verbindung liegt das Hauptanwendungsgebiet im Bereich von s = 1,5 ... 4 mm Gesamtblechdicke. Dabei können Werkstoffe mit R_m bis 1000 MPa gefügt werden, wobei im Unterschied zum Clinchen im Allg. für die Paarung gilt, dass das dünnere und/oder weichere Halbzeug stempelseitig angeordnet sein soll.

Das notwendige Umformvermögen stellt wie beim Clinchen eine Einschränkung dar. Spröde Materialien, wie z. B. Aluminiumdruckguss, sind also günstiger auf der Stempelseite anzuordnen.

Hauptanwendungsgebiet des Halbhohlstanznietens ist die Automobilindustrie (Bild 20.15).

Bild 20.15   links: Audi A2 mit 1800 Stanznietverbindungen, rechts: Ausschnitt
(Fotos HTW Dresden)

20.3.3 Werkzeuge und Ausrüstungen

Die Aktivteile Niederhalter, Stempel und Matrize im Bild 20.16 zeigen die prinzipielle Anordnung, die bei allen beschriebenen vorlochfreien Fügeverfahren üblich ist.

Neben den hydraulischen Antrieben für Nietanlagen, die im Allg. in einem Festanschlag im unteren Totpunkt gestoppt werden, sind zunehmend Elektrospindeln im Serieneinsatz (Bild 20.17). Mit diesem völlig anderen Konzept ändern sich die Anforderungen und Möglichkeiten für Steuerung und Überwachung.

20.3 Halbhohlstanznieten

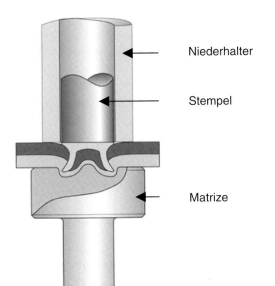

Niederhalter

Stempel

Matrize

Bild 20.1
Schematischer Querschnitt durch die Aktivteile beim Stanznieten (Böllhoff GmbH)

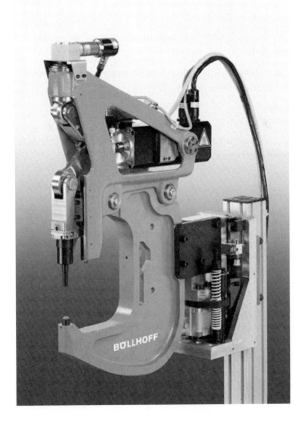

Bild 20.17 Fügezange auf Kniehebelprinzip und Spindelantrieb (ohne Nietzuführung; Böllhoff GmbH)

20.3.4 Entwicklungstendenzen

Ähnlich wie beim Clinchen und Vollstanznieten liegen auch hier die zu lösenden Probleme bei der

- Reduzierung der Kosten
- Verbesserung der Fügbarkeit hochfester Bleche (Einsatz hochfester Niete, Werkstückerwärmung)
- Erhöhung der Prozesssicherheit (Toleranz gegenüber Prozessschwankungen)
- Überwachung (Kraftüberwachung ist Standard, weitere Möglichkeiten sind Weg-, Körperschallauswertung)
- Realitätsnahen Berechnung der Prozesse
- Reduzierung der Fügekräfte
- Einseitigen Zugänglichkeit
- Erhöhung der Korrosionsstabilität (z. B. neuartige Beschichtung im Vakuum)
- Kombination mit anderen Verfahren (Stanznieten und Kleben; Innenhochdruckumformung und Halbhohlstanznieten mit dem Fluid als Gegenkraft)

Die beim Clinchen schon dargestellte Variante mit einfachem flachen Gegenwerkzeug ohne Formmatrize ist beim Nieten nach dem gleichen Prinzip anwendbar (Bild 20.18) und verfolgt folgende Ziele:

- Keine Koaxialitätsforderungen mehr zwischen Stempel und Matrize, kein Einrichtaufwand, geringer Werkzeugverschleiß, hohe Prozesssicherheit; bessere Zugänglichkeit beim Fügen
- Unterseite mit geringer Erhebung (günstig für den Platzbedarf in der Struktur, Optik, Reinigung, Lackierung, Hybridfügen mit Klebstoffverdrängung im Hinterschnittbereich)

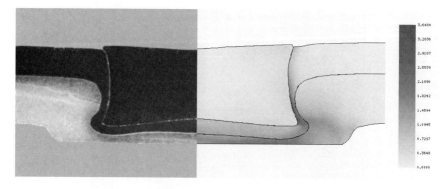

Bild 20.18 Matrizenloses Nietclinchen; links: Experiment, rechts: Rechnung (Fraunhofer-IWU Chemnitz)

Teil II: Preßmaschinen

21. Unterteilung der Preßmaschinen

Die Preßmaschinen unterteilt man nach ihren charakteristischen Kenngrößen in arbeit-, kraft- oder weggebundene Maschinen.

21.1 Arbeitgebundene Maschinen

Hämmer und Spindelpressen sind Maschinen, bei denen das Arbeitsvermögen die kennzeichnende Größe ist. Beim Hammer ergibt sich das Arbeitsvermögen aus der Bärmasse und der Fallhöhe des Bären. Bei den Spindelpressen ist das Arbeitsvermögen in den rotierenden Massen (hauptsächlich im Schwungrad) gespeichert und damit von der Winkelgeschwindigkeit und dem Massenträgheitsmoment abhängig.
Beide Maschinenarten haben gemeinsam, daß man das Arbeitsvermögen beeinflussen bzw. einstellen kann.
Dagegen ist die Kraft nicht unmittelbar einstellbar. Sie ist abhängig von der Art des Werkstückes und dem Verformungsweg.

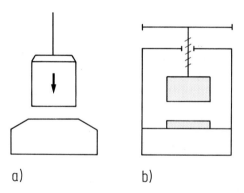

Bild 21.1 Prinzip der arbeitgebundenen Maschinen. a) Fallhammer, b) Spindelpresse

21.2 Weggebundene Maschinen

Dazu gehören die Kurbel- und Kniehebelpressen. Bei diesen Maschinen ist die Umformung dann beendet, wenn der Stößel seine untere Stellung (unterer Totpunkt – UT) erreicht hat. Die kennzeichnende Größe ist also die Wegbegrenzung, die durch den Kurbelradius r bei Kurbelpressen und durch das Hebelverhältnis bei Kniehebelpressen (Bild 21.2) gegeben ist.
Während bei den Kurbelpressen die Nennpreßkraft der Maschine bei einem Kurbelwinkel von 30° vor UT bis UT zur Verfügung steht, ist die Nennpreßkraft bei einer Kniehebelpresse (abhängig vom Hebelverhältnis) nur in einem Bereich von 3 bis 4 mm vor UT vorhanden.

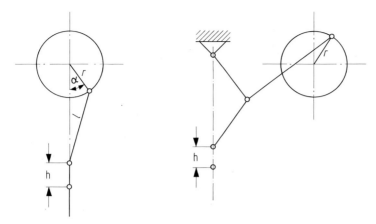

Bild 21.2 Antriebsschema der weggebundenen Maschinen. a) Kurbelpresse, b) Kniehebelpresse

21.3 Kraftgebundene Maschinen

Hydraulische Pressen sind kraftgebundene Maschinen, weil man bei ihnen nur die Kraft (über den Arbeitsdruck) einstellen kann.

Da die Umformkräfte in gewissen Grenzen schwanken (Unterschiede der Werkstofffestigkeit, Toleranz in den Rohlingen, Schmierung und Zustand der Werkzeuge), kann ein maßgenaues Teil in einer hydraulischen Presse nur dann erreicht werden, wenn der Verformungsweg begrenzt wird. Die Begrenzung kann in der Maschine durch Festanschläge oder auch im Werkzeug erfolgen.

Eine solche Wegbegrenzung ist auch bei den arbeitgebundenen Maschinen erforderlich.

21.4 Testfrage zu Kapitel 21:

Wie unterteilt man die Preßmaschinen?

22. Hämmer

22.1 Ständer und Gestelle

Die wichtigsten Ständerausführungen der Hämmer zeigt Bild 22.1.

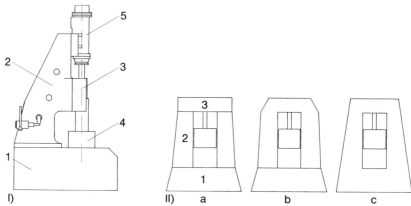

Bild 22.1 Gestellbauarten der Hammergestelle. I) Einständergestell, 1 Schabotte, 2 Ständer, 3 Führung, 4 Bär, 5 Luftzylinder; II) Ausführungsformen der Zweiständergestelle, a) Schabotte 1, Seitenständer 2 und Kopfstück 3, getrennte Teile, b) Seitenständer und Kopfstück aus einem Stück, c) Schabotte, Seitenständer und Kopfstück aus einem Stück

22.2 Unterteilung der Hämmer

Nach der Ausführung des Antriebes unterteilt man die Hämmer in:

Fallhämmer
Oberdruckhämmer
Gegenschlaghämmer.

Bei den Fallhämmern fällt der Bär durch freien Fall. Die Schlagenergie ergibt sich aus der Masse des Bären und der Fallhöhe. Als Huborgane zum Heben des Bären verwendet man Riemen, Ketten oder die Kolbenstange bei den hydraulischen Antrieben.
In der Gegenwart werden aus wirtschaftlichen Gründen überwiegend hydraulische Huborgane eingesetzt.

$$W = m \cdot g \cdot H$$

Bei den Oberdruckhämmern wird zusätzlich zur Fallenergie noch ein Druckmedium (Luft oder Drucköl) eingesetzt, um den Bär zusätzlich zu beschleunigen. Dadurch erreicht man größere Bär-Auftreffgeschwindigkeiten und dadurch eine erhöhte Schlagenergie.

$$W = \frac{m}{2} \cdot v^2$$

Tabelle 22.1 Einteilung der Hämmer

Elemente und Kenngrößen	Schabottenhämmer				Hämmer ohne Schabotte		
	Fallhämmer			Oberdruck-Hammer	Gegenschlaghämmer		
	Riemen-	Ketten-	hydraulischer-		Bandkoppelung	hydr. Koppelung	
Huborgan	Riemen	Kette	Kolbenstange	Kolbenstange	Kolben	Kolben	Differentialkolben
Druckorgan	—	—	—	Luft Drucköl	Luft Drucköl	Drucköl	
Energie für Arbeitsbewegung	freier Fall						
max. Fallhöhe in m	2	1,3	1,3	1,3	—	—	
Bär-Beschleunigung a (m/s)	$a < g$			$a > g$	$a > g$		
Auftreffgeschwindigkeit v_A (m/s)		ca. 5		6	6–8	8–14	
Arbeitsvermögen $W = m \cdot v^2/2$	$m \cdot g \cdot h$			$m \cdot g \cdot H +$ $P \cdot 10^{-1} \cdot A \cdot H$	$\dfrac{(m_1 + m_2)}{2} \cdot v^2$		
max. Arbeitsvermögen W (kNm)	80	100	160	200	1000	1000	

22. Hämmer

Um die gleiche Schlagenergie wie bei einem Fallhammer zur Verfügung zu haben, benötigt man bei Oberdruckhämmern

kleinere Hubhöhen
kleinere Bärmassen.

Dadurch gelangt man zu größeren Schlagzahlen pro Zeiteinheit und zu einer wirtschaftlicheren Fertigung im Schmiedebetrieb.
Gegenschlaghämmer sind, aus der Sicht des Antriebes gesehen, Oberdruckhämmer ohne zusätzliche Fallenergie. Es ist nur der obere Bär angetrieben. Der untere Bär erhält seinen Antrieb indirekt durch eine mechanische Koppelung mittels Stahlband oder durch eine hydraulische Koppelung.
In der Gegenwart werden nur noch Hämmer mit hydraulischer Koppelung gebaut.
Die Tabelle 21.1 (vorhergehende Seite) zeigt die Einteilung der Hämmer.

22.3 Konstruktiver Aufbau

22.3.1 Fallhämmer (Bild 22.2)

$$W = m \cdot g \cdot H \cdot \eta_F$$

(potentielle Energie)

W	in Nm	Schlagenergie
W_N	in Nm	Nutzarbeit
m	in kg	Masse des Bären
H	in m	Fallhöhe
v	in m/s	Bärauftreffgeschwindigkeit
g	in m/s²	Fallbeschleunigung
η_F	–	Fallwirkungsgrad
η_s	–	Schlagwirkungsgrad ($\eta_s = 0{,}5 - 0{,}8$).

$$W = \frac{m \cdot v^2}{2}$$

(kinetische Energie)

$$W_N = \eta_s \cdot W$$

$$v = \sqrt{2 \cdot g \cdot H}$$

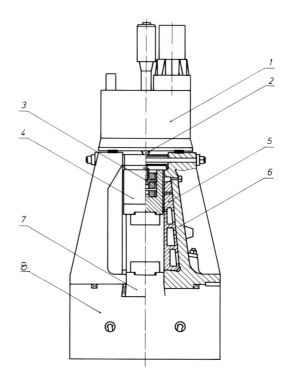

Bild 22.2 Elektro-ölhydraulischer Fallhammer.
1 hydraulischer Antrieb, 2 Kolbenstangenführung, 3 Bärschloß, 4 Bär, 5 Führungen, 6 Ständer, 7 Amboßeinsatz, 8 Schabotte (Werkfoto Fa. Lasco Umformtechnik, Coburg)

Der im Bild 22.2 gezeigte hydraulische Fallhammer hat ein dreiteiliges Gestell. Die verwendeten Werkstoffe sind:

a) Schabotte und Seitenständer: Grauguß mit Stahlzusatz.
   Dieser Spezialguß hat ein besseres Dämpfungsvermögen und ein homogeneres Gefüge als Stahlguß.
b) Bär: hochlegierter, vergüteter Elektrostahlguß oder Vergütungsstahl.
c) Führungen: gehärtete und geschliffene Stahl-Prismenführungen.

Die Schlagwirkung bei den Schabottehämmern ist vom Verhältnis

$$\frac{\text{Schlagenergie}}{\text{Masse der Schabotte}}$$

abhängig. Moderne Hämmer haben Werte von $Q = 1{,}0 - 1{,}2$.

$$Q = \frac{W \,(\text{Nm})}{m_s \,(\text{kg})}$$

Aus diesem Wert ergibt sich der Schlagwirkungsgrad eines Hammers. Früher verwendete man als Maß für die Schlagwirkung das Verhältnis von

$$\frac{\text{Masse der Schabotte (kg)}}{\text{Masse des Bären (kg)}} = \frac{10}{1} \text{ bis } \frac{20}{1}$$

Da bei kleinen Bärmassen aber auch die Schabottemassen relativ klein bleiben, ist dieses Massenverhältnis kein brauchbarer Wert zur Beurteilung der Schlagwirkung.

22.3.2 Oberdruckhämmer

Bei den Oberdruckhämmern wird das Arbeitsvermögen des fallenden Bären zusätzlich durch ein Treibmittel (Luft oder Drucköl) vergrößert.

$$W = m \cdot g \cdot H + p \cdot 10^{-1} \cdot A \cdot H$$

$$\boxed{W = H \cdot \left(m \cdot g + p \cdot 10^{-1} \cdot A\right)}$$

W in Nm Schlagarbeit
m in kg Masse des Bären
g in m/s² Fallbeschleunigung
H in mm Fallhöhe
p in bar Arbeitsdruck
A in cm² Kolbenfläche
10^{-1} Umrechnung von bar in N/cm²

268   22. Hämmer

Bei luftbetriebenen Hämmern arbeitet man mit Drücken von $p = 6 - 7$ bar.

Konstruktiv werden Oberdruckhämmer sowohl als Einständerhämmer nach DIN 55 150/151 als auch als Zweiständerhämmer nach DIN 15 157 gebaut. Vorteile der Zweiständerhämmer sind die bessere Führung des Bären und der in sich geschlossene steifere Ständer.

Der im Bild 22.3 gezeigte hydraulische Oberdruckhammer mit vollelektronischer Steuerung ist eine Weiterentwicklung dieser Hammerart. Durch den hydraulischen Oberdruck wird der Bär auf kürzest möglichen Weg auf seine Auftreffgeschwindigkeit von ca. 5m/s gebracht. Die Schlagfrequenz ist deshalb wesentlich höher als bei einem Fallhammer.

Dies hat kurze Werkzeugberührungszeiten und dadurch auch höhere Werkzeugstandzeiten zur Folge. Diese Lasco-Hämmer werden mit einer Schlagenergie von 6,3 - 400 kJ (63.000 - 400.000 Nm) gebaut. Bis ca. 150 kJ (150.000 Nm) Arbeitsvermögen wird der Hammer mit einem sogenannten U-Gestell gebaut. Bei größeren Arbeitsvermögen wird, wegen des großen Schabottengewichtes und der damit verbundenen Transportprobleme, eine mehrteilige Gestellkonstruktion gewählt.

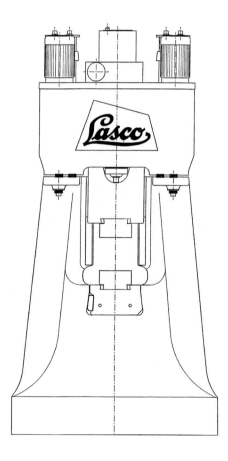

Bild 22.3
Hydraulischer Oberdruckhammer
Typ HO
(Werkfoto, Fa. Lasco-Umformtechnik, Coburg)

Das U-Gestell hat eine ideale Formgebung mit einer optimalen Massenverteilung. Es zeichnet sich durch eine hohe Steifigkeit aus. Die kritischen Querschnittsübergänge wurden spannungsoptisch optimiert. Der Gestellwerkstoff ist spezial wärmebehandelter legierter Stahlguß. Gestellgewicht und die Grundfläche des Unterbaues sind für den Unterbau von Feder-Dämpfungselementen (Bild 22.3) ausgelegt. Ein gut dimensionierter Einsatzblock zur Werkzeugaufnahme, aus Vergütungsstahl, ist im U-Gestell eingekeilt.

Der Hammerbär, aus geschmiedetem Vergütungsstahl, ist als Klotzbär ausgebildet. Die Führungen sind in X-Anordnug angelegt. Der Bär wird in einstellbaren Führungsleisten aus gehärtetem Stahl, die im U-Gestell angebracht sind, präzis mit kleinstmöglichem Spiel geführt.

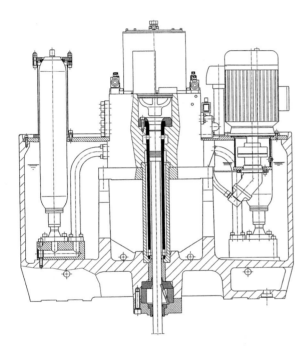

Bild 22.4
Hydraulikantrieb des Oberdruckhammers
(Werkfoto, Fa. Lasco-Umformtechnik, Coburg)

Das Antriebssystem (Bild 22.4) ist gekapselt und in Blockbauweise gegossen. Es ist im Kopfstück des Hammers, daß gleichzeitig auch als Ölbehälter dient, installiert. In dem geschmiedeten Steuerblock, der die wesentlichen Steuerelemente in einer Blockhydraulik zusammenfaßt, entfallen weitestgehend störanfällige Rohrleitungen.

Langlebige Axialkolbenpumpen, die über elastische Kupplungen von Spezialdrehstrommotoren angetrieben werden, bilden in Verbindung mit Hydrospeichern das Herz des Hydraulikaggregates.

Bild 22.5 zeigt in einer Gegenüberstellung noch einmal verschiedene Ausführungsformen von Oberdruckhämmern.

22. Hämmer

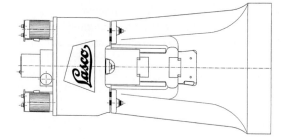

Bild 22.5 Ausführungsformen der Oberdruckhämmer.
a) Zweiständer Oberdruckhammer mit pneumatischem oder hydraulischem Antrieb (Prinzip Banning), 1 Schaboteneinsatz, 2 Bärführung, 3 Hammerkörper, 4 Hammerbär, 5 Treibmittelzufuhr, 6 Steuerventil, 7 Treibmittelauslaß, 8 Zylinderbuchse
b) Einständer Luftgesenkhammer (Prinzip Bechè und Grohs). a zusätzliche Bärführung, b Schabotte, c Gesenke
c) Hydraulischer Oberdruckhammer in U-Gestellausführung (Lasco-Umformtechnik)

22.3.3 Gegenschlaghämmer

Gegenschlaghämmer haben zwei Bären, die gegeneinander schlagen. Dadurch heben sich die Kräfte im Gestell weitestgehend auf. Deshalb benötigen diese Hämmer kein bzw. nur ein kleines Fundament.

Im Vergleich zu den Schabottehämmern beträgt die Baumasse eines Gegenschlaghammers bei gleichem Arbeitsvermögen nur ein Drittel. Aus der Sicht des Antriebes ist der Gegenschlaghammer ein Oberdruckhammer, bei dem der obere Bär angetrieben wird.

Der Unterbär erhält seine Bewegung durch eine mechanische (Stahlbänder – Bild 22.6) oder hydraulische Koppelung (Bild 22.7) mit dem Oberbären.

Hämmer mit mechanischer Koppelung (Bild 22.6) werden heute nicht mehr gebaut.

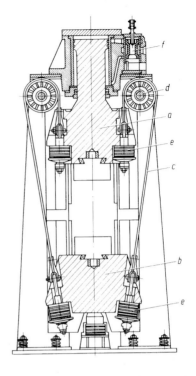

Bild 22.6 Gegenschlaghammer (Bechè und Grohs) mit Stahlbandkoppelung. a) Oberbär mit Kolbenstange, b) Unterbär, c) Stahlbänder, d) Umlenkrollen, e) Gummipuffer, f) Steuerschieber

Der Gegenschlaghammer (Bild 22.7a) – System Bechè & Grohs wird sowohl mit pneumatischem als auch mit hydraulischem Antrieb gebaut. Ober- und Unterbär sind bei diesem Hammer über eine hydraulische Kupplung miteinander verbunden. Sie besteht im wesentlichen aus zwei am Oberbär angreifenden Kupplungskolben, die bei Schlaghub über eine Ölsäule den am Unterbär angreifenden Kupplungskolben (Bild 22.7a) beaufschlagen. Die Kolben sind direkt, ohne elastische Zwischenglieder, an den Bären angelenkt. Wegen der einfachen konstruktiven Auslegung ist das System wartungsarm. Der Kupplungszylinder unter dem Unterbär ist mit einer hydraulischen Bremse versehen. Beim Rückhub wird der Unterbär vor Erreichen der Endlage abgebremst und weich von den Aufschlagpuffern abgefangen. Deshalb treten nur geringe Störkräfte auf, die vom Fundament aufgenommen werden müssen.

Bei dem Gegenschlaghammer Prinzip Lasco (Bild 22.7b) werden beide Bären mit gegenläufigen Bewegungsrichtungen angetrieben. Dabei wird der Oberbär wie bei einem normalen Oberdruckhammer beschleunigt. Die Beschleunigung des Unterbären erfolgt über vorgespannte Luftkissen. Da die Bären unterschiedliche Massen haben, (Massenverhältnis Oberbär zu Unterbär ca. 1 : 5) sind auch die Bärhübe und die Bärgeschwindigkeiten unterschiedlich. Bei der Schlagauslösung wird der Kolben des Oberbären hydraulisch beaufschlagt. Gleichzeitig werden über das gleiche Ventil die Hydraulikzylinder über den Unterbären entlastet, und der Unterbär durch die Gasarbeit der unteren gespannten Luftkissen beschleunigt. Nach dem Aufeinandertreffen der Bären wird über das Hauptventil der Zylinder des Oberbären entlastet und durch den konstanten Rückzug der Oberbär in seine Ausgangslage gefahren. Die Kolben über dem

272 22. Hämmer

Unterbären werden parallel hierzu über das gleiche Ventil beaufschlagt und der Unterbär ebenfalls in seine Ausgangsstellung gebracht. Dabei werden die Luftkissen unter dem Unterbären gespannt.

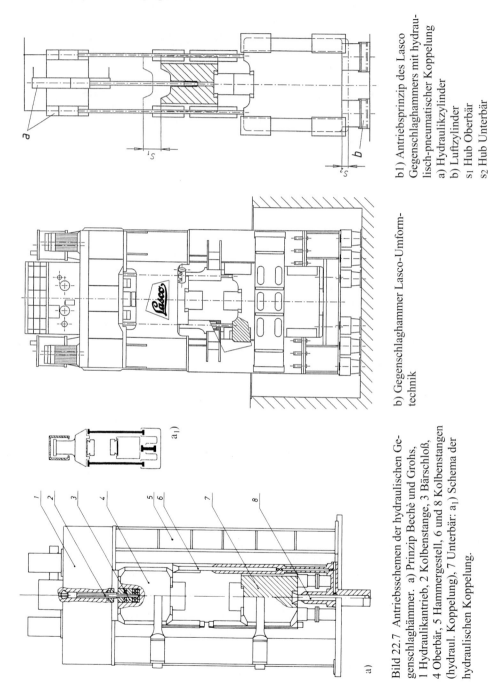

Bild 22.7 Antriebsschemen der hydraulischen Gegenschlaghämmer. a) Prinzip Beché und Grohs, 1 Hydraulikantrieb, 2 Kolbenstange, 3 Bärschloß, 4 Oberbär, 5 Hammergestell, 6 und 8 Kolbenstangen (hydraul. Koppelung), 7 Unterbär; a_1) Schema der hydraulischen Koppelung.

b1) Antriebsprinzip des Lasco Gegenschlaghammers mit hydraulisch-pneumatischer Koppelung
a) Hydraulikzylinder
b) Luftzylinder
s_1 Hub Oberbär
s_2 Hub Unterbär

b) Gegenschlaghammer Lasco-Umformtechnik

Da der Antrieb der Bären über ein gemeinsames Ventil gesteuert wird, ist die Auftreffebene − Schmiedeebene − genau fixiert. Der Unterbär macht einen Hub von ca. 120−150 mm. Durch seine kleinere Auftreffgeschwindigkeit von ca. 1,2 m/s bleiben auch flache und schwierige Schmiedestücke beim Schlag ruhig im Gesenk liegen. Die resultierende Auftreffgeschwindigkeit liegt bei ca. 6−8 m/s.

Maximale Bärauftreffgeschwindigkeiten liegen bei diesen Hämmern bei 8 bis 14 m/s. Die Schlagarbeit kann man aus der resultierenden Auftreffgeschwindigkeit der Bären und den Bärmassen bestimmen.

Schlagarbeit:

$$W = \frac{m \cdot v^2}{2} = \frac{(m_1 + m_2) v^2}{2}$$

W in Nm Schlagarbeit
m_1 in kg Masse des Oberbären
m_2 in kg Masse des Unterbären
v in m/s Endgeschwindigkeit vor dem Aufschlag.

Damit sich der Gegenschlaghammer beim Stillstand selbst öffnet, macht man die Unterbärmasse etwa 5% größer als die Oberbärmasse. Daraus folgt bei Hämmern mit Bandkoppelung

$$W = \frac{2{,}05 \cdot m_1}{2} \cdot v^2$$

Die Baugrößen der Gegenschlaghämmer sind in DIN 55158 mit Schlagarbeiten von 100 bis 1000 kN m festgelegt.

22.4 Einsatzgebiete der Hämmer

Die Zuordnung der Hammerarten zu bestimmten Gesenkschmiedeteilen zeigt die Tabelle 22.2

Tabelle 22.2 Einsatz der Hammerarten

Hammerart	Anwendung
Fallhämmer	kleine bis mittlere Gesenkteile, z. B. Mutterschlüssel, Hebel, Kupplungsteile
Oberdruckhämmer (Doppelständer)	mittlere bis große Gesenkteile, z. B. Nockenwellen, Flanschen
Gegenschlaghämmer	schwere und schwerste Gesenkteile, z. B. große Kurbelwellen, schwer verformbare Hebel, große Kupplungsteile

22.5 Beispiel

Gegeben:

Fallhöhe $H = 1{,}6$ m
Masse des Bären $m = 500$ kg
Fallwirkungsgrad $\eta_F = 0{,}7$
Schlagwirkungsgrad $\eta_s = 0{,}8$.

Gesucht: theoretische Bärauftreffgeschwindigkeit v, Nutzarbeit.

Lösung:

Bärauftreffgeschwindigkeit:

$$v = \sqrt{2 \cdot g \cdot H} = \sqrt{2 \cdot 9{,}81 \text{ m/s}^2 \cdot 1{,}6 \text{ m}} = \underline{\underline{5{,}6 \text{ m/s}}}$$

Die tatsächliche Auftreffgeschwindigkeit ist wegen der Reibungsverluste in den Führungen kleiner.

$$v_{tat} = \eta_R \cdot v \qquad \eta_R = 0{,}8 - 0{,}9$$

Schlagenergie:

$$W = m \cdot g \cdot H \cdot \eta_F = 500 \text{ kg} \cdot 9{,}81 \text{ m/s}^2 \cdot 1{,}6 \text{ m} \cdot 0{,}7$$
$$W = 5493{,}6 \text{ N m} \cong \underline{\underline{5{,}5 \text{ kN m}}}$$

Nutzarbeit:

$$W_N = \eta_s \cdot W = 0{,}8 \cdot 5{,}5 \text{ kN m} = \underline{\underline{4{,}4 \text{ kN m}}}$$

Wenn man die tatsächliche Auftreffgeschwindigkeit kennt, kann man die Schlagenergie auch so bestimmen:

$$v_{tat} = \eta_R \cdot v = 0{,}84 \cdot 5{,}6 \text{ m/s} = 4{,}7 \text{ m/s}$$

$\eta_R = 0{,}84$ gewählt!

$$W = \frac{m \cdot v^2}{2} = \frac{500 \text{ kg} \cdot 4{,}7 \text{ m}^2/\text{s}^2}{2 \cdot 10^3} = \underline{\underline{5{,}5 \text{ kN m}}}$$

22.6. Testfragen zu Kapitel 22:

1. Welche Gestellbauformen gibt es bei Hämmern?
2. Wie unterteilt man die Hämmer?
3. Welche Vorteile haben Oberdruckhämmer gegenüber Fallhämmern?
4. Wann setzt man Gegenschlaghämmer ein?

23. Spindelpressen

Spindelpressen sind mechanische Pressen, bei denen der Stößel durch eine Gewindespindel (meist 3-gängig) auf und ab bewegt wird. Sie zählen zu den arbeitgebundenen Maschinen, weil man an ihnen nur das Arbeitsvermögen unmittelbar einstellen kann. Das im Schwungrad gespeicherte Arbeitsvermögen ergibt sich aus der Abmessung und der Drehzahl des Schwungrades.

$$W = \frac{\omega^2}{2} \cdot I_d = \left(\frac{\pi \cdot n_s}{30}\right)^2 \cdot \frac{I_d}{2}$$

W in Nm   Arbeitsvermögen
n_s in min^{-1} Drehzahl des Schwungrades
I_d in kg m^2 Massenträgheitsmoment
30 in s/min   Umrechnung der Drehzahl von Minuten in Sekunden
ω in s^{-1} Winkelgeschwindigkeit.

23.1 Konstruktive Ausführungsformen

In der konstruktiven Ausführung unterscheidet man:

1. *nach der Art wie das Schwungrad beschleunigt wird:*

   – Reibrad mit Zylinderscheibengetriebe
   – Hydraulischer Antrieb
   – direkter elektromotorischer Antrieb
   – Keilantrieb

2. *nach der Art wie der Stößel seine Vertikalbewegung erhält:*

   – Stößel bewegt sich mit Spindel und Schwungrad auf und ab
   – Spindel mit Schwungrad ortsfest gelagert. Es bewegt sich nur der als Mutter ausgebildete Stößel in vertikaler Richtung.
   Diese Ausführung bezeichnet man als Vincentbauart.

23.2 Wirkungsweise der einzelnen Bauformen

23.2.1 Mit Reibtrieb und axial beweglicher Spindel

Die mit konstanter Drehzahl drehenden Treibscheiben (Bild 23.1) können in Achsrichtung der Welle verschoben werden. Dadurch kann jeweils eine Treibscheibe durch ein Gestänge von Hand, elektropneumatisch, oder hydraulisch an das Schwungrad angedrückt werden. Durch den Reibschluß beschleunigt eine Treibscheibe das Schwungrad mit der Gewindespindel und den Stößel nach unten und die andere Treibscheibe, mit umgekehrter Drehrichtung, wieder nach oben.

Der Pressenständer aus Grauguß wird durch Zuganker aus Stahl (z. B. St 60) gesichert. Das Schwungrad aus Grauguß trägt am Umfang eine Chromlederbandage, die eine stoßfreie Energieübertragung ermöglicht. Für den Pressenstößel setzt man als Werkstoff überwiegend Stahlguß ein.

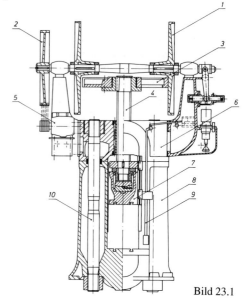

Bild 23.1

23.2.2 Mit Reibrad und ortsfester Spindel – Vincentpressen

Weil hier (Bild 23.2) die Spindel ortsfest gelagert ist, führt der Pressenstößel, der als Mutter ausgebildet ist, die Axialbewegung allein aus.

Bei dieser Vincentpresse laufen die Treibscheiben auf Wälzlagern und sind durch verschiebbar aneinander gekoppelte Rohre so miteinander verbunden (Bild 23.3), daß die Treibscheiben zwar in Drehrichtung gemeinsam wirken, aber jede Scheibe allein in seitlicher Richtung verschoben werden kann.

Damit der Spalt zwischen Treibscheibe und Schwungscheibe auch bei eintretendem Bandagenverschleiß optimal gehalten werden kann, lassen sich bei dieser Maschine die Treibscheiben durch eine Stellscheibe zusätzlich seitlich verschieben.

Ein zu großer Spalt zwischen Treibscheibe und Schwungscheibe würde

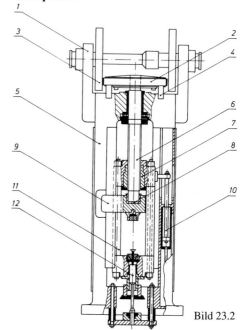

Bild 23.2

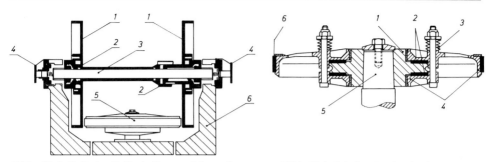

Bild 23.3 Zylinder-Reibscheibengetriebe einer Vincentpresse, 1 Treibscheiben, 2 Wälzlager, 3 feststehende Achse, 4 Nachstelleinrichtung, 5 Schwungrad, 6 Pressenkörper (Werkfoto Fa. Hasenclever, Düsseldorf)

Bild 23.4 Schnitt durch ein Schwungrad mit Rutschkupplung (Prinzip Hasenclever). 1 Festteil, 2 Reibbelag, 3 Federn, 4 Losteil, 5 Spindel, 6 Bandage

beim Einschalten der Maschine zu Schlägen führen.
Bei modernen Vincentpressen ist das Schwungrad (Bild 23.4) meist als Rutschrad ausgebildet. Es enthält eine federbelastete Rutschkupplung.
Da die auftretende Preßkraft dem Drehmoment proportional ist, kann durch eine optimale Einstellung des Rutschmomentes die maximale Preßkraft begrenzt werden (Überlastsicherung).

$$M = F \cdot r \cdot \tan(\alpha + \varrho)$$

M in Nm   Drehmoment
F in N   Preßkraft
r in m   Flankenradius der Spindel
α in Grad Steigungswinkel des Gewindes
ϱ in Grad Reibungswinkel (ca. 6° entspricht $\mu = 0{,}1$ bei St auf Bz).

Bei Prellschlägen läßt man bei Spindelpressen maximal $2 \cdot F_N$ (F_N = Nennpreßkraft der Presse) zu.
Auf diesen Wert sind die Maschinenelemente (Ständer, Spindel usw.) ausgelegt.
Mit Rutschrad kann das Arbeitsvermögen etwa 2mal so groß sein wie ohne Rutschrad, um diesen Grenzwert $2 F_N$ nicht zu überschreiten. Kurve 1 (Bild 23.5) zeigt das mögliche Energieangebot, um $2 F_N$ nicht zu überschreiten, bei einer Presse ohne Rutschrad (37%), und Kurve 2 für die gleiche Presse mit Rutschrad (100%).

Bild 23.1 (links oben) Spindelpresse mit 3-Scheiben-Zylindergetriebe (Prinzip Kießerling & Albrecht). 1 Treibscheibe, 2 Keilriemenscheibe, 3 Schwungscheibe, 4 Spindel, 5 Antriebsmotor, 6 Kopfstück, 7 Stößel, 8 Pressenständer, 9 Schaltgestänge, 10 Zuganker

Bild 23.2 (links unten) Vincentpresse mit 3-Scheiben-Zylindergetriebe. 1 Druckluftzylinder zum Andrücken der Treibscheiben, 2 Schwungscheibe, 3 Treibscheibe, 4 elektropneumatische Bremse, 5 Pressenkörper, 6 Spindel, 7 Spindelmutter, 8 Spurpfanne, 9 Gegenlager für das Oberwerkzeug, 10 Gewichtsausgleich, 11 Stößel, 12 Auswerfer (Werkfoto Fa. Hasenclever, Düsseldorf)

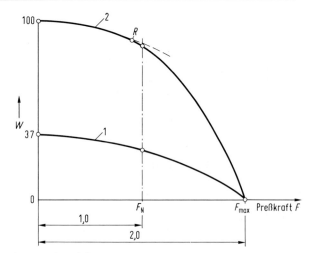

Bild 23.5 Maximale Preßkraft 2 F_N in Abhängigkeit von der verfügbaren Umformenergie W. Kurve 1: Maschine ohne Rutschrad (W nur ca. $1/3$ von Kurve 2) Kurve 2: Maschine mit Rutschrad

23.2.3 Spindelpressen mit hydraulischem Antrieb

Bei der im Bild 23.6 gezeigten Maschine ist das Schwungrad Z als schrägverzahntes Zahnrad ausgebildet. In diese Schrägverzahnung greifen die Ritzel R aus Kunststoff (mindestens 2, max. 8), die von hydraulischen Axialkolbenmotoren M angetrieben werden, ein und beschleunigen das Schwungrad auf die gewünschte Drehzahl. Die Ölmotoren sind ortsfest im Körper der Presse angebracht. Da sich das verzahnte Schwungrad mit der Spindel in der Größe des Hubes auf und ab bewegt, gleiten die Ritzel in der Verzahnung des Schwungrades in Längsrichtung der Zähne. Deshalb hat das Schwungrad eine Mindestdicke von

Pressenhub + Ritzelbreite.

Für den Rückhub wird die Drehrichtung der Ölmotoren umgekehrt. Das Drucköl für die Ölmotoren (210 bar) wird in einem Pumpenaggregat durch Axialkolbenpumpen erzeugt und in einem hydraulischen Speicher für den nächsten Hub bereitgestellt. Die Spindelmutter SM ist ortsfest im Pressenkörper angeordnet. Die Spindel S ist mit dem verzahnten Schwungrad Z fest verbunden. Im Stößel SL ist sie drehbar gelagert. Auch bei dieser Maschine ist das Schwungrad als Rutschrad ausgebildet.

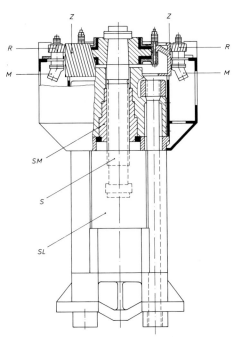

Bild 23.6 Spindelpresse mit hydraulischem Antrieb. Z Schwungrad, R Ritzel, M Axialkolbenmotoren, SM Spindelmutter, S Spindel, SL Stößel (Werkfoto Fa. Hasenclever, Düsseldorf)

23.2.4 Kupplungsspindelpresse

Bei der im Bild 23.7 gezeigten Kupplungsspindelpresse (Vincentpresse) läuft das Schwungrad dauernd nur in einer Drehrichtung. Es wird über einen Flachriemen von einem Drehstrom-Asynchronmotor angetrieben. Für jeden einzelnen Hub wird das Schwungrad an die Spindel angekuppelt und nach dem Abwärtshub sofort wieder gelöst. Nach dem Ankuppeln dreht sich die Spindel und bewegt den Stößel über die Spindelmutter nach unten, bis das Oberwerkzeug aufschlägt und den Werkstoff umformt. Die erforderliche Umformenergie liefert das Schwungrad, das dabei an Drehzahl verliert. Sobald zwischen Ober- und Unterwerkzeug die vorgewählte Preßkraft erreicht ist, wird das Schwungrad abgekuppelt. Zwei hydraulische Zylinder bringen den Pressenstößel in die Ausgangslage zurück. Sie wirken gleichzeitig als Bremsvorrichtung und halten den Stößel im oberen Totpunkt oder in jeder anderen Hublage fest. Weiterhin wirken die Zylinder als Gewichtsausgleich, so daß die Maschine auch leichte Schläge von nur 10 % der Nennpreßkraft ausüben kann.

Konstruktiver Aufbau

Der Maschinenkörper in geteilter Gußkonstruktion wird von 4 Zugankern aus Vergütungsstahl zusammengehalten. Der Stößel aus Stahlguß hat besonders lange Führungen, um ein Auskippen zu verhindern. Die Spindel ist aus hochlegiertem Vergütungsstahl. Das Spindellager ist als Kammlager (Bild 23.7a) ausgebildet. Die Spindelmutter ist aus Spezialbronze. Das Schwungrad ist auf dem Maschinenkörper hydrostatisch gelagert.

Die Kupplung zwischen Schwungrad und Spindel ist als Einscheiben-Friktionskupplung ausgebildet. Sie wird hydraulisch über einen Ringkolben beaufschlagt. Der Öldruck wird elektronisch gesteuert. Die Kupplung rutscht durch, wenn das eingestellte Drehmoment überschritten wird. Weil die Preßkraft dem Drehmoment der Spindel proportional ist, kann durch die Einstellung des Drehmomentes die Presse auch gegen Überlastung abgesichert werden.

$$M = F \cdot r \cdot \tan\alpha + \rho$$

M	in Nm	Drehmoment	α	in Grad	Steigungswinkel des Gewindes
F	in N	Preßkraft	ρ	in Grad	Reibungswinkel (ca. 6° entspricht $\mu = 0{,}1$ bei St auf Bz)
r	in m	Flankenradius der Spindel			

Die Mauptmerkmale dieser Maschinen sind:

– Kleine Beschleunigungsmassen
 Es sind lediglich eine leichte Kupplungsscheibe und die Spindel in Gang zu setzen.
– Kurze Beschleunigungsstrecke
 Wegen der kleinen Beschleunigungsmassen wird die maximale Stößelgeschwindigkeit bereits bei 1/10 des Hubes erreicht.
– Die volle Kraft wird bereits bei einem Drittel der Hublänge erreicht.

280   23. Spindelpressen

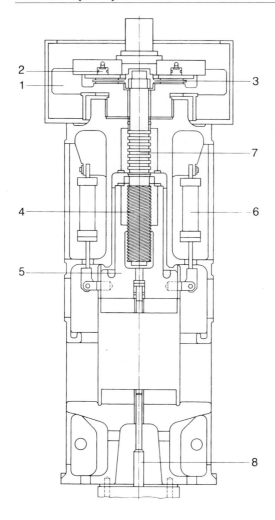

Bild 23.7
Kupplungs-Spindelpresse Bauart SPK.
1 Schwungrad,
2 hydraulischer Ringkolben
3 Kupplungsscheibe
4 Spindel
5 Stößel
6 Rückhubzylinder
7 Kammlager der Spindel
8 Ausstoßer
(Werkfoto: Fa. SMS Hasenclever, Düsseldorf)

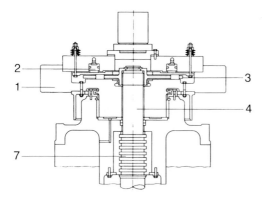

Bild 23.7a
Schwungrad und Spindelkupplung
1 Schwungrad
2 hydraulischer Ringkolben
3 Kupplungsscheibe
4 Spindel
7 Kammlager der Spindel
(Werkfoto: Fa. SMS Hasenclever, Düsseldorf)

23.2.5 Spindelpressen mit direktem elektromotorischen Antrieb

Die im Bild 23.8 gezeigte Spindelschlagpresse (Vincentpresse) wird berührungslos durch einen Reversiermotor (Elektromotor, der in 2 Drehrichtungen gefahren werden kann) angetrieben. Bei dieser Maschine sitzt der Rotor des Reversiermotors direkt auf der Gewindespindel und der Stator auf dem Pressenkörper. Das Drehmoment zum Beschleunigen des Schwungrades wird also berührungslos durch das Magnetfeld zwischen Rotor und Stator erzeugt. Durch den unmittelbaren elektrischen Antrieb gibt es keine Verschleißteile im Antriebssystem. Da Schlupf- oder andere mechanische Verluste, bis auf den elektrischen Schlupf und den Verlusten im Gewindetrieb selbst, nicht auftreten, ist der mechanische Wirkungsgrad dieser Maschine sehr hoch ($\mu_M = 0{,}7 - 0{,}8$).

Das Arbeitsvermögen kann über die Rotordrehzahl exakt gesteuert werden. Der Maschinenkörper wird bis zu einer Nennpreßkraft von 3150 kN in Platten-Schweißkonstruktion aus Feinkornstahl in einem Stück hergestellt. Bei den größeren Pressen bis zu einer Nennpreßkraft von 23 000 kN wird der Pressenkörper geteilt und durch 2 hydraulisch eingezogene vorgespannte Stahlzuganker zusammengehalten.

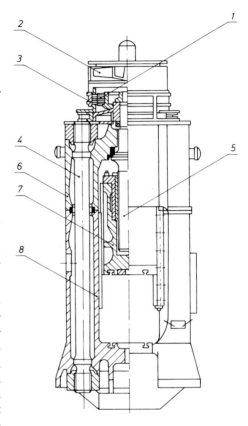

Bild 23.8 Spindelpresse mit direktem elektromotorischem Antrieb.
1 Läufer = Schwungrad, 2 Lüfterrad, 3 Stator, 4 Zuganker, 5 Spindel, 6 Ständer, 7 Stößel, 8 Stößelführung. (Werkfoto: Fa. Müller-Weingarten, Weingarten)

Bei der Spindelpresse mit direktem elektromotorischem Antrieb (Bild 23.9) erfolgt der Antrieb bei kleineren Pressen bis 6300 kN Preßkraft, die überwiegend im Schmiedebetrieb eingesetzt werden, mit einem reversierbaren Drehstrom-Asynchronmotor.

Wegen der schlechten Energiebilanz, setzt man vor allem bei größeren Pressen ab 10.000 kN Preßkraft

        Elektrische Direktantriebe mit Frequenzumrichter

ein.

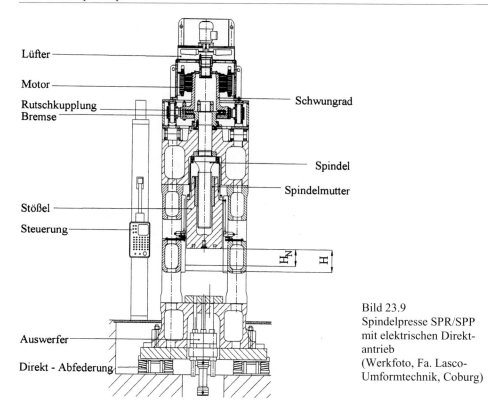

Bild 23.9
Spindelpresse SPR/SPP
mit elektrischen Direkt-
antrieb
(Werkfoto, Fa. Lasco-
Umformtechnik, Coburg)

Der Frequenzumrichter steigert den elektrischen Wirkungsgrad der Spindelpresse auf das 3-fache. Während der Beschleunigung des Antriebes werden Spannung und Frequenz bei konstantem Drehmoment im gleichen Verhältnis erhöht, bis die vorgegebene Drehzahl erreicht ist. Liegt diese Drehzahl und damit die im Schwungrad gespeicherte Energie höher als die zur Umformung benötigte Energie, dann wird generatorisch gebremst. Durch die Generatorwirkung wird dann der Energieüberschuß als Elektroenergie ins Netz zurückgespeist.

Beim Rückhub wiederholt sich dieser Vorgang sinngemäß in entgegengesetzter Richtung. Aufwärtsbeschleunigung und generatorische Bremsung sind so abgestimmt, daß die mechanische Bremse erst am oberen Totpunkt greift und deshalb keine Bremswärme und auch kein Verschleiß entsteht.

Die nachfolgenden Energiediagramme Bilder 23.10a und b, zeigen die Energiebilanz der beiden Betriebsarten. Vergleicht man die Energiebilanzen, dann erkennt man daß bei dem mit Frequenzumrichter ausgerüsteten Antrieb, vor allem beim Rückhub rund 80 % der für den Rückhub benötigten Energie in Form von Strom, wieder gewonnen werden.

Die Energie für die mechanische Bremsung geht gegen Null, d.h. die mechanische Bremse wird praktisch nur noch als Festhaltepunkt benötigt.

23. Spindelpressen 283

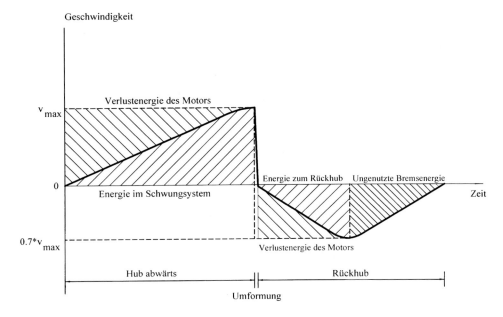

Bild 23.10a Energieverlauf bei einer Spindelpresse mit Widerstandsläufer-Notor

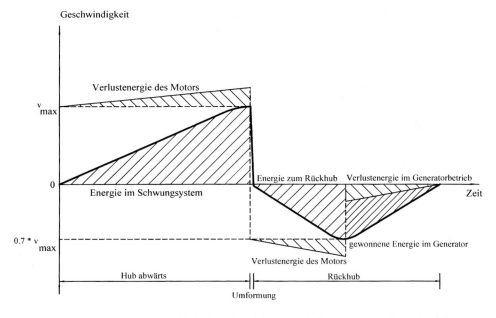

Bild 23.10b Energieverlauf bei einer Spindelpresse mit frequenzgeregeltem Antrieb

23. Spindelpressen

Die dem Stromnetz entnommene Energie (Nutzenergie), entspricht der Bruttoenergie der Presse plus elektrischer und mechanischer Verluste.

Beim U/f-Antrieb reduziert sich die Gesamtenergie um den Energieanteil der durch die Generatorwirkung beim Bremsvorgang als Energie in das Netz zurückfließt. Beim Widerstandsläufer geht diese Energie, die in Wärme umgesetzt wird, verloren.

Die Vorteile des frequenzgeregelten Antriebes mit Blindstromkompensation, sind:

- geringere Belastung des Stromnetzes
- geringere Energiekosten
- wenig Verschleiß in Kupplung und Bremse
- geringere Wartungskosten
- kürzere Taktzeiten bei reduzierter Schlagenergie
- hoher Wirkungsgrad

Die nachfolgende Tabelle 23.1 zeigt in Zahlen die Energiebilanz am Beispiel einer Spindelpresse mit 10.000 kN Nennpreßkraft und 130 kWs Bruttoenergie.

Tabelle 23.1 Energiebilanz

	Widerstandsläufer [kWs]	U/f – Antrieb [kWs]
Gesamtverlustenergie	480,0	161,0
mechanische Arbeit	130,0	130,0
dem Netz entnommene Energie	610,0	291,0
Generatorgewinn	0,0	49,1
dem Netz entnommene Energie unter Berücksichtigung des Generatorgewinns	610,0	241,9

Konstruktiver Aufbau

Das Maschinengestell ist eine mehrteilige Gußkonstruktion, bei dem die Elemente (Tisch, Seitenständer und Kopfstück) durch 4 vorgespannte Zuganker zum Pressenrahmen verbunden werden.

Die Spindelmutter aus Bronce ist in einem Stahlmantel gefaßt und verlängert dadurch die Führungslänge. Die Gewindespindel ist geschmiedet und besteht aus hochlegiertem CrNiMo-Stahl. Die Gewindeform ist auf höchste Dauerfestigkeit optimiert. Das Schwungrad aus Stahlguß ist mehrteilig mit selbständig wirkender Überlastsicherung. Auch der Stößel ist aus Stahlguß. Das unter 45 angeordnete, extremlange, wärmeneutrale Führungssystem, hat nitrierte Gleitbahnen. Kunststoffbeschichtete, allseitig einstellbare Gegenleisten, ermöglichen ein sehr kleines Führungsspiel.

Durch eine schwingungs- und Körperschall isolierte Aufstellung auf Federkörper-Dämpferelemente, können die durch die Pressen verursachten Erschütterungen fast vollständig vermieden werden.

23. Spindelpressen 285

Steuerung

Lasco-Spindelpressen sind mit einer elektronischen speicherprogrammierbaren Steuerung ausgerüstet, die eine vollautomatische Prozeßregelung ermöglicht. Alle Prozeßdaten werden auf dem Bildschirm dargestellt.

Eine ausgeführte Spindelpresse mit Beschickungsautomatik und einem Zweizangenroboter zeigt Bild 23.11. Mit dieser Maschine werden unter anderem auch PkW-Lenkwellen hergestellt.

Bild 23.11
Vollautomatische Spindelpresse
Typ SPR 800
(Werkfoto, Fa. Lasco-Umformtechnik, Coburg)

Tabelle 23.2 Unterteilung der Spindelpressen

	Spindelpressen mit axial beweglicher Spindel			Spindelpressen mit ortsfester Spindel (Vincentpressen)			
	Dreischeiben-Spindelpresse	Vierscheiben-Spindelpresse	Spindelpresse mit hydraul. Antrieb	Dreischeiben-Spindelpresse	Kegelscheiben-Spindelpresse	Spindelpresse m. direkt. elektrom. Antrieb	Spindelkeilpresse
Kraftübertragung	Reibtrieb	Reibtrieb	Ritzel	Reibtrieb	Reibtrieb	direkt	Keil
max. Arbeitsvermögen (kNm)	800	wird nicht mehr gebaut	7 500	800	wird nicht mehr gebaut	7 000	800
Nennpreßkraft (max.) (kN)	31 500		140 000	20 000		125 000	31 500
Prellschlagkraft (max.) (kN)	63 000		300 000	40 000		250 000	63 000
Auftreffgeschwindigkeit v in m/s	0,7 bis 1 m/s						
Arbeitsvermögen (kNm)	$W = \dfrac{\omega^2 \cdot I_d}{2} = \left(\dfrac{\pi \cdot n_s}{30}\right)^2 \cdot \dfrac{I_d}{2}$						
erforderliche Drehzahl n_s für W_1 (n_s in min^{-1})	$n_s = \sqrt{\dfrac{182 \cdot W_1}{I_d}}$	W_1 = zur Umformung erforderliches Arbeitsvermögen					

23.3 Berechnung der Kenngrößen für Spindelpressen

23.3.1 Arbeitsvermögen

$$W = \frac{\omega^2}{2} \cdot I_d = \left(\frac{\pi \cdot n_s}{30}\right)^2 \cdot \frac{I_d}{2}$$ Gl. 1

W in Nm   Arbeitsvermögen (in Schwungrad gespeichert)
n_s in min^{-1} Drehzahl des Schwungrades
I_d in kg m^2 Massenträgheitsmoment
30 in s/min   Umrechnungszahl der Drehzahl von Minuten in Sekunden
ω in s^{-1} Winkelgeschwindigkeit.

23.3.2 Massenträgheitsmoment

Das Massenträgheitsmoment setzt sich bei den häufigsten Schwungradformen (Bild 23.12) aus mehreren Elementen zusammen.

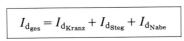

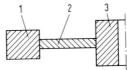

Bild 23.12
Aus 3 Hohlzylindern zusammengesetztes Schwungrad

$$I_{d_{ges}} = I_{d_{Kranz}} + I_{d_{Steg}} + I_{d_{Nabe}}$$

Für einen Vollzylinder läßt sich das Massenträgheitsmoment wie folgt bestimmen:

$$I_d = \frac{m}{2} \cdot r^2$$

I_d in kg m^2 Massenträgheitsmoment
r in m   Radius des Vollzylinders
m in kg   Masse des Zylinders
ϱ in kg/m^3 Dichte
h in m   Höhe bzw. Länge des Zylinders.

Die Masse m ist:

$$m = r^2 \cdot \pi \cdot h \cdot \varrho$$

Für den Werkstoff Gußeisen, der für Schwungräder überwiegend eingesetzt wird, kann man den Ausdruck $\varrho \cdot \pi/2$ zu einer Konstanten z zusammenfassen.

$$z = \frac{\varrho \cdot \pi}{2} = \frac{7250 \cdot \pi}{2} \text{ kg/m}^3 \qquad\qquad \boxed{z = 11\,382 \text{ kg/m}^3}$$

Mit dieser Konstanten z lassen sich die Massenträgheitsmomente leicht bestimmen. Für die häufigsten Formen ergibt sich dann:

Tabelle 23.3 Berechnungsformeln für Massenträgheitsmomente

Vollzylinder $I_d = z \cdot h \cdot r^4$	
Hohlzylinder $I_d = z \cdot h \cdot (R^4 - r^4)$	
Stumpfer Kegel $I_d = z \cdot h \cdot \dfrac{R^5 - r^5}{5(R - r)}$	

h, r, R in m; $z = 11\,382$ kg/m^3 für Gußeisen, z. B. GG 18

23.3.3 Erforderliche Schwungraddrehzahl

Da der Benutzer einer Spindelpresse weiß, für welche Werkstücke er seine Maschine einsetzen will, kennt er das zur Umformung erforderliche Arbeitsvermögen und die Preßkraft. Nach der Preßkraft wählt er die Nennpreßkraft der Maschine aus und nach dem erforderlichen Arbeitsvermögen muß die Spindeldrehzahl bzw. die Schwungraddrehzahl eingestellt werden.
Sie wird wie folgt berechnet:

$$n_s = \sqrt{\dfrac{182 \cdot W_1}{I_d}} \qquad \text{Gl. 2}$$

n_s in min^{-1} erforderliche Drehzahl des Schwungrades
W_1 in Nm   zur Umformung erforderliches Arbeitsvermögen
I_d in kg/m^2 Massenträgheitsmoment des Schwungrades
182 in s^2/min^2 Konstante, in der alle Einzelfaktoren aus Gl. 1 zusammengefaßt sind.

Diese Drehzahl muß man bei allen Spindelpressen nach Vincentbauart berechnen.
Für die Friktionsspindelpressen nach Bild 23.13 ist der Treibscheibenradius r_t gesucht. Bis zu diesem Punkt r_t muß der Reibschluß zwischen Schwungscheibe und Treibscheibe erhalten bleiben, damit dann im Schwungrad die zur Umformung erforderliche Energie gespeichert ist.

23.3.4 Erforderlicher Treibscheibenradius

Er ergibt sich aus der Annahme (Bild 23.13), daß die Umfangsgeschwindigkeiten von Treibscheibe und Schwungscheibe beim Treibscheibenradius r_t gleich groß sind.
Daraus folgt:

$$v_s = v_t$$
$$d_s \cdot \pi \cdot n_s = 2 \cdot r_t \cdot \pi \cdot n_t$$
$$r_t = \frac{d_s \cdot n_s}{2 \cdot n_t} \qquad \text{Gl. 3}$$

Setzt man in Gleichung 3 – aus Gleichung 2 – n_s ein, dann kann man berechnen, bis zu welchem Treibscheibenradius r_t der Reibschluß erhalten werden muß (Gl. 4), damit im Schwungrad das zur Umformung erforderliche Arbeitsvermögen W_1 gespeichert ist.

$$\boxed{r_t = \frac{d_s \cdot \sqrt{182 \cdot W_1}}{2 \cdot n_t \cdot \sqrt{I_d}}} \qquad \text{Gl. 4}$$

r_t	in mm	erforderlicher Treibscheibenradius
d_s	in mm	Schwungraddurchmesser
n_t	in mm^{-1}	Treibscheibendrehzahl
n_s	in min^{-1}	Schwungraddrehzahl
I_d	in kg/m^2	Massenträgheitsmoment des Schwungrades
W_1	in Nm	zur Umformung erforderliches Arbeitsvermögen

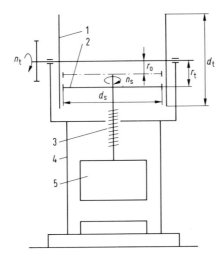

Bild 23.13 Schema einer Friktionsspindelpresse. r_0 Anfangsradius, r_t Radius, bei dem der Reibschluß gelöst wird, d_s Schwungraddurchmesser, d_t Treibscheibendurchmesser, n_s Schwungraddrehzahl, n_t Treibscheibendrehzahl: 1 Treibscheibe, 2 Schwungrad, 3 Spindel, 4 Körper, 5 Stößel

23.3.5 Auftreffgeschwindigkeit des Stößels

Die Auftreffgeschwindigkeit des Stößels läßt sich aus der Spindelsteigung und der Spindeldrehzahl bestimmen.

Spindelsteigung:

$$h = d_0 \cdot \pi \cdot \tan \alpha$$

h in m   Spindelsteigung
d_0 in m   Flankendurchmesser des Gewindes
α in Grad   Steigungswinkel.

Auftreffgeschwindigkeit:

$$v = \frac{h \cdot n_s}{60 \text{ s/min}}$$

v in m/s   Auftreffgeschwindigkeit des Stößels
n_s in min^{-1} Spindeldrehzahl.

Die Auftreffgeschwindigkeiten liegen bei den Spindelpressen zwischen 0,7 und 1,0 m/s und sind erheblich kleiner als bei den Hämmern (5 – 14 m/s).

Berücksichtigt man bei der Berechnung des Arbeitsvermögens und der daraus folgenden Werte für die Drehzahl n und des erforderlichen Radius r den Maschinenwirkungsgrad η_M dann folgt:

Gl. 1a
$$W_n = \frac{W^2}{2} \cdot I_d \cdot \eta_M = \left(\frac{\pi \cdot n_s}{30}\right)^2 \cdot \frac{I_d}{2} \cdot \eta_M$$

Gl. 2a
$$\eta_M = \sqrt{\frac{182 \cdot W_1}{I_d \cdot \eta_M}}$$

Gl. 4a
$$r_M = \frac{d_s}{2 \cdot n_t} \sqrt{\frac{182 \cdot W_1}{I_d \cdot \eta_M}}$$

W_n in Nm   Nutzarbeitsvermögen
η_M Maschinenwirkungsgrad (0,7 – 0,9)
n_M in min   erforderliche Nutzdrehzahl
r_M in m   erforderlicher Nutzradius
W_1 in Nm   zur Umformung erforderliches Arbeitsvermögen

23.4 Vorteile der Spindelpressen
(im Vergleich zu den Hämmern und Kurbelpressen)

1. Spindelpressen benötigen nur kleine Fundamente.
2. Der Lärmpegel ist entschieden niedriger als bei Hämmern.
3. Spindelpressen sind energiereiche Maschinen. Deshalb können mit ihnen Werkstücke mit hohem Energiebedarf umgeformt werden.
4. Die Druckberührungszeiten (die Zeit, in der das Werkstück unter Schmiedekraft steht) sind kurz. Dadurch werden die Werkzeugstandzeiten verbessert.
5. Das Spindelgewinde ist nicht selbsthemmend. Deshalb kann eine Spindelpresse nicht unter Last blockieren.
6. Spindelpressen setzen ihre Energie, ähnlich dem Hammer, schlagartig um. Wegen der kleineren Stößelauftreffgeschwindigkeit ($v = 0{,}7 - 1{,}0$ m/s) im Vergleich zu den Hämmern ($v = 5 - 14$ m/s) ist der Umformwiderstand bei der Warmformgebung geringer.
7. Spindelpressen haben wie die Hämmer keinen kinetisch fixierten unteren Totpunkt. Deshalb entfällt eine Werkzeughöheneinstellung. Es kann auch im geschlossenen Werkzeug geschmiedet werden, weil sich der überschüssige Werkstoff in der Höhe ausgleichen kann.

23.5 Typische Einsatzgebiete der Spindelpressen

1. *Prägearbeiten*
   Wegen des harten Schlages sind Spindelpressen für Prägearbeiten prädestiniert. Z. B. Prägen und Ausformen von Bestecken, Kupplungsgehäusen aus Blech usw.
2. *Kalibrierarbeiten*
   Z. B. das Fertigschmieden von Zahnrädern mit Toleranzen von ca. $\pm 0{,}02$ mm.
3. *Genauschmiedearbeiten*
   Schmiedearbeiten, für die ein harter Enddruck erforderlich ist, damit der Werkstoff stehen bleibt und nicht nachfedert. Z. B. Herstellung von Turbinenschaufeln. Sie werden auf Spindelpressen, bis auf einen Polierarbeitsgang, ohne Nacharbeit mit hoher Maßgenauigkeit hergestellt.
4. *Werkstücke mit hohem Energiebedarf*
   Hierbei handelt es sich um Gesenkschmiedeteile, die zur Umformung große Arbeitsvermögen (bis zu 6000 kN m) erfordern.

23.6 Beispiele

Beispiel 1

Zur Herstellung eines Werkstückes benötigt man ein Arbeitsvermögen von $W_1 = 8000$ Nm. Es steht eine Spindelpresse mit folgenden Daten zur Verfügung:

1. Abmessung des Schwungrades
2. Treibscheibendurchmesser $d_t = 1200$ mm
3. Treibscheibendrehzahl $n_t = 125$ min^{-1}

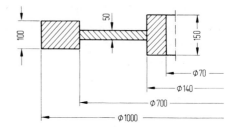

Bild 23.14 Schwungrad

Gesucht:

Kann das Werkstück auf dieser Spindelpresse hergestellt werden?

Lösung:

1. Bestimmung des Massenträgheitsmoments

$$I_{d_{ges}} = I_{d1} + I_{d2} + I_{d3}$$
$$I_{d1} = z \cdot h (R^4 - r^4) = 11\,382 \text{ kg/m}^3 \cdot 0{,}1 \text{ m} (0{,}8^4 \text{ m}^4 - 0{,}7^4 \text{ m}^4)$$
$$I_{d1} = 192{,}92 \text{ kg m}^2$$
$$I_{d2} = 11\,382 \text{ kg/m}^3 \cdot 0{,}05 \text{ m} (0{,}7^4 \text{ m}^4 - 0{,}2^4 \text{ m}^4)$$
$$I_{d2} = 135{,}73 \text{ kg m}^2$$
$$I_{d3} = 11\,382 \text{ kg/m}^3 \cdot 0{,}15 \text{ m} (0{,}2^4 \text{ m}^4 - 0{,}04^4 \text{ m}^4)$$
$$I_{d3} = 2{,}73 \text{ kg m}^2$$
$$I_{d_{ges}} = 331{,}38 \text{ kg m}^2$$

2. Maximales Arbeitsvermögen der Presse

$$n_{s_{max}} = \frac{d_t \cdot n_t}{d_s} = \frac{1200 \text{ mm} \cdot 125 \text{ min}^{-1}}{1600 \text{ mm}} = 93{,}75 \text{ mm}^{-1}$$

$$W_{max} = \left(\frac{\pi \cdot n_s}{30}\right)^2 \cdot \frac{I_d}{2} = \left(\frac{\pi \cdot 93{,}75 \text{ min}^{-1}}{30}\right)^2 \cdot \frac{331{,}38 \text{ kg m}^2}{2}$$

$$\underline{\underline{W_{max} = 15\,970 \text{ Nm}}}$$

Da $W_{max} > W_1$, kann die Maschine für diese Umformung eingesetzt werden.

Beispiel 2

In einem Betrieb steht eine Spindelpresse (Bild 22.12) mit folgenden Daten:

Massenträgheitsmoment des Schwungrades	I_d =	80 kg/m²
Treibscheibendurchmesser	d_t =	1,6 m
Schwungscheibendurchmesser	d_s =	2,0 m
Trennscheibendrehzahl	n_t =	125 min⁻¹
Nennpreßkraft	F_n =	1000 kN

Gesucht:

1. Kann die Presse eingesetzt werden, wenn zur Herstellung eines Werkstückes folgende Daten benötigt werden?
   Preßkraft $\quad F = 700$ kN
   Arbeitsvermögen $W = 4200$ Nm.

2. Welche Drehzahl müßte das Schwungrad haben, um ein Arbeitsvermögen von 4200 Nm zu speichern?

Lösung:

1.1 Da die Nennpreßkraft der Maschine $F_n = 1000$ kN größer ist als die zur Umformung erforderliche Kraft von $F = 700$ kN, kann die Maschine aus der Sicht der Kraft für diese Arbeit eingesetzt werden.

1.2 Max. Arbeitsvermögen der Presse

aus Gl. 3:

$$n_{s_{max}} = \frac{2 \cdot r_t \cdot n_t}{d_s} = \frac{d_t \cdot n_t}{d_s} = \frac{1,6 \text{ m} \cdot 125 \text{ min}^{-1}}{2,0 \text{ mm}} = \underline{\underline{100 \text{ mm}^{-1}}}$$

aus Gl. 1:

$$W = \left(\frac{\pi \cdot n_s}{30}\right)^2 \cdot \frac{I_d}{2}$$

$$W = \left(\frac{\pi \cdot 100 \text{ min}^{-1}}{30 \text{ s/min}}\right)^2 \cdot \frac{80 \text{ kg m}^2}{2} = \underline{\underline{4386,5 \text{ Nm}}}$$

Da auch das max. Arbeitsvermögen der Maschine größer ist als das zur Umformung erforderliche, kann die Maschine für diese Arbeit eingesetzt werden.

2. Erforderliche Drehzahl der Schwungscheibe

aus Gl. 2:

$$n_s = \sqrt{\frac{182 \cdot W_1}{I_d}} = \sqrt{\frac{182 \text{ s}^2/\text{min}^2 \cdot 4200 \text{ Nm}}{80 \text{ kg m}^2}} = \underline{\underline{97,7 \text{ min}^{-1}}}.$$

Ein Kenngrößenvergleich von Hämmern, Spindel- und Kurbelpressen zeigt hier auch noch einmal Hinweise für die Einsatzgebiete dieser Maschinen.

Tabelle 23.4 Kenngrößen von Hämmern und Pressen

	Hammer	Spindelpresse	Kurbelpresse
Auftreffgeschwindigkeit	4 – 6	0,6 – 0,8	0,3 – 0,7
Prellschlagzeit (m/s)	2 – 3	30 – 60	30 – 60
Umformzeit (m/s)	5 – 15	30 – 150	80 – 120

23.7 Testfragen zu Kapitel 23:

1. Erklären Sie Aufbau und Wirkungsweise der wichtigsten Bauformen der Spindelpressen!
2. Warum wird bei den meisten Spindelpressen das Schwungrad mit einer Rutschkupplung ausgeführt?
3. Warum kann man an einer Spindelpresse die Kraft nicht bzw. nur bedingt einstellen?
4. Was sind die Vorteile der Spindelpressen im Vergleich zu den Hämmern?

24. Exzenter- und Kurbelpressen

Exzenter- und Kurbelpressen sind weggebundene Preßmaschinen.

24.1 Unterteilung dieser Pressen

Man unterteilt diese Pressen nach der Ausführung des Pressengestelles (Bild 24.1) in:

a) Einständerpressen
b) Doppelständerpressen
c) Zweiständerpressen.

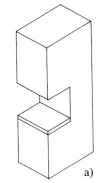
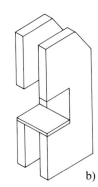
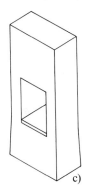

Bild 24.1 Pressengestelle.
a) Einständergestell,
b) Doppelständergestell,
c) Zweiständergestell

Einständerpressen

Bei diesen Pressen ist das Pressengestell einteilig und hat C-Gestalt. Deshalb bezeichnet man solche Gestelle auch als C-Gestell oder Bügelgestell. Die Baugrößen der Einständer-Exzenterpressen sind genormt in DIN 55 170–172.

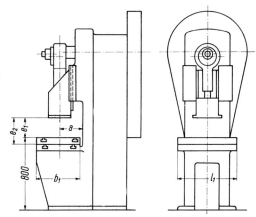

Bild 24.2 Einständer-Exzenterpresse mit festem Tisch
DIN 55 171

24. Exzenter- und Kurbelpressen

Tabelle 24.1 Baugrößen der Einständer-Exzenterpressen DIN 55 171

Baugrößen		Preßkraft in kN	100	160	250	400	630	1000	1600	2500	4000
Ausladung		a	160	180	200	220	250	280	315	355	400
Tisch	Fläche	Breite · Länge $b_1 \cdot l_1$	315/400	355/450	400/500	450/560	500/630	560/710	630/800	710/900	800/1000
								710/900	900/1120	1000/1250	1120/1400
	Entfernung bis Stößel	mit Aufspannplatte e_1	135	150	175	200	230	265	300	325	360
		ohne Aufspannplatte e_2	200	220	250	280	315	355	400	450	500
Stößel	Hubverstellung	von – bis	6–60	8–68	8–80	8–88	8–100	8–112	20–120	32–132	40–140
								20–140	20–160	32–200	40–220
	Höhenverstellung	Mindestmaß	40	50	50	63	63	80	100	125	160

Alle Abmessungen in mm

Tabelle 23.2 Baugrößen der Doppelständer-Exzenterpressen DIN 55 173

Baugrößen		Preßkraft in kN	160	250	400	630	1000	1600	2500	4000
Ausladung		a	180	200	220	250	280	315	355	400
Tisch	Fläche	Breite · Länge $b_1 \cdot l_1$	355/500	400/560	450/630	500/710	560/800	630/900	710/1000	800/1120
							800/1000	900/1120	1000/1250	1120/1400
	Entfernung bis Stößel	ohne Aufspannplatte e_1	220	250	280	315	355	400	450	500
Stößel	Hubverstellung	von – bis	8–68	8–80	8–88	8–100	8–112	20–120	32–132	40–140
							20–140	20–160	32–200	40–220
	Höhenverstellung	Mindestmaß	50	50	63	63	80	100	125	160

Alle Abmessungen in mm

24. Exzenter- und Kurbelpressen

Doppelständerpressen

Sie sind durch das doppelwandige Gestell gekennzeichnet. Zwei parallele Ständerwände sind oben am Pressenkopf und unten am Pressentisch unlösbar miteinander verbunden. Die Kurbelwelle ist parallel zur Vorderkante angeordnet und an beiden Seiten in den Ständerwangen gelagert. Der Stößelantrieb liegt zwischen den Ständerwangen (Bild 23.3).

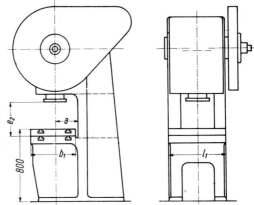

Bild 24.3 Doppelständer-Exzenterpresse DIN 55 173

Zweiständerpressen

sind durch das Zweiständergestell, auch O-Gestell genannt, gekennzeichnet. Bei dieser Gestellbauart sind die Seitenständer mit dem Kopfstück bei kleinen Maschinen unlösbar (Schweißverbindung) miteinander verbunden.

Bei großen Maschinen werden die Einzelteile – Seitenständer, Kopfstück und Pressentisch – durch Zuganker zusammengehalten.

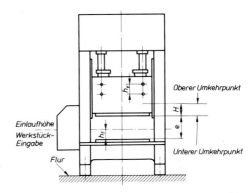

Bild 24.4 Zweiständer-Exzenterpresse DIN 55 181, 55 185. Bezeichnung einer mechanischen Zweiständer-Schnelläuferpresse mit einer Nennpreßkraft von F_N = 1000 kN: Schnelläuferpresse DIN 55185–1000

Tabelle 24.3 Baugrößen der Zweiständerpressen DIN 55 181, 55 185

Nennkraft F_n in kN	250	400	630	(800)	1000	(1250)	1600	(2000)	2500	(3150)	4000
Normaler Stößelhub H in mm	20	20	25	25	25	25	30	30	30	35	35
Maximaler Stößelhub H_{max} in mm	50	50	50	50	50	50	60	60	60	60	60
Stößelverstellweg h_v in mm	50	60	60	60	60	60	60	80	80	100	100
Einbauhöhe e in mm	275	300	325	350	350	375	375	400	400	450	500
Stößel- und Aufspannplattenbreite (von links nach rechts) x_0 in mm	630	710	800	900	1000	1120	1250	1400	1600	1800	2000
Aufspannplattentiefe (von vorne nach hinten) y_0 in mm	530	650	600	630	670	710	800	900	1000	1120	1250

Weitere Angaben über die Ausführung der Presse sind bei Bestellung zu vereinbaren.
Nicht eingeklammerte Werte sind bevorzugt zu verwenden.

24.2 Gestellwerkstoffe

Grauguß (z. B. GG 26, GG 30)

und Sonderguß wie Meehanite oder Sphäroguß (kugelförmige Graphitausbildung) mit höheren Festigkeiten und größeren Bruchdehnungen.

Vorteile der Graugußgestelle

a) Rippen, Querschnittsübergänge unterschiedlicher Dicke sind bei Gußgestellen leicht auszuführen,
b) formschöne und beanspruchungsgerechte Gestaltung,
c) gute Bearbeitbarkeit,
d) gute Schwingungsdämpfung.

Aus den obengenannten Gründen werden Graugußgestelle bei der Serienherstellung kleinerer Maschinen bevorzugt.

Nachteile der Graugußgestelle

Wegen der kleineren Festigkeit ergeben sich bei Gußgestellen größere Querschnitte und damit größere Massen als bei Stahlgestellen.

Stahlguß (z. B. GS 45, GS 52)

wird wegen seiner guten Form- und Schweißbarkeit, größeren Festigkeit und Bruchdehnung bei Pressen mit hoher Endkraft, die leicht überlastet werden können (Schmiedepressen), bevorzugt eingesetzt.

Stahl (z. B. Baustahl St 42)

wird eingesetzt bei Gestellen in Rahmen- oder Stahlplattenbauweise. Vorteile der Stahlkonstruktion gegenüber der Gußausführung sind:

a) größerer Elastizitätsmodul,
b) größere Festigkeit,
c) bedingt durch a) und b) kleinere Querschnitte und leichtere Gestelle,
d) keine Modellkosten, deshalb wird die Stahlbauweise bevorzugt in der Einzel- und Kleinserienfertigung angewandt.

Nachteile der Stahlkonstruktion sind die schlechte Schwingungsdämpfung und das aufwendige Spannungsfreiglühen, das nach dem Schweißen erfolgen muß.

24.3 Körperfederung und Federungsarbeit

Der Pressenkörper muß bei jedem Pressenhub eine Federungsarbeit W_F aufnehmen. Mit steigender Preßkraft F dehnt sich das Maschinengestell um die Körperfederung f und erhält dadurch eine potentielle Energie von

$$W_F = \frac{1}{2} \frac{F \cdot f}{10^3 \, \text{mm/m}} = F \cdot f \cdot 5 \cdot 10^{-4} \, \text{m/mm}$$

W_F in Nm potentielle Energie
F in N Preßkraft
f in mm Körperfederung.

Die Federsteife C eines Pressenkörpers ist dann definiert zu

$$C = \frac{F}{f}$$

C in kN/mm Federsteife
F in kN Preßkraft
f in mm Körperfederung.

Danach unterscheidet man zwischen

steifen Pressen (mit großem C)
weichen Pressen (mit kleinem C).

Zulässige Körperfederungen für mittlere Maschinen liegen bei $f_{zul} \cong 0{,}1$ mm/100 mm Ausladung a (Bild 23.5).

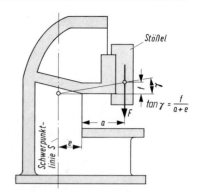

Bild 23.5 Auffederung eines Pressenständers. a) Ausladung der Presse, f Federung

24.4 Antriebe der Exzenter- und Kurbelpressen

Bei der im Bild 24.6 gezeigten Exzenterpresse treibt der Motor das Schwungrad über einen Riementrieb an. Vom Schwungrad wird die Energie über das kombinierte Kupplungs-Bremssystem an die Exzenterwelle weitergeleitet. Das auf der Exzenterbüchse sitzende Pleuel mit dem in ihm sitzenden Kugelbolzen wandelt die kreisförmige Bewegung in eine geradlinige Bewegung um.
Die Kugel des Kugelbolzens sitzt in der Kugelpfanne, die im Stößel angebracht ist. Unter der Kugelpfanne ist die Pressensicherung (Brechtopf der Brechplatte) angeordnet, die bei Überlastung der Presse zerstört wird und den Kraftfluß schlagartig unterbricht.
Wenn größere Arbeitsvermögen erzeugt werden sollen, führt man den Antrieb (Bild 24.7) mit Vorgelege aus. Dann wirkt das Vorgelege als zusätzlicher Energiespeicher.
Das vereinfachte Antriebsschema einer Kurbelpresse zeigt Bild 24.8.

24. Exzenter- und Kurbelpressen 301

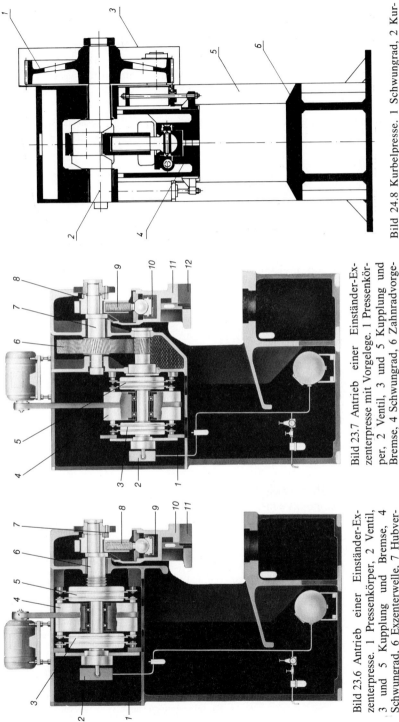

Bild 24.8 Kurbelpresse. 1 Schwungrad, 2 Kurbelwelle, 3 Schutzhaube, 4 Stößel, 5 Pressenständer, 6 Pressentisch

Bild 23.7 Antrieb einer Einständer-Exzenterpresse mit Vorgelege. 1 Pressenkörper, 2 Ventil, 3 und 5 Kupplung und Bremse, 4 Schwungrad, 6 Zahnradvorgelege, 7 Exzenterwelle, 8 Exzenterbüchse zur Hubgrößenverstellung, 9 Kugelbolzen zur Verstellung der Lage des Hubes, 10 Überlastsicherung, 11 Stößel, 12 Klemmdeckel. (Werkfoto Fa. Weingarten, Weingarten)

Bild 23.6 Antrieb einer Einständer-Exzenterpresse. 1 Pressenkörper, 2 Ventil, 3 und 5 Kupplung und Bremse, 4 Schwungrad, 6 Exzenterwelle, 7 Hubverstellung (Hubgrößenverstellung), 8 Kugelbolzen zur Verstellung der Lage des Hubes, 9 Überlastsicherung, 10 Stößel, 11 Klemmdeckel zur Befestigung der Werkzeuge (Werkfoto Fa. Weingarten, Weingarten)

24.4.1 Kupplungen

Kupplungen sind für die Sicherheit der Maschine und die Bedienungsperson von großer Bedeutung. Beim Ausschalten muß die Kupplung die Verbindung vom Schwungrad mit der Exzenter- oder Kurbelwelle trennen. Damit diese Welle *sofort* zum Stillstand kommt, ist die Kupplung mit einer Bremse gekoppelt.
Bei den Kupplungsbauarten unterscheidet man zwischen

formschlüssigen Mitnehmerkupplungen und
kraftschlüssigen Reibungskupplungen.

1. *Formschlüssige Mitnehmerkupplungen*

Diese Kupplungen werden nach der Art des Mitnehmers bezeichnet

- Bolzenkupplung
- Drehkeilkupplung
- Tangentialkeilkupplung.

Die in älteren Maschinen am meisten eingesetzte Kupplung war die Drehkeilkupplung. Da alle formschlüssigen Kupplungen sehr hart arbeiten und längere Schaltzeiten haben, setzt man heute überwiegend kraftschlüssige Reibungskupplungen ein.

2. *Kraftschlüssige Reibungskupplungen*

Alle Kupplungen dieser Art (Bild 24.10) arbeiten geräuscharm und zeichnen sich durch kurze Schaltzeiten aus. Die erforderlichen Andruckkräfte werden überwiegend pneumatisch oder hydraulisch erzeugt.
Diese Kupplungen sind überlastungssicher, weil sie ein ganz bestimmtes einstellbares Grenzdrehmoment M übertragen.

$$F = \frac{M}{r \cdot \sin \alpha}$$

F Stößelkraft, M an der Kupplung eingestelltes Drehmoment, r Kurbelradius, α Kurbelwinkel.

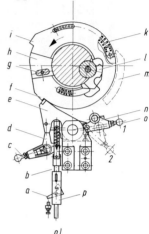

Bild 24.9 Drehkeilkupplung (Kupplung ausgerückt). a) Klinke, b) Gewindebüchse, c) Sicherungsbolzen, d) Stützhebel, e) Sperrhebel, f) 1. Raste, g) Paßfeder, h) Sperring, i) 2. Raste, k) Zugfeder, l) Nase des Drehkeilkopfes, m) Nocken, n) Auslösehebel, o) Arretierbolzen, p) Schaltgestänge

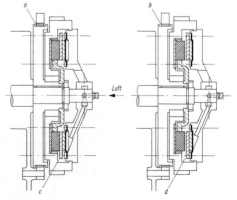

Bild 24.10 Einscheiben-Funktionskupplung mit Bremse. a) Bremse geöffnet, b) Bremse geschlossen, c) Kupplung eingerückt, d) Kupplung ausgerückt

Ein modernes Scheibenkupplungs-Bremssystem zeigt Bild 24.11.

In diesem Antriebsaufbau ist die Durchlaufsicherung gemäß § 4a der UVV integriert. Durch die beiden unabhängig voneinander wirkenden Bremsen ist gewährleistet, daß beim Versagen einer Bremse die zweite Bremse einen Durchlauf der Presse zwangsläufig verhindert. Die besonderen Vorteile dieser Bauart sind:

- geringer Nachlaufweg des Stößels
- hohe Schalthäufigkeit im Einzelhub.

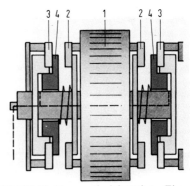

Bild 24.11 Pneumatisch betätigtes Einscheiben-Kupplungs-Bremssystem.
1 Schwungrad, 2 Kupplung, 3 Bremse, 4 pneumatisch betätigter Kolben

24.4.2 Elemente zur Überlastsicherung des Pressengestelles

Außer der Kupplung, die vor allem neben der Ein- und Ausschaltfunktion die Antriebselemente gegen Überlastung schützen soll, sind weitere Elemente erforderlich, die das Pressengestell vor Überlastung schützen.

Diese Überlastsicherungen müssen folgende Forderungen erfüllen:

- schnelles Ansprechen bei Überlastung!
- Grenzlast muß sich genau einstellen lassen!
- Grenzlast muß unabhängig von der Häufigkeit der Belastung sein (darf nicht dauerbruchanfällig sein)!
- Sicherungselement soll sich schnell austauschen lassen!

Ausführungsformen der Überlastsicherungen

1. *Mechanische Sicherungen*

Diese Elemente werden in das Stoßgelenk unter der Kugelpfanne im Stößel (Bild 24.12) eingebaut. Zum Beispiel:

- Bruchplatten
- Stahl-Scherplatten
- Federausklinksicherungen.

1.1 *Sicherung mit Bruchplatte*

Hier läßt sich die Scherkraft, bei der die Sicherung anspricht (Bild 24.13) aus dem Scherquerschnitt und der Scherfestigkeit des Plattenwerkstoffes, berechnen:

Bild 24.12 Brechtopf-Überlastsicherung im Pressenstößel, 1 Pleuel, 2 Kugelbolzen, 3 Kugelpfanne, 4 Scherring, 5 Brechtopf aus GG, 6 Brechtopfhalter, 7 Pressenstößel

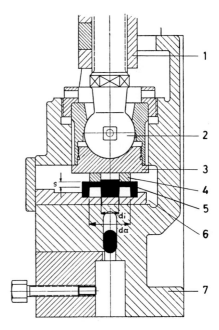

$$F = A \cdot \tau_s$$

$$A = d \cdot \pi \cdot s$$

F in N — Scherkraft
s in mm — Dicke der Scherplatte an der Abscherstelle
τ_s in N/mm² — Scherfestigkeit
A in mm² — Scherfläche.

Als Nachteil erweist sich bei der Bruchplattensicherung die Dauerbruchempfindlichkeit der Bruchplatten.
Vorteilhaft ist, daß die Bruchplatten schnell ausgetauscht werden können.

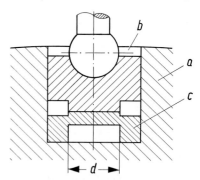

Bild 24.13 Bruchplattensicherung.
a) Stößel, b) Kugelpfanne, c) Abscherplatte

1.2 Federausklinksicherung

Ein schwenkbar aufgehängter Hebel (Bild 24.14) drückt auf eine Knagge, die auf einem durch Tellerfedern vorgespannten Bolzen ruht. Bei Überlastung geht die Knagge aus der Horizontallage, und der Schwenkhebel klickt aus.

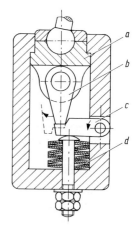

Bild 24.14 Ausklinksperre.
a) Kugelpfanne
b) Schwenkhebel
c) Knagge, d) Tellerfedern

2. Hydropneumatische und hydraulische Sicherungen

2.1 Pneumatische Sicherungen im Stößel

Bei dieser Ausführung (Bild 24.15) ist im Stößel, der innen als Zylinder ausgeführt ist, ein Kolben eingesetzt, der an seiner Unterseite mit der Werkzeugspannplatte verbunden ist. Der Kolben wird mit Preßluft beaufschlagt, so daß sich aus Druck und Fläche die entsprechende Sicherungskraft ergibt. Bei Überlastung wird der Kolben aus der Null-Lage verschoben. Er schaltet dabei über einen elektronischen Endschalter die Maschine ab.

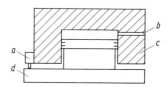

Bild 24.15 Prinzip einer pneumatischen Pressensicherung.
a) Endschalter, b) Luftzuführung, c) Stößel, d) Aufspannplatte

2.2 Hydraulische Sicherung im Pressentisch

Hier wird im Prinzip ähnlich wie bei der pneumatischen Sicherung ein Hydraulikkolben im Pressentisch eingebaut.

23.4.3 Hubverstellung

1. *Größe des Hubes*

— *Maschinen mit festem Hub*

Bei Maschinen mit festem, nicht verstellbarem Hub ergibt sich die Hubgröße aus:

$$H = 2 \cdot x$$

H in mm Hub
x in mm Exzentrizität zwischen Zapfen und Welle bei Exzenterpressen, $x = r$ in mm, Kurbelradius bei Kurbelpressen

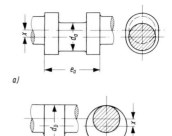

Bild 24.16 Antriebswellen.
a) Kurbelwelle, b) Exzenterwelle

— *Maschinen mit verstellbarem Hub*

Maschinen mit verstellbarem Hub haben auf der Kurbelwange (Kurbelpressen) bzw. auf dem Exzenterzapfen (Exzenterpressen) noch eine verstellbare Exzenterbüchse (Bild 24.17). Bei solchen Maschinen ergibt sich der Hub aus der Summe der beiden Exzentrizitäten.

$$H_{max} = 2(x+y)$$
$$H_{min} = 2(x-y)$$

y in mm Exzentrizität der Büchsenbohrung
x in mm Exzentrizität des Exzenterzapfens.

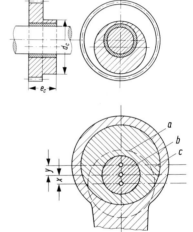

Bild 24.17 Anordnung von Exzenterbüchse und Exzenterzapfen bei Maschinen mit verstellbarem Hub. a) Exzenterwelle, b) Exzenterzapfen, c) Exzenterbüchse, y Exzentrizität der Exzenterbüchse, x Exzentrizität zwischen Exzenterzapfen und Welle

2. *Lage des Hubes*

Die Höhenverstellung des Stößels ist für eine genaue Werkzeugeinstellung erforderlich. Weil die Werkzeuge unterschiedliche Bauhöhen haben, muß die Lage des Hubes auf die Bauhöhe des Werkzeuges abgestimmt werden. Besonders wichtig ist diese Abstimmung bei Prägearbeiten, weil dabei durch Höhendifferenzen die Prägekräfte stark beeinflußt würden und es dadurch zur Überlastung der Maschine kommen kann.
Bei kleineren Maschinen wird die Lage des Hubes mittels Kugelbolzen (Bild 24.12) verstellt.
Bei größeren Maschinen verstellt man im Stößel den Kugeltopf.

24.5 Berechung der Kenngrößen

24.5.1 Drehmoment an der Kupplung

$$M = \frac{9554 \cdot P_u \cdot \eta_M}{n}$$

$$P_u = P \frac{(360° - \alpha°)}{\alpha°}$$

α in Grad Kurbelwinkel
M in Nm Drehmoment
n in min^{-1} Hubzahl
P in kW Antriebsleistung des Motors
P_u in kW für die Umformung kurzzeitig von α bis UT zur Verfügung stehende Leistung
α in Grad Winkel, bei dem die Arbeitsabgabe bis UT erfolgt
η_M – Wirkungsgrad der Presse.

Da die im Schwungrad gespeicherte Energie im Bereich von α bis UT (unterer Totpunkt) abgegeben wird, steht in diesem Bereich kurzfristig eine Leistung von P_u zur Verfügung.

24.5.2 Tangentialkraft

– *Dynamische Tangentialkraft*

Die dynamische Tangentialkraft ergibt sich aus:

$$P_u = M \cdot \omega = T_d \cdot r_k \cdot \frac{\pi \cdot n}{30}$$

$$T_d = \frac{P_u \cdot 30}{r_k \cdot \pi \cdot n}$$

T_d in N dynamische Tangentialkraft
T in N statische Tangentialkraft
r_k in m wirksamer Radius an der Kupplung.

– *Statische Tangentialkraft*

Die statische Tangentialkraft ergibt sich dann aus:

$$T = \frac{P \cdot 30}{r_k \cdot n}$$

Aus dem konstanten Drehmoment folgt dann bei bekanntem Kurbelradius:

$$T = \frac{M}{r} \quad r \text{ in m Kurbelradius.}$$

24.5.3 Zulässige Preßkraft

Bei der zulässigen Kraft für eine Kurbelpresse unterscheidet man zwischen

Nennpreßkraft,
zulässiger Preßkraft aus dem Antriebsdrehmoment,
zulässiger Preßkraft aus dem Arbeitsvermögen.

Die Maschine ist aus der Sicht der Preßkraft nur dann für eine bestimmte Umformung einsetzbar, wenn die zur Umformung erforderliche Kraft kleiner oder höchstens gleich der oben genannten zulässigen Kräfte ist.

Nennpreßkraft (Bild 24.18)

Bei gegebener Antriebsleistung und unter der Annahme, daß die Tangentialkraft T am Antrieb immer zur Verfügung steht, kann man, unter der Voraussetzung, daß r/l sehr klein ist, setzen:

$$\frac{T}{F} = \sin \alpha$$

T in kN   Tangentialkraft
F in kN   Preßkraft
α in Grad   Kurbelwinkel
r in m   Kurbelradius
l in m   Länge der Schubstange.

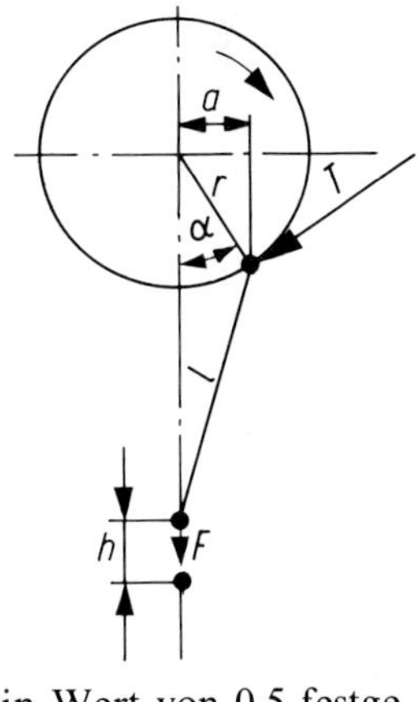

Bild 24.18 Antriebsschema einer Kurbelpresse.
$M = F \cdot a = F \cdot r \cdot \sin \alpha$

Für eine normale Kurbelpresse wird für das Verhältnis T/F ein Wert von 0,5 festgelegt. Dies entspricht einem Kurbelwinkel von 30°. Daraus folgt:

$$\boxed{F_n = \frac{T}{\sin 30°}}$$

F in kN   Nennpreßkraft.

D.h. die Nennpreßkraft steht ab einem Kurbelwinkel von 30° vor UT zur Verfügung. Für $\alpha > 30°$ wird die Preßkraft kleiner. Sie erreicht ihr Minimum bei $\alpha = 90°$ ($\sin 90° = 1$).
Ihr Maximum liegt am UT bei $\alpha = 0°$ ($\sin 0° = 0$), d.h. am UT geht die Kraft nach unendlich.

24. Exzenter- und Kurbelpressen

Die zulässige Beanspruchung des Pressenkörpers (Festigkeit des Pressengestelles) wird auf die Nennpreßkraft ausgelegt. **Deshalb darf die Nennpreßkraft nicht überschritten werden!**

Zulässige Preßkraft aus dem Antriebsdrehmoment

Sie läßt sich mit Hilfe der nachfolgenden Gleichung aus den Größen, die von einer Presse immer bekannt sind, bestimmen.

$$F_M = \frac{F_n \cdot H_{max}}{4 \cdot \sqrt{H_e \cdot h - h^2}}$$

F_M in kN zulässige Preßkraft aus dem Antriebsdrehmoment
F_n in kN Nennpreßkraft
H_{max} in mm max. Hub ($H = 2 \cdot r$)
H_e in mm eingestellter Hub
h in mm Stößelweg.

Diese Kraft F_M ist im Bereich von $\alpha = 30 - 90°$ die begrenzende Kraft.

Zulässige Kraft aus dem Arbeitsvermögen

Diese Grenzkraft ist aus dem Arbeitsvermögen der Maschine (bzw. ihrer Schwungmassen) gegeben.
Wird sie überschritten, dann bleibt die Maschine stehen. Weil die sich aus dem Arbeitsvermögen ergebende Grenzkraft F_{W_D} immer kleiner ist als F_n, kann sie bei Überschreitung nicht zum Bruch der Maschine führen.

$$F_{W_D} = \frac{W_D}{h}$$

F_{W_D} in N zulässige Kraft aus dem Dauerarbeitsvermögen
W_D in Nm Dauerarbeitsvermögen
h in m Stößelweg.

Die nachfolgende Tabelle zeigt noch einmal, welche Kräfte bei welchem Kurbelwinkel den Einsatz einer Kurbelpresse begrenzen.

Tabelle 24.4 Begrenzung der Preßkraft einer Kurbelpresse

Kurbelwinkel α	Kraft wird begrenzt durch:	Kraft
0° – 30° vor UT	durch Festigkeit des Pressenkörpers	F_n
30° – 90° vor UT	aus Antriebsdrehmoment	F_M
	aus Arbeitsvermögen	F_{W_D}

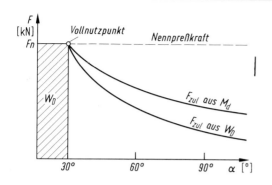

Bild 24.19 Pressenkennlinien einer Kurbelpresse

Trägt man nun die 3 Grenzkräfte in ein Diagramm ein (Bild 24.19), dann erkennt man, daß die Kraft einer Kurbelpresse bis $\alpha = 30°$ durch F_n und für α größer $30°$ durch das Antriebsdrehmoment oder das Arbeitsvermögen der Maschine begrenzt wird.

Den Punkt, bei dem alle 3 Grenzkräfte ein Maximum sind, bezeichnet man als Vollnutzpunkt.

Die Maschine wäre am besten ausgenutzt, wenn sie im Bereich des Vollnutzpunktes gefahren würde.

Dies ist jedoch, gegeben durch die Arbeitsverfahren, nur bedingt möglich. Außer der Überprüfung der 3 zulässigen Kräfte – im Vergleich zu der bei einem bestimmten Arbeitsverfahren auftretenden Maximalkraft – müssen zusätzlich noch die Arbeitsvermögen von Maschine und Arbeitsverfahren überprüft werden. Nur dann, wenn alle Kräfte und auch das Arbeitsvermögen im zulässigen Bereich sind, kann eine solche Maschine unbedenklich für eine bestimmte Arbeit eingesetzt werden.

24.5.4 Stößelweg

Der Stößelweg läßt sich aus dem Kurbelradius und dem Kurbelwinkel bestimmen.

$$h = r(1 - \cos \alpha)$$

h in m   Stößelweg
r in m   Kurbelradius
α in Grad   Kurbelwinkel
H in m   Hub der Presse ($H = 2 \cdot r$)

Für $\alpha = 30°$ ist h:

$$h \approx \frac{H}{15}$$

24.5.5 Arbeitsvermögen

1. *Dauerarbeitsvermögen*

Darunter versteht man das Arbeitsvermögen einer Presse im Dauerhub, d. h. wenn die Presse ununterbrochen läuft.
Der Dauerhub setzt eine automatische Werkstoff- bzw. Werkstückzuführung voraus.

$$W_D = \frac{F_n \cdot H}{15}$$

W_D in N m Arbeitsvermögen im Dauerhub
W_E in N m Arbeitsvermögen im Einzelhub
H in m   Hub der Presse ($H = 2 \cdot r$)
r in m   Kurbelradius
F_n in N   Nennpreßkraft.

2. *Arbeitsvermögen im Einzelhub*

$$W_E = 2 \cdot W_D$$

Ein Einzelhub liegt vor, wenn die Presse nach jedem Hub anhält und dann wieder neu ausgelöst (Kupplung geschaltet) werden muß. Bei Einlegearbeiten mit Handzuführung fährt man Pressen im Einzelhub. Da während der Einlegezeit sich die Schwungraddrehzahl, die beim Arbeitshub abfällt, wieder voll erholen kann (im Gegensatz zum Dauerhub), ist das Arbeitsvermögen im Einzelhub etwa doppelt so groß wie im Dauerhub.

24.6 Beispiel

Für ein Fließpreßteil werden benötigt:

max. Preßkraft $F = 1200$ kN bei einem Stößelweg von $h = 20$ mm.

Es steht eine Kurbelpresse mit einer

Nennpreßkraft $F_n = 2000$ kN und einem
Hub $H = H_e = 200$ mm (nicht verstellbar)

zur Verfügung.
Kann die Maschine für diese Arbeit eingesetzt werden?

Lösung:

1. Bestimmung der Fließpreßarbeit

$$W_{Fl} = F \cdot h \cdot x = 1200 \text{ kN} \cdot 20 \text{ mm} \cdot 1 = 24\,000 \text{ kN mm}$$

2. Dauerarbeitsvermögen W_D der Presse

$$W_D = \frac{F_n \cdot H}{15} = \frac{2000 \text{ kN} \cdot 200 \text{ mm}}{15} = 26\,666,7 \text{ kN mm}$$

3. Vergleich der beiden Arbeitsvermögen.

Das Arbeitsvermögen W_D der Presse im Dauerhub ist größer als das zur Umformung erforderliche W_{Fl}

$W_D > W_{Fl}$

$26\,666,7$ kN mm $> 24\,000$ kN mm

d. h., die Maschine kann im Dauerhub für diese Arbeit eingesetzt werden.

4. Prüfung der Kräfte.

4.1. Nennpreßkraft F_n

Die Nennpreßkraft der Maschine ist größer als die zur Umformung erforderliche Kraft

$F_n > F_{Fl}$

2000 kN > 1200 kN

Deshalb kann die Maschine aus der Sicht der Nennpreßkraft für diese Arbeit eingesetzt werden.

4.2. Bestimmung der zulässigen Preßkraft F_M aus dem Antriebsdrehmoment

$$F_M = \frac{F_n \cdot H_{max}}{4 \cdot \sqrt{H_e \cdot h - h^2}} = \frac{2000 \text{ kN} \cdot 200 \text{ mm}}{4 \cdot \sqrt{200 \text{ mm} \cdot 20 \text{ mm} - 20^2 \text{ mm}^2}} = 1666,7 \text{ kN}$$

Die zulässige Preßkraft, die sich aus dem Antriebsdrehmoment unter Berücksichtigung des Hubes ergibt, ist größer als die Fließkraft,

$F_M > F_{Fl}$

$1666,7$ kN > 1200 kN

deshalb kann die Maschine auch aus dieser Sicht eingesetzt werden.

4.3. Bestimmung der zulässigen Preßkraft aus dem Dauerarbeitsvermögen der Maschine

$$F_{W_D} = \frac{W_D}{h} = \frac{26\,666,7 \text{ kN mm}}{20 \text{ mm}} = 1333,3 \text{ kN}$$

$F_{W_D} > F_{Fl}$, also einsetzbar!

Entscheidung: Weil die unter den gegebenen Bedingungen zulässigen Kräfte und das Dauerarbeitsvermögen der Maschine größer sind als die Umformkräfte und das erforderliche Umformarbeitsvermögen, ist die Maschine einsetzbar.

24.7 Einsatz der Exzenter- und Kurbelpressen

Exzenterpressen

werden vorwiegend für Schneid-Stanzarbeiten, Präge- und Biegearbeiten, soweit sie nur kleine Wege erfordern, die sich aus dem Exzenter ergeben, eingesetzt.

Kurbelpressen

setzt man für alle Verfahren der spanlosen Formung ein, bei denen die Verformungskraft nicht auf langem Weg konstant sein muß, d.h. zum Vorwärtsfließpressen kurzer Teile, Tiefziehen, Biegen und Gesenkschmieden auf schweren Schmiedepressen.

24.8 Testfragen zu Kapitel 24:

1. Welche Gestellbauformen gibt es bei den Exzenter- und Kurbelpressen?
2. Warum ist die Federsteife eines Pressenkörpers von großer Bedeutung?
3. Welche Antriebe gibt es bei Exzenter- und Kurbelpressen?
4. Welche Kupplungen gibt es bei Kurbelpressen?
5. Welche Überlastsicherungen kennen Sie?

25. Kniehebelpressen

25.1 Kniehebelpressen mit Einpunktantrieb

Kniehebelpressen (Bild 25.1) sind eine Abart der Kurbelpressen, bei denen die Kraft von der Kurbel über ein Hebelsystem (Kniehebel) erzeugt wird. Im Prinzip gelten, sowohl für den konstruktiven Aufbau als auch von der Wirkungsweise her, die Gesetzmäßigkeiten der Kurbelpresse.
Abweichend von der Kurbelpresse sind der Verlauf der Stößelgeschwindigkeit in Abhängigkeit vom Kurbelwinkel und das Kraft-Weg-Diagramm (Bild 25.2). Die Nennpreßkraft ist bei einer Kniehebelpresse nur 3 bis 4 mm vor UT (bei $\alpha_n = 32°$ Nennkurbelwinkel) vorhanden. Bei größeren Stößelwegen fällt die Kraft steil (hyperbolisch) ab.

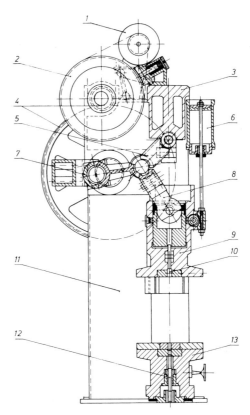

Bild 25.1 Antriebsschema einer Kniehebelpresse. 1 Antriebsmotor, 2 Schwungrad, 3 Kopfstück, 4 Zahnradgetriebe, 5 Schwinghebel, 6 Zylinder für Ausgleich der Stößelmasse, 7 Pleuel, 8 Druckstange, 9 Stößel, 10 Ausstoßer, 11 Ständer, 12 Auswerfer, 13 Tisch (Werkfoto Fa. Kieserling und Albrecht, Solingen)

Dies zu wissen ist vor allem für den Fertigungsingenieur wichtig, weil sich aus dem Kraft-Weg-Verhalten der Einsatz dieser Maschinen ergibt.
Sie werden für Vorgänge, bei denen große Kräfte auf kleinen Umformwegen erforderlich sind, eingesetzt.
Kalibrieren, Setzoperationen, Massivprägen, Rückwärtsfließpressen (Tubenspritzen) sind typische Einsatzgebiete für Kniehebelpressen.

Bild 25.2 Kraft-Weg-Diagramm einer Kniehebelpresse

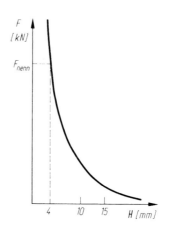

25.2 Kniehebelpressen mit modifiziertem Kniehebelantrieb

Wegen des ungünstigen Kraft-Weg-Verlaufes bei der klassischen Kniehebelpresse mit einem Gelenkpunkt wurde eine Kniehebelpresse mit modifiziertem Antrieb mit zwei Gelenkpunkten (Bild 25.3) entwickelt.

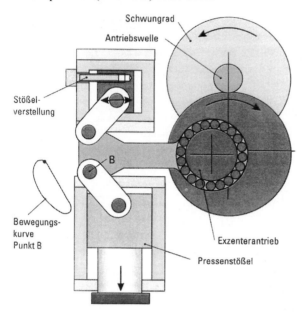

Bild 25.3
Modifizierter Kniehebelantrieb
(Werkfoto, Fa. Schuler, Göppingen)

Der Festpunkt des modifizierten Kniegelenkes ist im Kopfstück gelagert. Während der obere Gelenkpunkt in diesem Festpunkt schwenkt, beschreibt der untere Gelenkpunkt eine kurvenformige Bahn. Hieraus resultiert eine Veränderung des Bewegungsablaufes des Stößels. Dieser Bewegungsverlauf (Bild 25.4) kann durch die veränderte Anordnung der Gelenkpunkte geändert werden.

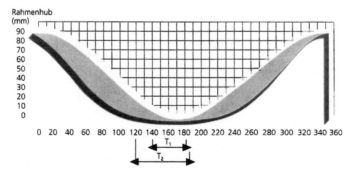

Bild 25.4 Zeit-Weg-Diagramm beim modifizierten Kniehebelantrieb
Kurbelwinkel α_K (Grad);
Zeit zum plastischen Fließen:
T_1 bei Kniehebel-oder Exzenterpressen
T_2 bei modifiziertem Kniehebelantrieb

In der Regel wird eine Geschwindigkeitsreduktion des Stößels im Arbeitsbereich angestrebt (z.B. Reduzierung der Auftreffgeschwindigkeit des Stößels). In der Massivumformung ist außerdem der drei- bis viermal größere Arbeitsweg gegenüber Exzenterpressen vorteilhaft, der mit diesem Antriebssystem bei konstanter Arbeitsgeschwindigkeit und konstantem Antriebsmoment erreicht werden kann. Das Zeit-Weg-Diagramm (Bild 25.4), zeigt die verlangsamte Stößelbewegung bei dem modifiziertem Kniehebelantrieb. Dadurch bleibt dem Werkstoff im Bereich des unteren Totpunktes genügend Zeit zum plastischen Fließen.

Eine vertikale Mehrstufen-Kaltfließpresse mit modifiziertem Kniehebelantrieb zeigt Bild 25.5. Ein FEM-berechneter zweiteiliger Pressenkörper in Schweißkonstruktion wird über Zuganker vorgespannt. Eine Besonderheit ist die spielfreie 8-Bahn-Stößelführung (Bild 25.6) in Kreuzform. Durch diese konstruktive Gestaltung erhält das System eine hohe Kippsteifigkeit, die eine große Werkstückqualität garantiert und optimale Werkzeugstandzeiten zur Folge hat.

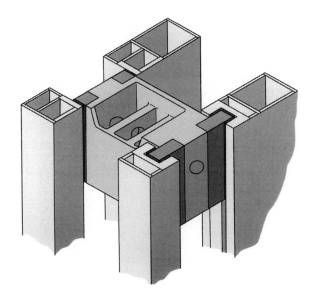

Bild 25.5
Prinzip der 8-Bahnen-Stößelführung in Kreuzform
(Werkfoto, Fa. Schuler, Göppingen)

Die Baugrößen dieser Maschine zeigt die nachfolgende Tabelle.

Tabelle 25.1 Technische Daten der Mehrstufen-Kaltfließpresse.

Nennpreßkraft	in kN	4.000	bis	16.000
Nennkraftweg	in mm	10	bis	25
Stößelhub	in mm	180	bis	520
Hubzahl	in 1/min	30	bis	60
Arbeitsvermögen	in kJ	50	bis	270
Antriebsleistung	in kN	90	bis	300

25. Kniehebelpressen

Bild 25.6 Vertikale Mehrstufen-Kaltfließpresse mit modifiziertem Kniehebelantrieb
(Werkfoto, Fa. Schuler, Göppingen)

Diese Maschinen haben einen großzügig dimensionierten Einbauraum für Werkzeuge bis 6 Arbeitsstufen. Der Antrieb erfolgt mit Gleichstrom-Regelmotoren. Kupplung und Bremsen werden elektropneumatisch betätigt. Sie sind aus thermischen Gründen getrennt angeordnet.

25.3 Liegende Kniehebelpressen

Für die Herstellung von Tuben und ähnlichen dünnwandigen Hohlkörpern setzt man überwiegend Pressen in liegender Anordnung ein (Bild 25.7), weil bei diesen Maschinen die Zuführung der Rohlinge und die Abführung der Fertigteile einfacher ist.

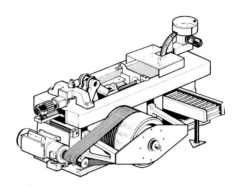

Bild 25.7 Liegende Kniehebelpresse für die Herstellung von Tuben
(Werkfoto, Fa. Herlan und Co., Karlsruhe)

Tabelle 25.2 Kenngrößen der Exzenter-, Kurbel-, Kniehebel- und hydraulischen Pressen nach VDI 3145 Bl. 1

Kenngröße	Weggebundene Maschinen			Kraftgebundene Maschinen
	Exzenterpresse	Kurbelpresse	Kniehebelpresse	hydraulische Presse
Kraftübertragung	Pleuel	Pleuel	Pleuel	Kolbenstange
Energie für Arbeitsbewegung	Energiespeicher – Schwungrad			Drucköl $p = 100$ bis 315 bar
Nutzhubbereich (mm)	10–80	100–300	3–12	100–1000
max. Nennpreßkraft F_N (kN)	1000 bis 16 000		1000 bis 16 000	1000 bis 16 000
Dauerhubzahl n_D in min^{-1}	10 bis 100	10 bis 100	20 bis 200	5 bis 60
Arbeitsvermögen W (kNm)	$W = F_N \cdot h_N$			$F_{max} \cdot h_{max}$
Nennpreßkraft F_N (kN)	$F_N = \dfrac{T}{\sin \alpha}$		graphische Ermittlung	$F = p \cdot A - R$

25.4 Testfragen zu Kapitel 25:

1. Wodurch unterscheidet sich eine Kniehebelpresse von einer Kurbelpresse?
2. Wann setzt man bevorzugt liegende Kniebelpressen ein?

26. Hydraulische Pressen

Die Pressengestelle der hydraulischen Pressen sind meist als O- oder Torgestell (Bild 26.1) in Stahl-Schweißkonstruktion ausgebildet. Bei kleineren Maschinen ist das Gestell aus einem Stück und bei großen Maschinen in 3-geteilter Ausführung. Die 3 Hauptelemente Pressentisch, Seitenständer und Kopfstück werden durch Zuganker zusammengehalten.

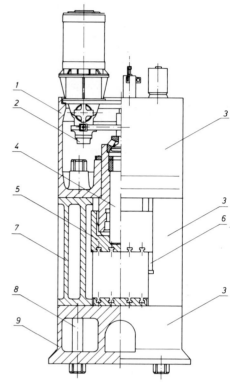

Bild 26.1 Hydraulische Presse in 3-teiliger Ausführung. 1 Kopfstück, 2 Pumpe, 3 Seitenständer, 4 Preßzylinder, 5 Stößel, 6 Führung, 7 Schnitt von Seitenständer, 8 Zuganker, 9 Pressentisch (Werkfoto Fa. Lasco Umformtechnik, Coburg)

26.1 Antrieb der hydraulischen Pressen

Die Stößelbewegung (Bild 26.2) wird durch einen Differentialkolben erzeugt. Die erforderlichen Druckölmengen werden bei kleinen Pressen durch Konstantförderpumpen (Zahnrad- oder Schraubenpumpen) und bei großen Maschinen durch verstellbare Axial- oder Radialkolbenpumpen erbracht. Die Betriebsdrücke liegen bei hydraulischen Pressen zwischen 200 und 350 bar. Zu kleine Drücke würden zu große Kolbenabmessungen ergeben und zu große Drücke sind dichtungsmäßig schwer zu beherrschen.

Die wichtigsten technischen Daten lassen sich wie folgt bestimmen:

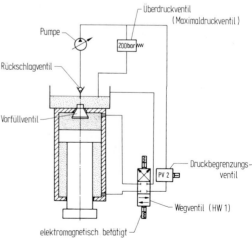

Bild 26.2 Stark vereinfachtes Antriebsschema einer hydraulischen Presse

1. *Antriebsleistung:*

$Q_p = Q_{p_{th}} \cdot \eta_{P_{vol}}$

Q_p	in l/min	tatsächliche Fördermenge der Pumpe
$Q_{p_{th}}$	in l/min	theoretische Fördermenge der Pumpe
P	in kW	Antriebsleistung
p	in bar	Druck im System
$\eta_{P_{vol}}$	–	volumetr. Wirkungsgrad der Pumpe
η_{P_m}	–	mechanischer Wirkungsgrad der Pumpe
η_M	–	Wirkungsgrad der Maschine (Presse)

$$P = \frac{Q_{th} \cdot p}{600 \cdot \eta_{P_m} \cdot \eta_M}$$

2. *Kolbengeschwindigkeiten:*

2.1 *Vorlauf (Arbeitshub):*

$Q_p = Q_K$

A_k	in cm²	Kolbenquerschnitt beim Arbeitshub
d_1	in cm	Durchmesser des Kolbens
d_2	in cm	Durchmesser des Differentialkolbens

$$v_A = \frac{Q_p \cdot 10 \cdot \eta_{K_{vol}}}{A_{k_1}}$$

$$A_{k_1} = \frac{d_1^2 \cdot \pi}{4}$$

Q_K	in l/min	tats. Schluckstrom des Kolbens
Q_p	in l/min	tats. Förderstrom der Pumpe
v_A	in m/min	Vorlaufgeschwindigkeit des Kolbens
v_R	in m/min	Rücklaufgeschwindigkeit des Kolbens
$\eta_{K_{vol}}$	–	Volumetrischer Wirkungsgrad des Kolbens

2.2 *Rücklauf:*

$$v_R = \frac{Q_p \cdot 10 \cdot \eta_{K_{vol}}}{A_{k_2}}$$

$$A_{k_2} = (d_1^2 - d_2^2) \frac{\pi}{4}$$

A_{k_2} in cm² Kolbenquerschnitt beim Rückhub

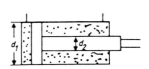

Bild 26.3 Hydrozylinder mit Differentialkolben

320 26. Hydraulische Pressen

3. *Kolbenkraft* (ohne Berücksichtigung des Eigengewichtes und der Reibung)

3.1 *Preßkraft (Arbeitshub)*

$$F = \frac{p \cdot A_{k_1}}{10^2}$$

F in kN Preßkraft
p in bar Arbeitsdruck
           (daN/cm²).

3.2 *Stößel-Rückzugskraft*

$$F_R = \frac{p \cdot A_{k_2}}{10^2}$$

F_R in kN Rückzugskraft.

26.2 Beispiel:

Eine Konstantförderpumpe, die einen Förderstrom von $Q_p = 200$ l/min bei einem Arbeitsdruck von $p = 150$ bar liefert, soll für den Antrieb einer kleinen hydraulischen Presse eingesetzt werden.

Gegeben:

Durchmesser des Arbeitskolbens $d_1 = 200$ mm;
Durchmesser des Differentialkolbens $d_2 = 160$ mm; $\eta_{K_{vol}} = 0{,}97$.

Gesucht:

1. Preßkraft }
2. Rückzugskraft } ohne Berücksichtigung der Eigengewichte und der Reibung
3. Vorlaufgeschwindigkeit des Kolbens (Arbeitsgeschwindigkeit)
4. Rücklaufgeschwindigkeit.

Lösung:

1. $F_{Pr} = \dfrac{p \cdot A_{k_1}}{10^2 \text{ N/kN}} = \dfrac{150 \text{ daN} \cdot (20 \text{ cm})^2 \cdot \pi}{\text{cm}^2 \cdot 10^2 \text{ N/kN} \cdot 4} = \underline{\underline{471{,}2 \text{ kN}}}$

2. $F_R = \dfrac{p \, (d_1^2 - d_2^2) \, \pi}{10^2 \cdot 4} = \dfrac{150 \text{ daN} \, (20^2 \text{ cm}^2 - 16^2 \text{ cm}^2) \cdot \pi}{\text{cm}^2 \cdot 10^2 \cdot 4} = \underline{\underline{159 \text{ kN}}}$

3. $v_A = \dfrac{Q_p \cdot 10 \cdot \eta_{K_{vol}}}{A_{k_1}} = \dfrac{200 \text{ l} \cdot 10 \cdot 0{,}97}{\min 20^2 \text{ cm}^2 \cdot \pi/4} = \underline{\underline{6{,}17 \text{ m/min}}}$

4. $v_R = \dfrac{Q_p \cdot 10 \cdot \eta_{K_{vol}}}{A_{k_2}} = \dfrac{200 \text{ l} \cdot 0{,}97 \cdot 10}{\min (20^2 \text{ cm}^2 - 16^2 \text{ cm}^2) \cdot \pi/4} = \underline{\underline{17{,}1 \text{ m/min}}}$.

26.3 Vorteile der hydraulischen Pressen

Die Vorteile der hydraulischen Pressen sind:

a) konstante Kraft unabhängig vom Weg,
b) genau einstellbare Kraft (deshalb keine zusätzliche Überlastsicherung erforderlich),
c) Arbeitsvermögen unbegrenzt bis $W_{max} = F_{max} \cdot s_{max}$.

Nachteilig ist die kleine Arbeitsgeschwindigkeit im Vergleich zu Kurbelpressen, die eine kleinere Leistung (Stückzahl/Zeiteinheit) zur Folge hat.

26.4 Praktischer Einsatz der hydraulischen Pressen

26.4.1 Ziehpressen

Allgemein überall da, wo eine konstante Kraft auf einem großen Arbeitsweg erforderlich ist:

Vorwärtsfließpressen langer Teile,
Abstrecken (Abstreckziehen),
Hohl- und Massivprägen
(hier hat Material Zeit zum Nachfließen),
Tiefziehen.

Dreifachwirkende Ziehpresse

Für das Tiefziehen setzt man auch dreifachwirkende Pressen (Bild 26.4) ein. Die hier gezeigte Maschine besteht aus den Hauptkomponenten Pressenrahmen, Blechhalter, sowie einen Auswerfer oder auch einem Ziehkissen im Pressentisch (Bild 26.4a).

Der Ziehweg vom Innenstößel wird über die Relativhubverstellung vorgegeben, über die auch eine Koppelung von Blechhalter und Innenstößel erfolgen kann. Nach dem gemeinsamen Niedergang von Blechhalter und Innenstößel, baut der Blechhalter den eingestellten Druck auf. Dann erfolgt der eigentliche Ziehvorgang des Innenstößels. Danach wird das Ziehteil über den Auswerfer ausgestoßen. (siehe dazu auch Kapitel 14.9).

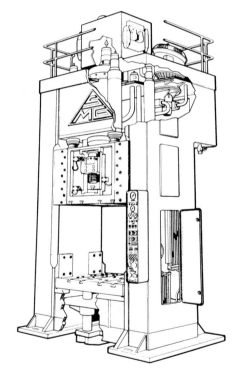

Bild 26.4 Schnittbild einer dreifachwirkenden hydraulischen Ziehpresse
(Foto: Fa. Schuler, SMG GmbH & Co. KG, Waghäusel)

Wird ein Ziehkissen im Pressentisch vorgesehen und Blechhalter und Innenstößel über die Relativhubverstellung gekoppelt, so können auch konventionelle Ziehwerkzeuge auf der Presse eingesetzt werden.

322 26. Hydraulische Pressen

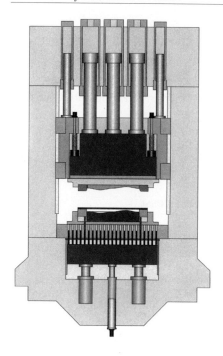

Bild 26.4a
Anordnung von Blechhalter, Ziehstößel und Auswerfer bei der im Bild 26.4a gezeigten Ziehpresse
(Werkfoto: Fa. Schuler, SMG GmbH & Co. KG, Waghäusel)

26.4.2 Tiefzieh-Schlagpressen

Tiefzieh-Schlagpressen sind ebenfalls zweifach- oder dreifachwirkende Ziehpressen, die zunächst wie eine normale Ziehpresse und zusätzlich noch wie ein Fallhammer arbeiten können. Bei der im Bild 26.5 gezeigten zweifachwirkenden hydraulischen Tiefzieh-Schlagpresse ist eine Ziehpresse mit einem Hammer vereinigt. Das Ziehkissen zur Betätigung des Niederhalters ist bei dieser Maschine unten, unter dem Tisch, eingebaut. Es hat einen eigenen Antrieb. Dadurch können Ziehstößel und Ziehkissen völlig getrennt voneinander gesteuert werden.
Das Ziehkissen kann auch als Auswerfer arbeiten.

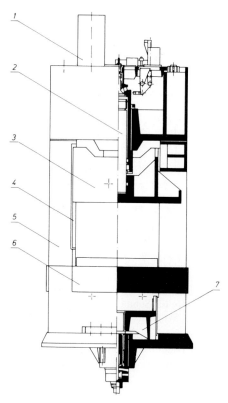

Bild 26.5
Elektro-ölhydraulische Tiefzieh-Schlagpresse
1 Axialkolbenpumpe, 2 Preßkolben,
3 Stößel, 4 Stößelführung, 5 Pressengestell,
6 Pressentisch, 7 Tiefziehkissen
(Abb. Fa. Lasco Umformtechnik, Coburg)

Diese Maschine ist mit einer Programmsteuerung ausgerüstet, mit der die Arbeitsweise vorgewählt werden kann. Man kann z. B. wählen:

1. Tiefziehen,
2. mit Hammerwirkung (bis zu 5 Hammerschläge aus verschiedenen Fallhöhen) hart nachschlagen.

Durch das Nachschlagen mit Hammerwirkung können kombinierte Zieh-Prägeteile mit hoher Genauigkeit hergestellt werden. Während beim reinen Tiefziehvorgang das Werkstück oft nachfedert, kommt durch das Nachschlagen mit Hammerwirkung der Werkstoff zum Stehen. Die beim Nachschlagen sich ergebenden Kräfte kann man aus der Beziehung

$$\text{Kraft} = \frac{\text{Arbeit}}{\text{Verformungsweg}}$$

errechnen. Da beim Prägen die Verformungswege sehr klein sind, ergeben sich hohe Kräfte, die das Werkstück präzis ausformen. Wegen dieser hervorragenden Eigenschaft ist diese Maschine zur Herstellung von schwierigen Zieh- und Prägeteilen prädestiniert.

26.4.3 Hydraulische Fließpressen

Die im Bild 26.6 gezeigte hydraulische Fließpresse, mit einer Preßkraft von 3.150 kN, zeichnet sich durch ein sehr biege- und verwindungssteifes Pressengestell in Doppelständerbauweise aus. Die spielfreie 8-Bahn-Stößelführung ist in Kreuzform angeordnet. Durch dieses System erhält der Stößel eine große Führungsgenauigkeit und zugleich eine hohe Kippsteifigkeit. Durch das große Verhältnis von Stößellänge zu Stößelbreite L/B wird die Kippsicherheit zusätzlich erhöht.

Hydraulische Auswerferachsen im Tisch und Stößel ermöglichen das Ausstoßen der Werkstücke je nach Bedarf aus dem Unter- oder Oberwerkzeug.

Die Maschine ist mit einer freiprogrammierbaren PC-Steuerung (Typ PC-5.000) ausgestattet. Sie hat eine Menüführung und kann deshalb ohne großen Schulungsaufwand von jedem mit CNC-Maschinen vertrauten Werker bedient werden. Wahlweise kann an Stelle der PC-Steuerung auch eine CNC-Steuerung mit Diskettenlaufwerk, Typ CNC-50, eingesetzt werden.

Einsatzgebiete der hydraulischen Fließpressen sind größere Werkstücke, die im Kalt-Vorwärtsfließpreßverfahren hergestellt werden. Solche Werkstücke erfordern eine konstante Kraft über einen langen Weg. Dies ist aber bei der hydraulischen Fließpresse gegeben, weil bei Ihr die Umformkraft unabhängig von der Größe des Umformweges zur Verfügung steht.

Durch die optimalen Führungseigenschaften der oben beschriebenen Stößelführung, können mit diesen Maschinen sehr genaue Fließpreßteile, die keiner spangebenden Nacharbeit mehr bedürfen, hergestellt werden.

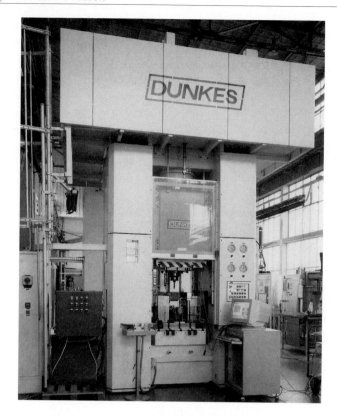

Bild 26.6 Hydraulische Doppelständer Fließpresse
(Werkfoto, Fa. Dunkes GmbH, Kirchheim/Teck)

26.5 Testfragen zu Kapitel 26:

1. Erklären Sie das Antriebsschema einer hydraulischen Presse!
2. Wodurch wird die erhöhte Rücklaufgeschwindigkeit des Pressenstößels erreicht?
3. Warum ist eine hohe Rücklaufgeschwindigkeit erwünscht?
4. Wie unterscheidet sich eine zweifachwirkende Presse von einer einfachwirkenden?
5. Für welche Arbeitsverfahren benötigt man zwei- bzw. dreifachwirkende Pressen?

27. Sonderpressen

Sonderpressen sind für ganz bestimmte Anwendungsgebiete bzw. ganz bestimmte Arbeitsverfahren konzipiert.
Vom Antrieb her können diese Maschinen sowohl hydraulische als auch Kurbelpressen sein.
Solche Sonderpressen sind z. B.:

— Stufenziehpressen für die Blechumformung
— Mehrstufenpressen für die Massivumformung
— Schmiedepressen für das Gesenkschmieden
— Fließpressen für das Kalt- und Warm-Fließpressen
— Stanzautomaten für die automatische Fertigung von Stanzteilen.

Von den hier aufgeführten Spezialpressen sollen nachfolgend 3 näher beschrieben werden.

27.1 Stufenziehpressen

Stufenpressen sind Spezialmaschinen für Werkstücke, die zur Herstellung mehrere Arbeitsoperationen erfordern. Sie werden überwiegend zur Herstellung von Blechziehteilen eingesetzt und sind deshalb im Grundaufbau Ziehpressen. Ihre Stößelfunktion ist doppelwirkend. Während bei einer normalen Ziehpresse am Ziehstößel nur ein Werkzeug angebracht ist, hat die Stufenpresse viele Werkzeuge. Die Anzahl der Werkzeuge entspricht der Anzahl der Arbeitsstufen, die zur Herstellung eines Stufenziehteiles erforderlich sind. Ein solches Stufenziehteil, das zur Herstellung 11 Arbeitsoperationen erfordert, zeigt Bild 27.1. Die für dieses Werkstück eingesetzte Wein-

Bild 27.1 Operationsfolge eines Ziehteiles

garten-Stufenpresse (Bild 27.2) zeigt die betriebsbereiten Werkzeuge. Der Pressenkörper ist in Stahlplattenbauweise ausgeführt. Er besteht aus dem Tisch, den Pressenständern und dem Kopfstück. Diese Teile werden durch hydraulisch vorgespannte Stahlanker zu einem stabilen Rahmen verbunden.

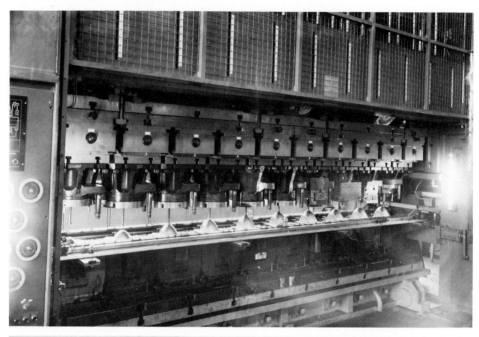

a)

b)

Bild 27.2 Werkzeugraum (Bild a) und Werkzeugsatz (Bild b) einer Stufenziehpresse mit 4500 kN Preßkraft (Werkfoto Fa. Weingarten, Weingarten)

27. Sonderpressen 327

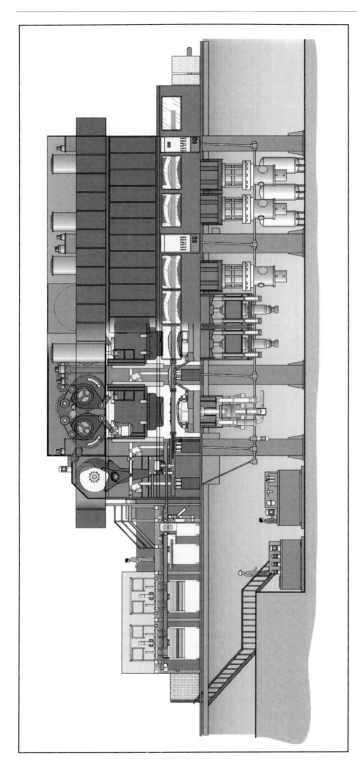

Bild 27.3 Systemaufbau einer 4-Ständer-Großteil-Transferpresse mit 3 Stößeln, 6 Umformstufen und einer Preßkraft von 38.000 kN. (Werkfoto: Fa. Müller Weingarten, Weingarten)

Das Konstruktionsprinzip einer Großteil-Transferpresse (Stufenziehpresse) mit Greiferschienentransfer (Bild 27.3) beruht auf der funktionalen Einheit von Presse, Transfer und Materialzuführung. Die Ausführung richtet sich im wesentlichen nach dem Teilespektrum, der damit verbundenen Werkzeuggröße und dem Umformprozeß.

Für die Herstellung von Karosserieteilen werden je nach Schwierigkeitsgrad zwischen 4 und 6 Umformstufen benötigt. Außer Tiefziehoperationen werden in einer solchen Arbeitsfolge auch Biege-, Bördel-, Stanz- und Prägeoperationen ausgeführt. Die Anzahl der Stößel ergibt sich aus der Anzahl der erforderlichen Umformstufen. Die Anzahl der Stößel bestimmt auch die Anzahl der Pressenständer nach denen diese Pressen benannt werden:

> 1 Stößel = 2 Ständer, 2 Stößel = 3 Ständer; 3 Stößel = 4 Ständer.

Die im Bild 27.3 gezeigte Preßanlage ist also eine 4-Ständerpresse mit 3 Stößeln und 6 Umformstufen in der Aufteilung 1+3+2. Sie ist mit hydraulischen oder pneumatischen Ziehkissen ausgestattet und verfügt über eine max. Preßkraft von 38.000 kN.

Durch den zentralen Antrieb werden nicht nur die Stößel gemeinsam bewegt, sondern auch das Transfersystem.

Wie das Antriebsprinzip (Bild 27.4) zeigt, wird vom drehzahlgeregelten Motor (1) das Drehmoment auf das Schwungrad (2) übertragen. Sobald die hydraulische Kupplung (3) geschlossen ist, wird die Stößelbewegung über Ritzel (4) und Vorgelege (8) eingeleitet, welches die Ritzelwelle (7) bewegt. Die pfeilverzahnten Exzenterräder (8) bewegen dann die Schwingen der Stößelkinematik und sorgen damit für die Stößelbewegung.

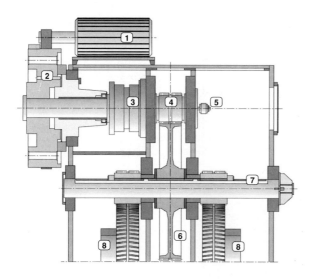

Bild 27.4
Antriebsprinzip der im Bild 26.3 gezeigten Großteil-Transferpresse. (Werkfoto Fa. Müller Weingarten, Weingarten)

Um einen optimalen Bewegungsablauf sicherzustellen, werden diese Pressen grundsätzlich mit einem mehrgliedrigen Gelenkantrieb ausgerüstet (Bild 27.5), den man als Hiprokinematik bezeichnet. Die Kinematik ist konstruktiv so gestaltet, daß in Verbindung mit einer Zieheinrichtung auch schwierige Teile problemlos produziert werden können.

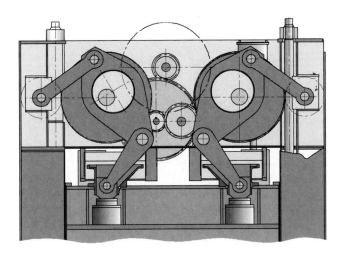

Bild 27.5 Stößelkinematik mit mehrgliedrigem Gelenkantrieb (Hiprokinematik)
(Werkfoto Fa. Müller Weingarten, Weingarten)

Der Teiletransport von einer Werkzeugstufe zur anderen erfolgt über ein Greiferschienen-Transfersystem. Die Transferfunktionen sind in 3 Achsen aufgeteilt.

Achse 1: Teil greifen; Achse 2: Teil heben; Achse 3: Teil vorfahren.

Bei diesem System ist der Transferantrieb über ein Vorgelege direkt mit dem Pressenantrieb verbunden. Dadurch ist eine exakte Bewegungssynchronisation von Presse und Transfer gewährleistet. Die Bewegungen der 3 Transferachsen werden über Kurven eingeleitet. Die Kurven werden über Rollen abgetastet und auf ein Hebelsystem übertragen.
Eine Großraumstufenpresse der Firma Schuler zeigt Bild 27.6. Das Antriebsprinzip ist vergleichbar mit der oben beschriebenen Transferpresse der Firma Müller Weingarten.
Die Zuführung der Platinen (im Bild 27.6 vorn links) erfolgt bei beiden Pressen über Stapelsysteme (sogenannte Platinenlader), die die Platinen vollautomatisch der Maschine zuführen und dort vom Greifer-Transportsystem in den Arbeitsraum befördert werden. Am Ende der Umformstufen werden die Fertigteile in der Entladestation aus der Maschine ausgebracht.
Um einen rationellen Wechsel der Werkzeuge sicherzustellen, sind Großteiltransferpressen mit selbstfahrenden Schiebetischen (Bild 27.6 zeigt rechts von der Maschine 4 Schiebetische) ausgerüstet, auf denen die zum Einbau vorbereiteten Werkzeuge liegen. Diese Schiebetische, die von frequenzgeregelten Motoren angetrieben werden, fahren quer zur Produktionsrichtung nach innen und außen.
Beim Werkzeugwechsel werden die Werkzeuge aus dem Bereitstellungsraum in den Arbeitsraum der Maschine gefahren. Dort werden sie vollautomatisch arretiert und eingespannt. Die Umrüstzeit auf ein neues Werkstück dauerte früher, als der Umbau noch von Hand erfolgte, ein bis zwei Wochen. Heute im Automatikzeitalter sind für das Umrüsten nur noch 2 bis 3 Stunden erforderlich. Die gesamte Anlage wird von nur drei Personen bedient und über Computerbildschirme überwacht.

330 27. Sonderpressen

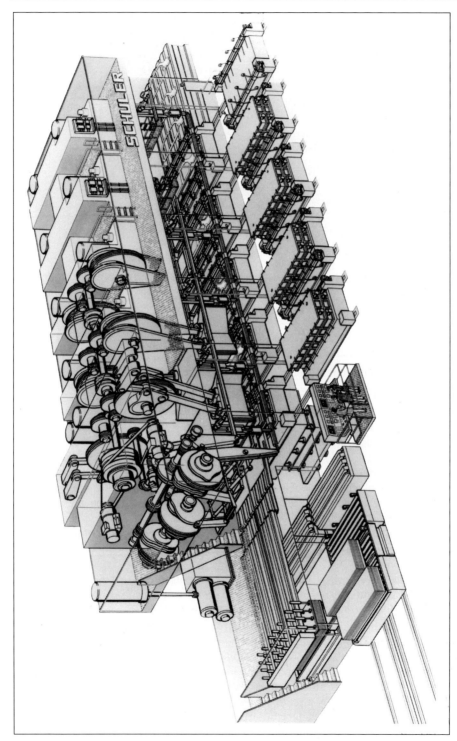

Bild 27.6 Antrieb einer Großraumstufenpresse. Kurbeltrieb zum Antrieb der Presse; Steuerscheiben zum Antrieb des Werkstücktransportsystems. (Werkfoto: Fa. Schuler, Göppingen)

27.2 Mehrstufenpressen für die Massivumformung

Im Gegensatz zu den stehenden Stufenpressen, die überwiegend für die Blechumformung eingesetzt werden, wurden die Mehrstufenpressen für die Massivumformung in liegender Anordnung entwickelt.

Ihr wirtschaftlicher Einsatz ist dann gegeben, wenn Werkstücke in großen Stückzahlen zu fertigen sind, die mehrere Arbeitsoperationen erfordern, und bei denen man die Werkzeuge bezüglich ihrer Standzeit beherrschen kann. Nach dem Abscheren werden in den einzelnen Preßstufen unterschiedliche Arbeitsverfahren (z. B. Stufe 1 Stauchen, Stufe 2 Fließpressen usw.) angewandt. Da in der Normteilindustrie (Schrauben, Muttern, Niete) immer große Stückzahlen benötigt werden, haben sich diese Maschinen dort zuerst durchgesetzt. Inzwischen werden Mehrstufenpressen für die Herstellung von Massivumformteilen aller Art verwendet. Bei diesen Maschinen unterscheidet man nach

1. Anzahl der Arbeitsstufen
   in Zweistufen-(Doppeldruck), Dreistufen-, Vier- und Mehrstufenpressen,
2. Anordnung der Werkzeuge
   waagerecht oder senkrecht,
3. Einsatzgebieten
   z. B. Maschinen für die Schraubenherstellung,
   Maschinen für die Mutternherstellung,
   Maschinen für die Umformteile verschiedener Art, wie z. B. Ventilfederteller.

Bild 27.7 zeigt eine Doppeldruckpresse. Diese Maschine hat eine Scherstufe und zwei Arbeitsstationen.

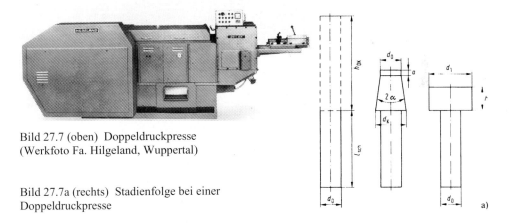

Bild 27.7 (oben) Doppeldruckpresse
(Werkfoto Fa. Hilgeland, Wuppertal)

Bild 27.7a (rechts) Stadienfolge bei einer Doppeldruckpresse

In den beiden Arbeitsstationen kann z. B. der Kopf einer Schraube vor- und fertiggestaucht werden (siehe dazu Kap. 4 Bild 4.7). Der vom Drahtbund kommende Draht wird vom Einzug der Maschine durch einen Drahtrichtapparat geführt und dann anschließend im gerichteten Zustand in die Scherstufe eingeschoben. Danach wird er auf die erforderliche Länge abgeschert. Durch einen Greifer wird der Drahtabschnitt nun zum Preßwerkzeug gebracht. Nach der Umformung wird das fertige Werkstück automatisch, durch den Ausstoßer, ausgeworfen.

332 27. Sonderpressen

Das Antriebsschema dieser Maschine zeigt Bild 27.8:

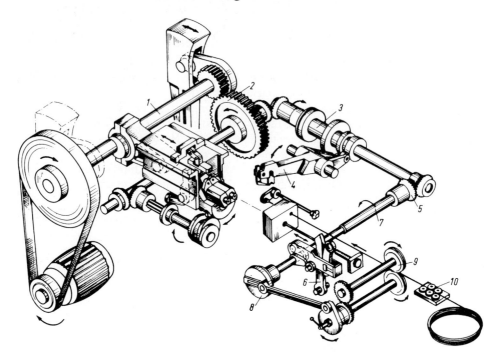

Bild 27.8 Antriebsschema einer Doppeldruckpresse CH 1 SH (Abb. Fa. Hilgeland, Wuppertal)

Von der Exzenterwelle 1 wird über das Pleuel der Schlittenhub und gleichzeitig über ein Zahnradvorgelege 2 und Kegelräder der Antrieb der Steuerwelle 3 abgeleitet.

Von der Steuerwelle wird über Kurven das Abschersystem 4, und mittels weiterer Kegelräder 5 und einen Schwenkhebel 6 der Auswerfer betätigt.

Von der gleichen Querwelle 7 werden über einen Kulissenstein 8 die Drahteinzugsrollen 9, die den Draht auch durch die Rollenrichtvorrichtung 10 ziehen und dann in die Scherbuchse schieben, angetrieben.

Eine Mehrstufenpresse mit vertikaler Werkzeuganordnung ist die im Bild 27.9 gezeigte Maschine „Formmaster FM-350".

Der Maschinenkörper ist ein Kastenrahmen, der in einem geschlossenen Gehäuse das Getriebe und den Auswerfermechanismus aufnimmt. Die im Ölbad laufenden Triebwerkselemente werden dabei sicher vom Werkzeugbereich getrennt. Die sehr starre Körperkonstruktion wurde mit der Finite Elemente Methode optimiert. Der Stößel, der die Stempel trägt, hat eine in allen Ebenen spielfreie Rollenführung. Die Werkzeuge mit übereinander liegenden Arbeitsstufen sind bei dieser Maschine vertikal angeordnet (Bild 27.10). Dies bietet beim Werkzeugwechsel große Vorteile, weil die Werkzeuge leicht zugängig sind. Außerdem können sie gut überwacht und leicht gewartet werden.

Die Stempelhalter an der Vorderseite des Stößels sind, bezogen auf die Matrizenachse, in 3 Ebenen einstellbar.

27. Sonderpressen 333

Bild 27.9 Mehrstufenpresse mit 5 Umform- und einer Scherstufe Typ Formmaster FM-350 (Werkfoto Fa. Formatech, Maschinen und Service für die Umformtechnik GmbH, Willich-Münchheide)

Für die im Bild 27.9 gezeigte Mehrstufenpresse wird z. B. ein programmgesteuertes Umrüstsystem angeboten.

Bild 27.10
Vertikale Anordnung der Preßstempel in einstellbaren Werkzeughaltern
(Werkfoto Fa. Formatech, Maschinen und Service für die Umformtechnik GmbH, Willich-Münchheide)

Die exakte Justiermöglichkeit der Stempelhalter und Stempel garantiert in Verbindung mit der absolut spielfreien Führung gleichbleibend enge Toleranzen der Fertigteile und hohe Werkzeugstandsmengen. Ob sich die in der Massivumformung üblichen kapitalintensiven Fertigungsanlagen wirtschaftlich nutzen lassen, hängt entscheidend davon ab, welcher Anteil der Gesamtproduktionszeit auf Nebenzeiten und Rüstzeiten entfällt. Werkzeugwechsel- und Umrüstsysteme können hier entscheidend dazu beitragen, diese Nebenzeiten zu verkürzen und die Maschinennutzungszeit zu steigern.

Da Fertigungsstrukturen im Hinblick auf Teilegröße, Losgröße, Verfahrenstechnik und Fertigungsablauf stark voneinander abweichen können, werden für das schnelle Umrüsten verschiedene Systeme auf dem Markt angeboten, aus denen der Anwender eine seinem Betrieb passende Kombination wählen kann.

Mit diesem Umrüstsystem werden alle Werkzeugeinstell- und Wechselfunktionen beim Umrüsten der Maschine vollautomatisch ausgeführt. Dadurch werden die Rüstzeiten drastisch gesenkt. Daraus folgt eine Flexibilität in der Fertigung, die den wirtschaftlichen Einsatz dieser Maschinen auch für kleinere Losgrößen ermöglicht.

Matrizenblock, Scherblock und Stempelblöcke, die auf einer gemeinsamen Stempelplatte montiert sind, werden bei Werkzeugwechsel im Verbund ausgetauscht. Für den Wechsel ist die Maschine mit einer speziellen Hilfsvorrichtung ausgerüstet. Der Matrizenblock und die Stempelplatte sind mit einfach zu lösenden hydraulischen Schnellspannern geklemmt.

Unabhängig von diesem Werkzeug-Schnellwechselsystem können Schermesser und Scherbüchse sowie Stempel und Matrizen auch weiterhin einzeln gewechselt werden.

Die zu wechselnden Werkzeuge lassen sich bereits außerhalb der Presse voreinstellen. Die Maschine ist dazu mit einem Werkzeug-Auflagetisch als Einrichtplatz und mit einer festen Aufnahme für Matrizenblock und Stempelblockplatte sowie entsprechenden Einstellvorrichtungen ausgerüstet.

Die für ein bestimmtes Werkstück optimalen Einstellparameter in der X-, Y- und Z-Koordinate werden einmal für jede Stufe ermittelt und anschließend in der Werkzeugdatenbank abgespeichert. Auf diese gespeicherten Einstellparameter kann bei Werkzeugwechsel jederzeit zurück gegriffen werden – auch bei Arbeiten außerhalb der Presse.

Das Umrüsten wird dadurch schneller, leichter und sicherer. Bei gleichen Prozeßbedingungen werden bereits mit den ersten Hüben Gutteile produziert. Die Verstellung der Peripherieeinheiten ist bei diesem System programmgesteuert und läuft vollautomatisch ab. Auswerferhub und Einzughub werden motorisch verstellt. Das Einzugsystem ist für einen weiten Durchmesserbereich ausgelegt, so daß bei der Umstellung der Produktion kein Wechsel der Greiferzangen erforderlich ist.

Für den Transport der Werkstücke innerhalb der Maschine wird ein **numerisch** gesteuertes Transfersystem (Bild 27.11) verwendet. Transfersystem und Zangen werden durch einzeln angesteuerte elektrische Servoantriebe betätigt. Die Veränderung der Einstellparameter beim Umrüsten erfolgt menügesteuert – der früher erforderliche Austausch von Kurvenwellen oder das Verstellen von Kurven entfällt. Die entsprechenden Einstellparameter sind in einer Werkzeugdatenverwaltung gespeichert und lassen sich bei Bedarf in Sekundenschnelle aufrufen.

Bild 27.11 NC-gesteuerte Transfereinrichtung (Werkfoto: Fa. Formatech, Maschinen und Service für die Umformtechnik GmbH, Willich-Münchheide)

Beim Austausch einzelner Zangen werden komplette Kassetteneinheiten gewechselt, die sich bereits außerhalb der Presse mit einer Einstellehre voreinstellen lassen.

Einen weiteren bedeutenden Beitrag zur Reduzierung der Maschinenstillstandszeiten bietet die Ausrüstung der Anlage mit dem Anlagebediensystem Coros-Operator-Panel. Mit diesem System erhält der Bediener in Form von Betriebs- und Störmeldungen einen umfassenden Überblick über den Zustand seiner Anlage. So wird er bei der Wahl der Betriebsart Einrichten – Betrieb – Umrüsten durch die menügesteuerte Bedienerführung bis zur Einschaltbereitschaft geleitet.

Alle Bedien- und Störmeldungen werden im Klartext angezeigt und archiviert, um eine langfristige Fehleranalyse zu ermöglichen. Die teilespezifischen Werkzeugdaten sind in der Werkzeugdatenverwaltung archiviert und jederzeit abrufbar.

Bild 27.12 zeigt typische Werkstücke, die auf solchen Mehrstufenpressen hergestellt werden.

336 27. Sonderpressen

Bild 27.12 Typische Werkstücke für Mehrstufenpressen (Werkfoto: Fa. Formatech, Maschinen und Service für die Umformtechnik GmbH, Willich-Münchheide)

Eine hochmoderne Mehrstufenpresse mit einer Abscherstation und 5 Umformstufen zeigt Bild 27.13.

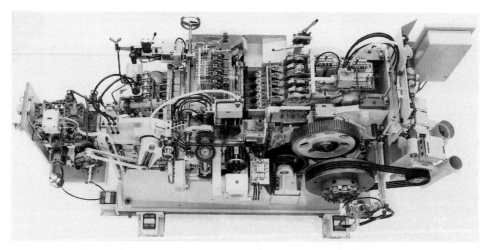

Bild 27.13 Hochleistungs-Mehrstufenpresse mit 5 Umformstufen und einer integrierten Scherstation (Werkfoto: Fa. Hatebur, Reinach/Schweiz)

Bei dieser Maschine, die vom Drahtbund arbeitet, sind die Werkzeuge horizontal angeordnet. Der Draht (14 bis 27 mm Durchmesser) wird mit 4 Einzugsrollen über einen Rollenrichtapparat, der den Draht richtet, in die Maschine gegen den Materialanschlag der Scherstation eingezogen. In der Scherstation (Bild 27.14) werden die Abschnitte auf die für das Werkstück erforderlichen Länge, gratfrei abgeschert. Die Abschnittslänge wird in der Maschine elektronisch überwacht. Der Drahtanschlag, der die Abschnittslänge bestimmt, kann während des Betriebes verstellt werden. Bei Maßabweichungen stellt sich die Maschine automatisch ab.

Bild 27.14 Werkzeugraum einer Mehrstufen-Querförderpresse
(Werkfoto Fa. Hatebur, Reinach/ Schweiz)

In der Übergabestation werden die Abschnitte aus der Scherbüchse ausgestoßen und in die erste Greifzange (Bild 27.15) des Quertransportes übergeben, die den Rohling vor die erste Umformstufe tranportiert. In den folgenden 5 Umformstufen wird der Rohling nun von den 5 Preßwerkzeugen (Stempel und Matrize) bis zum fertigen Werkstück umgeformt. Die Greiferzangen transportieren die Teile geradlinig zur nächsten Umformstufe. Dort fahren sie hoch und während der Umformung über die Stempel zurück.

Bild 27.15
Greifsystem einer 5 Stufen-
Querförderpresse
(Werkfoto Fa. Hatebur,
Reinach/Schweiz)

In der letzten Umformstufe wird dann das Fertigteil ausgeworfen. Je nach Drahtdicke werden mit dieser Maschine 80 bis 210 Werkstücke pro Minute erzeugt.

Konstruktiver Aufbau der Maschinen

Der Grundkörper der Maschine ist ein geschlossener biege- und verwindungssteifer Rahmen, der in einem Stück gegossen wird. Die Druckaufnahmefläche, da wo die Matrizen aufliegen, ist mit einer gehärteten, austauschbaren Panzerplatte verstärkt.

Der Pressenschlitten hat lange Führungen, die vor und hinter der Kurbelwelle angeordnet sind. Das geringe Laufspiel wird durch eine Hochdruckumlaufschmierung, die das Öl in die Führungsbahnen preßt, praktisch aufgehoben. Die vorderen im Arbeitsbereich liegenden Führungen, sind mit Labyrinthdichtungen gegen Kühlmittel, Abrieb und Werkstoffpartikel geschützt.

Die Kröpfung der Kurbelwelle ist so breit wie der gesamte Schlitten. Auch das H-förmige Doppelpleuel hat die gleiche Breite. Dadurch ist der Preßschlitten über alle 5 Umformstufen so abgestützt, daß auch eine asymmetrische Preßkraft die Führungsgenauigkeit des Schlittens nicht beeinträchtigt.

Der Antrieb ist stufenlos regelbar. Über eine elektropneumatische Kupplungs-Bremseinrichtung kann die Maschine über einen Sicherheitsstopp innerhalb von 90° Wellenumdrehung gestoppt werden. Dadurch werden die Werkzeuge vor Schaden (Bruch) geschützt. Die Auswerfer, die das Werkstück aus der Matrize auswerfen, sind einzeln für jedes Werkzeug getrennt, in Hubgröße und Zeit verstellbar.

Mit dem Werkzeugschnellwechselsystem können die Werkzeuge in 60 Minuten umgerüstet werden. Die Werkzeugmodule (Bild 27.16) werden als Block ausgetauscht, sodaß dann in der Maschine nur noch die Feineinstellung erfolgen muß.

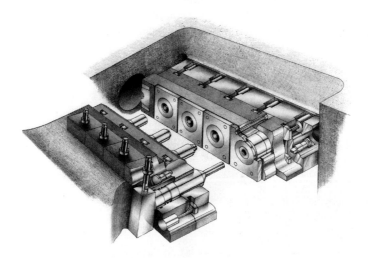

Bild 27.16 Austauschbarer Werkzeug-Schnellwechselblock
(Werkfoto Fa. Hatebur, Reinach/Schweiz)

Die Werkzeugblöcke werden außerhalb der Maschine vorbereitet und voreingestellt, sodaß für die Maschine dadurch keine Stillstandszeit entsteht. Bild 27.17 zeigt typische auf dieser Maschine hergestellte Teile.

Bild 27.17 Stadienfolge eines auf einer Coldmatic-Mehrstufenpresse hergestellten Zündkerzengehäuses (Werkfoto Fa. Hatebur, Reinach/Schweiz)

Die Steuerung der Maschine erfolgt von einem Kommandopult aus. In diesem Pult sind alle Anzeige- und Steuergeräte zusammengefaßt. Bedienungsfehler sind praktisch ausgeschlossen, weil alle wichtigen Schaltfunktionen gegenseitig verriegelt sind.

Tabelle 27.1 Technische Daten

max. Drahtdurchmesser bei 600 N/mm Zugfestigkeit	in mm	14	– 27
Abschnittlänge	in mm	6	– 170
Hubzahl	in mm	80	– 120
Nennpreßkraft	in kN	850	– 3500
Stufenpreßkraft	in kN	350	– 1500
Antriebsleistung	in kW	35	– 110

27.3 Stanzautomaten

Im Kapitel 19, Bild 19.5, wurde ein Feinstanzautomat beschrieben. Hier soll ein Stanzautomat, Bild 27.18, vorgestellt werden, der für besonders hohe Hubzahlen konzipiert wurde. Bei diesen extremen Hubzahlen entstehen durch die hin- und hergehenden Massen große Massenkräfte.

$$F_m = m \cdot \frac{H}{2} \cdot \left(\frac{n}{9{,}55}\right)^2$$

F_m in N   Massenkraft
m in kg   Masse der bewegten Teile
n in min^{-1} Hubzahl
H in m   Hubgröße

Diese Massenkräfte belasten nicht nur die Lager und Führungen, sondern übertragen sich auch auf den Hallenboden.

340   27. Sonderpressen

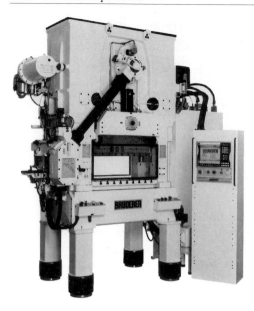

Bild 27.18
Stanzautomat mit Massenausgleich
Modell BSTA 50
(Werkfoto Fa. Bruderer,
CH-9320 Frasnacht)

Deshalb ist für solche schnellaufenden Stanzmaschinen ein Massenausgleich erforderlich, wenn die Gesamtmasse aus Stößel und Werkzeugoberteil 200 kg überschreitet.

Tabelle 27.2 Technische Daten des Stanzautomaten

Bezeichnung der Maschine	BSTA 20	BSTA 50	BSTA 110
Nennpreßkraft in kN	200	500	1100
max. Hubzahl in min^{-1}	1800	1200	850
Hubgröße in mm	8 – 38	16 – 51	16 – 75
Hublagenverstellung in mm	50	64	89

Bei dem Massenausgleich-System Bruderer (Bild 27.19) wird die Bewegung des Stößels 1 gegenüber der Werkzeugaufspannplatte 2, z. B. beim Arbeitshub nach unten, die vom Exzenter 6 erzeugte Kraft über Pleuel 5 und Hebel 4 verstärkt auf die Drucksäule 3 und somit auf den Stößel 1 übertragen. Infolge der Beschleunigung wirkt im System eine Massenkraft nach oben. Gleichzeitig führen die Gegengewichte 9 über Lenker 7 und Massenausgleichshebel 8 eine Bewegung nach oben aus. Diese Massenkräfte wirken den Massenkräften des Stößels entgegen und gleichen sie aus.

Auch die horizontalen Massenkräfte der Exzenterteile müssen ausgeglichen werden, sonst führt die Maschine eine Nickbewegung aus. Diese Massenkräfte werden vom Gegengewicht über Lenker 10 und Hebel 11 ausgeglichen. Der Schwerpunkt der Gegengewichte beschreibt dabei eine Ellipse und entspricht in jedem Punkt der Resultierenden aus beiden Kräften.

Für die Stanzteilgenauigkeit und die Standzeit der Werkzeuge ist außer der geometrischen Genauigkeit der Lager- und Führungselemente die Anordnung der Stößelführung von entscheidender Bedeutung. Bei dieser Maschine wurde mit der 4-Säulenführung eine optimale Lösung gefunden. Der Bandvorschub wird bei dieser Maschine mit einem kombinierten Zangen-Walzenvorschubapparat – System Bruderer – erzeugt. Damit werden Vorschubgenauigkeiten von 0,01 bis 0,02 mm erreicht.

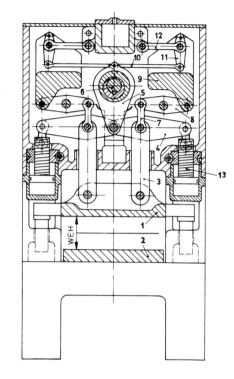

Bild 27.19 Wirkungsweise eines Stanzautomaten mit Massenausgleich – System Bruderer – mit 4-Säulenführung (Abb. Fa. Bruderer, CH-Frasnacht)

Einen Zweiständer-Schneid- und Umformautomat der Typenreihe HQR, mit Kurzbandanlage und numerisch gesteuertem Richt- und Vorschubgerät, zeigt Bild 27-20. Diese Maschinen wurden für Preßkräfte von 2000 bis 6300 kN ausgelegt. Der Rahmen ist als Stahl-Schweißkonstruktion ausgeführt.

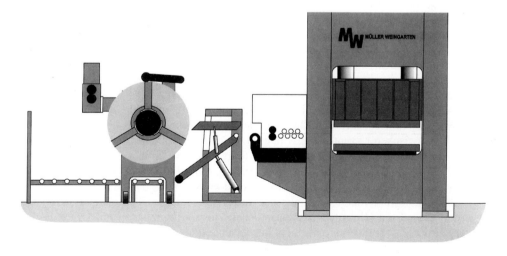

Bild 27.20 Schneid- und Umformautomat Typ HQR mit Bandzuführanlage und numerisch gesteuertem Richt- und Vorschubgerät (Werkfoto Fa. Müller Weingarten AG, Weingarten)

Er wird auftragsbezogen gefertigt und kann deshalb den Werkzeugeinbauhöhen der Kunden angepaßt werden. Die Baustruktur des Rahmens wurde mit der Finite Elemente Methode optimiert. Die einzelnen Elemente der Presse und das gesamte Know-how wurde in ein Baukastensystem integriert.

Der Antrieb der Maschine ist als Querwellenantrieb (Bild 27.21) mit 2 Pleueln ausgeführt. Das Antriebsdrehmoment wird vom Drehzahlvariablen Antriebsmotor über das Schwungrad und die pneumatische Kupplungs-Bremskombination auf die Ritzelwelle und von dieser, je zur Hälfte auf die linke und über ein Zwischenrad auf die rechte Exzenterwelle übertragen.

Bei diesem Antriebsprinzip drehen die beiden Exzenterwellen gegeneinander und kompensieren damit gegenseitig, ohne Zusatzmasse, ihre Rotationskräfte. Das bedeutet für den Bremsvorgang, z. B. ausgelöst durch eine Sicherheitsfunktion, kürzestmögliche Bremswinkel.

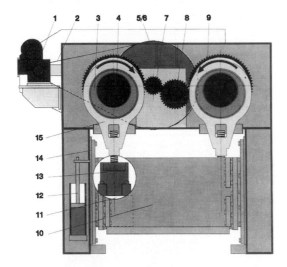

Bild 27.21 Querwellenantrieb
1 Antriebsmotor,
2 Flachriemen,
3 Exzenterbuchse,
4 Exzenterwelle, 5 Schwungrad,
6 Kupplungs-Bremskombination,
7 Antriebswelle,
8 Zwischenrad,
9 Pfeilzahnrad,
10 Stößel,
11 Pneumatisches Kissen,
12 Stößel-Gewichtsausgleich,
13 Stößelgarnitur,
14 Gleitführung,
15 Pleuel
(Werkfoto Fa. Müller Weingarten AG, Weingarten)

Der Stößelhub (Bild 27.22) ist automatisch in Stufen verstellbar. Der gewünschte Stößelhub wird durch ein Verdrehen der beiden Exzenterbuchsen, gegenüber den Exzenterwellen, erreicht. Dazu werden die Exzenterbuchsen über Synchronscheiben in der Arretierung gehalten und die Exzenterwelle durch Verschieben der Schiebemuffe, über den Hauptantrieb verdreht. Die Schiebemuffe hat eine Innenverzahnung die den Formschluß zwischen Exzenterbuchse und Exzenterwelle herstellt.

Die Stößelverstellung (Lage des Stößels) erfolgt durch Verdrehung der Kugelspindel (Bild 27.23) mittels Schneckengetriebe. Dabei ändert sich die Eintauchtiefe der Kugelspindel in das Pleuel und damit der Abstand zwischen Stößel und Tischplatte.

Um eine Überlastung der Presse auszuschließen, drückt die Kugelspindel über den Druckkolben auf ein Ölpolster, daß entsprechend der Nennpreßkraft mit Druck beaufschlagt wird. Bei Überlastung entweicht das Öl unterhalb des Druckkolbens schlagartig und gibt den Überlastweg frei.

Die Maschine ist CNC-gesteuert. Ein Industrie-PC steuert alle Pressenfunktionen und darüber hinaus auch alle Peripheriegeräte wie z. B. die Blechbandbeschickung, den

Walzenvorschubapparat, den Werkstücktransport und das Auswerfen der Fertigteile. Ein umfangreiches Paket unterschiedlichster Software-Module ermöglicht die bedarfsorientierte Anpassung des PC-Systems an die jeweiligen Aufgaben. Der Bildschirm visualisiert alle notwendigen Informationen und dient gleichzeitig auch als Programmieroberfläche für die speicherprogrammierbare Steuerung.

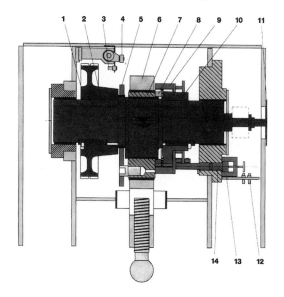

Bild 27.22 Hubverstellung (Hubgröße)
1 Pfeilzahnrad,
2 Exzenterwelle,
5 Synchronscheibe,
6 Pleuel,
7 Exzenterbuchse,
8 Zahnkranz,
9 Schiebemuffe,
10 Zahnkranz,
13 Hydraulikzylinder,
14 Hydraulikkolben
(Werkfoto Fa. Müller Weingarten AG, Weingarten)

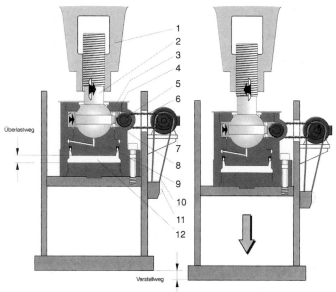

Bild 27.23 Elemente zur Stößelverstellung (Lage des Stößels)
1 Pleuel, 2 Kugelspindel, 3 Kugelflansch, 4 Schneckenrad, 5 Schneckenwelle, 6 Rollenkette, 7 Elektromotor, 8 Gleitstein, 9 Druckkolben, 10 Zahnriemen, 11 Winkelcodierer, 12 Ölpolster
(Werkfoto Fa. Müller Weingarten AG, Weingarten)

Tabelle 27.3 Technische Daten der HQR-Stanzautomaten

Nennpreßkraft	kN	2000 - 6300
Hubzahl	pro min	80 - 150
Stößelhub	mm	200 - 250
Aufspannplatte	mm	
Länge		1900 – 2800
Tiefe		1100 - 1400

27.4 Testfragen zu Kapitel 27:

1. Was ist das Besondere an einer Stufenziehpresse und für welche Werkstücke wird sie eingesetzt?
2. Wie unterscheiden sich die Mehrstufenpressen für die Massivumformung und wofür setzt man sie ein?
3. Mit welchen Hubzahlen arbeiten Stanzautomaten?
4. Warum benötigen Stanzautomaten einen Massenausgleich?
5. Wie wird bei einer Exzenterpresse der Hub verstellt?
6. Warum setzt man für lange Fließpreßwerkstücke hydraulische Fließpreßmaschinen ein?

28. Werkstück- bzw. Werkstoffzuführungssysteme

Alle automatisch im Dauerhub arbeitenden Pressen benötigen auch automatisch arbeitende Werkstückzuführeinrichtungen.
Bei einem Teil der Zuführvorrichtungen wird der Antrieb von der Presse abgeleitet. Andere haben eigene Antriebe. In jedem Fall aber werden sie von der Presse gesteuert.
Die Zuführvorrichtungen kann man nach ihren Einsatzgebieten unterteilen in:

28.1 Zuführeinrichtungen für den Stanzereibetrieb

Im automatischen Stanzereibetrieb wird vom Band gearbeitet. Für die Bandzuführung gibt es 2 Systeme, den Walzenvorschubapparat und die Zangenvorschubeinrichtung.

28.1.1 Walzenvorschubapparat

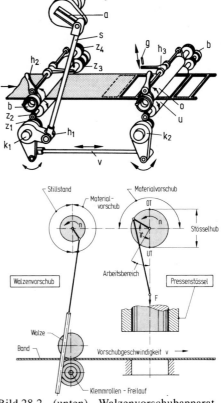

Er besteht aus zwei Walzenpaaren, die das zu fördernde Material durch Reibschluß bewegen (Bild 28.1). Die Bewegung wird als Kulissenantrieb von der Exzenterwelle abgeleitet. Bei Vorschubbeginn wird die Schubstange nach oben gezogen. Dabei wird der Winkelhebel h_1 gegen den Uhrzeigersinn gedreht. Bei dieser Drehrichtung wird die Freilaufkupplung k_1 – (Klemmrollenkupplung) wirksam. Sie treibt nun über die Zahnräder z_1 und z_2 die Unterwalze im Uhrzeigersinn an. Dadurch wird das Bandmaterial von links nach rechts verschoben. Durch die Verbindungsstange v wird die Bewegung der Einlaufseite auf die Auslaufseite übertragen.
Bei einer anderen Konstruktion (Bild 28.2) wird die Klemmrollenkupplung direkt von der Schubstange, die im unteren Bereich als Zahnstange ausgebildet ist, angetrieben.

Bild 28.1 (rechts oben) Schema des Walzenvorschubapparates. e Exzenterwelle, a Kurbelarm, s Schubstange, z Zahnräder, k Klemmrollenkupplungen, o Oberwalze, u Unterwalze, b Spreizringbremse, h Hebel, v Verbindungsstange

Bild 28.2 (unten) Walzenvorschubapparat mit Antrieb der Unterwalze durch Zahnstange

28.1.2 Zangenvorschubapparat

ist eine Vorschubeinrichtung, bei der das zu verschiebende Bandmaterial zwischen 2 Backenpaaren geklemmt wird. Die Bewegung selbst kann auch hier, wie Bild 28.3 zeigt, von einem Kulissenantrieb abgeleitet werden.
Es gibt aber auch hydraulische und pneumatische Antriebe.
Im Bild 28.3 schwenkt die Schubstange einen Winkelhebel aus, der die Vorschubbewegung ausführt. Die Verbindungsstange überträgt die Bewegung des Einlaufzangenvorschubes auf die Klemmbacken der Auslaufseite. Die außenliegenden Transportzangen werden pneumatisch geschlossen. Wenn das Blech festgeklemmt ist, erfolgt die Vorschubbewegung, die synchron zur Stößelbewegung von der Presse gesteuert wird.
Die beiden inneren Klemmstangen sind während der Vorschubphase geöffnet. Ihre Aufgabe ist, das Blech in der Arbeitsphase (Stanzvorgang) festzuhalten

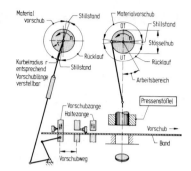

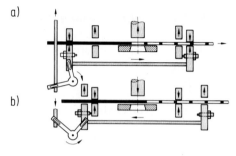

Bild 28.3 Prinzip des Zangenvorschubes.
a) geschlossene, b) geöffnete Klemmbacken

28.2 Transporteinrichtungen in Stufenziehpressen

In Stufenziehpressen werden die Werkstücke von Arbeitsstufe zu Arbeitsstufe durch Schienen-Greifersysteme transportiert. Eine solche Greifeinrichtung besteht zunächst aus 2 Schienen, die sich seitlich öffnen und schließen und sich in Vorschubrichtung um einen Vorschubschritt bewegen. An den Greifer, schienen (Bild 28.4) sind Greifelemente angebracht, die der Form der Werkstücke in den einzelnen Stadien angepaßt sind.
Der Arbeitszyklus besteht aus 4 Bewegungen:

1. Greiferschienen schließen und Werkstücke erfassen;
2. Greifersystem bewegt sich mit den erfaßten Werkstücken um einen Vorschubschritt nach rechts;

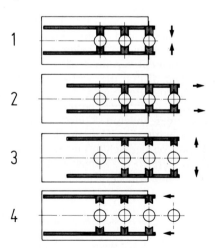

Bild 28.4 Prinzip der Arbeitsweise eines Greifersystems. 1 Schließen, 2 Vorschubbewegung, 3 Öffnen, 4 Rücklauf

3. Die Greiferschienen öffnen sich und legen die beförderten Werkstücke über dem nächsten Bearbeitungswerkzeug in Arbeitslage ab;
4. Die geöffneten Greiferschienen fahren, während der Arbeitsbewegung des Stößels, in die Ausgangsposition zurück.

Die Ausgangsrohlinge werden, je nach Form, durch Stapelmagazine, Tellerförderer oder andere geeignete Zubringer der ersten Station der Greiferschienen zugeführt.

28.3 Transporteinrichtungen für Mehrstufenpressen für die Massivumformung

Bei diesen Maschinen arbeitet man mit Greifzangen, die die Werkstücke von einer Umformstufe zur nächsten bringen.
Das Öffnen der Greifzangen (Bild 28.5) und die Linearbewegung erfolgt durch Kurven. Durch Federkraft (Bild 28.6) werden die Zangen geschlossen.
Um ein Werkstück auch 180° drehen zu können, gibt es auch Zangen, die anstelle der Linearbewegung eine Schwenkbewegung ausführen (Bild 28.7).
Ein Greifersystem für eine Querförderpresse mit 4 Arbeitsstufen zeigt Bild 28.8.

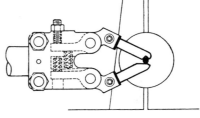

Bild 28.5 Werkstücktransport durch federnde Einfachzange

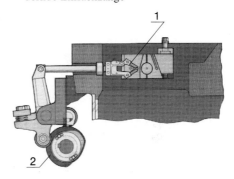

Bild 28.6 (rechts) Antrieb des Greifersystems zur Erzeugung der Linearbewegung.
1 Greifzange, 2 Steuerkurve

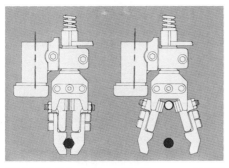

Bild 28.7 Schwenkbare Greiferzangen (180°)

Bild 28.8 Greiferzangen einer 4-Stufen-Querförderpresse

28.4 Zuführeinrichtungen für die Zuführung von Ronden und Platinen beim Tubenspritzen (Rückwärtsfließpressen)

Solche Einrichtungen bestehen in der Regel aus 3 Teilen, dem Vibrationsförderer, den sogenannte Schikanen (Führungsschienen) und dem Einstoßer. Der Vibrationsförderer hat die Aufgabe, die Ronden zu ordnen. Durch die Vibration des Behälters vereinzeln sich die Teile und bewegen sich in wendelförmigen Rinnen nach oben. Von da aus fallen sie durch einen Mechanismus, der mit dem Stößel der Presse synchron gesteuert ist, in einen Fallschacht und rutschen dort durch die Schwerkraft (Bild 28.9) in den Führungsschienen nach unten.

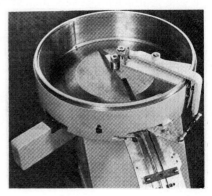

Bild 28.9 Vibrationsförderer

Durch eine Einstoßvorrichtung werden nun die Ronden vor das Preßwerkzeug geschoben. Das Ausstoßen der umgeformten Teile übernimmt dann ein Ausstoßer, der Bestandteil der Presse ist. In ähnlicher Weise werden auch Schraubenbolzen, Niete, oder andere Formteile zugeführt.

28.5 Zuführeinrichtungen zur schrittweisen Zuführung von Einzelwerkstücken

Für die Zuführung von Einzelwerkstükken verwendet man auch Revolverteller. Die Werkstücke werden im vorderen Bereich des Teller, der außerhalb der Gefahrenzone liegt, von Hand oder über eine Zuführeinrichtung eingelegt. Die schrittweise Drehbewegung (ein Teilabstand pro Pressenhub) wird durch ein Malteserkreuz erzeugt und von der Kurbelwelle über Zahn- und Kegelräder abgeleitet. Bild 28.10 zeigt das Antriebsschema eines solchen Revolvertellers.

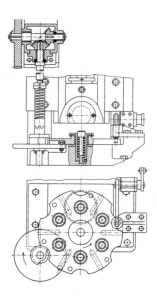

Bild 28.10 Antriebsschema eines Revolvertellers.

28.6 Zuführeinrichtungen zur Beschickung von Schmiedemaschinen

Auch beim Gesenkschmieden wird heute in Schmiedestraßen oft vollautomatisch gearbeitet.
Dabei werden die auf Schmiedetemperatur erwärmten Rohlinge mit Hilfe von Industrierobotern (sogenannten Manipulatoren), in das Schmiedegesenk eingelegt. Auch die fertig- oder vorgeformten Schmiedestücke werden nach der Umformung vom Manipulator aus dem Gesenk entnommen und der nächsten Maschine zugeführt.
Diese Industrieroboter (Bild 28.11) werden in vielen Größen (bezogen auf Transportgewicht und Bewegungslänge) gebaut. Sie können, den Erfordernissen entsprechend, lineare Bewegungen in 3 Achsen und zusätzlich Drehbewegungen ausführen. Die Greifelemente sind der Werkstückform angepaßt.
Die Längsbewegungen werden überwiegend pneumatisch und die Drehbewegungen elektrisch (Elektromotor mit nachgeschaltetem Zahnradtrieb) erzeugt.
Alle Manipulatoren sind NC-gesteuert und programmierbar.

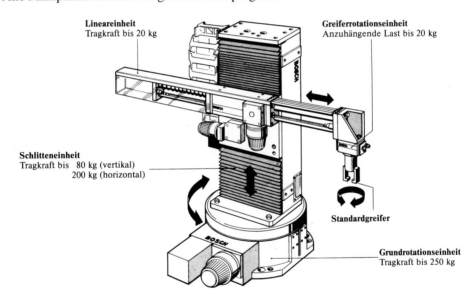

Bild 28.11 Industrieroboter mit 2 Linear- und 2 Drehbewegungen
(Abb. Fa. Bosch-Handhabungstechnik, Stuttgart)

28.8 Testfragen zu Kapitel 28:

1. Welche Werkstoffzufuhrsysteme kennen Sie im Stanzereibetrieb?
2. Welche Werkstücktransporteinrichtungen verwendet man bei Stufenziehpressen?
3. Welche Werkstücktransporteinrichtungen werden bei Mehrstufenpressen für die Massivumformung eingesetzt?
4. Wo werden Industrieroboter in der Umformtechnik eingesetzt?

29. Weiterentwicklung der Umformmaschinen und der Werkzeugwechselsysteme

29.1 Flexible Fertigungssysteme in der Umformtechnik

29.1.1 Vollautomatische Schmiedestraße

Auch in der Umformtechnik geht der Trend zu vollautomatischen flexiblen Fertigungssystemen. Ihre Merkmale sind:

- Vollautomatische Beschickung der Maschinen,
- Vollautomatischer Werkzeugwechsel,
- Vollautomatische Steuerung und Überwachung des Produktionsablaufes.

Eine vollautomatisch arbeitende Schmiedestraße zeigt Bild 29.1. Auf dieser Anlage werden in 5 Arbeitsoperationen Stabilisatoren (Bild 29.1a) hergestellt.

Der Portalmanipulator (3) entnimmt einen Rohling aus dem Vorratsmagazin (4) und transportiert ihn in die Zuführeinrichtung zur Elektrostauchmaschine (1). Dort wird zunächst auf einer Seite der kugelförmige Kopf angestaucht. Danach transportiert der Portalmanipulator das vorgestauchte Werkstück zur Mehrstufenpresse. Dort wird das noch in Schmiedetemperatur erwärmte Werkstück in 3 Operationen (Gesenkschmieden, Abgraten, Lochen) auf einer Seite fertiggestellt. Nun wird der Stab 180° gedreht und wieder zur Elektrostauchmaschine gebracht. Dort wiederholt sich dann die Fertigungsfolge für die 2. Seite.

Während der Bearbeitung in der Mehrstufenpresse hat die Zuführeinrichtung ein neues Werkstück eingelegt und den Heiz- und Stauchvorgang gestartet.

Es werden also immer gleich 2 Werkstücke alternierend bearbeitet. Durch die Überlagerung der Arbeitsoperationen werden Taktzeiten von ca. 40 Sekunden erreicht.

Die Anlage ist ausgelegt zur Verarbeitung von Stangendurchmessern von 28 bis 70 mm Durchmesser und Stangenlängen von 1200 bis 2500 mm.

Sie wird von einem zentralen Pult gesteuert. Eingesetzt ist dabei die elektronische Siemens-Steuerung, Typenreihe S 5. Diese bietet u. a.:

- Bedienergeführte Eingabe aller fertigungsrelevanten Daten mit Hilfe eines Bedienerterminals
- Übersichtliche Darstellung der Soll- und Ist-Werte am Bildschirm
- Störungsanzeige und Anzeige von Prozeßüberwachungen im Klartext, automatische Schrittkettenanalyse
- Abspeicherung von Prozeßdaten

29. Weiterentwicklung

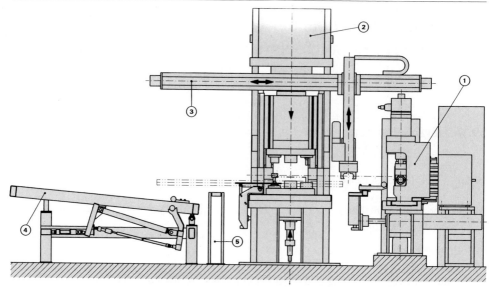

Bild 29.1 Vollautomatische Schmiedestraße bestehend aus:
1 Elektro-Stauchmaschine 140 kVa, 2 Mehrstufenpresse 2000 kN Preßkraft, 3 Portalmanipulator, 4 Vorratsmagazin für Stangenrohlinge, 5 Förderband für den Abtransport fertiger Werkstücke.
(Werkfoto: Fa. Lasco-Umformtechnik, Coburg)

Fertiggeschmiedeter Stabilisator

Fertigungsablauf

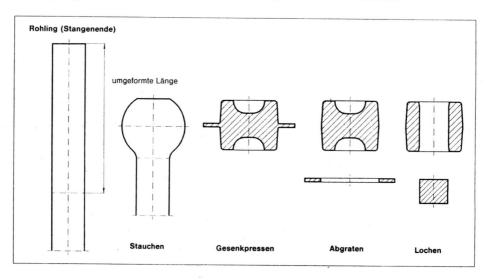

Bild 29.1a Stadienplan für den auf dieser Anlage gefertigten Stabilisator
(Werkfoto: Fa. Lasco-Umformtechnik, Coburg)

29.1.2 Flexible Fertigungszelle

Eine flexible Fertigungszelle ist die vollautomatisch arbeitende hydraulische Kaltfließpreßanlage. Sie besteht aus einer 4-Stufen-Kaltfließ-Transferpresse (Bild 29.2) mit 20.000 kN Preßkraft. Auf dieser Anlage werden Werkstücke bis 15 kg Stückgewicht hergestellt. Von der Zuführung des Rohmaterials (Stangenabschnitte) mit Übergabe in den Greifertransfer und Abgabe des fertig gepreßten Teiles auf ein Förderband, läuft alles automatisch ab. Auch die Preßkraft wird in jeder Station überwacht.

Ein schneller Werkzeugwechsel der Aktivteile wird von einem hydraulisch angetriebenen Werkzeugwechselarm ausgeführt. Der Schnellwechsel des gesamten Werkzeugblockes erfolgt über Knopfdruck.

Die Microprozessor-Steuerung mit einer Speicherkapazität von über 200 Werkzeugen, steuert den gesamten Ablauf.

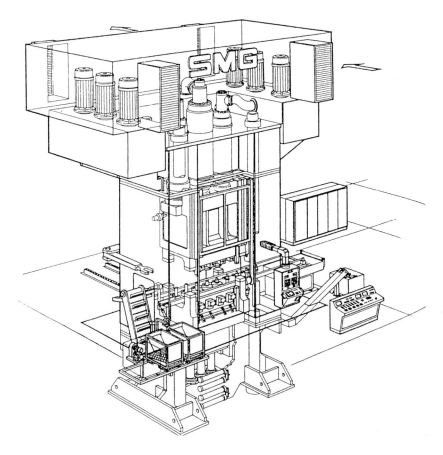

Bild 29.2 4-Stufen-Transferpresse mit automatischer Teile-Zu- und -Abführung
und automatischem Werkzeug-Schnellwechsel-System.
(Werkfoto Fa. Schuler SMG GmbH & Co. KG, Waghäusel)

Außer den 4 Hauptpreßstationen ist im Seitenständer noch eine Abscherstation untergebracht, die ein exaktes Ablängen der Rohlinge ermöglicht. Der Werkzeugwechsel wird vollautomatisch durchgeführt. Es werden nur die einzelnen Werkzeugkassetten ausgetauscht. Ein Werkzeugwechsler übernimmt das Handling der bis zu 600 kg schweren Werkzeugpakete. In der Maschine werden diese Werkzeugkassetten automatisch justiert und gespannt.

Die Werkstückrohlinge werden in Palettenwagen an die Presse herangebracht und dort dem Förderband übergeben. Dort übernimmt ein Greifersystem den Rohling und bringt ihn in die Arbeitsstationen der Presse. Die fertigen Preßteile werden aus der Maschine ausgeworfen und vom Greifer auf einen Palettenwagen abgelegt.

29.1.3 Flexibles Fertigungssystem

Ein flexibles Fertigungssystem zur Herstellung von Gasflaschen aus Stahlblech zeigt Bild 29.3. Mit dieser Anlage werden alle auf dem Weltmarkt üblichen Flaschengrößen hergestellt. Sie hat eine Produktionskapazität von 3,5 Millionen Gasflaschen pro Jahr. Pro Stunde werden mit dieser Anlage 1200 Stück Flaschenhälften ($\varnothing$ 300 × 235 hoch) hergestellt. Jede der beiden Pressenstraßen besteht aus:

- 1 Prägepresse –
- 2 Tiefziehpressen
- 1 Zwillings-Beschneideautomat
- 1 Lochpresse.

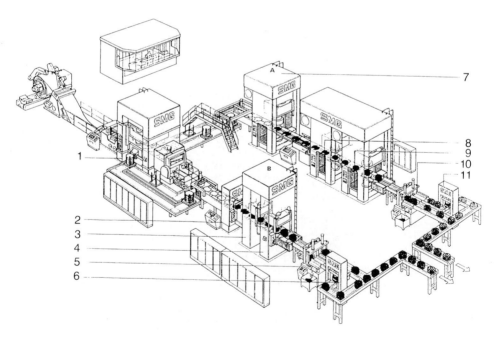

Bild 29.3 Flexible Fertigungsanlage zur Herstellung von Gasflaschen aus Stahl.
1 Platinen-Stanzanlage, 2 Prägepresse, 3 und 4 Tiefziehpresse, 5 Beschneide- und Sickenautomat, 6 Lochpresse, 7 Prägepresse, 8 und 9 Tiefziehpresse, 10 Beschneide- und Sickenautomat, 11 Lochpresse (Werkfoto, Fa. SMG Süddeutsche Maschinenbaugesellschaft, Waghäusel)

Die vorgeschaltete Stanzanlage versorgt beide Pressenstraßen mit Platinen. Sie werden aus Bandmaterial (1300 mm Breite und 1,5 – 3,5 mm Dicke) ausgestanzt, gestapelt und dann in Stapelmagazinen der ersten Maschine zugeführt. Dort übernehmen Greifersysteme den Transport zur Maschine. Der Weitertransport von Maschine zu Maschine wird von einer Greifertransfereinrichtung vollautomatisch ausgeführt. Hinter der letzten Presse übernimmt ein Rollengang den Weitertransport bis zur Waschanlage.

Die erste Presse in Anlage B ist eine reine Prägepresse mit einer Preßkraft von 2000 kN, in Anlage A eine kombinierte Präge-Tiefziehpresse mit einer maximalen Umformkraft von 4000 kN. Die jeweiligen Folgepressen sind reine Tiefziehpressen mit 2500 kN bzw. 1600 kN Umformkraft. Die Beschneidautomaten haben jeweils 2 Arbeitsstationen: Links werden die Flaschen-Unterteile beschnitten und gesickt, rechts die Flaschenoberteile beschnitten. In der Lochpresse wird in die Oberteile die Ventilöffnung eingestanzt.

Die numerische Steuerung steuert, überwacht die Werkzeuge und zeigt Schwachstellen im Produktionsablauf an.

Transferpressen-Anlage EMP 800 als flexibles Produktionssystem für Blechformteile mittlerer Größe

Die Forderungen nach kostengünstiger Fertigung von Teilen höchster Qualität in sowohl kleinen als auch sehr großen Stückzahlen bei einer ständig zunehmenden Teilevielfalt haben in vielen Bereichen zur Entwicklung flexibel einsetzbarer Produktionssysteme geführt. In der Blechumformung kennzeichnet die Bauweise moderner Transferpressen-Anlagen diesen Entwicklungstrend (Bild 29.4).

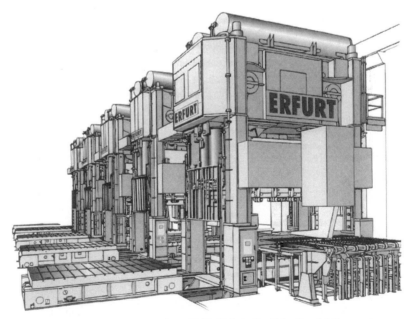

Bild 29.4 Transferpressenanlage EMP 800 als flexibles Produktionssystem
(Werkfoto, Fa. Umformtechnik, Erfurt)

Der Einsatzbereich dieser Pressen-Anlagen beginnt schon im Bereich kleinerer, insbesondere napfförmiger Teile mit zusätzlichen Formelementen. Den Schwerpunkt bilden mittelgroße Pressen-Anlagen für die Fertigung von

– Karosserieteilen für PKW und Fahrzeuge insgesamt

sowie

– Tiefzieh- und Stanzteile für unterschiedlichste Anwendungen (Bild 29.5)

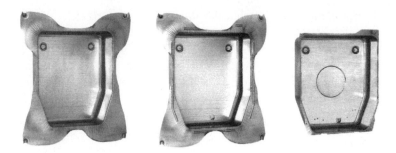

Bild 29.5 Tiefziehteil, hergestellt auf einer Transferpressenanlage mittlerer Größe
(Werkfoto, Fa. Umformtechnik, Erfurt)

Für Teile großer Abmessungen wie Karosserieteile bis hin zu PKW-Seitenteilen und Karosserieteilen für LKW kommen Transferpressen-Anlagen als Tandem- oder Mehrständerpressen zum Einsatz.

Standard-Zweiständerpresse der Baureihe EMP als Transferpresse

Die Basis für die flexible Transferpressen-Anlage bildet die neu entwickelte Baureihe der mechanischen Zweiständerpressen (Bild 29.6). Die aus Standardmodulen aufgebauten Pressen werden in einer bedarfsorientierten Abstufung geliefert. Ausgerüstet mit den je nach Anwendung spezifischen Ausstattungsmodulen kommen diese zum Einsatz als

– Universalpressen
– Karosseriepressen (Kopf- und Folgepressen)
– Transferpressen und
– Schneidpressen

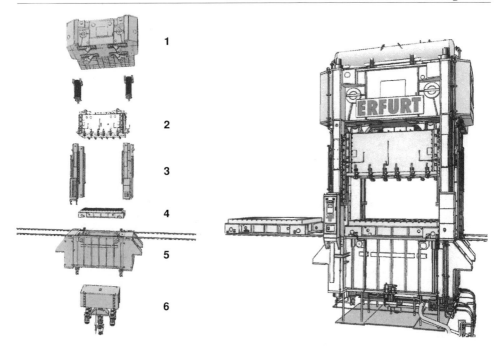

Bild 29.6 Mechanische Zweiständerpresse der Baureihe EMP in Modulbauweise
1 Kopfstück, 2 Pressenstößel, 3 Seitenständer, 4 Schiebetisch, 5 Tisch, 6 Ziehkissen im Tisch
(Werkfoto, Fa. Umformtechnik, Erfurt)

Hybrid-Antrieb – Anwendung der innovativen Entwicklung für das Tiefziehen

Das Funktionsprinzip des Hybrid-Antriebes basiert auf einer dem mechanischen Kurbelantrieb der Zweiständerpresse überlagerten hydraulischen Relativbewegung des Stößels (Bild 29.7). Die Relativbewegung wird über die als Gleichgangzylinder ausgebildeten Druckpunkteinheiten bewirkt (Bild 29.8). Durch den unmittelbar vor dem Aufsetzen des Oberwerkzeuges eingeleiteten Bremshub reduziert sich die Auftreffgeschwindigkeit des Pressenstößels mit dem Oberwerkzeug auf ein Minimum. Gegen Ende des Bremshubes und somit zu Beginn des Umformvorganges gleicht sich die Stößelgeschwindigkeit wieder der des Kurbelantriebes an. Nach Beendigung des Umformvorganges – also nach Erreichen der Kurbeltriebposition OT – wird die Relativbewegung des Stößels in seine Ausgangsposition eingeleitet.

Für den Bremshub wird eine geschwindigkeitsabhängige Sollwertkurve ermittelt und in der Software hinterlegt. Hiermit wird insbesondere ein optimierter Verlauf der Endphase des Bremshubes erreicht. Entscheidend für die Wirksamkeit des Hybrid-Antriebes ist die Einstellung der Bremsphase in Bezug auf den Auftreffzeitpunkt.

Vorteile des Hybrid-Antriebes:

− Flexible Anpassung an die Teilegeometrie durch Einstellung der jeweiligen Geschwindigkeitsreduzierung
− Nutzbare Hubzahlen bei maximaler Ziehgeschwindigkeit − zum Vergleich
  * ohne Hybrid-Antrieb bis 16 min $^{-1}$
  * mit Hybrid-Antrieb bis 28 min $^{-1}$

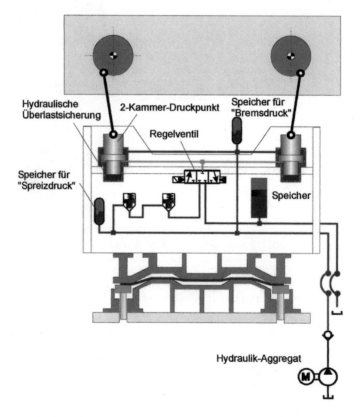

Bild 29.7 Prinzip des Hybrid-Antriebes (Werkfoto, Fa. Umformtechnik, Erfurt).

Ziehkissen

Eine maximale Flexibilität in Bezug auf den Einsatz unterschiedlichster Werkzeuge ermöglichen mehrere Einzelziehkissen. Die Ziehkissenfunktionen können somit auf die Erfordernisse der jeweiligen Umformstufe eingestellt werden. Aufwendige Einstellungen mit sorgfältiger Anpassung der Druckbolzenlängen − wie sie bei einteiligen Ziehkissen erforderlich sind − entfallen hierbei (Bild 29.8).

Die dreistufige Transferpresse EMP 800 ist mit je einem 2-Punkt-Hydraulik-Ziehkissen in Stufe 1 und 3 sowie mit einem 1-Punkt-Stickstoff-Ziehkissen in Stufe 2 ausgeführt.

29. Weiterentwicklung 359

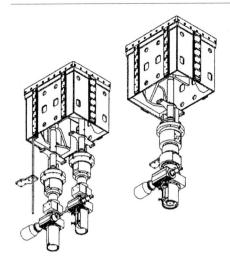

Bild 29.8
Ziehkissen in der Transferpresse EMP 800
(Werkfoto, Fa. Umformtechnik, Erfurt)

Die Anordnung der einzelnen Ziehkissen ermöglicht es, alle Bolzenreihen nach dem DIN-Raster – in gleicher Weise wie bei einer einteiligen Ziehkissenplatte zu belegen. Dies gilt auch für die drei Austoßerkissen im Stößel.

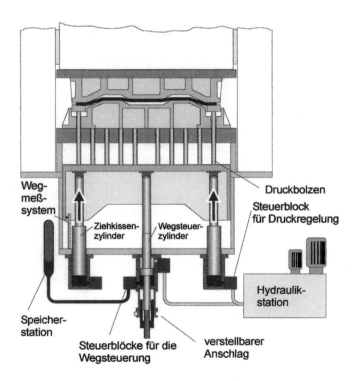

Bild 29.8a Hydraulikziehkissen im Tisch (Werkfoto, Fa. Umformtechnik, Erfurt)

Zusätzlich zu den Standardfunktionen wie

- Ziehkissenvorbeschleunigung
- ungesteuerter Auswerferhub sowie
- gesteuerter und verzögerter Auswerferhub

können die Druckpunktkraftverläufe der Hydraulik-Ziehkissen individuell programmiert werden.

Merkmale der Flexibilität

Materialzuführung vom Band oder als Platine

Die Basis für die flexible Automatisierung bilden die Möglichkeiten der Beschickung sowohl von der Bandanlage als auch durch den Platinenlader und den CNC-Transfer. Ein Beispiel für den kombinierten Einsatz von Bandanlage und Platinenlader ist in Bild 29.9 dargestellt.

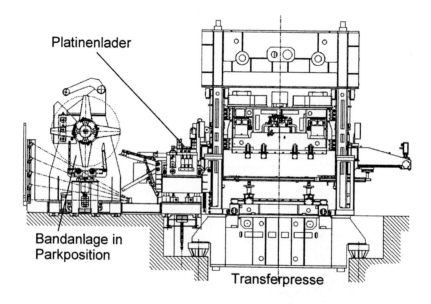

Bild 29.9 Transferpresse mit kombinierter Band- und Platinenzuführung – Seitenansicht (Werkfoto, Fa. Umformtechnik, Erfurt)

29. Weiterentwicklung   361

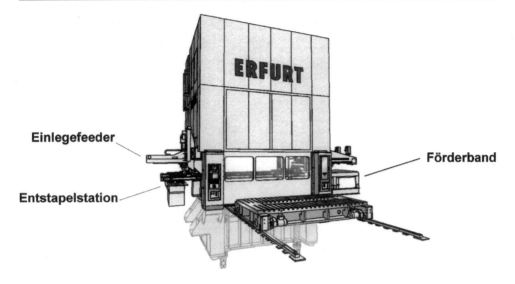

Bild 29.9a Transferpresse-Anlage EMP 800 mit Werkstück- bzw. Material-Förderstationen
(Werkfoto, Fa. Umformtechnik, Erfurt)

Flexibel programmierbarer 3-D-CNC-Transfer

Der 3D-CNC-Transfer (Bild 29.10) ist als Modul ausgeführt. Die Transferbewegungen und die Zykluszeiten sind innerhalb der jeweiligen Grenzwerte frei programmierbar. Die Bauart ist für eine universelle Anpassung an die unterschiedlichen Anforderungen der Werkzeuge konzipiert.

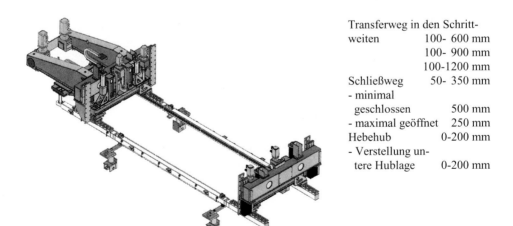

Transferweg in den Schritt-
weiten   100- 600 mm
                  100- 900 mm
                  100-1200 mm
Schließweg   50- 350 mm
- minimal
  geschlossen   500 mm
- maximal geöffnet 250 mm
Hebehub   0-200 mm
- Verstellung un-
  tere Hublage   0-200 mm

Bild 29.10 3-D-CNC-Transfer (Werkfoto, Fa. Umformtechnik, Erfurt)

Modulares Steuerungssystem in einer offenen und erweiterungsfähigen Struktur

Entsprechend dem schematischen Aufbau der Pressensteuerung sind alle notwendigen Steuerungsfunktionen der Presse in einem Grundmodul realisiert. Für die zahlreichen Funktionen zur kompletten Automatisierung der Transferpressen-Anlagen sowie für eine komfortable Visualisierung können die jeweiligen Erweiterungsmodule nach Bedarf integriert werden.

Als SPS kommen vorzugsweise zum Einsatz:
- SIMATIC S7 für Europa und
- Allen Bradley PLC5 für Amerika

Automatischer Werkzeugwechsel reduziert die Nebenzeiten

Die für die einzelnen Werkzeuge erforderlichen Einstelldaten von Presse und Transfer können in der Pressensteuerung unter einer frei wählbaren Code-Nr. hinterlegt werden. Nach Aufruf der jeweiligen Code-Nr. wird der automatische Werkzeugwechsel über die Ablaufsteuerung in einzelnen Schritten aktiviert.

Für den schnellen Platinen- oder Coilwechsel sind der Platinenlader und die Bandanlage ebenfalls mit den entsprechenden Automatisierungseinrichtungen ausgestattet.

Durch die Einbindung der Steuerungsfunktionen von Platinenlader und Bandanlage in die Pressensteuerung reduziert sich somit die Umrüstzeit der gesamten Pressen-Anlage auf ein Minimum.

29.2 Automatische Werkzeugwechselsysteme

Kurze Werkzeugwechselzeiten werden z. B. durch den Einsatz von Kassetten-Werkzeughaltern (Bild 29.11) erreicht. Diese Kassetten sind mit hydraulischen Schnellspanneinheiten im Werkzeugraum der Presse befestigt. Vom Steuerpult aus wird die Spannverbindung gelöst, die Kassette auf einen Wechseltisch oder Wechselwagen gezogen und gegen eine auf Arbeitstemperatur erwärmte einbaufertige Kassette ausgetauscht.

Der Ablauf beim Werkzeugwechsel ist wie folgt:

1. Werkzeugkassetten sind verriegelt. Der Stößel wird abgefahren.
2. Die Verriegelung wird gelöst und der Stößel wird hochgefahren.
3. Der Werkzeugwechselwagen fährt an die Presse heran. Das Kassettenpaket wird angehoben und an den Wechselwagen angekoppelt.
4. Das Kassettenpaket wird auf den Wechselwagen gezogen und ist zum Abtransport bereit.

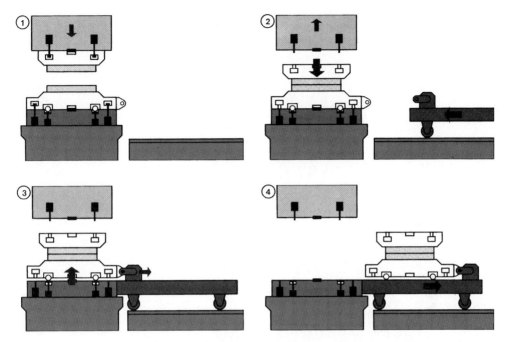

Bild 29.11 Automatisches Werkzeugwechselsystem
(Werkfoto, Fa. SMS Hasenclever, Düsseldorf)

Die im Bild 29.12 gezeigte 4-Stufen-Kaltfließpresse, mit vertikal angeordneten Werkzeugen arbeitet vollautomatisch. Vom Richten des Drahtes bis zur fertigen Schraube, oder anderer Formteile, entsteht in einem Abschervorgang und 4 Preßoperationen ein fertiges Formteil.

Je nach Größe der Werkstücke werden mit diesen Maschinen 50 bis 150 Werkstücke pro Minute hergestellt. Die nachfolgende Tabelle zeigt die technischen Daten dieser Maschinen.

Da das Umrüsten von Hand bei einer solchen Maschine ca. 8 bis 10 Stunden Zeit erforderte, konnten diese Mehrstufenpressen nur bei großen Stückzahlen wirtschaftlich eingesetzt werden.

Erst durch die Entwicklung automatischer Werkzeugwechselsysteme wurde es möglich, den Nutzungsgrad solcher kapitalintensiven Fertigungsanlagen erheblich zu verbessern.

Nur dadurch konnte die Flexibilität dieser Anlagen so vergrößert werden, daß auch kleine Losgrößen wirtschaftlich hergestellt werden können.

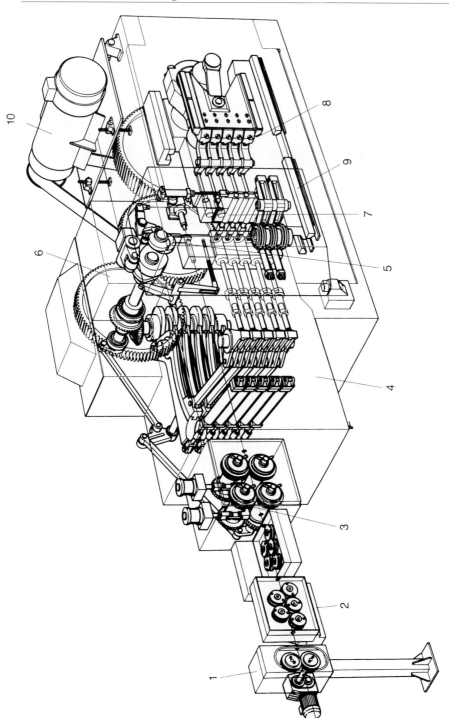

Bild 29.12 4-Säulen-Kaltfließpresse Formmaster GB 25.
1 Drahteinzug, 2 Richtapparat, 3 im Takt der Presse betätigter Vorschubapparat, 4 Auswerfer in den Matrizen, 5 Scherstation, 6 zentrale Antriebseinrichtung, 7 Transfersystem für Werkstücktransport, 8 Auswerfer in den Stempeln, 9 Stößel, 10 Hauptantrieb (Werkfoto, Fa. Schuler, Göppingen)

Tabelle 29.1 Technische Daten der 4-Stufen-Kaltfließpressen, Formmaster, Baureihe GB

Modell		GB 15	GB 20	GB 25	GB 30	GB 36	GB 42	GB 52
Preßkraft	kN	1000	2000	3500	4500	6300	8500	14 500
Stößelhubzahl je nach Preßteil	1/min	110–150	95–125	80–100	60–80	50–70	35–55	30–45
Draht-∅ max. bei 600 n/mm² Drahtfestigkeit	mm	15	20	25 (1″)	30	36	42	52
Abschnittlänge max.	mm	140	180	205	260	290	345	425
∅ der Matrizenaufnahme	mm	90	110	130	150	175	215	260
∅ der Stempelaufnahme	mm	75	90	110	130	145	175	215
Stößelhub ohne/mit Wechsler	mm	180	220/250	250/300	300/360	360/420	420/500	520/600
Auswerferhub max. matrizenseitig	mm	120	140	170	225	250	290	320
Auswerferhub stempelseitig	mm	40	45	55	70	75	85	100
Anzahl der Stufen		4/5	4/5	4/5	4/5	4/5	4/5	4/5

Die Umrüstzeit mit dem nachfolgend beschriebenen vollautomatischen Werkzeugwechselsystem dauert noch 2 Minuten für ein Stempel- oder Matrizenpaket und für die gesamte Presse mit 5 Arbeitsstufen 50 Minuten. Der automatische Werkzeugwechsler für Mehrstufenpressen (Bild 28.13) kann 5 Werkzeugsätze (Matrizen und Stempel) bis zu einem Gewicht von 75 kg pro Satz wechseln. Das Werkzeugwechselsystem hat 5 Bewegungsachsen.

Arbeitsweise und Funktionsablauf:

Nach der Entriegelung der Werkzeugklemmung (Bild 29.13.1) fährt die Wechseleinrichtung aus der Ruheposition in den Werkzeugraum. Dort werden die geöffneten Zangen so über die Kragen der Werkzeughülsen, die die Werkzeuge aufnehmen, gefahren, daß die Zangen in die Nuten eingreifen können. Nach dem Schließen der Zangen (Bild 29.13.2) werden die Werkzeughülsen aus ihren Aufnahmen herausgezogen. Anschließend fährt die Wechseleinrichtung aus dem Werkzeugbereich heraus und schwenkt das Magazin ab. Danach schwenkt der Greiferdoppelarm um 180° (Bild 29.13.3) und dann schwenkt das Magazin wieder ein.

Die Werkzeugwechseleinrichtung schiebt beide Werkzeughülsen im Werkzeugblock und im Magazin in ihre Aufnahmen. Danach werden die Zangen geöffnet und die Wechseleinrichtung fährt in ihre Ruheposition.

Auch Hochleistungspressen mit quer angeordneten Werkzeugen (Bild 29.14) können mit solchen automatischen Werkzeugwechseleinrichtungen ausgestattet werden.

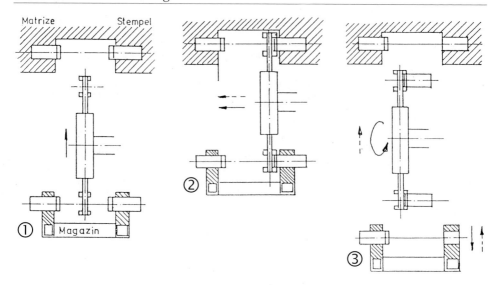

Bild 29.13 Automatische Werkzeugwechseleinrichtung für kaltumformende Mehrstufenpressen. 1 Ausgangsposition, 2 Ergreifen der Werkzeugpakete, 3 Ausschwenkungen (180°) der Werkzeugpakete und Zurückfahren in die Ruheposition (Werkbild, Fa. Schuler, Göppingen)

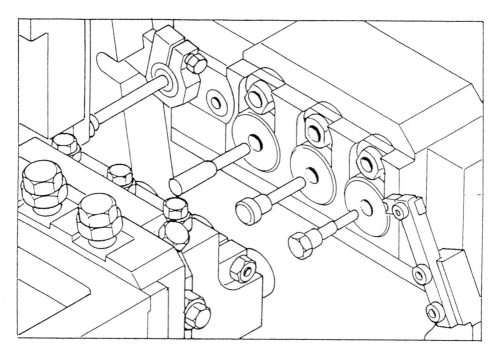

Bild 29.14 Umformstationen eines Hochleistungs-Kaltumformers M2/M3 (Werkfoto, Fa. Hilgeland, Wuppertal)

Teil III: Technische Tabellen

Tabelle 1 $k_{f_1} = f(\varphi_h)$ in N/mm² – weichgeglüht – Kaltverformung –

Werkstoff	k_{f_0}	$k_{f_1} = f(\varphi_h)$											← φ_h
		0,1	0,2	0,4	0,6	0,8	1,0	1,2	1,4	1,6	1,8	2,0	
QSt 32–3 (Ma 8)	250	420	496	586	646	692	730	763	792	818	–	–	
Ck 10	260	450	523	607	663	706	740	770	796	819	–	–	
Cq 15/Ck 15	280	520	583	654	700	733	760	783	803	821	–	–	
Cq 22/Ck 22	320	530	591	658	702	734	760	782	801	818	–	–	
Cq 35/Ck 35	340	630	713	807	867	913	950	982	1008	1033	–	–	
Cq 45/Ck 45	390	680	764	858	918	963	1000	1031	1058	1082	–	–	
Cf 53	430	770	867	975	1049	1098	1140	1176	–	–	–	–	
15 CrNi 6	420	700	767	841	888	922	950	973	993	1011	–	–	
16 MnCr 5	380	630	702	780	832	869	900	926	948	968	–	–	
34 CrMo 4	410	730	808	893	947	998	1020	1048	1071	1092			
42 CrMo 4	420	780	865	959	1019	1064	1100	1130	1156	1180			
CuZn 37 (Ms 63)	280	325	438	592	706	799	880	952	1018	1078	1134	1188	
CuZn 30 (Ms 70)	250	280	395	558	682	788	880	964	1040	1112	1179	1242	
Ti 99,8	600	700	862	1062	1200	1309	1400	1479	1549	1612			
Al 99,8	60	90	105	122	134	143	150	156	162	166	171	175	
AlMgSi 1	130	165	189	217	235	249	260	270	278	285	292	298	

Fortsetzung AL		2,4	2,6	2,8	3,0	3,2	3,4	3,6	3,8	4,0	4,5	5,0	← φ_h
Al 99,8	60	182	185	188	191	194	196	200	202	204	210	214	
AlMgSi 1	130	309	314	318	323	327	331	335	338	342	–	–	

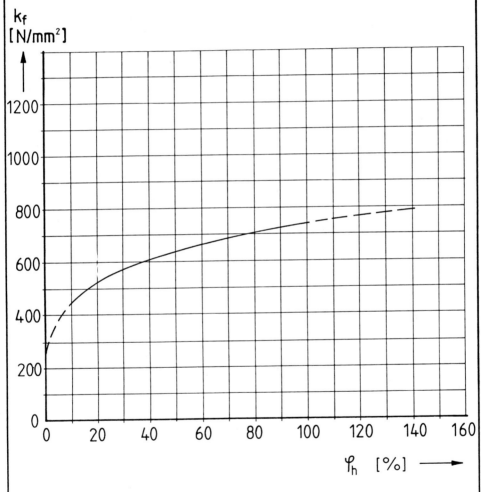

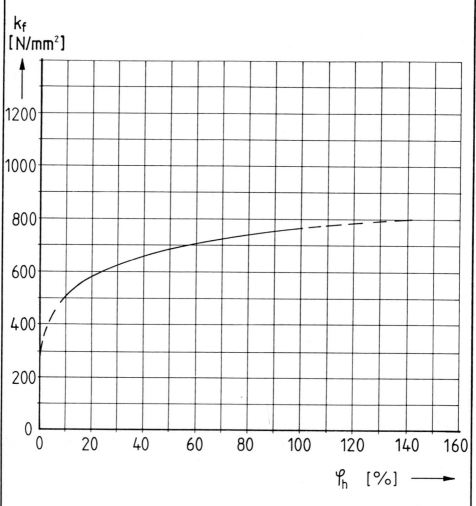

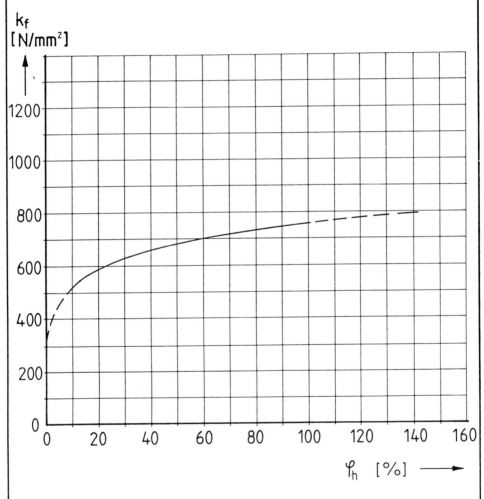

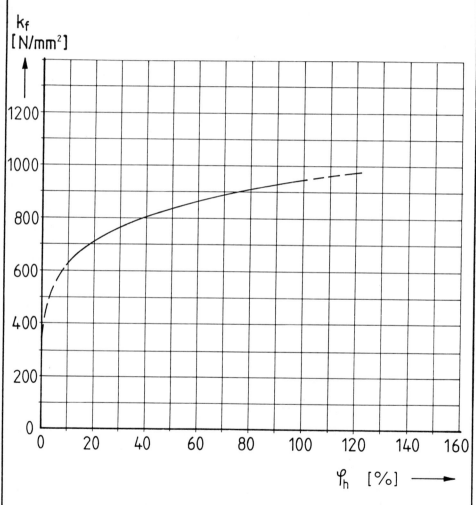

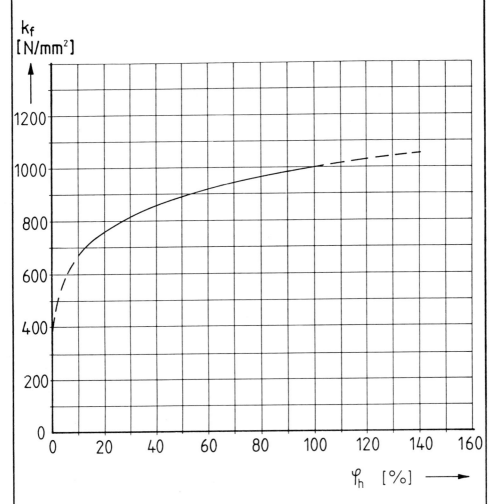

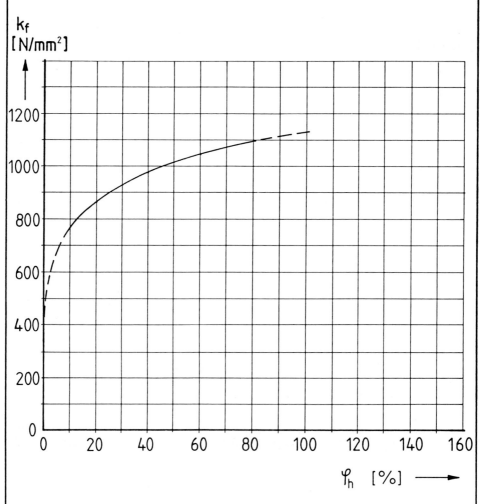

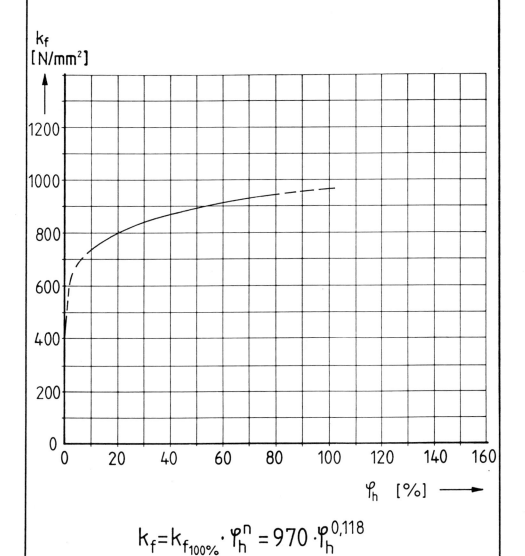

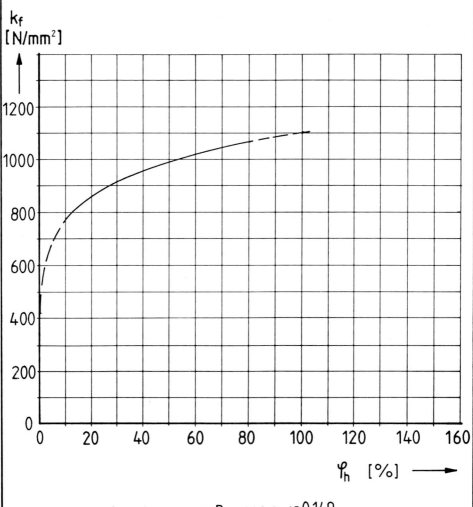

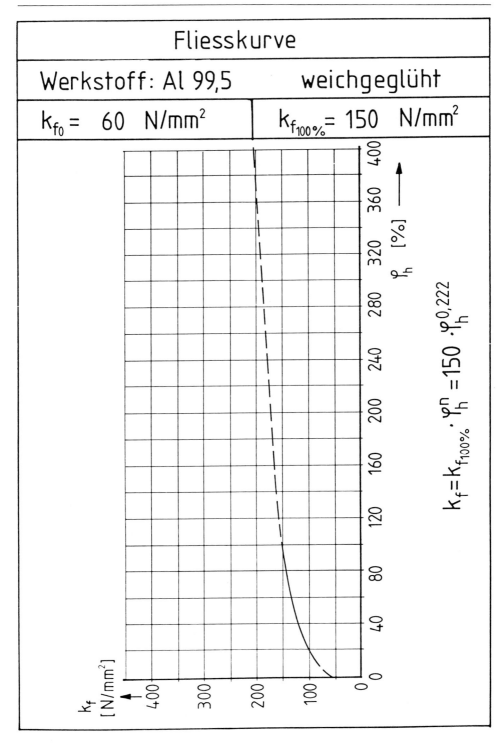

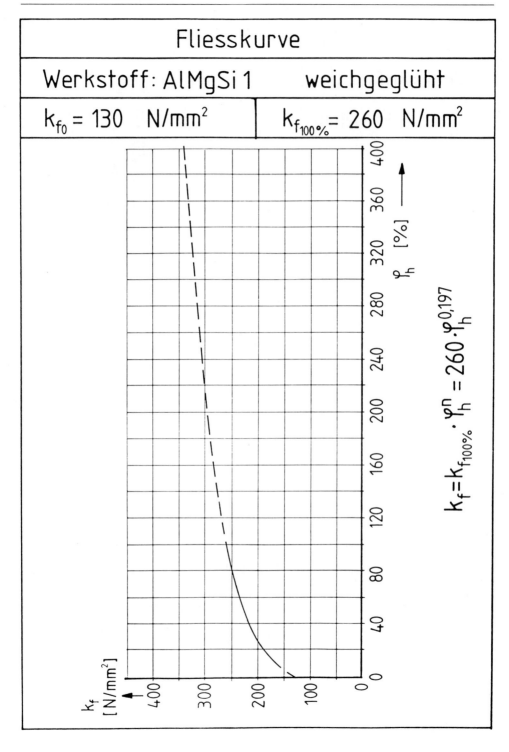

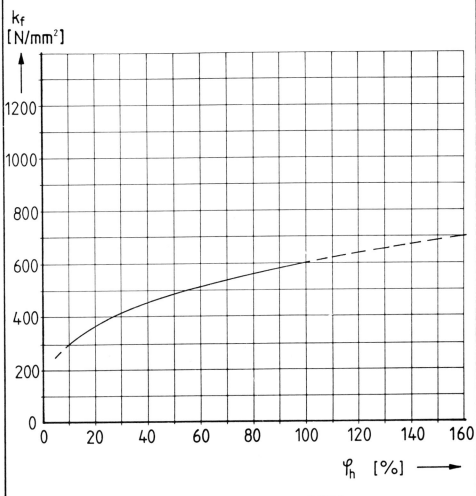

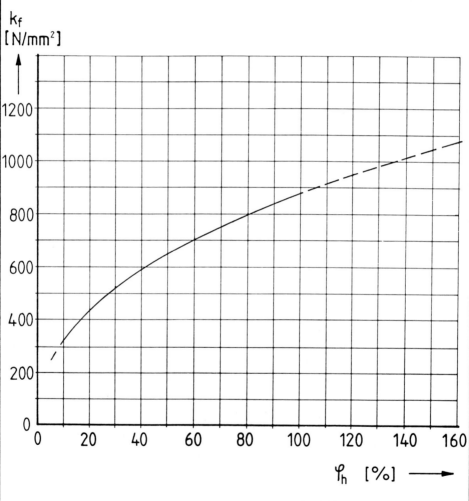

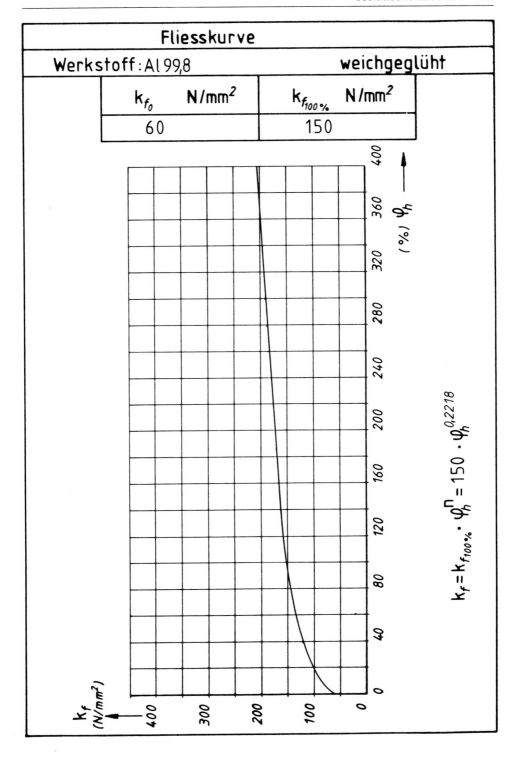

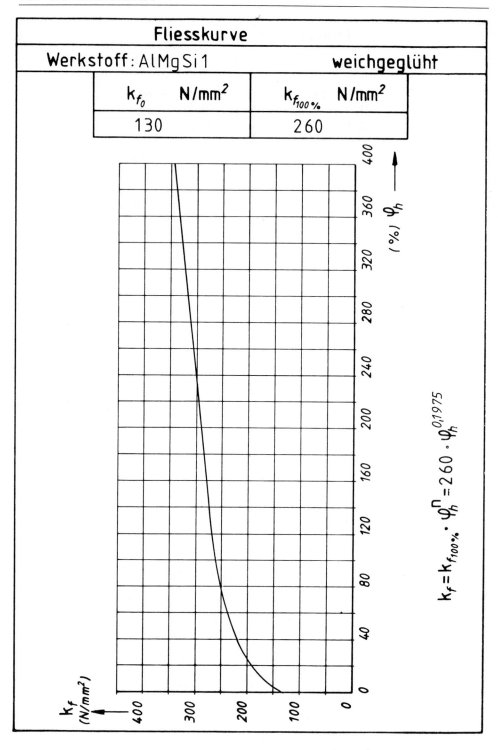

Fliesskurve

Werkstoff: CuZn 37 (Ms 63) — **weichgeglüht**

k_{f_0} N/mm²	$k_{f_{100\%}}$ N/mm²
280	880

$$k_f = k_{f_{100\%}} \cdot \varphi_h^n = 880 \cdot \varphi_h^{0,4326}$$

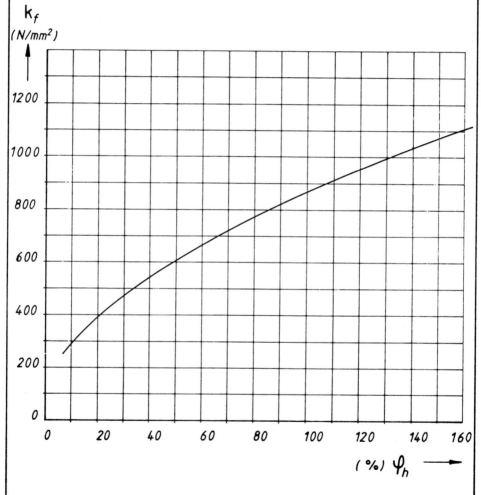

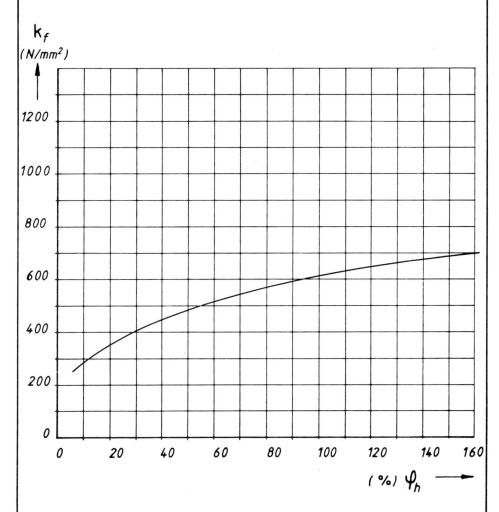

Tabelle 2 Umfang und Fläche der Kreise von 1 bis 150 Durchmesser

d	Umfang	Fläche	d	Umfang	Fläche	d	Umfang	Fläche
1	3,1416	0,7854	51	160,22	2042,82	101	317,30	8 012
2	6,2832	3,1416	52	163,36	2123,72	102	320,44	8 171
3	9,4248	7,0686	53	166,50	2006,18	103	323,58	8 332
4	12,566	12,57	54	169,65	2290,22	104	326,73	8 495
5	15,708	19,63	55	172,79	2375,83	105	329,87	8 659
6	18,850	28,27	56	175,93	2463,01	106	333,01	8 825
7	21,991	38,48	57	179,07	2551,76	107	336,15	8 992
8	25,133	50,27	58	182,21	2642,08	108	339,29	9 161
9	28,274	63,62	59	185,35	2733,97	109	342,43	9 331
10	31,616	78,54	**60**	188,50	2827,43	**110**	345,58	9 503
11	34,588	95,03	61	191,64	2922,47	111	348,72	9 677
12	37,699	113,10	62	194,78	3019,07	112	351,86	9 852
13	40,841	132,73	63	197,92	3117,25	113	355,00	10 029
14	43,982	153,94	64	201,06	3216,99	114	358,14	10 207
15	47,124	176,71	65	204,20	3318,31	115	361,28	10 387
16	50,265	201,06	66	207,35	3421,19	116	364,42	10 568
17	53,407	226,98	67	210,49	3525,65	117	367,57	10 751
18	56,549	254,47	68	213,63	3631,68	118	370,71	10 936
19	59,690	283,53	69	216,77	3739,28	119	373,85	11 122
20	62,832	314,16	**70**	219,91	3848,45	**120**	376,99	11 310
21	65,973	346,36	71	223,05	3959,19	121	380,13	11 499
22	69,115	380,13	72	226,19	4071,50	122	383,27	11 690
23	72,257	415,48	73	229,34	4185,39	123	386,42	11 882
24	75,398	452,39	74	232,48	4300,84	124	389,56	12 076
25	78,540	490,87	75	235,62	4417,86	125	392,70	12 272
26	81,681	530,93	76	238,76	4536,46	126	394,84	12 469
27	84,823	572,56	77	241,90	4656,63	127	398,98	12 668
28	87,965	615,75	78	245,04	4778,36	128	402,12	12 868
29	91,106	660,52	79	248,19	4901,67	129	405,27	13 070
30	94,25	706,86	**80**	251,33	5026,55	**130**	408,41	13 273
31	97,39	754,77	81	254,47	5153,00	131	411,55	13 478
32	100,53	804,25	82	257,61	5281,02	132	414,69	13 685
33	103,67	855,30	83	260,75	5410,61	133	417,83	13 983
34	106,81	907,92	84	263,89	5541,77	134	420,97	14 103
35	109,96	962,11	85	267,04	5674,50	135	424,12	14 314
36	113,10	1017,88	86	270,18	5808,80	136	427,26	14 527
37	116,24	1075,21	87	273,32	5944,68	137	430,40	14 741
38	119,38	1134,11	88	276,46	6082,12	138	433,54	14 957
39	122,52	1194,59	89	279,60	6221,14	139	436,68	15 175
40	125,66	1256,64	**90**	282,74	6361,73	**140**	439,82	15 394
41	128,81	1320,2	91	285,88	6504	141	442,96	15 615
42	131,95	1385,44	92	289,03	6648	142	446,11	15 837
43	135,09	1452,20	93	292,17	6793	143	449,25	16 061
44	138,23	1520,53	94	295,31	6940	144	452,39	16 286
45	141,37	1590,43	95	298,45	7088	145	455,53	16 513
46	144,51	1661,90	96	301,59	7238	146	458,67	16 742
47	147,65	1734,94	97	304,73	7390	147	461,81	16 972
48	150,80	1809,56	98	307,88	7543	148	464,96	17 203
49	153,94	1885,74	99	311,02	7698	149	468,10	17 437
50	157,08	1963,50	**100**	314,16	7854	**150**	471,24	17 671

Tabelle 2 (Fortsetzung) Umfang und Fläche der Kreise von 151 bis 300 Durchmesser

d	Umfang	Fläche	d	Umfang	Fläche	d	Umfang	Fläche
151	474,38	17 908	201	631,46	31 731	251	788,54	49 481
152	477,52	18 146	202	634,60	32 047	252	791,68	49 876
153	480,66	18 385	203	637,74	32 365	253	794,82	50 273
154	483,81	18 627	204	640,88	32 685	254	797,96	50 671
155	486,95	18 869	205	644,03	33 006	255	801,11	51 071
156	490,09	19 113	206	647,17	33 329	256	804,25	51 472
157	493,23	19 359	207	650,31	33 654	257	807,39	51 875
158	496,37	19 607	208	653,45	33 979	258	810,53	52 279
159	499,51	19 856	209	656,59	34 307	259	813,67	52 685
160	502,65	20 106	**210**	659,73	34 636	**260**	816,81	53 093
161	505,80	20 358	211	662,88	34 967	261	819,96	53 502
162	508,94	20 612	212	666,02	35 299	262	823,10	53 913
163	512,08	20 867	213	669,16	35 633	263	826,24	54 325
164	515,22	21 124	214	672,30	35 968	264	829,38	54 739
165	518,36	21 382	215	675,44	36 305	265	832,52	55 155
166	521,50	21 642	216	678,58	36 644	266	835,66	55 572
167	524,65	21 904	217	681,73	36 984	267	838,81	55 990
168	527,79	22 167	218	684,87	37 325	268	841,95	56 410
169	530,93	22 432	219	688,01	37 668	269	845,09	56 832
170	534,07	22 698	**220**	691,15	38 013	**270**	848,23	57 256
171	573,21	22 966	221	694,29	38 360	271	851,37	57 680
172	540,35	23 235	222	697,43	38 708	272	854,51	58 107
173	543,50	23 506	223	700,58	39 057	273	857,65	58 535
174	546,64	23 779	224	703,72	39 408	274	860,80	58 965
175	549,78	24 053	225	706,86	39 761	275	863,94	59 396
176	552,92	24 328	226	710,00	40 115	276	867,08	59 828
177	556,06	24 606	227	713,14	40 471	277	870,22	60 263
178	559,20	24 885	228	716,28	40 828	278	873,36	60 699
179	562,35	25 165	229	719,42	41 187	279	876,50	61 136
180	565,49	25 447	**230**	722,57	41 548	**280**	879,65	61 575
181	568,63	25 730	231	725,71	41 910	281	882,79	62 016
182	571,77	26 016	232	728,85	42 273	282	885,93	62 458
183	574,91	26 302	233	731,99	42 638	283	889,07	62 902
184	578,05	26 590	234	735,13	43 005	284	892,21	63 347
185	581,19	26 880	235	738,27	43 374	285	895,35	63 794
186	584,34	27 172	236	741,42	43 744	286	898,50	64 242
187	587,48	27 465	237	744,56	44 115	287	901,64	64 692
188	590,62	27 759	238	747,70	44 488	288	904,78	65 144
189	593,76	28 055	239	750,84	44 863	289	907,92	65 597
190	596,90	28 353	**240**	753,98	45 239	**290**	911,06	66 052
191	600,04	28 652	241	757,12	45 617	291	914,20	66 508
192	603,19	28 953	242	760,27	45 996	292	917,35	66 966
193	606,33	29 255	243	763,41	46 377	293	920,49	67 426
194	609,47	29 559	244	766,55	46 759	294	923,63	67 887
195	612,61	29 865	245	769,69	47 144	295	926,77	68 349
196	615,75	30 172	246	772,83	47 529	296	929,91	68 813
197	618,89	30 481	247	775,97	47 916	297	933,05	69 279
198	622,04	30 791	248	779,11	48 305	298	936,19	69 746
199	625,18	31 103	249	782,26	48 695	299	939,34	70 215
200	628,32	31 416	**250**	785,40	49 087	**300**	942,48	70 686

Tabelle 3 Massen von Rund-, Vierkant-, Sechskantstahl

Masse von 1 lfd. m in kg; Dichte 7,85 kg/dm³							
Stärke mm	○	□	6 kt.	Stärke mm	○	□	6 kt.
5	0,154	0,196	0,170	46	13,046	16,611	14,385
				47	13,619	17,341	15,017
6	0,222	0,283	0,245	48	14,205	18,086	15,663
7	0,302	0,385	0,333	49	14,803	18,848	16,323
8	0,395	0,502	0,435	50	15,414	19,625	16,996
9	0,499	0,636	0,551				
10	0,617	0,785	0,680	51	16,036	20,418	17,682
				52	16,671	21,226	18,383
11	0,756	0,950	0,823	53	17,319	22,051	19,096
12	0,888	1,130	0,979	54	17,978	22,891	19,824
13	1,042	1,327	1,149	55	18,650	23,746	20,565
14	1,208	1,539	1,332				
15	1,387	1,766	1,530	56	19,335	24,618	21,319
				57	20,031	25,505	22,088
16	1,578	2,010	1,740	58	20,740	26,407	22,869
17	1,782	2,269	1,965	59	21,462	27,326	23,665
18	1,998	2,543	2,203	60	22,195	28,260	24,474
19	2,226	2,834	2,454				
20	2,466	3,140	2,719	61	22,941	29,210	25,296
				62	23,700	30,175	26,133
21	2,719	3,462	2,998	63	24,470	31,157	26,982
22	2,984	3,799	3,290	64	25,253	32,154	27,846
23	3,261	4,153	3,596	65	26,05	33,17	28,72
24	3,551	4,522	3,916				
25	3,853	4,906	4,249	66	26,86	34,20	29,61
				67	27,68	35,24	30,52
26	4,168	5,307	4,596	68	28,51	36,30	31,44
27	4,495	5,723	4,956	69	29,35	37,37	32,37
28	4,834	6,154	5,330	70	30,21	38,46	33,31
29	5,185	6,602	5,717				
30	5,549	7,065	6,118	71	31,08	39,57	34,27
				72	31,96	40,69	35,24
31	5,925	7,544	6,533	73	32,86	41,83	36,23
32	6,313	8,038	6,961	74	33,76	42,99	37,23
33	6,714	8,549	7,403	75	34,68	44,16	38,24
34	7,127	9,075	7,859				
35	7,553	9,616	8,328	76	35,61	45,34	39,27
				77	36,56	46,54	40,31
36	7,990	10,714	8,811	78	37,51	47,76	41,36
37	8,440	10,747	9,307	79	38,48	48,99	42,43
38	8,903	11,335	9,817	80	39,46	50,24	43,51
39	9,378	11,940	10,340				
40	9,865	12,560	10,877	81	40,45	51,50	44,60
				82	41,46	52,78	45,71
41	10,364	13,196	11,428	83	42,47	54,08	46,83
42	10,876	13,847	11,992	84	43,50	55,39	47,97
43	11,400	14,515	12,570				
44	11,936	15,198	13,162				
45	12,485	15,896	13,797				

Tabelle 4 Massen von Blechtafeln

Dicken nach DIN 1541, 1542, 1543 s in mm Nennmaß		Werkstoff: Stahl, Dichte 7,85 kg/dm³							Masse je m² in kg
		Tafelgrößen nach DIN 1541, 1542 und 1543							
		Abmessungen in mm und Massen in kg							
		530 × 760	500 × 1000	600 × 1200	700 × 1400	800 × 1600	1000 × 2000	1250 × 2500	
		0,40 m²	0,5 m²	0,72 m²	0,98 m²	1,28 m²	2 m²	3,11 m²	
0,2	Feinbleche nach DIN 1541	0,632	0,785						1,57
0,24		0,759	0,942						1,884
0,28		0,885	1,099	1,583					2,198
0,32		1,012	1,256	1,809	2,462				2,512
0,38		1,202	1,491	2,148	3,077	3,818	5,966		2,983
0,44		1,391	1,727	2,487	3,385	4,421	6,908		3,454
0,50		1,581	1,962	2,826	3,846	5,024	7,85		3,925
0,75		2,371	2,944	4,239	5,770	7,536	11,775		5,887
1		3,162	3,925	5,652	7,693	10,048	15,7		7,85
1,25						12,56	19,625		9,812
1,5	Feinbleche nach DIN 1541					15,072	23,55		11,775
1,75						17,584	27,475		13,737
2						20,096	31,4	49,062	15,7
2,25						22,608	35,325	55,195	17,662
2,5						25,12	39,25	61,328	19,625
2,75						27,632	43,175	67,461	21,587
3	Mittelbleche					30,144	47,1	73,594	23,55
3,5						35,168	54,95	85,859	27,475
4						40,192	62,8	98,125	31,4
4,5						45,216	70,65	110,391	35,325
4,75						47,728	74,575	116,523	37,287
5	Grobbleche					50,24	78,5	122,655	39,25
6						60,288	94,2	147,188	47,1
7						70,336	109,9	171,719	54,95
8						80,384	125,6	196,25	62,8
9						90,432	141,3	220,781	70,65
10						100,48	157	245,312	78,5

Tabelle 5

	Volumen		
Würfel	V Volumen A_0 Oberfläche	l Seitenlänge $V = l^3$	$A_0 = 6 \cdot l^2$
Vierkantprisma	V Volumen A_0 Oberfläche l Seitenlänge	h Höhe b Breite $V = l \cdot b \cdot h$	$A_0 = 2 \cdot (l \cdot b + l \cdot h + b \cdot h)$
Zylinder	V Volumen A_0 Oberfläche A_M Mantelhöhe	d Durchmesser h Höhe $V = \dfrac{\pi \cdot d^2}{4} \cdot h$	$A_0 = \pi \cdot d \cdot h + 2 \cdot \dfrac{\pi \cdot d^2}{4}$ $A_M = \pi \cdot d \cdot h$
Hohlzylinder	V Volumen A_0 Oberfläche D Außendurchmesser	d Innendurchmesser h Höhe $V = \dfrac{\pi \cdot h}{4} \cdot (D^2 - d^2)$	$A_0 = \pi \cdot d \cdot h + \dfrac{\pi}{2}(D^2 - d^2)$
Pyramide	V Volumen h Höhe h_s Mantelhöhe	l Seitenlänge l_1 Kantenlänge b Breite $V = \dfrac{l \cdot b \cdot h}{3}$	$l_1 = \sqrt{h_s^2 + \dfrac{l^2}{4}}$ $h_s = \sqrt{h^2 + \dfrac{l^2}{4}}$

Tabelle 5 (Fortsetzung)

Kegel

V Volumen $\quad h$ Höhe $\quad A_M = \dfrac{\pi \cdot d \cdot h_s}{2}$
A_M Mantelfläche $\quad h_s$ Mantelhöhe
d Durchmesser

$$h_s = \sqrt{\dfrac{d^2}{4} + h^2}$$

$$V = \dfrac{\pi \cdot d^2}{4} \cdot \dfrac{h}{3}$$

Pyramidenstumpf

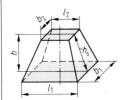

V Volumen $\quad h$ Höhe $\quad A_1 = l_1 \cdot b_1$
A_1 Grundfläche $\quad h_s$ Mantelhöhe $\quad A_2 = l_2 \cdot b_2$
A_2 Deckfläche $\quad l_1, l_2$ Seitenlänge
$\quad\quad\quad\quad\quad\quad b_1, b_2$ Breite $\quad h_s = \sqrt{h^2 + \left(\dfrac{l_1 - l_2}{2}\right)^2}$

$$V = \dfrac{h}{3} \cdot (A_1 + A_2 + \sqrt{A_1 \cdot A_2})$$

Kegelstumpf

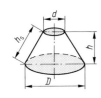

V Volumen $\quad d$ kleiner Durch- $\quad A_M = \dfrac{\pi \cdot h_s}{2} \cdot (D + d)$
A_M Mantelfläche $\quad\quad$ messer
D großer $\quad h$ Höhe
$\quad$ Durchmesser $\quad h_s$ Mantelhöhe $\quad h_s = \sqrt{h^2 + \left(\dfrac{D - d}{2}\right)^2}$

$$V = \dfrac{\pi \cdot h}{12} \cdot (D^2 + d^2 + D \cdot d)$$

Kugel

V Volumen $\quad d$ Kugeldurch- $\quad A_0 = \pi \cdot d^2$
A_0 Oberfläche $\quad\quad$ messer

$$V = \dfrac{\pi \cdot d^3}{6}$$

Kugelabschnitt

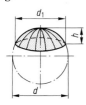

V Volumen $\quad d$ Kugeldurch- $\quad A_M = \pi \cdot d \cdot h$
A_M Mantelfläche $\quad\quad$ messer $\quad A_0 = \pi \cdot h \cdot (2 \cdot d - h)$
A_0 Oberfläche $\quad d_1$ kleiner Durch-
$\quad\quad\quad\quad\quad\quad\quad\quad$ messer
$\quad\quad\quad\quad\quad\quad h$ Höhe

$$V = \pi \cdot h^2 \cdot \left(\dfrac{d}{2} - \dfrac{h}{3}\right)$$

Tabelle 6 Bezeichnung und Festigkeiten der Feinbleche unter 3 mm Dicke (Entsprechend DIN 1623, Bl. 1)

Aufschlüsselung der Werkstoffbezeichnung bei Feinblechen nach DIN 1623

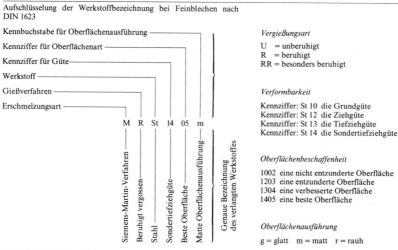

Vergießungsart

U = unberuhigt
R = beruhigt
RR = besonders beruhigt

Verformbarkeit

Kennziffer: St 10 die Grundgüte
Kennziffer: St 12 die Ziehgüte
Kennziffer: St 13 die Tiefziehgüte
Kennziffer: St 14 die Sondertiefziehgüte

Oberflächenbeschaffenheit

1002 eine nicht entzunderte Oberfläche
1203 eine entzunderte Oberfläche
1304 eine verbesserte Oberfläche
1405 eine beste Oberfläche

Oberflächenausführung

g = glatt   m = matt   r = rauh

Kurzname	Erschmel-zungsart	Vergie-ßungsart	C %	R_m N/mm²	R_e N/mm²	τ_B N/mm²	Bruch-dehnung A %	Eigenschaften	alte Bezeichnung
T St 1001 bis 03	T		0,15	280 bis 500	–	300 bis 350	–	Grundgüte, gut verformbar	–
St 1001 bis 03	M oder Y		0,15	280 bis 500	–	300 bis 350	–	Grundgüte, gut verformbar	St II 23 bis St IV 23
WU St 1203 bis 05	W	U	0,10	270 bis 410	–	240 bis 300	24	Ziehgüte	–
U St 1203 bis 05	M oder Y	U	0,10	270 bis 410	–	240 bis 300	24	Ziehgüte	St V 23 bis St VI 23
U St 1303 bis 05	M oder Y	U	0,10	270 bis 370	270	240 bis 300	27	Tiefziehgüte	–
R St 1303 bis 05	M oder Y	R	0,10	270 bis 370	270	240 bis 300	27	Tiefziehgüte	St VII 23
U St 1404 bis 05	M oder Y	U	0,10	280 bis 350	240	250 bis 320	30	Sondertiefzieh-güte	St VII 23
RR St 1404 bis	M oder Y	RR	0,10	270 bis 350	240	250 bis 320	30	Sondertiefzieh-güte	St VIII 23

Tabelle 7 Kohlenstoffarme unlegierte Stähle für Schrauben, Muttern und Niete. Gewährleistete chemische Zusammensetzung nach DIN 17 111

Stahlsorte		Des- oxida- tionsart[1]	Chemische Zusammensetzung in Gew.-%				
Kurzname	Werkstoff- nummer		C[2]	Si	Mn	P	S
USt 36	1.0203	U	$\leq$ 0,14[3]	Spuren	0,25 bis 0,50	$\leq$ 0,050	$\leq$ 0,050
UQSt 36	1.0204	U	$\leq$ 0,14[3]	Spuren	0,25 bis 0,50	$\leq$ 0,040	$\leq$ 0,040
RSt 36	1.0205	R	$\leq$ 0,14[3]	$\leq$ 0,30	0,25 bis 0,50	$\leq$ 0,050	$\leq$ 0,050
USt 38[4]	1.0217[4]	U	$\leq$ 0,19[5]	Spuren	0,25 bis 0,50	$\leq$ 0,050	$\leq$ 0,050
UQSt 38[4]	1.0224[4]	U	$\leq$ 0,19[5]	Spuren	0,25 bis 0,50	$\leq$ 0,040	$\leq$ 0,040
RSt 38	1.0223	R	$\leq$ 0,19[5]	$\leq$ 0,30	0,25 bis 0,50	$\leq$ 0,050	$\leq$ 0,050
U 7 S 6[6]	1.0708[6]	U[6]	$\leq$ 0,10	Spuren	0,30 bis 0,60	$\leq$ 0,050	0,04 bis 0,08
U 10 S 10[7]	1.0702[7]	U[7]	$\leq$ 0,15	Spuren	0,30 bis 0,60	$\leq$ 0,050	0,08 bis 0,12

[1]) U unberuhigt, R beruhigt (einschließlich halbberuhigt).
[2]) ● Bei der Bestellung kann ein niedrigerer Höchstgehalt an Kohlenstoff vereinbart werden; in diesem Falle gilt jedoch der Mindestwert der Zugfestigkeit nach Tabelle 2 nicht.
[3]) Bei Abmessungen über 22 mm beträgt der Höchstgehalt 0,18% C.
[4]) Für die Folgeausgabe dieser Norm ist zu prüfen, ob dieser Stahl gestrichen werden kann (siehe Erläuterungen).
[5]) Bei Abmessungen über 22 mm beträgt der Höchstgehalt 0,22% C.
[6]) ● Auf Vereinbarung bei der Bestellung kann auch der beruhigte Stahl R 7 S 6 (Werkstoffnummer 1.0709) mit höchstens 0,40% Si und einer oberen Grenze des Mangangehaltes von 0,80% geliefert werden.
[7]) ● Auf Vereinbarung bei der Bestellung kann auch der beruhigte Stahl R 10 S 10 (Werkstoffnummer 1.0703) mit höchstens 0,40% Si und einer oberen Grenze des Mangangehaltes von 0,80% geliefert werden.

Tabelle 8. Auswahl geeigneter Stähle zum Kaltfließpressen

Werkstoffkurzbezeichnung			Werkstoff-Nr.	DIN	Erläuterungen
Stähle ohne spätere Wärmebehandlung		UQSt 36-2 (Muk 7) Ma 8 (Mbk 6)	1.0204 1.0303	17111	Ggf. spätere Einsatzbehandlung möglich.
		Stähle mit besonders geringem C-Gehalt = 0,05%		17745	Bei der Auswahl sind nur magnetische Belange entscheidend.
Stähle für spätere Wärmebehandlung					
Einsatzstähle	unlegiert	Ck 10 Cq 15	1.1121 1.1132	17210 1654	Ggf. auch C 10, C 15 und Ck 15 (DIN 17210)
	legiert	15 Cr 3 16 MnCr 5 20 MnCr 5 15 CrNi 6 17 CrNiMo 6 20 MoCr 4	1.7015 1.7131 1.7147 1.5919 1.6587 1.7321	17210	C-Gehalte im allgemeinen unter 0,25%; durch die Legierungselemente wird die Kernfestigkeit in weiten Grenzen beeinflußt.
Vergütungsstähle	unlegiert	Cq 22	1.1152		Ggf. auch C 35 und C 45
		Cq 35 Cq 45	1.1172 1.1197	1654	Durch entsprechende Vergütung ist eine dem Verwendungszweck angepaßte Zugfestigkeit bei ausreichender Zähigkeit erreichbar. Die Härtbarkeit ist abhängig von der Zusammensetzung; bei unlegierten Werkstoffen bestimmen die Gehalte an C und Mn die bei der Vergütung erzielbaren Werkstückseigenschaften (Öl- oder Wasserhärtung muß bei der Bestellung vereinbar sein). Bei hohen Umformgraden sind auch ohne nachträgliche Wärmebehandlung hohe Festigkeitswerte erreichbar. Stähle mit garantiertem Cr-Gehalt, z. B. 38 Cr 1, 46 Cr 1, 38 Cr 2, 46 Cr 2, lassen sich besser vergüten, haben aber nicht unbedingt auch ein besseres Formänderungsvermögen als Stähle, bei denen ein bestimmter Cr-Gehalt nicht garantiert ist; sie sind deshalb in nebenstehender Tabelle nicht aufgeführt. Die Notwendigkeit ihrer Verwendung sollte immer besonders überprüft werden.
	legiert	34 Cr 4 37 Cr 4 41 Cr 4 25 CrMo 4 34 CrMo 4 42 CrMo 4 34 CrNiMo 6	1.7033 1.7034 1.7035 1.7218 1.7220 1.7225 1.6582	17200 auch 1654	
Korrosionsbeständige Stähle	ferritisch	X 7 Cr 13 X 10 Cr 13 X 22 CrNi 17 X 12 CrMoS 17	1.4000 1.4006 1.4057 1.4104	1654	vergütbar vergütbar vergütbar vergütbar
	austenitisch	X 5 CrNi 18 9 X 2 CrNi 18 9 X 2 NiCr 18 16 X 5 CrNiMo 18 10 X 10 CrNiTi 18 9 X 10 CrNiMoTi 18 10 X 2 CrNiMo 18 12	1.4301 1.4306 1.4321 1.4401 1.4541 1.4571 1.4435		bei höheren Umformgraden in Sonderfällen

Tabelle 9 Nenndurchmesser und zulässige Abweichungen für runden Walzdraht aus Stahl für Schrauben (Maße in mm), Euronorm 108, DIN 59 115

Nennmaß d	Durchmesser Zulässige Abweichung bei Maßgenauigkeit		Nennmaß d	Durchmesser Zulässige Abweichung bei Maßgenauigkeit	
	A	B		A	B
5,0 5,5 6,0 6,5 7,0 7,5 7,8 8,0 8,25 8,5 8,75 9,0 9,5 9,75 10,0	± 0,20	± 0,15 [1])	16,0 16,5 17,0 17,4 17,5 18,0 19,0 19,5 20,0 20,5 21,0 21,3 21,5	± 0,30	± 0,25
10,5 11,0 11,5 11,75 12,0 12,5 12,7 13,0 13,5 13,75 14,0 14,5 15,0	± 0,25	± 0,20	22,0 22,5 23,0 24,0 24,5 25,0 26,0 26,5 27,0 28,0 29,0 30,0	± 0,35	± 0,30

[1]) Dieser Wert gilt nur für Ringgewichte bis 200 kg. Bei größeren Ringgewichten ist eine Abweichung von ± 0,20 mm zulässig.

Tabelle 10 Werkzeug – Werkstoffe

Werkstoff			Bean-spruchung	Werkzeugart und Einbauhärte HRC (Mittelwerte)																	
				Schnitte		Zieh		Präge		Biege		Kalteinse.		Fließpr.		Schrumpf.		Stauchen		Gesenksch.	
Werk-stoff-Nr.	DIN 17006	max. Härte HRC		St.	Mat.	St.	Mat.	St.	Mat.	St.	Mat.	St.	—	St.	Mat.	1. Rg	2. Rg	St.	Mat.	Ober	Unter
1530	C85W1	63	nor-	61	61			61	61	61	61							61	61		
1540	C100W1	64	mal	62	62	62	62	62	62	62	62							62	62		
1550	C110W1	65		62	62	62		62	62	62	62							62	62		
1620	C70W2	63		60	60																
1640	C100W2	65		62	62			62	62	62	62										
1650	C115W2	65		62	62						62										
1660	C130W2	65				62	62														
2025	110Cr2	65	hoch							59	59										
2056	90Cr	65				62	62	62	62	62	62										
2057	105Cr4	65			61					61	61										
2060	105Cr5	65		61	61																
2063	145Cr6	65		61	61	61	61	61	61	61	61										
2067	100Cr6	64		63	63	63	63	63	63												
2080	X210Cr12	65		62	62	62	62	62	62			62		62	62			62	62		
2127	105MnCr4	65		60	60	60	60	60	60	60	60										

Tabelle 10 (Fortsetzung)

			höchst													
2243	61CrSiV5	60	54	54												
2248	38SiCrV8	54	52	52												
2249	45SiCrV6	58	54	54												
2323	45CrMoV67	57	55	55	55	55	55	55	55							
2419	105WCr6	64	61	61	61	61	61	61	61							
2436	X210CrW12	65		61	61	61	61	61	61							
2541	35WCrV7	58	53	53												
2542	45WCrV7	58	53	53												
2547	45WCrV77	58	55	55												
2550	60WCrV7	60	58	58	58	58	58			58						
2567	X30WCrV53	52						52	52							
2603	45CrMoW58	53			50											
2713	55NiCrMoV6	48						46								
2714	56NiCrMoV7	48							48							
2721	50NiCr13	59	55	55	55	55	55		55	60	55	55				
2767	X45NiCrMo4	50	50	50		50	50		58		50		48	50	50	46
2842	90MnV8	64		60	60	60										
2080	X210Cr12	65		60	62	62	62	62	63	63	62			48	48	
2201	62SiMnCr4	65	60	60	60	60	60				60		60			

Tabelle 10 (Fortsetzung)

Werkstoff-Nr.	Werkstoff DIN 17006	max. Härte HRC	Beanspruchung	Werkzeugart und Einbauhärte HRC (Mittelwert)													
				Schnitte		Zieh		Präge		Biege		Kalteinse.		Fließpr.		Schrumpf.		Stauchen		Gesenksch	
				St.	Mat.	St.	Mat.	St.	Mat.	St.	Mat.	St.	–	St.	Mat.	1. Rg	2. Rg	St.	Mat.	Ober	Unter
2343	X38CrMoV51	56	höchst																	52	52
2363	X100CrMoV5-1	64		61	61					61	61										
2365	X32CrMoV33	55																		49	49
2436	X210CrW12	65		60	60					60											
2601	X165CrMoV12	64		60	60			60		60		62									
2884	X210CrCoW12	64		61	61																

Warmumformung

Tabellen für die Warm- und Halbwarmumformung

Tabelle 28.2 Umformgeschwindigkeit $\varphi = f(r$ und Ausgangshöhe h_0 des Rohlings)

Maschine		Bär- bzw. Stößel-auftreffgeschwin-digkeit v in m/s	$\dot\varphi = \dfrac{v}{h_0}$ (s^{-1}) für $h_0 =$ (mm)												
			$h_0 \rightarrow$	5	10	20	30	40	50	100	150	200	250	300	400	500
Hammer	Fall-	5,6		1120	560	280	187	140	112	56	37,3	28	22,4	18,6	14	11,2
	Oberdruck-	6		1200	600	300	200	150	120	60	40	30	24	20	15	12
	Gegenschlag-	12		2400	1200	600	400	300	240	120	80	60	48	40	30	24
Spindelpr.		1,0		200	100	50	33,3	25	20	10	6,7	5,0	4,0	3,3	2,5	2,0
Hydraul. Pressen		0,25		50	25	12,5	8,3	6,2	5	2,5	1,7	1,25	1,0	0,83	0,6	0,5
Kurbelpr. bei $\alpha = 30°$		0,6		120	60	30	20	15	12	6,0	4,0	3,0	2,4	2,0	1,5	1,2

Tabelle 28.3 Basiswerte k_{f_1} für $\varphi_1 = 1\ s^{-1}$ bei den angegebenen Umformtemperaturen und Werkstoffexponenten m zur Berechnung von $k_f = f(\varphi)$

Werkstoff		m	k_{f_1} bei $\dot\varphi_1 = 1\ s^{-1}$ (N/mm²)	T (°C)
St	C 15	0,154	99/ 84	1100/1200
	C 35	0,144	89/ 72	
	C 45	0,163	90/ 70	
	C 60	0,167	85/ 68	
	X 10 Cr 13	0,091	105/ 88	1100/1250
	X 5 CrNi 18 9	0,094	137/116	
	X 10 CrNiTi 18 9	0,176	100/ 74	
Cu	E-Cu	0,127	56	800
	CuZn 28	0,212	51	800
	CuZn 37	0,201	44	750
	CuZn 40 Pb 2	0,218	35	650
	CuZn 20 Al	0,180	70	800
	CuZn 28 Sn	0,162	68	800
	CuAl 5	0,163	102	800
Al	Al 99,5	0,159	24	450
	AlMn	0,135	36	480
	AlCuMg 1	0,122	72	450
	AlCuMg 2	0,131	77	450
	AlMgSi 1	0,108	48	450
	AlMgMn	0,194	70	480
	AlMg 3	0,091	80	450
	AlMg 5	0,110	102	450
	AlZnMgCu 1,5	0,134	81	450

$k_f = k_{f_1} \left(\dfrac{\dot\varphi}{\dot\varphi_1}\right)^m$. Für $\dot\varphi_1 = 1\ s^{-1}$ wird $\boxed{k_f = k_{f_1} \cdot \dot\varphi^m}$

Tabelle 28.4 Formänderungsfestigkeit in Abhängigkeit von der Umformungsgeschwindigkeit für die Umformungstemperatur $T = $ constant

Werkstoff	T (°C)	$k_f = f(\dot\varphi)$ für $T = $ const. k_f in N/mm²								
		$\dot\varphi = 1$ (s⁻¹)	$\dot\varphi = 2$ (s⁻¹)	$\dot\varphi = 4$ (s⁻¹)	$\dot\varphi = 6$ (s⁻¹)	$\dot\varphi = 10$ (s⁻¹)	$\dot\varphi = 20$ (s⁻¹)	$\dot\varphi = 30$ (s⁻¹)	$\dot\varphi = 40$ (s⁻¹)	$\dot\varphi = 50$ (s⁻¹)
C 15	1200	84	93	104	110	120	133	141	145	153
C 35	1200	72	80	88	93	100	111	118	122	126
C 45	1200	70	78	88	94	102	114	122	128	132
C 60	1200	68	76	86	92	100	112	120	126	131
X 10 Cr 13	1250	88	94	100	104	109	116	120	123	126
X 5 CrNi 18 9	1250	116	124	132	137	144	154	160	164	168
X 10 CrNiTi 18 9	1250	74	84	94	101	111	125	135	142	147
E–Cu	800	56	61	67	70	75	82	86	89	92
CuZn 28	800	51	59	68	75	83	96	105	111	117
CuZn 37	750	44	51	58	63	70	80	87	92	97
CuZn 40 Pb 2	650	35	41	47	51	58	67	73	78	82
CuZn 20 Al	800	70	79	90	97	106	120	129	136	142
CuZn 28 Sn	800	68	76	85	91	99	110	118	124	128
CuAl 5	800	102	114	128	137	148	166	178	186	193
Al 99,5	450	24	27	30	32	35	39	41	43	45
AlMn	480	36	40	44	46	49	54	57	59	61
AlCuMg 1	450	72	78	85	90	95	104	109	113	116
AlCuMg 2	450	77	84	92	97	104	114	120	125	129
AlMgSi 1	450	48	52	56	58	62	66	69	71	73
AlMgMn	480	70	80	92	99	109	125	135	143	150
AlMg 3	450	80	85	91	94	99	105	109	112	114
AlMg 5	450	102	110	119	124	131	142	148	153	157
AlZnMgCu 1,5	450	81	89	98	103	110	121	128	133	137

$\dot\varphi = 70$ (s^{-1})	$\dot\varphi = 100$ (s^{-1})	$\dot\varphi = 150$ (s^{-1})	$\dot\varphi = 200$ (s^{-1})	$\dot\varphi = 250$ (s^{-1})	$\dot\varphi = 300$ (s^{-1})
161	170	181	189	196	201
133	140	148	154	159	164
140	148	158	166	172	177
138	147	157	164	171	176
130	134	139	143	145	148
173	179	186	191	195	198
156	166	179	188	196	202
96	101	106	110	113	116
126	135	148	157	164	171
103	111	120	128	133	138
88	96	104	111	117	121
150	160	172	182	189	195
135	143	153	160	166	171
204	216	231	242	251	258
47	50	53	56	58	59
64	67	71	74	76	78
121	126	133	137	141	144
134	141	148	154	159	163
76	79	82	85	87	89
160	171	185	196	204	212
118	122	126	130	132	134
163	169	177	183	187	191
143	150	159	165	170	174

Literaturverzeichnis

1. Bücher

1.1 Grundlagen

1. *W. Dahl, R. Kopp, O. Pawelski*, Umformtechnik, Plastomechanik und Werkstoffkunde, Verlag Stahleisen GmbH, Düsseldorf 1993
2. *Bergmann*, Werkstofftechnik Teil 1 und 2, Carl Hanser Verlag, München/Wien 2000
3. *Lange*, Lehrbuch der Umformtechnik, Band 1: Grundlagen, Band 4: Sonderverfahren, Prozeßsimulation, Werkzeugtechnik, Produktion, Springer Verlag, Berlin/Heidelberg 1993

1.2 Massivumformung

4. *Lange*, Lehrbuch der Umformtechnik, Grundlagen, Springer Verlag, Berlin/Heidelberg 2002
5. *Spur, Stöferle*, Handbuch der Fertigungstechnik, Band 2/1 und 2/2: Umformen, Carl Hanser Verlag, München/Wien 1985
6. *W. König*, Fertigungsverfahren, Band 4: Massivumformung, VDI-Verlag, Düsseldorf, 1996
7. *Schal*, Fertigungstechnik 2, Massivumformen und Stanzen, Verlag Handwerk und Technik, Hamburg 1995
8. *Kleiner, Schilling*, Prozeßsimulation in der Umformtechnik, Teubner Verlag, Stuttgart 1994
9. *Pöhlandt*, Werkstoffe und Werkstoffprüfung für die Kalt-Massivumformung, Expert-Verlag, Essen 1994
10. *L. Budde, R. Pilgrim*, Stanznieten und Durchsetzfügen, Die Bibliothek der Technik, Bd. 115, Verlag moderne industrie, Landsberg, 1995
11. *Wojahn/Breitkopf*, Übungsbuch Fertigungstechnik – Urformen, Umformen. Vieweg Verlag, Braunschweig/Wiesbaden 1996
12. *N. Becker*, Weiterentwicklung von Verfahren zur Aufnahme von Fließkurven im Bereich hoher Umformgrade, Springer Verlag, Berlin/Heidelberg 1994
13. *G. Du*, Ein wissensbasiertes System zur Stadienplanermittlung beim Kaltmassivumformen, Springer Verlag, Berlin/Heidelberg 1991

1.3 Blechumformung

14. *Lange*, Lehrbuch der Umformformtechnik, Band 3: Blechbearbeitung, Springer Verlag, Berlin/Heidelberg 1990
15. *G. Spur, T. Stöferle*, Handbuch der Fertigungstechnik, Band 2/3: Umformen – Zerteilen, Carl Hanser Verlag, München/Wien 1985
16. *W. König*, Fertigungsverfahren, Band 5: Blechumformung, VDI-Verlag, Düsseldorf 1990
17. *Hellwig, Semlinger*, Spanlose Fertigung – Stanzen, Vieweg Verlag, Braunschweig/Wiesbaden 2001
18. *Oehler, Kaiser*, Schnitt-, Stanz- und Ziehwerkzeuge, Springer Verlag, Berlin/Heidelberg 1993
19. *Oehler, Pannin*, Schneid- und Stanzwerkzeuge, Springer Verlag, Berlin/Heidelberg 1995
20. *Schilling*, Finite-Elemente-Analyse des Biegeumformens von Blech, Verlag Stahleisen, Düsseldorf 1992
21. *A.H. Fritz, G. Schulze*, Fertigungstechnik, Springer Verlag, Berlin/Heidelberg 2001
22. DIN-Taschenbuch, Band 46: Stanzwerkzeuge-Normen, Beuth-Verlag, Berlin 1993

1.4 Umformmaschinen

23 *Wagner, Pahl*, Mechanische und Hydraulische Pressen, VDI-Verlag, Düsseldorf 1992
24 Schuler GmbH, Göppingen, Handbuch der Umformtechnik, Springer Verlag, Berlin/Heidelberg 2003
25 *M. Weck*, Werkzeugmaschinen Band 1-5, Maschinenarten, Konstruktion und Berechnung, Automatisierung und Steuerungstechnik. Springer Verlag, Berlin/Heidelberg, 2001
26 *H. Tschätsch*, Werkzeugmaschinen in der spanlosen und spangebenden Formgebung, Carl Hanser Verlag, München, 2003

1.5 Wissenschaftliche Veröffentlichungen

U. Helfritzsch, Verfahren und Maschinen für das Walzen von Verzahnungen, Forschungsbericht des Fraunhofer Institutes Werkzeugmaschinen und Umformtechnik, Chemnitz, Jan. 2001

T. Nakagawa, K. Nakamura, H. Amino, "Various Applications of Hydraulic Counter-Pressure Deep-Drawing", Journal of Materials Processing Technology, vol. 71, pp 160, 1997

J. Dietrich u.a. „Vergleichende Untersuchung zur schnellen Fertigung von Umformwerkzeugen für Prototypen (Rapid-Die-Making RDM)", 6. Sächsische Fachtagung Umformtechnik, Tagungsband S. 288-303, 1999

M. Schmiedchen, „Tür kreativ" (Außenhochdruckumformung im Karosseriebau), Diplomarbeit HTW Dresden, 2000

R. Neugebauer, R. Mauermann, S. Dietrich, Spot-Joining – New technologies in the field of joining by forming, 7th International Conference on Technology of Plasticity, Vol. 2, Yokohama, Oct. 27th – Nov. 1st 2002

R. Mauermann, S. Dietrich, Entwicklungsfortschritte beim matrizenlosen Clinchen und Nietclinchen, 2. Europäische Automobilkonferenz „Fügen im Automobilleichtbau", Bad Nauheim, 8./9. April 2003

R. Neugebauer, M. Putz, Hydroforming in Prozeßketten für Karosseriekomponenten, 3. Chemnitzer Karosseriekolloquium, Chemnitz 25./26.9.2002, Tagungsband (ISBN: 3-928921-80-0)

R. Neugebauer, H. Bräunlich, Erhöhung der Produktionsstabilität durch Prozeßregelung beim Tiefziehen, EFB-Kolloquium „Prozeßoptimierung in der Blechumformung", Fellbach 13./14.3.2001, EFB-Tagungsband T21

L. Klose, H. Bräunlich, Erweiterung der umformtechnischen Grenzen durch vibrationsüberlagerten Tiefziehprozeß, Studiengesellschaft Stahlanwendung e.V., Dokumentation Forschung für die Praxis P383

L. Klose, V. Kräusel, P. Kügler, Innovationen auf dem Gebiet der Umform- und Schneidwerkzeuge, Der Schnitt- und Stanzwerkzeugbau, Heft 5/2001

R. Neugebauer, S. Pannasch, B. Lorenz, Optimierung von Verfahren und Anlagen für eine durchgängige Prozeßkette beim Schmieden, 4. Sächsische Fachtagung Umformtechnik ausgerichtet vom Fraunhofer-Institut für Werkzeugmaschinen und Umformtechnik, Chemnitz 5./6.11.1997, Tagungsband

R. Mauermann, Umformendes Fügen (siehe Kapitel 20). Auszug aus dem Forschungsbericht 2003 des Fraunhofer-Institut für Werkzeugmaschinen und Umformtechnik, Chemnitz

U. Klemens, O. Hahn, Nietsysteme: Verbindungen mit Zukunft, Hrsg.-Gemeinschaft: Interessengemeinschaft Umformtechnisches Fügen und Laboratorium für Werkstoff- und Fügetechnik der Universität-GH Paderborn

O. Hahn, U. Klemens, Fügen durch Umformen. Nieten und Durchsetzfügen – Innovative Verbindungsverfahren für die Praxis. Identifikation Studiengesellschaft Stahlanwendung e.V., Dokumentation 707, 1. Aufl. Düsseldorf, Verlag und Vertriebsgesellschaft Stahlanwendung mbH 1996, ISBN 3-930621-56-8

2. DIN-Blätter*

Arbeitsverfahren der Umformtechnik

DIN 8580	Begriffe der Fertigungsverfahren, Entwurf
DIN 8582	Fertigungsverfahren Umformen, Einordnung, Unterteilung
DIN 8583	Fertigungsverfahren Druckumformen, Teil 1–6
DIN 8584	Fertigungsverfahren Zugdruckumformen, Teil 1–6
DIN 8585	Fertigungsverfahren Zugumformen, Teil 1–4
DIN 8586	Fertigungsverfahren Biegeumformen
DIN 8587	Fertigungsverfahren Schubumformen
DIN 8588	Begriffe der Fertigungsverfahren Zerteilen

Pressen, Scheren, Blechbearbeitungsmaschinen

DIN 810	Pressen; Stößel-Bohrungen für Einspannzapfen
DIN 8650	Einständer-Exzenterpressen, Abnahmebedingungen
DIN 8651	Zweiständer-Exzenterpressen, Abnahmebedingungen
DIN 55170	Einständer-Tisch-Exzenterpressen; Baugrößen
DIN 55181	Mechanische Zweiständerpressen, einfachwirkend, mit Nennkräften von 400 kN bis 4000 kN; Baugrößen
DIN 55184	Mechanische Einständerpressen, Einbauraum für Werkzeuge; Baugrößen, Aufspannplatten, Einlegeplatten, Einlegeringe
DIN 55185	Mechanische Zweiständer-Schnelläuferpressen mit Nennkräften von 250 kN bis 4000 kN; Baugrößen
DIN 55211	Sickenmaschinen mit schwenkbarer Oberwelle; Baugrößen
DIN 55220	Schwenkbiegemaschinen (Abkantmaschinen); Baugrößen
DIN 55230	Tafelscheren mit parallel geführtem Messerbalken, Baugrößen
DIN 55801	Sickenmaschinen; Abnahmebedingungen
DIN 55802	Schwenkbiegemaschinen; Abnahmebedingungen
DIN 55803	Drück- und Planiermaschinen; Abnahmebedingungen
DIN 55804	Tafelscheren mit parallel geführtem Messerbalken, Abnahmebedingungen
DIN 55805	Blechrundbiegemaschinen, Abnahmebedingungen

Ziehsteine, Ziehringe, Ziehdorne

DIN 1546	Diamant-Ziehsteine für Drähte aus Eisen- und Nichteisenmetallen
DIN 1547	Hartmetall-Ziehsteine und -Ziehringe; Begriffe, Bezeichnung, Kennzeichnung, Teil 1–10
DIN 8099	Hartmetall-Ziehdorne, mit aufgelötetem Hartmetallring, Teil 1
DIN 8099	Hartmetall-Ziehdorne, mit aufgeschraubtem Hartmetallring, Teil 2

Internationale Normen:		Zusammenhang mit DIN
ISO 1651–1974	Ziehdorne für Rohre	8099 T 1, T 2
ISO 1684–1975	Ziehsteine und Ziehringe; Bezeichnung, Kennzeichnung, Abmessungen	1547 T 1, T 11
ISO 1973–2804	Ziehsteine und Ziehringe für Stangen und Rohre, Rohkerne aus Hartmetall; Abmessungen	

Werkzeuge und Arbeitsverfahren der Stanztechnik

DIN 9811	Säulengestelle, Technische Lieferbedingungen, Einbaurichtlinien, Teil 1 und 2
DIN 9812	Säulengestelle mit mittigstehenden Führungssäulen
DIN 9814	Säulengestelle mit mittigstehenden Führungssäulen und beweglicher Stempelführungsplatte
DIN 9816	Säulengestelle mit mittigstehenden Führungssäulen und dicker Säulenführungsplatte
DIN 9819	Säulengestelle mit übereckstehenden Führungssäulen
DIN 9822	Säulengestelle mit hintenstehenden Führungssäulen
DIN 9825	Führungssäulen für Säulengestelle, Teil 2
DIN 9859	Einspannzapfen, Übersicht, allgemeine Abmessungen, Teil 1–7
DIN 9861	Runde Schneidstempel bis 16 mm Schneiddurchmesser
DIN 9869	Begriffe für Werkzeuge der Stanztechnik, Schneidewerkzeuge, Teil 2
DIN 9870	Begriffe der Stanztechnik, Teil 1–3

Gestaltungsrichtlinien für Schmiedestücke

DIN 7522	Schmiedestücke aus Stahl, technische Richtlinien für Lieferung, Gestaltung und Herstellung; allgemeine Gestaltungsregeln nebst Beispielen
DIN 7523	Gestaltung von Gesenkschmiedestücken, Mindestwanddicken verschiedener Querschnittsformen, Teil 2
DIN 7523	Bearbeitungszugaben, Rundungen, Seitenschrägen, Teil 3
DIN 7526	Schmiedestücke aus Stahl; Toleranzen und zulässige Abweichungen für Gesenkschmiedestücke, Beispiele für die Anwendung
DIN 9005	Gesenkschmiedestücke aus Magnesium-Knetlegierungen, Technische Lieferbedingungen, Teil 1
DIN 9005	Gesenkschmiedestücke aus Magnesium-Knetlegierungen, Gestaltung, Teil 2
DIN 9005	Gesenkschmiedestücke aus Magnesium-Knetlegierungen, zulässige Abweichungen, Teil 3
DIN 17673	Gesenkschmiedestücke aus Kupfer und Kupfer-Knetlegierungen; Eigenschaften, Teil 1
DIN 17673	Gesenkschmiedestücke aus Kupfer und Kupfer-Knetlegierungen; technische Lieferbedingungen, Teil 2
DIN 17673	Gesenkschmiedestücke aus Kupfer und Kupfer-Knetlegierungen; Grundlagen für die Konstruktion, Teil 3
DIN 17673	Entwurf Gesenkschmiedestücke aus Kupfer und Kupfer-Knetlegierungen; zulässige Abweichungen, Teil 4
DIN 1748	Strangpreßprofile aus Aluminium und Aluminium-Knetlegierungen – Eigenschaften, Teil 1
DIN 1748	Strangpreßprofile aus Aluminium und Aluminium-Knetlegierungen – Technische Lieferbedingungen, Teil 2
DIN 1748	Strangpreßprofile aus Aluminium und Aluminium-Knetlegierungen – Gestaltung, Teil 3
DIN 1748	Strangpreßprofile aus Aluminium und Aluminium-Knetlegierungen – zulässige Abweichungen, Teil 4
DIN 1771	Winkel-Profile aus Aluminium und Aluminium-Knetlegierungen, gepreßt, Maße, statische Werte
DIN 17674	Strangpreßprofile aus Kupfer und Kupfer-Knetlegierungen – Eigenschaften, Teil 1

DIN 17674 Strangpreßprofile aus Kupfer und Kupfer-Knetlegierungen – Technische Lieferbedingungen, Teil 2
DIN 17674 Strangpreßprofile aus Kupfer und Kupfer-Knetlegierungen, Gestaltung, Teil 3
DIN 17674 Strangpreßprofile aus Kupfer und Kupfer-Knetlegierungen, gepreßt, zulässige Abweichungen, Teil 4
DIN 17674 Strangpreßprofile aus Kupfer und Kupfer-Knetlegierungen, gezogen, zulässige Abweichungen, Teil 5

Werkstoffe

DIN 1013 Stabstahl, warmgewalzt, Teil 1 und 2
DIN 1654 Kaltstauch- und Kaltfließpreßstähle, Teil 1–5
DIN 1708 Kupfer, Kathoden und Gußformate
DIN 1712 Aluminium, Teil 1 und 3
DIN 1725 Aluminiumlegierungen, Teil 1, 3 und 5
DIN 1729 Magnesium, Knetlegierungen
DIN 1747 Stangen aus Aluminium und Aluminium-Knetlegierungen, Teil 1 und 2
DIN 1748 Strangpreßprofile aus Aluminium und Aluminium-Knetlegierungen, Teil 1–4
DIN 1756 Rundstangen aus Kupfer und Kupfer-Knetlegierungen; Maße
DIN 1757 Drähte aus Kupfer und Kupfer-Knetlegierungen, gezogen, Maße
DIN 1787 Kupfer, Halbzeug
DIN 1798 Rundstangen aus Aluminium, gezogen, Maße
DIN 1799 Rundstangen aus Aluminium, gepreßt, Maße
DIN 17100 Allgemeine Baustähle
DIN 17111 Kohlenstoffarme unlegierte Stähle für Schrauben, Muttern und Niete
DIN 17006 Eisen und Stahl; systematische Benennungen, Teil 4
DIN 17200 Vergütungsstähle, Technische Lieferbedingungen
DIN 17210 Einsatzstähle, Gütevorschriften, Technische Lieferbedingungen, Entwurf
DIN 17240 Warmfeste und hochwarmfeste Werkstoffe für Schrauben und Muttern, Gütevorschriften
DIN 17440 Nichtrostende Stähle, Technische Lieferbedingungen
DIN 17660 Kupfer-Knetlegierungen, Kupfer-Zink-Legierungen, Zusammensetzung
DIN 17662 Kupfer-Knetlegierungen, Kupfer-Zinn-Legierungen, Zusammensetzung
DIN 17670 Bleche und Bänder aus Kupfer u. Kupfer-Knetlegierungen, Teil 1 und 2
DIN 17672 Stangen und Drähte aus Kupfer u. Kupfer-Knetlegierungen, Teil 1 und 2
DIN 17740 Nickel in Halbzeug, Zusammensetzung
DIN 17741 Niedriglegierte Nickel-Knetlegierungen, Zusammensetzung
DIN 17742 Nickel-Knetlegierungen mit Chrom, Zusammensetzung
DIN 59110 Walzdraht aus Stahl; Maße, zul. Abweichungen
DIN 59115 Walzdraht aus Stahl für Schrauben, Muttern und Niete; Maße, zul. Abweichungen, Gewichte
DIN 59130 Warmgewalzter Rundstahl für Schrauben und Niete; Maße, zul. Maß- u. Formabweichungen
DIN 59675 Drähte und Stangen für Niete aus Reinaluminium und Aluminium-Knetlegierungen

---

* Wiedergegeben mit Genehmigung des DIN Deutsches Institut für Normung e.V., maßgebend für das Anwenden der Norm ist deren Fassung mit dem neuesten Ausgabedatum, die bei der Beuth Verlag GmbH, 1000 Berlin 30 und 5000 Köln 1, erhältlich ist.

3. VDI-Richtlinien

Richtl.-Nr.

2906 Bl. 4	Schnittflächenqualität beim Schneiden, Beschneiden und Lochen von Werkstücken aus Metall; Knabberschneiden (Nibbeln)/4 S.
2906 Bl. 5	Schnittflächenqualität beim Schneiden, Beschneiden und Lochen von Werkstücken aus Metall; Feinschneiden (siehe auch VDI 33451)/8 S.
2906 Bl. 6	Schnittflächenqualität beim Schneiden, Beschneiden und Lochen von Werkstücken aus Metall; Konterschneiden/4 S.
2906 Bl. 7	Schnittflächenqualität beim Schneiden, Beschneiden und Lochen von Werkstücken aus Metall; Plasmastrahlschneiden/6 S.
2906 Bl. 8	Schnittflächenqualität beim Schneiden, Beschneiden und Lochen von Werkstücken aus Metall; Laserstrahlschneiden/6 S.
2906 Bl. 9	Schnittflächenqualität beim Schneiden, Beschneiden und Lochen von Werkstücken aus Metall; Funkenerosives Schneiden/4 S.
2906 Bl. 10	Schnittflächenqualität beim Schneiden, Beschneiden und Lochen von Werkstücken aus Metall: Abrasiv-Wasserstrahlschneiden/6 S.
3001 E	Bördelverbindungen im Karosseriebau/6 S.
3137	Begriffe, Benennungen, Kenngrößen des Umformens/8 S.
3138 Bl. 1, Bl.2	Kaltmassivumformen von Stählen und NE-Metallen – Grundlagen für das Kaltfließpressen/19 S.
3143 Bl. 1	Stähle für das Kaltfließpressen; Auswahl, Wärmebehandlung/16 S.
3143 Bl. 2	NE-Metalle tür das Kaltfließpressen: Auswahl. Wärmebehandlung/10 S.
3144	Rohteilherstellung für das Kaltmassivumformen/15 S.
3145 Bl. 1	Pressen zum Kaltmassivumformen; Mechanische und hydraulische Pressen/8 S.
3145 Bl. 2	Pressen zum Kaltmassivumformen; Stufenpressen/10 S.
3166 Bl. 1	Halbwarmfließpressen von Stahl; Grundlagen/3 S.
3171	Stauchen und Formpressen/9 S.
3174 Bl. 1 E	Walzen von Außengewinden/14 S.
3176	Vorgespannte Preßwerkzeuge für das Kaltmassivumformen/24 S.
3180	Gesenk- und Gravureinsätze für Schmiedegesenke/8 S.
3186 Bl. 1	Werkzeugstoffe für Kaltfließpreßwerkzeuge – Werkstofflisten/3 S.
3193 Bl. 1	Hydraulische Pressen zum Kaltmassiv- und Blechumformen; Formblatt für Anfrage, Angebot und Bestellung von hydraulischen Pressen/14 S.
3193 Bl. 2	Hydraulische Pressen zum Kaltmassiv- und Blechumformen: Meßanleitung für die Abnahme/10 S.
3194 Bl. 1	Kurbel-, Exzenter-, Kniehebel- und Gelenkpressen zum Kaltmassivumformen; Formblatt für Anfrage, Angebot und Bestellung/14 S.
3194 Bl. 2	Kurbel-, Exzenter-, Kniehehel- und Gelenkpressen zum Kaltmassivumformen; Meßanleitung für die Abnahme/10 S.
3195 E	Umrüstvorgänge an Pressen zum Kaltmassivumformen vom Drahtbund/20 S.
3196	Umrüsten von Pressen und Anlagen zum Kaltmassivumformen von

2.2.

Werkstoff-Nummer	Legierte Vergütungsstähle	
	bisher DIN 17200	neu EN 10083
1.7034	37 Cr 4	37 Cr 4
1.7035	41 Cr 4	41 Cr 4
1.7218	25 Cr Mo 4	25 Cr Mo 4
1.7220	34 Cr Mo 4	34 Cr Mo 4
1.7225	42 Cr Mo 4	42 Cr Mo 4
1.6582	34 Cr Ni Mo 6	34 Cr Ni Mo 6

2.3.

Werkstoff-Nummer	Legierte Einsatzstähle	
	bisher DIN 17210	neu EN 10084
1.7016	17 Cr 3	17 Cr 3
1.7131	16 Mn Cr 5	16 Mn Cr 5
1.7147	20 Mn Cr 5	20 Mn Cr 5
1.5919	16 Cr Ni 6	16 Cr Ni 6
1.6587	17 Cr Ni Mo 6	17 Cr Ni Mo 6
1.7321	20 Mo Cr 4	20 Mo Cr 4

2.
2.1.

	Vergütungsstähle	
	unlegiert	
Werkstoff-Nummer	bisher DIN	neu EN 10083
1.0301	C 10	C 10
1.0401	C 15	C 15
1.0402	C 22	C 22
1.0501	C 35	C 35
1.0503	C 45	C 45
1.0601	C 60	C 60
1.0605	C 75	C 75
1.1141	Ck 15	C 15 E
1.1151	Ck 22	C 22 E
1.1181	Ck 35	C 35 E
1.1191	Ck 45	C 45 E
1.1221	Ck 60	C 60 E
1.1248	Ck 75	C 75 E
1.1132	Cq 15	C 15 C
1.1152	Cq 22	C 22 C
1.1172	Cq 35	C 35 C
1.1192	Cq 45	C 45 C
1.1140	Cm 15	C 15 R
1.1149	Cm 22	C 22 R
1.1180	Cm 35	C 35 R
1.1201	Cm 45	C 45 R
1.1223	Cm 60	C 60 R

Gegenüberstellung von alter Werkstoffbezeichnung nach DIN zu neuer nach Euro-Norm

1.

Baustähle		
unlegierte Stähle		
Werkstoff-Nummer	bisher DIN 17100	neu EN 10025
1.0035	St 33	S 185
1.0036	U St 37-2	S 235 J R G 1
1.0037	St 37-2	S 235 J R
1.0038	R St 37-2	S 235 J R G 2
1.0116	St 37-3	S 235 J 2 G 3
1.0044	St 44-2	S 275 J R
1.0144	St 44-3	S 275 J 2 G 3
1.0570	St 52-3	S 355 J 2 G 3
1.0050	St 50-2	E 295
1.0060	St 60-2	E 335
1.0070	St 70-2	E 360

	Stab-, Draht- und Rohrabschnitten oder Platinen/12 S.
3198	Beschichten von Werkzeugen der Kaltmassivumformung; CVD- und PVD-Verfahren/8 S.
3320 Bl. 2 E	Werkzeugnummerung – Werkzeugordnung; Werkzeuge zum Urformen, Stoffbereiten; Umformen/40 S.
3320 Bl. 3	Werkzeugnummerung – Werkzeugordnung; Werkzeuge zum Zerteilen, Zerteilen und Umformen im Verbund. Abtragen, Reinigen/27 S.
3320 Bl. 6	Werkzeugnummerung – Werkzeugordnung; Werkzeuge zum Fügen (Zerlegen), Beschichten, Stoffeigenschaftändern/30 S.
3320 Bl. 7	Werkzeugnummerung – Werkzeugordnung: Werkzeuge ohne Zuordnung zu Verfahren (vorwiegend Handwerkzeuge außerhalb der Bereiche) 1-61/23 S.
3352 E	Umrüsten von Großpressen für die Blechbearbeitung/10 S.
3357	Gleitplatten in Stanzerei-Großwerkzeugen/4 S.
3363	Ansatzschrauben, Ansatzbuchsen in Stanzerei-Großwerkzeugen/6 S.
3364	Positionieren von Werkstücken. Modellen und Hilfsmitteln des Stanzerei-Großwerkzeugbaus auf Werkzeugmaschinen/8 S.
3366	Transportelemente für Stanzerei-Großwerkzeuge/12 S.
3368	Schneidspalt-, Schneidstempel- und Schneidplattenmaße für Schneidwerkzeuge der Stanztechnik/8 S.
3370 Bl. 1 E	Mechanisierungselemente in Stanzerei-Großwerkzeugen – Werkzeuggebundene Elemente/11 S.
3370 Bl. 2 E	Mechanisierungselemente in Stanzerei-Großwerkzeugen – Werkstückgebundenes Mechanisierungszubehör/14 S.
3370 Bl. 3 E	Mechanisierungselemente in Stanzerei-Großwerkzeugen – Werkzeuggebundene Elemente für Platinenschnitte/7 S.
3374 E	Lochstempel mit Bund – Rund-Form mit und ohne Auswerferstift und Stempelhalteplatten/12 S.
3378	Schmierung von Stanzerei-Großwerkzeugen/8 S.
3386	Keiltriebe in Stanzerei-Großwerkzeugen/12 S.
3388	Werkstoffe für Stanzwerkzeuge/12 S.
3388 E	Werkstoffe für Schneid- und Umformwerkzeuge

3.
3.1.

	Werkzeugstähle	
	unlegierte Kaltarbeitsstähle	
Werkstoff-Nummer	bisher DIN 17350	neu EN 96
1.1730	C 45 W	C 45 U
1.1740	C 60 W	C 60 U
1.1620	C 70 W 2	C 70 W 2
1.1525	C 80 W 1	C 80 U
1.1830	C 85 W	C 85 U
1.1545	C 105 W 1	C 105 U
1.1640	C 10 W 2	C 105 W 2

3.2.

	Werkzeugstähle	
	Legierte Kaltarbeitsstähle	
Werkstoff-Nummer	bisher DIN 17350	neu EN 96
1.2436	X 210 Cr W 12	X 210 Cr W 12
1.2379	X 155 Cr V Mo 12-1	X 155 Cr V Mo 12-1
1.2210	115 Cr V 3	115 Cr V 3
1.2067	102 Cr 6	102 Cr 6
1.2838	145 V 33	145 V 33
1.2162	21 Mn Cr 5	21 Mn Cr 5
1.2842	90 Mn Cr V 8	90 Mn Cr V 8
1.2419	105 W Cr 6	105 W Cr 6
1.2550	60 W Cr V 7	60 W Cr V 7
1.2767	X 45 Ni Cr Mo 4	X 45 Ni Cr Mo 4
1.2764	X 19 Ni Cr Mo 4	X 19 Ni Cr Mo 4
1.2316	X 36 Cr Mo 17	X 36 Cr Mo 17
1.2323	48 Cr Mo V 6-7	48 Cr Mo V 6-7

3.3.

Werkstoff-Nummer	Werkzeugstähle	
	Warmarbeitsstähle	
	bisher DIN 17350	neu EN 96
1.2713	55 Ni Cr Mo V6	55 Ni Cr Mo V6
1.2714	56 Ni Cr Mo V 7	56 Ni Cr Mo V 7
1.2343	X 38 Cr Mo V 5-1	X 38 Cr Mo V 5-1
1.2344	X 40 Cr Mo V 5-1	X 40 Cr Mo V 5-1
1.2365	X 32 Cr Mo V 33	32 Cr Mo V 12-28

3.4.

Werkstoff-Nummer	Werkzeugstähle	
	Schnellarbeitsstähle	
	bisher DIN 17350	neu EN 96
1.3342	SC 6-5-2	HS 6-5-2C
1.3343	S 6-5-2	HS 6-5-2
1.3344	S 6-5-3	HS 6-5-3
1.3243	S 6-5-2-5	HS 6-5-2-5
1.3246	S 7-4-2-5	HS 7-4-2-5
1.3207	S 10-4-3-10	HS 10-4-3-10
1.3202	S 12-1-4-5	HS 12-1-4-5
1.3255	S 18-1-2-5	HS 18-1-2-5

4.

Korrosionsbeständige Stähle		
nichtrostende Stähle		
Werkstoff-Nummer	bisher DIN 17440	neu EN 10988
1.4000	X 6 Cr 13	X 6 Cr 13
1.4006	X 12 CR 13	X 10 Cr 13
1.4057	X 20 Cr Ni 17	X 19 Cr Ni 17-2
1.4104	X 12 Cr Mo S 17	X 14 Cr Mo S 17
1.4301	X 5 Cr Ni 18-10	X 4 Cr Ni 18-10
1.4306	X 2 Cr Ni 18-9	X 2 Cr Ni 19-11
1.4401	X 5 Cr Ni Mo 17-12-2	X 4 Cr Ni Mo 17-12-2
1.4541	X 10 Cr Ni Ti 188	X 2 Cr Ni Mo 18-14-3
1.4435	X 2 Cr Ni Mo 18-14-3	X 2 Cr Ni Mo 18-14-3
1.4541	X 6 Cr Ni Ti 18-10	X 6 Cr Ni Ti 18-10
1.4571	X 6 Cr Ni Mo Ti 17-12-2	X 6 Cr Ni Mo Ti 17-12-2

5.

Weiche unlegierte Stähle		
Tiefziehbleche		
Werkstoff-Nummer	bisher DIN 1624	neu EN 10139
1.0330	St 12	D C 01
1.0333	U St 13	D C 03 G 1
1.0347	R R St 13	D C 03
1.0338	St 14	D C 04

6.

Werkstoff-Nummer	Kohlenstoffarme unlegierte Stähle	
	für Schrauben, Muttern, Niete	
	bisher DIN 1654	neu EN 10025
1.0203	U St 36	C 11 G 1
1.0204	U Q St 36	C 11 G 1 C
1.0205	R St 36	C 11 G 2
1.0217	U St 38	C 14 G 1
1.0224	U Q St 38	C 14 G 1 C
1.0223	R St 38	C 14 G 2
1.0708	U 7 S 6	C 7 R G 1
1.0702	U 10 S 10	C 10 R G 1

7.

Werkstoff-Nummer	Aluminium-Knetlegierungen	
	bisher DIN 1700 DIN 1725 T 1	neu EN 573 T 3
3.0255	Al 99,5	EN AW-Al 99,5
3.0515	Al Mn 1	EN-AW-Al Mn 1
3.1325	Al Cu Mg 1	EN-AW-Al Cu 4 Mg Si (A)
3.1355	Al Cu Mg 2	EN-AW-Al Cu 4 Mg 1
3.2315	Al Mg Si 1	EN-AW-Al Si 1 Mg Mn
3.3535	Al Mg 3	EN-AW-Al Mg 3
3.3555	Al Mg 5	EN-AW-Al Mg 5
3.4365	Al Zn Mg Cu 1,5	EN-AW-Al Zn 5,5 Mg Cu

8.

Werkstoff-Nummer	bisher DIN 17660	neu EN 12449	Werkstoff-Nummer neu
\multicolumn{4}{c}{Kupfer-Knetlegierungen}			
\multicolumn{4}{c}{kalt umformbar}			
2.0060	E-Cu	Cu-DHP	CW 024 A
2.0230	Cu Zn 10	Cu Zn 10	CW 501 L
2.0240	Cu Zn 15	Cu Zn 15	CW 502 L
2.0261	Cu Zn 28	Cu Zn 28	CW 504 L
2.0265	Cu Zn 30	Cu Zn 30	CW 505 L
2.0321	Cu Zn 37 (Ms 63)	Cu Zn 37	CW 508 L
2.0402	Cu Zn 40 Pb 2	Cu Zn 40 Pb 2	CW 617 N
2.0460	Cu Zn 20 Al 2	Cu Zn 20 Al 2 As	CW 702 R
2.0470	Cu Zn 28 Sn 1	Cu Zn 28 Sn 1 As	CW 706 R
2.0918	Cu Al 15	Cu Al 15 As	CW 300 G

Weitere neue Werkstoffbezeichnungen nach Euro-Norm finden Sie:

Für Stähle: Stahl-Eisen-Liste 9. Auflage
Verlag Stahleisen mbH
Sohnstr. 65, 40237 Düsseldorf

Für Alu-Werkstoffe: Aluminium-Merkblatt W2
Aluminium-Zentrale
Am Bahnhof 5, 40470 Düsseldorf

Für Kupfer-Werkstoffe: Auskünfte im Deutschen Kupferinstitut (DKI)
Beethovenstr. 21, 40233 Düsseldorf

Sachwortverzeichnis

A
Abkantpressen 206
Abkantprofile 208
Abstreckziehen 91
Arbeitsbedarf
– Abstreckziehen 93
– Biegen 201
– Fließpressen 37
– Gesenkschmieden 127
– Prägen 88
– Stanzen 220
– Strangpressen 116
– Stauchen 23
– Tiefziehen 156
Arbeitsvermögen der Preßmaschinen
– Hämmer 266
– Kurbelpressen 310
– Spindelpressen 287
Ausgangsrohling
– Abstreckziehen 91
– Biegen 199
– Drahtziehen 91
Außenhochdruckumformen 174
Automatische Werkzeugwechselsysteme 362
Fließpressen 33
– Fügen 249
– Gewindewalzen 57
– Kalteinsenken 77
– Prägen 86, 212
– Stauchen 18
– Tiefziehen 141

B
Bärführungen 267
Bearbeitungsfehler
– Biegen 204
– Fließpressen 44
– Gesenkschmieden 136
– Kalteinsenken 83
– Stauchen 27
– Tiefziehen 167
Begriffe und Kenngrößen der Umformtechnik 7
Berechnungsbeispiele
– Abstreckziehen 93
– Biegen 204

– Drahtziehen 103
– Fließpressen 44
– Gesenkschmieden 137
– Gewindewalzen 63
– Kalteinsenken 84
– Prägen 89, 217
– Rohrziehen 108
– Stanzen 238
– Stauchen 27
– Strangpressen 121
– Tiefziehen 169
Biegemaschinen 205
Biegeradius 196
Blechumformung 16
Brechtopf 303

C
Charakteristische Dreiecke 142
Clinchen 250

D
Dauerarbeitsvermögen 310
Drahtziehen 95
Drahtziehmaschinen 99
Dreiwalzenbiegemaschinen 209
Drücken 186

E
Einhängestift 233
Einspannzapfen 237
Einteilung der Fertigungsverfahren 5
Einteilung der Preßmaschinen 262
Elastische Verformung 7
Entstehung einer Schraube 44
Exzenterpressen
– Einständer 295
– Doppelständer 297
– Zweiständer 297

F
Fallhämmer 266
Feinschneiden 241
Feinstanzautomaten 245

Flexible Fertigungssysteme 351
Fließkurven 9, 368
Fließpressen 33
Fließwiderstand 10
Formänderungsfestigkeit 8
Formänderungsgeschwindigkeit 13
Formänderungsgrad 11
– Abstrecken 91
– Drahtziehen 96
– Fließpressen 35
– Gesenkschmieden 129
– Kalteinsenken 78
– Rohrziehen 107
– Stauchen 20
– Strangpressen 113
Formänderungswiderstand 10
Formänderungsvermögen 11
Formenordnung 49
Freies Biegen 194

G
Gegenfließpressen 35
Gegenschlaghämmer 271
Gesenkbiegen 199
Gesenkschmieden 123
– von der Stange 124
– vom Stück 124
– vom Spaltstück 124
Gewindewalzen 56
– mit Flachbacken 56
– mit Segmenten 56
– mit Rundwerkzeugen 57
– – Einstechverfahren 57
– – Durchlaufverfahren 57
– – Kombiniertes Einstech- und Durchlaufverfahren 57
Walzen von Verzahnungen 69
Gewindewalzmaschinen
– mit Flachbacken 64
– mit Rundwerkzeugen 65
Greiferzangen 346
Greifersysteme 345

H
Hammerantriebe

Sachwortverzeichnis

– Hydraulisch 268
– Luft 269
Hammerführungen 267
Hammergestelle 269
Hohlprägen 212
Hubverstellung 305
Hydraulische Pressen 318
– Ziehpressen 321
– Fließpressen 323
Hydromech. Tiefziehen 172

I
Industrieroboter 349
Innenhochdruckumformen 179

K
Kalteinsenken 77
Kalteinsenkpressen 83
Kniehebelpressen 313
Körperfederung 300 (Pressenständer)
Kraftberechnung
– Abstreckziehen 93
– Drahtziehen 97
– Biegen 199
– Fließpressen 36
– Gesenkschmieden 129
– Kalteinsenken 78
– Prägen 87, 215
– Rohrziehen 107
– Stanzen 220
– Stauchen 23
– Strangpressen 114
– Tiefziehen 154
– Ziehen ohne Niederhalter 173
Kniehebelpressen
Kurbelpressen 295
Kupplungen für Pressen 302

L
Linienschwerpunkt 222
Literaturverzeichnis 403

M
Massivprägen 86
Massivumformung 15
Mehrstufenpressen 331

N
Neue Werkstoffbezeichnung 410

Niederhalterfläche 155
Niederhalterkraft 156

O
Oberdruckhammer 267
Oberflächenbehandlung 1
– Blechumformung 16
– Kalt-Massivumformung 15
– Warmumformung 17

P
Plastische Verformung 7
Pressenantriebe
– Exzenter- und Kurbelpressen 300
– Hydraulische Pressen 318
– Kniehebelpressen 313
– Spindelpressen 275
Pressenkupplungen
– formschlüssige 302
– kraftschlüssige 302
Pressensicherungen 303
Preßkraft bei Kurbelpressen 305

R
Revolverzuführeinrichtung 348
Rohrziehen 105

S
Scheren
– Kreis- und Kurven 239
– Streifen- 239
– Tafel- 239
Schlagziehpresse 322
Schmiedegesenke 134
Schneiden (Zerteilen) 218
Schneidspalt 225
Schnittfläche 220
Schwenkbiegemaschinen 207
Seitenschneider 234
Sonderpressen
– Stufenziehpressen 325
– Mehrstufenpressen für die Massivumformung 331
– Stanzautomaten 339
Spannungsverteilung beim Tiefziehen 143
Spindelpressen
– mit direktem elektrischen Antrieb 281

– mit hydraulischem Antrieb 278
– mit Zylinder-Reibscheibengetriebe 276
Stadienplan 43
Stanzautomaten 339
Stanzen 218
Stanznieten 254
Stauchen 18
Stauchverhältnis 20
Steg- und Randbreiten 227
Stößelweg 309
Strangpressen 109
Strangpreßmaschinen 120
Streifenführung 235
Stufenziehpressen 325
Stülpwerkzeug 160
Stülpzug 160

T
Tabellen 367
Testfragen
– Abstreckziehen 94
– Begriffe und Kenngrößen 14
– Biegen 211
– Drahtziehen 104
– Fließpressen 55
– Gesenkschmieden 139
– Gewindewalzen 68
– Kalteinsenken 85
– Oberflächenbehandlung 17
– Prägen 90, 217
– Rohrziehen 108
– Stauchen 32
– Strangpressen 122
– Tiefziehen 161
Tiefziehen 141
– Außenhochdruckumformen 174
– Innenhochdruckumformen 179
Toleranzen 166
– Fließpressen 42
– Gesenkschmieden 137
– Kalteinsenken 82
– Stanzen 228
– Stauchen 26
– Tiefziehen 166
Transporteinrichtungen
– für Stufenziehpressen 346
– für Mehrstufenpr.-Massivumformung 347

U

U-Biegen 200
Umformendes Fügen 249
Unterteilung der Preß-
   maschinen 262
Unterteilung der Umformver-
   fahren 5

V

V-Biegen 199
Vibrationsförderer 348
Vollnutzpunkt 309
Volumenkonstanz 12
Vorgänge im Gesenk 126

W

Walzbiegen 209
Walzenvorschubapparat 345
Walzen von Verzahnungen
   69
Werkstückzuführsysteme 345
Werkzeuge
– Abstrecken 91
– Biegen 203
– Drahtziehen 100
– Fließpressen 38
– Gesenkschmieden 134
– Gewindewalzen 61
– Kalteinsenken 81
– Prägen 88, 216
– Rohrziehen 107
– Stanzen 229
– Stauchen 24
– Strangpressen 113
– Tiefziehen 160
Werkzeugwerkstoffe
– Biegen 204
– Drahtziehen 100
– Fließpressen 39
– Gesenkschmieden 133
– Gewindewalzen 62
– Kalteinsenken 82
– Prägen 89, 217
– Rohrziehen 107
– Stanzen 236
– Stauchen 24
– Strangpressen 119
– Tiefziehen 165

Z

Zangenvorschubapparat 346
Ziehen ohne Niederhalter
   185
Ziehkantenrundung 159
Ziehpressen 321
Ziehringabmessung 152
Ziehspalt 158
Ziehverhältnis 150
Zuführvorrichtungen 345
Zugabstufung
– rotationssymmetrische
   Teile 152
– rechteckige Ziehteile 153
Zulässige Formänderung
– Abstreckziehen 93
– Drahtziehen 96
– Fließpressen 36
– Rohrziehen 107
– Stauchen 20
– Strangpressen 114
– Tiefziehen 150
Zuschnittsermittlung beim
   Tiefziehen
– rotationssymmetrische
   Teile 143
– rechteckige Teile 148
Zuschnittsermittlung beim
   Biegen 198

Dunkes Programm–Vielfalt
rund um die Umform- und Verbindungstechnik

- Stanzen • Ziehen • Montieren
- IHU/AHU- Druckumformung • Nieten
- Richten...

Wir empfehlen Ihnen das geeignete Verfahren und liefern die passende Presse oder Anlage. Von der manuellen Lösung bis zur Fertigungszelle. Unser Lieferprogramm bietet Ihnen größte Vielfalt in der Produkt- und Verfahrenswahl. Nutzen Sie unsere 40jährige Erfahrung und Kompetenz.

DUNKES

S. DUNKES GmbH · Maschinenfabrik
Wiesach 26 · D-73230 Kirchheim-Teck
Telefon +49 (0) 70 21/72 75-0 · Telefax +49 (0) 70 21/7 13 65
info@dunkes.de
www.dunkes.de

Die umfassenden Nachschlagewerke

Böge, Alfred (Hrsg.)
Vieweg Taschenlexikon Technik

Maschinenbau, Elektrotechnik, Datentechnik. Nachschlagewerk für berufliche Aus-, Fort- und Weiterbildung
3., überarb. Aufl. 2003. VI, 542 S. Mit 750 Abb., 4800 Stichwörtern deutsch/ englisch und einer Stichwortliste englisch/ deutsch Br. EUR 39,90
ISBN 3-528-24959-5

In über 4000 Stichwörtern definieren und erläutern 19 Fachleute aus Industrie und Lehre Begriffe aus den Gebieten Maschinenbau, Elektrotechnik, Elektronik und Informatik. Die Texte sind gegliedert in: - Stichwort mit englischer Übersetzung - Begriffsbestimmung - Erläuterungen mit Zeichnungen - Formeln - Beispiele - Verwendungshinweise - Tabellen - DIN-Hinweise - Verweise zu verwandten Begriffen. Sowohl für Studierende als auch für Praktiker ist das Taschenlexikon Technik eine Hilfe in ihrer täglichen Arbeit und im Studium. Mit flexiblem Einband versehen und im kleineren Format ist es jetzt noch besser auf die Bedürfnisse der Lernenden und Studierenden abgestimmt.

Alfred Böge (Hrsg.)
Das Techniker Handbuch

Grundlagen und Anwendungen der Maschinenbau-Technik
16., überarb. Aufl. 2000. XVI, 1720 S. mit 1800 Abb., 306 Tab. und mehr als 3800 Stichwörtern, Geb. € 79,00
ISBN 3-528-44053-8

Das Techniker Handbuch enthält den Stoff der Grundlagen- und Anwendungsfächer im Maschinenbau. Anwendungsorientierte Problemstellungen führen in das Stoffgebiet ein, Berechnungs- und Dimensionierungsgleichungen werden hergeleitet und deren Anwendung an Beispielen gezeigt. In der jetzt 15. Auflage des bewährten Handbuches wurde der Abschnitt Werkstoffe bearbeitet. Die Stahlsorten und Werkstoffbezeichnungen wurden der aktuellen Normung angepasst. Das Gebiet der speicherprogrammierbaren Steuerungen wurde um einen Abschnitt über die IEC 1131 ergänzt. Mit diesem Handbuch lassen sich neben einzelnen Fragestellungen ganz besonders auch komplexe Aufgaben sicher bearbeiten.

Abraham-Lincoln-Straße 46
65189 Wiesbaden
Fax 0611.7878-400
www.vieweg.de

Stand März 2003.
Änderungen vorbehalten.
Erhältlich im Buchhandel oder im Verlag.

Dunkes Teamwork

Engineering, Montage, Inbetriebnahme, Service – alles aus einer Hand.

- IHU/AHU-Druckumformung • Montieren
- Stanzen • Ziehen • Nieten • Richten…

Wir empfehlen Ihnen das geeignete Verfahren und liefern die passende Presse oder Anlage. Von der manuellen Lösung bis zur Fertigungszelle. Unser Lieferprogramm bietet Ihnen größte Vielfalt in der Produkt- und Verfahrenswahl. Nutzen Sie unsere 40jährige Erfahrung und Kompetenz.

S. DUNKES GmbH · Maschinenfabrik
Wiesach 26 · D-73230 Kirchheim-Teck
Telefon +49 (0) 70 21/72 75-0 · Telefax +49 (0) 70 21/7 13 65
info@dunkes.de
www.dunkes.de

Standardwerke Werkstoffe

Weißbach, Wolfgang
Werkstoffkunde und Werkstoffprüfung
Ein Lehr- und Arbeitsbuch für das Studium
14., verb. Aufl. 2002. XVI, 378 S. über 300 Abb., 300 Tafeln und einer CD-ROM mit mechan. und physik. Eigenschaften der Stähle
Br. mit CD-ROM € 26,00
ISBN 3-528-01119-X

Nachdem in der dreizehnten Auflage der Abschnitt 'Metalle und Legierungen' völlig neu gestaltet und die theoretischen Grundlagen vertieft wurden, um den Anforderungen der Fachhochschulen besser gerecht zu werden, brauchten in der 14. Auflage nur wenige Korrekturen vorgenommen zu werden. In den anderen Abschnitten wurden Normen aktualisiert, insbesondere DIN EN-Normen für Aluminium-Gusslegierungen sowie Kupfer und Kupferlegierungen. Eine CD-ROM mit mechanischen und physikalischen Eigenschaften der Stähle liegt bei.

Weißbach, Wolfgang / Dahms, Michael
Aufgabensammlung Werkstoffkunde und Werkstoffprüfung
Fragen - Antworten
Weißbach, Wolfgang (Hrsg.)
5., vollst. überarb. Aufl. 2002. XII, 147 S. Br. € 19,90
ISBN 3-528-44038-4

Das Buch enthält Fragen und Aufgaben, die mit dem Inhalt des Lehrbuches korrespondieren. Antworten und Lösungsbilder sowie Hinweise auf Abschnitte und Bilder im Lehrbuch helfen dem Studierenden bei der Bearbeitung und Lösung der Aufgaben. Alle Aufgaben wurden einer gründlichen Durchsicht und Aktualisierung unterzogen. 1/3 aller Aufgabenstellungen ist neu, womit sich das Buch jetzt auch zum Einsatz an der FH eignet.

Abraham-Lincoln-Straße 46
65189 Wiesbaden
Fax 0611.7878-420
www.vieweg.de

Stand März 2003.
Änderungen vorbehalten.
Erhältlich im Buchhandel oder im Verlag.